中国房地产估价师与房地产经纪人学会

地址：北京市海淀区首体南路 9 号主语国际 7 号楼 11 层

邮编：100048

电话：（010）88083151

传真：（010）88083156

网址：http：//www.cirea.org.cn

　　　 http：//www.agents.org.cn

全国房地产估价师职业资格考试辅导教材

房地产估价相关知识

（2021）

中国房地产估价师与房地产经纪人学会　编写

艾建国　主编

叶剑平　王学发　副主编

中国建筑工业出版社

图书在版编目（CIP）数据

房地产估价相关知识. 2021 / 中国房地产估价师与
房地产经纪人学会编写；艾建国主编. — 北京：中国
建筑工业出版社，2021.7
全国房地产估价师职业资格考试辅导教材
ISBN 978-7-112-26377-6

Ⅰ. ①房… Ⅱ. ①中… ②艾… Ⅲ. ①房地产价格—
估价—中国—资格考试—自学参考资料 Ⅳ.
①F299.233.5

中国版本图书馆 CIP 数据核字(2021)第 144604 号

责任编辑：周方圆　封　毅
责任校对：张　颖

全国房地产估价师职业资格考试辅导教材
房地产估价相关知识
（2021）
中国房地产估价师与房地产经纪人学会　编写
艾建国　主编
叶剑平　王学发　副主编

＊

中国建筑工业出版社出版、发行（北京海淀三里河路 9 号）
各地新华书店、建筑书店经销
北京红光制版公司制版
北京建筑工业印刷厂印刷

＊

开本：787 毫米×960 毫米　1/16　印张：27¼　字数：513 千字
2021 年 8 月第一版　　2021 年 8 月第一次印刷
定价：60.00 元
ISBN 978-7-112-26377-6
（37612）

本书编写人员

（按姓氏笔画排序）

王全民　王学发　王俊国　艾建国　朱　晓
李　飞　吴雨冰　胡细英　曹伊清

目　　录

第一章　规划知识

　　规划通常是描绘未来，根据现在的认识对未来目标和发展状态提出构想，为实现未来目标或达到未来发展状态作出行动步骤的决策。城市规划是规范城市发展建设、研究城市未来发展、城市的合理布局和综合安排城市各项工程建设的综合部署。房地产项目的开发建设是城市基本建设的重要组成部分，城市中存量房地产的环境状况与城市规划建设紧密相关。为做好房地产估价专业服务，房地产估价师应具备较多的规划知识，如了解城市规划类型，熟悉不同层面和类型城市规划的基本要求，较准确把握不同规划条件下的建设状况和环境状况对估价对象价格或价值的影响程度。本章介绍了国民经济和社会规划、国土空间规划、城市总体规划、城市详细规划和城市居住区规划等。

第一节　规 划 概 述

　　与城市规划紧密相关的规划有国民经济和社会发展规划及国土空间规划。

一、国民经济和社会发展规划

　　（一）国民经济和社会发展规划的含义

　　国民经济和社会发展规划是全国或者某一地区经济、社会发展的总体纲要，是具有战略意义的指导性文件，统筹安排和指导全国或某一地区的社会发展和经济建设工作。国民经济和社会发展规划确定国民经济发展战略目标、重大方针政策以及区域间或城市中大的空间部署，并对经济社会发展的规划指标进行分析和预测。十三届全国人大四次会议通过的《中华人民共和国国民经济和社会发展第十四个五年规划和 2035 年远景目标纲要》，阐明国家战略意图，明确政府工作重点，引导规范市场主体行为，是我国开启全面建设社会主义现代化国家新征程的宏伟蓝图，是全国各族人民共同的行动纲领。

　　（二）经济社会发展目标

　　我国"十四五"时期经济社会发展主要目标：①经济发展取得新成效，城乡区域发展协调性明显增强，常住人口城镇化率提高到 65%，现代化经济体系建设取得重大进展。②改革开放迈出新步伐。③社会文明程度得到新提高。④生态文明建设实现新进步，单位国内生产总值能源消耗和二氧化碳排放分别降低13.5%、18%，主要污染物排放总量持续减少，森林覆盖率提高到24.1%，生态环境持续改善，生态安全屏障更加牢固，城乡人居环境明显改善。⑤民生福祉达到新水平，实现更加充分、更高质量就业，城镇调查失业率控制在5.5%以内，劳动年龄人口平均受教育年限提高到11.3年，基本养老保险参保率提高到95%，人均预期寿命提高1岁。⑥国家治理效能得到新提升。

展望2035年，我国将基本实现社会主义现代化。经济实力、科技实力、综合国力将大幅跃升，经济总量和城乡居民人均收入将再迈上新的大台阶，关键核心技术实现重大突破，进入创新型国家前列。基本实现新型工业化、信息化、城镇化、农业现代化，建成现代化经济体系。基本实现国家治理体系和治理能力现代化，人民平等参与、平等发展权利得到充分保障，基本建成法治国家、法治政府、法治社会。建成文化强国、教育强国、人才强国、体育强国、健康中国，国民素质和社会文明程度达到新高度，国家文化软实力显著增强。广泛形成绿色生活方式，碳排放达峰后稳中有降，生态环境根本好转，美丽中国建设目标基本实现。形成对外开放新格局，参与国际经济合作和竞争新优势明显增强。人均国内生产总值达到中等发达国家水平，中等收入群体显著扩大，基本公共服务实现均等化，城乡区域发展差距和居民生活水平差距显著缩小。平安中国建设达到更高水平，基本实现国防和军队现代化。人民生活更加美好，人的全面发展、全体人民共同富裕取得更为明显的实质性进展。

（三）城镇化空间布局

发展壮大城市群和都市圈，分类引导大中小城市发展方向和建设重点，形成疏密有致、分工协作、功能完善的城镇化空间格局。《中华人民共和国国民经济和社会发展第十四个五年规划和2035年远景目标纲要》要求推动城市群一体化发展，以促进城市群发展为抓手，全面形成"两横三纵"城镇化战略格局；建设现代化都市圈，依托辐射带动能力较强的中心城市，提高1小时通勤圈协同发展水平，培育发展一批同城化程度高的现代化都市圈；优化提升超大特大城市中心城区功能，统筹兼顾经济、生活、生态、安全等多元需要，转变超大特大城市开发建设方式，加强超大特大城市治理中的风险防控，促进高质量、可持续发展；完善大中城市宜居宜业功能，充分利用综合成本相对较低的优势，主动承接超大特大城市产业转移和功能疏解，夯实实体经济发展基础；推进以县城为重要载体的城镇化建设，加快县城补短板强弱项，推进公共服务、环境卫生、市政公用、产业配套等设施提级扩能，增强综合承载能力和治理能力。

二、国土空间规划

建立全国统一、责权清晰、科学高效的国土空间规划体系，整体谋划新时代国土空间开发保护格局，综合考虑人口分布、经济布局、国土利用、生态环境保护等因素，科学布局生产空间、生活空间、生态空间，是加快形成绿色生产方式和生活方式、推进生态文明建设、建设美丽中国的关键举措，是坚持以人民为中心、实现高质量发展和高品质生活、建设美好家园的重要手段，是保障国家战略有效实施、促进国家治理体系和治理能力现代化、实现"两个一百年"奋斗目标和中华民族伟大复兴中国梦的必然要求。

（一）国土空间规划的含义

《中共中央 国务院关于建立国土空间规划体系并监督实施的若干意见》（中发〔2019〕18 号）指出，国土空间规划是国家空间发展的指南、可持续发展的空间蓝图，是各类开发保护建设活动的基本依据。建立国土空间规划体系并监督实施，将主体功能区规划、土地利用规划、城乡规划等空间规划融合为统一的国土空间规划，实现"多规合一"，强化国土空间规划对各专项规划的指导约束作用。实施"多规合一"，形成"一本规划、一张蓝图"，建立统一的编制审批体系、实施监督体系、法规政策体系和技术标准体系，构建统一的基础信息平台，形成全国国土空间开发保护"一张图"。

（二）国土空间规划的主要目标

将主体功能区规划、土地利用规划、城乡规划等空间规划融合为统一的国土空间规划，实现多规合一，强化国土空间规划对各专项规划的指导约束作用。到2020 年，基本建立国土空间规划体系，逐步建立"多规合一"的规划编制审批体系、实施监督体系、法规政策体系和技术标准体系；基本完成市县以上各级国土空间总体规划编制，初步形成全国国土空间开发保护"一张图"。到 2025 年，健全国土空间规划法规政策和技术标准体系；全面实施国土空间监测预警和绩效考核机制；形成以国土空间规划为基础，以统一用途管制为手段的国土空间开发保护制度。到 2035 年，全面提升国土空间治理体系和治理能力现代化水平，基本形成生产空间集约高效、生活空间宜居适度、生态空间山清水秀、安全和谐、富有竞争力和可持续发展的国土空间格局。

（三）科学有序划定三条控制线

三条控制线是根据城镇空间、农业空间、生态空间三种类型的空间，分别对应划定的城镇开发边界、永久基本农田保护红线、生态保护红线的控制线。将三条控制线作为调整经济结构、规划产业发展、推进城镇化不可逾越的红线，是落实最严格的生态环境保护制度、耕地保护制度和节约用地制度的重要举措。

1. 按照生态功能划定生态保护红线

生态保护红线是指在生态空间范围内具有特殊重要生态功能、必须强制性严格保护的区域。优先将具有重要水源涵养、生物多样性维护、水土保持、防风固沙、海岸防护等功能的生态功能极重要区域,以及生态极敏感脆弱的水土流失、沙漠化、石漠化、海岸侵蚀等区域划入生态保护红线。其他经评估目前虽然不能确定但具有潜在重要生态价值的区域也划入生态保护红线。对自然保护地进行调整优化,评估调整后的自然保护地应划入生态保护红线;自然保护地发生调整的,生态保护红线相应调整。生态保护红线内,自然保护地核心保护区原则上禁止人为活动,其他区域严格禁止开发性、生产性建设活动,在符合现行法律法规前提下,除国家重大战略项目外,仅允许对生态功能不造成破坏的有限人为活动,主要包括:零星的原住民在不扩大现有建设用地和耕地规模前提下,修缮生产生活设施,保留生活必需的少量种植、放牧、捕捞、养殖;因国家重大能源资源安全需要开展的战略性能源资源勘查、公益性自然资源调查和地质勘查;自然资源、生态环境监测和执法包括水文水资源监测及涉水违法事件的查处等,灾害防治和应急抢险活动;经依法批准进行的非破坏性科学研究观测、标本采集;经依法批准的考古调查发掘和文物保护活动;不破坏生态功能的适度参观旅游和相关的必要公共设施建设;必须且无法避让、符合县级以上国土空间规划的线性基础设施建设、防洪和供水设施建设与运行维护;重要生态修复工程。

2. 按照保质保量要求划定永久基本农田

永久基本农田是为保障国家粮食安全和重要农产品供给,实施永久特殊保护的耕地。依据耕地现状分布,根据耕地质量、粮食作物种植情况、土壤污染状况,在严守耕地红线基础上,按照一定比例,将达到质量要求的耕地依法划入。已经划定的永久基本农田中存在划定不实、违法占用、严重污染等问题的要全面梳理整改,确保永久基本农田面积不减、质量提升、布局稳定。

3. 按照集约适度、绿色发展要求划定城镇开发边界

城镇开发边界是在一定时期内因城镇发展需要,可以集中进行城镇开发建设、以城镇功能为主的区域边界,涉及城市、建制镇以及各类开发区等。城镇开发边界划定以城镇开发建设现状为基础,综合考虑资源承载能力、人口分布、经济布局、城乡统筹、城镇发展阶段和发展潜力,框定总量,限定容量,防止城镇无序蔓延。科学预留一定比例的留白区,为未来发展留有开发空间。城镇建设和发展不得违法违规侵占河道、湖面、滩地。

三、城市规划

（一）城市规划的主要任务

城市规划的主要任务体现在以下几方面：①确定城市的规模和发展方向，实现城市的经济和社会发展目标；②从城市的整体和长远利益出发，合理和有序地配置城市空间资源；③通过空间资源配置，提高城市的运作效率，促进经济和社会发展；④确保城市经济和社会发展与生态环境相协调，增强城市发展的可持续性；⑤建立各种引导机制和控制规则，确保各项建设活动与城市发展目标相一致。城市规划经过法律规定的程序审批确立后，就具有法律效力。城市规划区（指城市的建成区以及因城市建设和发展需要，必须实行规划控制的区域。规划区的具体范围由有关人民政府在组织编制的城市总体规划中，根据城乡经济社会发展水平和统筹城乡发展的需要划定）内的各项土地利用和建设活动，都必须按照城市规划进行。

（二）城市规划体系

城市规划作为政府行政管理的一项法定职能，是经济基础与上层建筑发展到一定阶段的客观产物。国家的城市规划体系一般包括规划法律体系、规划行政体系和规划运作体系三个基本方面。

1. 城市规划法律体系

我国的法律制度体系由法律、法规、规章和规范性文件构成。城市规划法律体系包括基本法律（主干法）及配套法规或规章、专项法和相关法律法规等。

《城乡规划法》从 2008 年 1 月 1 日起施行，原来制定的《城市规划法》同时废止。该法是我国在新时期城市规划法律体系的核心，也称主干法，由全国人民代表大会常务委员会制定，其主要内容是有关城乡规划分类、规划行政、规划编制以及布局安排和建设控制等的法律条款。为保证主干法的实施，需要有相应的从属法规来阐明有关条款的实施细则，配套法规或规章由主干法授权相应的政府主管部门制订并报国家立法机构备案。

专项法是针对规划中某些特定议题的立法，由于主干法要求具有普遍适用性和相对稳定性的特点，而有些议题不宜由主干法提供法定依据，因而需要制定某些专项法。

城市规划在实施过程中还涉及其他一些相关法律、法规和规章，它们并不是专门针对城市规划的立法，但又与城市规划关系非常密切，对城市规划有重要影响。如我国的《土地管理法》《环境保护法》《城市房地产管理法》《文物保护法》《公路法》《建筑法》《标准化法》《消防法》等。

2. 城市规划行政体系

城市规划行政体系包括城市规划的编制和审批两个方面。我国实行城市规划编制和审批的分级管理体制。

城市人民政府组织编制城市总体规划。县人民政府组织编制县人民政府所在地镇的总体规划，其他镇的总体规划由镇人民政府组织编制。编制城市规划一般分为总体规划和详细规划两个阶段。根据实际需要，大、中城市在总体规划的基础上可以编制分区规划。

直辖市的城市总体规划由直辖市人民政府报国务院审批。省、自治区人民政府所在地的城市以及国务院确定的城市的总体规划，由省、自治区人民政府审查同意后，报国务院审批。其他城市的总体规划，由城市人民政府报省、自治区人民政府审批。县人民政府组织编制县人民政府所在地镇的总体规划，报上一级人民政府审批。其他镇的总体规划由镇人民政府组织编制，报上一级人民政府审批。城市、县人民政府组织编制的总体规划，在报上一级人民政府审批前，应当先经本级人民代表大会常务委员会审议，常务委员会组成人员的审议意见交由本级人民政府研究处理。镇人民政府组织编制的镇总体规划，在报上一级人民政府审批前，应当先经镇人民代表大会审议，代表的审议意见交由本级人民政府研究处理。分区规划和详细规划一般由市人民政府城市规划行政主管部门审批。编制分区规划的城市详细规划，除重要的详细规划由市人民政府审批外，由市人民政府规划行政主管部门审批。

3. 城市规划运作体系

城市规划运作体系包括城市规划具体编制和城市规划实施控制两个方面。

城市规划具体编制分为战略性发展规划的编制和实施控制性规划的编制。城市总体规划属于战略性发展规划，其任务是制定城市的中长期战略目标，并以此确定土地利用、交通管理、环境保护和基础设施等方面的发展准则和空间策略，为城市各分区和各系统的实施控制性规划提供指导性框架，但尚不足以成为建设实施控制的直接依据。而城市详细规划属于实施控制性规划，是对一定时期内城市局部地区的土地利用、空间环境和各项建设用地所做的具体安排，是城市建设实施控制的直接依据。根据编制的深度和内容，城市详细规划又可以进一步分为控制性详细规划和修建性详细规划。控制性详细规划是以城市总体规划或分区规划为依据，确定建设地区的土地使用性质和使用强度的控制指标、道路和工程管线控制性位置以及空间环境控制的规划要求。修建性详细规划是以城市总体规划、分区规划或控制性详细规划为依据，用以指导各项建筑和工程设施的设计和施工的规划设计。

城市规划实施控制是为了落实城市规划的具体实施而采取的城市规划建设管理

的运作方式。《城乡规划法》规定：任何开发建设项目都必须专门申请规划许可，并按规定办理建设用地规划许可证；涉及国有土地使用权出让的，城市、县人民政府城乡规划主管部门须依据控制性详细规划，提出出让地块的位置、使用性质、开发强度等规划条件，作为国有土地使用权出让合同的组成部分。未确定规划条件的地块，不得出让国有土地使用权。以出让方式取得国有土地使用权的建设项目，在签订国有土地使用权出让合同后，建设单位可持建设项目的批准、核准、备案文件和国有土地使用权出让合同，向城市、县人民政府城乡规划主管部门领取建设用地规划许可证。城市、县人民政府城乡规划主管部门不得在建设用地规划许可证中，擅自改变作为国有土地使用权出让合同组成部分的规划条件。规划条件未纳入国有土地使用权出让合同的，该国有土地使用权出让合同无效；对未取得建设用地规划许可证的建设单位批准用地的，由县级以上人民政府撤销有关批准文件；占用土地的，应当及时退回；给当事人造成损失的，应当依法给予赔偿。

第二节　城市总体规划

一、城市总体规划的主要任务和内容

（一）城市总体规划的主要任务

城市总体规划是综合研究和确定城市性质、规模和空间发展形态，统筹安排城市各项建设用地，合理配置城市各项基础设施，处理好远期发展与近期建设的关系，指导城市合理发展的战略部署和纲领性文件。

（二）城市总体规划的主要内容

《城乡规划法》规定：城市总体规划、镇总体规划的主要内容包括城市的发展布局，功能分区，用地布局，综合交通体系，禁止、限制和适宜建设的地域范围，各类专项规划等。而规划区范围、规划区内建设用地规模、基础设施和公共服务设施用地、水源地和水系、基本农田和绿化用地、环境保护、自然与历史文化遗产保护以及防灾减灾等内容，应当作为城市总体规划、镇总体规划的强制性内容。

城市总体规划、镇总体规划的期限一般为20年，城市总体规划还应当对城市更长远的发展作出预测性安排。近期建设规划是总体规划的一个组成部分，城市、县、镇人民政府应当根据城市总体规划、镇总体规划、土地利用总体规划和年度计划以及国民经济和社会发展规划，制定近期建设规划，报总体规划审批机关备案。近期建设规划应当以重要基础设施、公共服务设施和中低收入居民住房建设以及生态环境保护为重点内容，明确近期建设的时序、发展方向和空间布局。近期建设规划的规划期限为 5 年。

二、城市发展战略

(一) 城市发展战略的含义

在进行城市规划之前首先要确定城市发展战略与目标。城市发展战略是指在较长时期内，人们从城市的各种因素、条件和可能变化的趋势预测出发，做出关系到城市经济、社会、环境发展全局的根本谋划和对策。具体地说，城市发展战略是城市经济、社会、建设三位一体的统一的发展战略。

城市发展战略直接影响到城市发展的方向、速度和前景，科学合理的城市发展战略是城市持续健康发展的保证。制定城市发展战略与目标是整个城市政府的任务与职能。

(二) 城市发展战略的主要内容

城市发展战略由一系列具体的城市发展目标以及实现这些目标的措施所组成。城市发展战略及其具体目标通常分为三个方面的内容：

(1) 经济发展目标。包括国内生产总值（GDP）等经济总量指标、人均国民收入等经济效益指标以及第一、二、三产业之间的比例等经济结构指标。

(2) 社会发展目标。包括总人口规模等人口总量指标、年龄结构等人口构成指标、人均寿命等反映居民生活水平的指标以及居民受教育程度等人口素质指标。

(3) 建设水平目标。包括建设规模、土地利用结构、人际环境质量、基础设施水平等方面的指标。

三、城市性质与城市规模

(一) 城市性质

城市性质是指城市在一定地区、国家以至更大范围内的政治、经济、与社会发展中所处的地位和所担负的主要职能。它是一个城市在社会经济发展的一定历史阶段所具有的本质属性，体现了各城市间相互区别的基本特征。

1. 确定城市性质的意义

(1) 城市性质决定着城市规划的特征，对城市规模的大小、城市用地组织的特点以及各种市政公用设施的水平起着重要的作用。在编制城市总体规划时，首先要确定城市的性质。

(2) 城市性质是城市建设的总纲，是体现城市的最基本特征和城市总的发展方向，科学地确定城市性质是充分发挥城市作用的重要前提。它有利于合理选定城市建设项目，有利于突出规划结构的特点，有利于为规划方案提供可靠的技术经济依据。

2. 确定城市性质的依据

（1）国家方针、政策及国家经济发展规划对该城市建设的要求。

（2）该城市在所处区域的地位与所担负的任务。

（3）该城市自身所具备的条件，包括资源条件、自然地理条件、建设条件和历史及现状基础条件。

3. 确定城市性质的方法

确定城市性质一般采用"定性分析"和"定量分析"相结合的方法。定性分析旨在全面分析和说明城市在区域政治、经济、文化生活中的作用和地位。定量分析是在定性基础上对城市职能，特别是经济职能，通过采用某些技术指标所作的分析，主要是从数量上确定城市的主导产业或生产部门。经济职能的定量分析主要从城市主导产业在全国或地区的地位和作用、主要生产部门经济结构的主次、用地结构的主次三个方面着手。

4. 按城市性质划分城市类型

（1）工业城市。以工业生产为主，工业用地及对外交通运输用地占有较大的比重。不同性质的工业，在规划上会有不同的特殊要求。这类城市又可依工业构成情况分为多种工业的城市和单一工业为主的城市。

（2）交通港口城市。这类城市往往是由对外交通运输发展起来的，交通运输用地在城市中占有很大比例。这类城市根据运输条件，又可分为铁路枢纽城市和内河港埠城市等。

（3）中心城市。这类城市既有政治、文教、科研等非经济机构的主要职能，也有经济方面的职能，在用地组成与布局上较为复杂，城市规模较大。根据规模和职能，又可分为全国性中心城市和地区性中心城市等。

（4）县城。这类城市是联系广大农村的纽带，也是工农业物资的集散地。县城的特点是数量多，规模小。

（5）特殊职能的城市。根据不同的职能可分为纪念性城市、观光旅游城市、边防城市、经济特区等。

（二）城市规模

城市规模反映人口、经济、科学技术等在城市的聚集程度。广义的城市规模包括城市的人口规模、用地规模、生产力规模等；狭义的城市规模指城市人口规模，即城市人口总数，通常以市区的常住非农业人口作为衡量城市人口规模的依据。

1. 确定城市规模的意义

确定城市规模是城市总体规划的首要工作之一，对城市发展具有重要意义。如果城市人口规模的估计值比现实合理发展的趋势值大，则用地必然过大，相应设施标准过高，造成长期不合理与浪费；如果人口规模的估计值比现实合理发展的趋势值小，则用地必然过小，相应的设施标准不能适应城市发展的要求，成为城市发展的障碍。

2. 确定城市规模的常用方法

（1）综合平衡法。城市人口的增长由自然增长和机械增长两部分组成，综合平衡法的基本思路就是对城市人口的自然增长和机械增长分别作出预测，再加上当前期末人口总数，从而得出未来城市总人口的预测结果。

（2）区域分配法。此方法以区域国民经济为依据，对区域人口增长采用自然增长规律和机械增长规律进行综合分析，根据区域经济发展预测城市化水平，将城市人口根据区域生产力布局分配给各个城镇。

（3）环境容量法。它是根据城市基础设施的支持能力和自然资源的供给能力来计算城市极限人口的一种方法。

（4）线性回归分析法。它是根据城市人口的历史统计资料，依据数理分析方法揭示城市人口发展规模与年份之间的相互关系，从而对未来城市人口规模进行预测的方法。

3. 按城市人口划分城市类型

根据《国务院关于调整城市规模划分标准的通知》（国发〔2014〕51号）规定：以城区常住人口为统计口径，将城市划分为五类七档。城区常住人口50万以下的城市为小城市，其中20万以上50万以下的城市为Ⅰ型小城市，20万以下的城市为Ⅱ型小城市；城区常住人口50万以上100万以下的城市为中等城市；城区常住人口100万以上500万以下的城市为大城市，其中300万以上500万以下的城市为Ⅰ型大城市，100万以上300万以下的城市为Ⅱ型大城市；城区常住人口500万以上1000万以下的城市为特大城市；城区常住人口1000万以上的城市为超大城市（以上包括本数，以下不包括本数）。其中：城区是指在市辖区和不设区的市，区、市政府驻地的实际建设连接到的居民委员会所辖区域和其他区域。常住人口包括：居住在本乡镇街道，且户口在本乡镇街道或户口待定的人；居住在本乡镇街道，且离开户口登记地所在的乡镇街道半年以上的人；户口在本乡镇街道，且外出不满半年或在境外工作学习的人。

四、城市分区规划

大城市、中等城市为了进一步控制和确定不同地段的土地用途、范围和容量，协调各项基础设施和公共设施的建设，在总体规划的基础上，可以编制分区规划。在编制城市分区规划时，应以城市总体规划为编制依据。

城市分区规划的主要任务是：在城市总体规划的基础上，对城市土地利用、人口分布和公共设施、城市基础设施的配置作出进一步的安排，以便与城市详细规划更好地衔接。

分区规划将城市总体规划的覆盖范围划分成多个分区进行，其分区范围界线通常根据总体规划的组团布局，并结合城市的区、街道等行政区划以及河流、道路等自然地物来确定。

城市分区规划包括下列内容：①原则确定分区内土地使用性质、居住人口分布、建筑及用地的容量控制指标；②确定市、区、居住区级公共设施的分布及其用地范围；③确定城市主、次干道的红线位置、断面、控制点坐标和标高，确定支路的走向、宽度以及主要交叉口、广场、停车场位置和控制范围；④确定绿地系统、河湖水面、供电高压线走廊、对外交通设施、风景名胜的用地界线和文物古迹、传统街区的保护范围，提出空间形态的保护要求；⑤确定工程干管的位置、走向、管径、服务范围以及主要工程设施的位置和用地范围、分区规划的规划期限一般与城市总体规划一致。

五、城市用地

（一）城市用地分类与规划建设用地标准

自然资源部为实施全国自然资源统一管理，科学划分国土空间用地用海类型、明确各类型含义，统一国土调查、统计和规划分类标准，合理利用和保护自然资源，建立"多规合一"的国土空间规划体系并监督实施，于 2020 年 11 月 17 日印发《国土空间调查、规划、用途管制用地用海分类指南（试行）》，适用于国土调查、监测、统计、评价，国土空间规划、用途管制、耕地保护、生态修复，土地审批、供应、整治、执法、登记及信息化管理等工作。

在城市规划工作中使用的城市用地分类现行标准为自 2012 年 1 月 1 日起实施的《城市用地分类与规划建设用地标准》GB 50137—2011，该标准适应规划作为公共政策的属性要求，适应国家节约集约用地的严控要求，这里作重点介绍。

本标准确立了覆盖城乡全域的"分层次控制的综合用地分类体系"，包括城乡用地分类、城市建设用地分类两部分。"城乡用地"和"城市建设用地"两个分类的具体划分主要基于两个原则：一是地类无遗漏、无重复，明晰"城市建设用地"与"城乡用地"中"城市建设用地"（H11）完全衔接的对应关系；二是清楚界定计入城市建设用地标准核算的用地，仅"城市建设用地"的地类计入"规划人均城市建设用地面积指标"的统计。按土地利用的主要性质进行划分和归类，体现了城乡统筹的原则，满足了市（县、镇）域和城市（县人民政府所在地）两个不同空间层面土地利用的现状调查、规划编制、用地统计和建设管理等工作的共同需求，加强了与土地、交通、园林、环保等相关法律、法规、技术标准的充分对接。

市域内城乡用地共分为2大类、8中类、17小类，对接了《中华人民共和国土地管理法》中农用地、建设用地、未利用地三大类用地。城乡用地分类和代码属于强制性条文，见表1-1。

城乡用地分类和代码　　　　　　　　　表1-1

类别代码			类别名称	内　容
大类	中类	小类		
			建设用地	包括城乡居民点建设用地、区域交通设施用地、区域公用设施用地、特殊用地、采矿用地及其他建设用地等
			城乡居民点建设用地	城市、镇、乡、村庄建设用地
	H1	H11	城市建设用地	城市内的居住用地、公共管理与公共服务设施用地、商业服务业设施用地、工业用地、物流仓储用地、道路与交通设施用地、公用设施用地、绿地与广场用地
		H12	镇建设用地	镇人民政府驻地的建设用地
		H13	乡建设用地	乡人民政府驻地的建设用地
		H14	村庄建设用地	农村居民点的建设用地
H			区域交通设施用地	铁路、公路、港口、机场和管道运输等区域交通运输及其附属设施用地，不包括城市建设用地范围内的铁路客货运站、公路长途客货运站以及港口客运码头
	H2	H21	铁路用地	铁路编组站、线路等用地
		H22	公路用地	国道、省道、县道和乡道用地及附属设施用地
		H23	港口用地	海港和河港的陆域部分，包括码头作业区、辅助生产区等用地
		H24	机场用地	民用及军民合用的机场用地，包括飞行区、航站区等用地，不包括净空控制范围用地
		H25	管道运输用地	运输煤炭、石油和天然气等地面管道运输用地，地下管道运输规定的地面控制范围内的用地应按其地面实际用途归类

续表

类别代码			类别名称	内　　容
大类	中类	小类		
	H3		区域公用设施用地	为区域服务的公用设施用地，包括区域性能源设施、水工设施、通信设施、广播电视设施、殡葬设施、环卫设施、排水设施等用地
			特殊用地	特殊性质的用地
	H4	H41	军事用地	专门用于军事目的的设施用地，不包括部队家属生活区和军民共用设施等用地
		H42	安保用地	监狱、拘留所、劳改场所和安全保卫设施等用地，不包括公安局用地
H	H5		采矿用地	采矿、采石、采沙、盐田、砖瓦窑等地面生产用地及尾矿堆放地
	H9		其他建设用地	除以上之外的建设用地，包括边境口岸和风景名胜区、森林公园等的管理及服务设施等用地
			非建设用地	水域、农林用地及其他非建设用地等
			水域	河流、湖泊、水库、坑塘、沟渠、滩涂、冰川及永久积雪
	E1	E11	自然水域	河流、湖泊、滩涂、冰川及永久积雪
E		E12	水库	人工拦截汇集而成的总库容不小于 10 万 m^3 的水库正常蓄水位岸线所围成的水面
		E13	坑塘沟渠	蓄水量小于 10 万 m^3 的坑塘水面和人工修建用于引、排、灌的渠道
	E2		农林用地	耕地、园地、林地、牧草地、设施农用地、田坎、农村道路等用地
	E9		其他非建设用地	空闲地、盐碱地、沼泽地、沙地、裸地、不用于畜牧业的草地等用地

城市建设用地共分为 8 大类、35 中类、44 小类。城市建设用地与城乡用地分类中 H11 城市建设用地概念完全衔接。城市建设用地分类和代码属于强制性条文，见表 1-2。

城市建设用地分类和代码　　　　　　　　　　表 1-2

类别代码			类别名称	内　容
大类	中类	小类		
R			居住用地	住宅和相应服务设施的用地
	R1		一类居住用地	设施齐全、环境良好，以低层住宅为主的用地
		R11	住宅用地	住宅建筑用地及其附属道路、停车场、小游园等用地
		R12	服务设施用地	居住小区及小区级以下的幼托、文化、体育、商业、卫生服务、养老助残、公用设施等用地，不包括中小学用地
	R2		二类居住用地	设施较齐全、环境良好，以多、中、高层住宅为主的用地
		R21	住宅用地	住宅建筑用地（含保障性住宅用地）及其附属道路、停车场、小游园等用地
		R22	服务设施用地	居住小区及小区级以下的幼托、文化、体育、商业、卫生服务、养老助残、公用设施等用地，不包括中小学用地
	R3		三类居住用地	设施较欠缺、环境较差，以需要加以改造的简陋住宅为主的用地，包括危房、棚户区、临时住宅等用地
		R31	住宅用地	住宅建筑用地及其附属道路、停车场、小游园等用地
		R32	服务设施用地	居住小区及小区级以下的幼托、文化、体育、商业、卫生服务、养老助残、公用设施等用地，不包括中小学用地

续表

类别代码			类别名称	内　　容
大类	中类	小类		
A			公共管理与公共服务设施用地	行政、文化、教育、体育、卫生等机构和设施的用地，不包括居住用地中的服务设施用地
	A1		行政办公用地	党政机关、社会团体、事业单位等办公机构及其相关设施用地
	A2		文化设施用地	图书、展览等公共文化活动设施用地
		A21	图书展览用地	公共图书馆、博物馆、档案馆、科技馆、纪念馆、美术馆和展览馆、会展中心等设施用地
		A22	文化活动用地	综合文化活动中心、文化馆、青少年宫、儿童活动中心、老年活动中心等设施用地
	A3		教育科研用地	高等院校、中等专业学校、中学、小学、科研事业单位及其附属设施用地，包括为学校配建的独立地段的学生生活用地
		A31	高等院校用地	大学、学院、专科学校、研究生院、电视大学、党校、干部学校及其附属设施用地，包括军事院校用地
		A32	中等专业学校用地	中等专业学校、技工学校、职业学校等用地，不包括附属于普通中学内的职业高中用地
		A33	中小学用地	中学、小学用地
		A34	特殊教育用地	聋、哑、盲人学校及工读学校等用地
		A35	科研用地	科研事业单位用地
	A4		体育用地	体育场馆和体育训练基地等用地，不包括学校等机构专用的体育设施用地
		A41	体育场馆用地	室内外体育运动用地，包括体育场馆、游泳场馆、各类球场及其附属的业余体校等用地
		A42	体育训练用地	为体育运动专设的训练基地用地

类别代码			类别名称	内　　容
大类	中类	小类		
A	A5		医疗卫生用地	医疗、保健、卫生、防疫、康复和急救设施等用地
		A51	医院用地	综合医院、专科医院、社区卫生服务中心等用地
		A52	卫生防疫用地	卫生防疫站、专科防治所、检验中心和动物检疫站等用地
		A53	特殊医疗用地	对环境有特殊要求的传染病、精神病等专科医院用地
		A59	其他医疗卫生用地	急救中心、血库等用地
	A6		社会福利用地	为社会提供福利和慈善服务的设施及其附属设施用地,包括福利院、养老院、孤儿院等用地
	A7		文物古迹用地	具有保护价值的古遗址、古墓葬、古建筑、石窟寺、近代代表性建筑、革命纪念建筑等用地。不包括已作其他用途的文物古迹用地
	A8		外事用地	外国驻华使馆、领事馆、国际机构及其生活设施等用地
	A9		宗教用地	宗教活动场所用地
B	B1		商业服务业设施用地	商业、商务、娱乐康体等设施用地,不包括居住用地中的服务设施用地
			商业用地	商业及餐饮、旅馆等服务业用地
		B11	零售商业用地	以零售功能为主的商铺、商场、超市、市场等用地
		B12	批发市场用地	以批发功能为主的市场用地
		B13	餐饮用地	饭店、餐厅、酒吧等用地
		B14	旅馆用地	宾馆、旅馆、招待所、服务型公寓、度假村等用地

续表

类别代码			类别名称	内　　容
大类	中类	小类		
B	B2		商务用地	金融保险、艺术传媒、技术服务等综合性办公用地
		B21	金融保险用地	银行、证券期货交易所、保险公司等用地
		B22	艺术传媒用地	文艺团体、影视制作、广告传媒等用地
		B29	其他商务用地	贸易、设计、咨询等技术服务办公用地
	B3		娱乐康体用地	娱乐、康体等设施用地
		B31	娱乐用地	剧院、音乐厅、电影院、歌舞厅、网吧以及绿地率小于65％的大型游乐等设施用地
		B32	康体用地	赛马场、高尔夫、溜冰场、跳伞场、摩托车场、射击场，以及通用航空、水上运动的陆域部分等用地
	B4		公用设施营业网点用地	零售加油、加气、电信、邮政等公用设施营业网点用地
		B41	加油加气站用地	零售加油、加气、充电站等用地
		B49	其他公用设施营业网点用地	独立地段的电信、邮政、供水、燃气、供电、供热等其他公用设施营业网点用地
	B9		其他服务设施用地	业余学校、民营培训机构、私人诊所、殡葬、宠物医院、汽车维修站等其他服务设施用地

类别代码			类别名称	内　容
大类	中类	小类		
M			工业用地	工矿企业的生产车间、库房及其附属设施用地，包括专用铁路、码头和附属道路、停车场等用地，不包括露天矿用地
	M1		一类工业用地	对居住和公共环境基本无干扰、污染和安全隐患的工业用地
	M2		二类工业用地	对居住和公共环境有一定干扰、污染和安全隐患的工业用地
	M3		三类工业用地	对居住和公共环境有严重干扰、污染和安全隐患的工业用地
W			物流仓储用地	物资储备、中转、配送等用地，包括附属道路、停车场以及货运公司车队的站场等用地
	W1		一类物流仓储用地	对居住和公共环境基本无干扰、污染和安全隐患的物流仓储用地
	W2		二类物流仓储用地	对居住和公共环境有一定干扰、污染和安全隐患的物流仓储用地
	W3		三类物流仓储用地	易燃、易爆和剧毒等危险品的专用物流仓储用地
S			道路与交通设施用地	城市道路、交通设施等用地，不包括居住用地、工业用地等内部的道路、停车场等用地
	S1		城市道路用地	快速路、主干路、次干路和支路等用地，包括其交叉口用地
	S2		城市轨道交通用地	独立地段的城市轨道交通地面以上部分的线路、站点用地
	S3		交通枢纽用地	铁路客货运站、公路长途客运站、港口客运码头、公交枢纽及其附属设施用地

续表

类别代码			类别名称	内　容
大类	中类	小类		
S	S4		交通场站用地	交通服务设施用地，不包括交通指挥中心、交通队用地
		S41	公共交通场站用地	城市轨道交通车辆基地及附属设施，公共汽（电）车首末站、停车场（库）、保养场、出租汽车场站设施等用地，以及轮渡、缆车、索道等的地面部分及其附属设施用地
		S42	社会停车场用地	独立地段的公共停车场和停车库用地，不包括其他各类用地配建的停车场和停车库用地
	S9		其他交通设施用地	除以上之外的交通设施用地，包括教练场等用地
U	U1		公用设施用地	供应、环境、安全等设施用地
			供应设施用地	供水、供电、供燃气和供热等设施用地
		U11	供水用地	城市取水设施、自来水厂、再生水厂、加压泵站、高位水池等设施用地
		U12	供电用地	变电站、开闭所、变配电所等设施用地，不包括电厂用地。高压走廊下规定的控制范围内的用地应按其地面实际用途归类
		U13	供燃气用地	分输站、门站、储气站、加气母站、液化石油气储配站、灌瓶站和地面输气管廊等设施用地，不包括制气厂用地
		U14	供热用地	集中供热锅炉房、热力站、换热站和地面输热管廊等设施用地
		U15	通信用地	邮政中心局、邮政支局、邮件处理中心、电信局、移动基站、微波站等设施用地
		U16	广播电视用地	广播电视的发射、传输和监测设施用地，包括无线电收信区、发信区以及广播电视发射台、转播台、差转台、监测站等设施用地

续表

类别代码			类别名称	内　容
大类	中类	小类		
U	U2		环境设施用地	雨水、污水、固体废物处理等环境保护设施及其附属设施用地
		U21	排水用地	雨水泵站、污水泵站、污水处理、污泥处理厂等设施及其附属的构筑物用地，不包括排水河渠用地
		U22	环卫用地	生活垃圾、医疗垃圾、危险废物处理（置），以及垃圾转运、公厕、车辆清洗、环卫车辆停放修理等设施用地
	U3		安全设施用地	消防、防洪等保卫城市安全的公用设施及其附属设施用地
		U31	消防用地	消防站、消防通信及指挥训练中心等设施用地
		U32	防洪用地	防洪堤、防洪枢纽、排洪沟渠等设施用地
	U9		其他公用设施用地	除以上之外的公用设施用地，包括施工、养护、维修等设施用地
G			绿地与广场用地	公园绿地、防护绿地、广场等公共开放空间用地
	G1		公园绿地	向公众开放，以游憩为主要功能，兼具生态、美化、防灾等作用的绿地
	G2		防护绿地	具有卫生、隔离和安全防护功能的绿地
	G3		广场用地	以游憩、纪念、集会和避险等功能为主的城市公共活动场地

《城市用地分类与规划建设用地标准》GB 50137—2011 "分层次控制的综合用地分类体系"具有两大显著特点：一是遵循"人地对应"原则，区分了区域范围与城市范围的设施用地，使城市用地指标更加具有可比性。城乡用地中的建设用地中，将区域性的交通设施（铁路、公路、港口、机场）、区域性公用设施（区域性能源、水工、通信、广播电视、殡葬、环卫、排水设施等）以及军事、安保等特殊用地从城市建设用地中剥离出来，与城乡居民点建设用地并立。将服务区域的设施独立出来不计入城市建设用地，增加了各城市用地指标之间的可比性、科学性和统一性。二是区分了公益性设施与营利性设施用地，强调了对基础民生需求服务的保障。从公益与营利的角度，将公共设施分为"公共管理与公共服务用地（A）"和"商业服务业设施用地（B）"，而且规定了公共管理与公共服务用地（包括行政办公、文化设施、教育科研、体育用地、医疗卫生、社会福利设施、文物古迹、外事、宗教设施用地）占城市建设用地的比例在5%～8%，并且各类用地的种类应在用地平衡表中列出，以保证对公共服务用地的土地供给，强调了对基础民生需求服务的保障，合理调控市场行为。而将通过市场配置的服务设施，包括纯营利性的商业设施用地，政府独立投资或合资的设施（如剧院、音乐厅等）用地，其他服务设施（如业余学校、民营培训机构、私人诊所等）用地，具有营利性质的设施（如加油、加气、液化石油气换瓶站、电信、邮政、报刊发行、水电热气费用收缴等公用设施经营性网点）用地均作为商业服务业设施用地。

城市（镇）总体规划用地应采用1/10000或1/5000比例尺的图纸进行分类计算。现状和规划的用地计算范围应一致。用地规模应根据图纸比例确定统计精度，1/10000图纸应精确至个位，1/5000图纸应精确至小数点后一位。

规划建设用地标准包括规划人均城市建设用地标准、规划人均单项城市建设用地标准和规划城市建设用地结构三部分。新建城市的规划人均城市建设用地指标应在85.1～105.0 m²/人内确定。首都的规划人均城市建设用地指标应在105.1～115.0 m²/人内确定。除首都以外的现有城市的规划人均城市建设用地指标，应根据现状人均城市建设用地规模、城市所在的气候分区以及规划人口规模对应的允许调整幅度确定；规划人均城市建设用地指标，低限是65.0 m²/人，Ⅰ、Ⅱ、Ⅵ、Ⅶ建筑气候区高限115.0 m²/人，Ⅲ、Ⅳ、Ⅴ建筑气候区高限110.0 m²/人。边远地区、少数民族地区以及部分山地城市、人口较少的工矿业城市、风景旅游城市等具有特殊情况的城市，应专门论证确定规划人均城市建设用地指标，且上限不得大于150.0 m²/人。规划人均居住用地面积指标，Ⅰ、Ⅱ、Ⅵ、Ⅶ建筑气候区，人均居住用地面积在28.0～38.0 m²/人；Ⅲ、Ⅳ、Ⅴ建筑气候区，人均居住用地面积在 23.0～36.0m²/人。规划人均公共管理与公共服务用地面积不应小于 5.5m²/人。规划人均交通设施用地面积不应小于 12.0m²/人。规划人均绿地面积不应小于 10.0m²/人，其中人均公园绿地面积不应小于 8.0m²/人。

（二）城市用地评价

城市用地评价内容包括三个方面，即自然条件评价、建设条件评价和经济评价。

1. 城市用地的自然条件评价

城市建设用地的自然条件评价主要从工程地质、水文、气候、地形和用地适用性等几个方面进行。

（1）工程地质条件

1）建筑土质与地基承载力。在城市建设用地范围内，由于地层的地质构造和土质的自然堆积情况存在差异，其构成物质也就各不相同，加之受地下水的影响，地基承载力大小相差悬殊。建设用地范围内各种地基的承载能力，对城市建设用地选择和各类工程建设项目的合理布置以及工程建设的经济性，影响非常大。

2）地形条件。不同的建设用地的地形条件，对建设规划布局、道路的走向和线型、各项基础设施的建设、建筑群体的布置、城市的形态、轮廓与面貌等，均会产生一定程度的影响。结合自然地形条件，合理规划城市各项用地和布置各项工程建设，对于节约土地和减少平整土石方工程投资以及城市管理等，都意义重大。

3）冲沟。冲沟是由间断流水在地层表面冲刷形成的沟槽。冲沟切割用地，使之支离破碎，对土地的使用十分不利。在冲沟的发育地区，水土流失严重，而且道路的走向往往受其限制而增加线路长度和增设跨沟工程，给工程建设带来困难。规划前应弄清冲沟的分布、坡度、活动状况以及冲沟的发育条件，以便规划中及时采取相应的治理措施，如对地表水导流或通过绿化工程等方法防止水土流失。

4）滑坡与崩塌。滑坡与崩塌是一种物理工程地质现象。滑坡是由于斜坡上大量滑坡体（土体或岩体）在风化、地下水以及重力作用下，沿一定的滑动面向下滑动而造成的，常发生在山区或丘陵地区。因此，山区或丘陵城市，在利用坡地或紧靠崖岩进行建设时，需要了解滑坡的分布及滑坡地带的界线、滑坡的稳定性状况。不稳定的滑坡体本身以及处于滑坡体下滑方向的地段，均不宜作为城市建设用地。如果无法回避，必须采取相应工程措施加以防治。崩塌的成因主要是由山坡岩层或上层的层面相对滑动，造成山坡体失去稳定而塌落。

5）岩溶。地下可溶性岩石（如石灰岩、盐岩等）在含有二氧化碳、硫酸盐、氯等化学成分的地下水的溶解与侵蚀之下，岩石内部形成空洞（地下溶洞）的现象称为岩溶，也叫喀斯特现象。地下溶洞有时分布范围很广、洞穴空间高大，对建筑工程结构的稳定性造成极大伤害。工程建筑物和水工构筑物若不慎选在地下溶洞之上，将是十分危险的。在城市规划时要查清溶洞的分布、深度及其构造特点，而后确定城市布局和地面工程建设用地的选择。

6）地震。大多数地震是由地壳断裂构造运动引起的，了解和分析当地的地质构造非常重要。在有活动断裂带的地区，最易发生地震；而在断裂带的弯曲突出处和断裂带交叉的地方往往是震中所在。掌握活动断裂带的分布，对城市规划与建设的防震大有好处。在强震区一般不宜设置城市；在震区设置城市时，除制定各项建设工程的设防标准外，还须考虑震后疏散救灾等问题，如建筑不宜连绵成片，尽量避开断裂破碎地段。地震断裂带上一般可设置绿化带，不得进行城市建筑的建设，同时也不能作为城市的主要交通干道。此外，在城市的上游不宜修建水库，以免震时水库堤坝受损，洪水下泄，危及城市。

（2）水文及水文地质条件

1）水文条件。江河湖泊等地面水体，不但可作为城市水源，同时它还在水路运输、改善气候、稀释污水以及美化环境等方面发挥作用。但某些水文条件也可能给城市带来不利影响，例如洪水侵患、年水量的不均匀性、水流对沿岸的冲刷以及河床泥沙淤积等。特别是我国多沿江河的城市，常会受到洪水的威胁。为防范洪水带来的影响，在规划中应处理好用地选择、总体布局以及堤防工程建设等方面的问题。还要区别城市不同地区，采用不同的洪水设计标准，有利于土地的充分利用，也有利于城市的合理布局和节约建设投资。

2）水文地质条件。水文地质条件一般是指地下水的存在形式，含水层的厚度、矿化度、硬度、水温及水的流动状态等条件。地下水常常作为城市用水的水源，特别在远离江河湖泊或地面水水量不足而水质又不符合卫生要求的城市，调查并探明地下水资源尤为重要。应探明地下水的蕴藏量和补给情况，根据地下水的补给量来确定开采的水量。地下水倘若过量开采，就会使地下水位大幅度下降，形成"漏斗"。这样漏斗外围的污染物质极易流向漏斗中心，使水质变坏；严重的还会造成水源枯竭和引起地面沉陷，形成一个碟形洼地，对城市的防汛与排水均不利，而且对地面建筑及各项管网工程造成破坏。地下水的流向对城市布局也有影响。与地面水情况类似，对地下水有污染的一些建设项目不应布置在地下水的上游一侧，以尽量减少水体污染，特别要注意防止地下水的水源地受到污染。

（3）气候条件

气候条件对城市规划与建设有着诸多方面的影响，尤其在为城市居民创造一个舒适的生活环境、防止城市环境的污染等方面，关系更为密切。

1）太阳辐射。太阳辐射的强度与日照率，在不同纬度和不同地区存在着差异。分析研究城市所在地区的太阳运行规律和辐射强度，这对于建筑的日照标准、建筑朝向、建筑间距的确定，以及建筑的遮阳设施以及各项工程的采暖设施的设置，提供了规划设计的依据。其中建筑日照间距的考虑将进一步影响到城市建筑密度、城市用地指标与用地规模。

2）风象。风对城市规划与建设有着多方面的影响，尤其城市环境保护与风象的关系更为密切。风是地面大气的水平移动，由风向与风速两个量表示。风向就是风吹来的方向，表示风向最基本的一个特征指标叫风向频率。风向频率一般是分8个或16个罗盘方位观测、累计某一时期内（一季、一年或多年）各个方位风向的次数，并以各个风向发生的次数占该时期内观测累计各个不同风向（包括静风）的总次数的百分比来表示。风速是指单位时间内风所移动的距离，表示风速最基本的一个特征指标叫平均风速。平均风速是按每个风向的风速累计平均值来表示的。根据城市多年风向观测记录汇总所绘制的风向频率图和平均风速图又称风玫瑰图。

3）气温。气温对于城市规划与建设也有影响，如城市所在地区的日温差或年温差较大时，会给建筑工程的设施与施工带来影响；在工业配置时，需根据气温条件，考虑工业工艺的适应性与经济性问题；在生活居住方面，应根据气温状况考虑生活居住区的降温或采暖设备的设置等问题。气温的影响还表现在垂直方向上产生的逆温，使城市上空大气比较稳定，有害的工业烟气滞留或扩散缓慢，加剧对城市大气的污染。此外，城市由于建筑密集，生产与生活活动过程散发大量热量，往往出现市区气温比郊外高的现象，即所谓"热岛效应"，尤其在大城市中更为突出。为改善城市环境条件，减少炎热季节市区增温，在规划布局时，可增设大面积水体和绿地，加强对气温的调节作用。

4）降水与湿度。降水是降雨、降雪、降雹、降霜等气候现象的总称。降水量的大小和降水强度对城市的排水设施有较为突出的影响。此外，山洪的形成、江河汛期的威胁等也给城市用地的选择及城市防洪工程带来直接的影响。湿度的高低与降水的多少有着密切的联系。相对湿度又随地区或季节的不同而异。一般城市因大量人工建筑物与构筑物覆盖，相对湿度比城市郊区要低。湿度的大小还对城市某些工业生产工艺有所影响，同时又与居住环境是否舒适有所联系。

（4）地形条件

不同建设用地的地形条件，对建设规划布局、道路的走向和线型、各项基础设施的建设、建筑群体的布置、城市的形态、轮廓与面貌等，均会产生一定程度的影响。

（5）城市用地适用性评价

城市用地适用性评价是指以城市建设用地为基础，综合各项用地的自然条件以及整个用地的工程措施的可能性与经济性，对用地质量进行的评价。从自然条件出发对城市建设用地的适用性进行评价，主要是在调查研究各项自然环境条件的基础上，按城市规划与建设的需要，对用地在工程技术与经济性方面进行综合质量评价，以确定用地的适用性程度，为正确选择和合理组织城市建设和发展用地提供依据。

城市用地适用性的评定要因地制宜，特别是要抓住对用地影响最突出的主导环境要素，进行重点的分析与评价。例如，平原河网地区的城市必须重点分析水文和地基承载力的情况；山区和丘陵地区的城市，则地形、地貌条件往往成为评价的主要因素。地震区的城市，对于地质构造的情况就显得十分重要；而矿区附近的城市发展必须弄清地下矿藏的分布情况，等等。

根据城市用地适用性评价结论，一般可将建设用地分为三类。

一类用地：即适于修建的用地。这类用地一般具有地形平坦、规整、坡度适宜，地质条件良好，没有被洪水淹没的危险，自然环境较为优越等特点，能适应城市各项设施的建设要求的用地。这类用地一般不需或只需稍加简单的工程准备措施，就可以进行修建。其具体要求是：①地形坡度在10°以下，符合各项建设用地的要求；②土质能满足建筑物地基承载力的要求；③地下水位低于建筑物的基础埋置深度；④没有被百年一遇洪水淹没的危险；⑤没有沼泽现象或采用简单工程措施即可排除地面积水的地段；⑥没有冲沟、滑坡、崩塌、岩溶等不良地质现象的地段。

二类用地：即基本上可以修建的用地。这类用地由于受某种或某几种不利条件的影响，需要采取一定的工程措施改善其条件后，才适于修建的用地。这类用地对城市设施或工程项目的布置有一定的限制。其具体情况是：①土质较差，在修建建筑物时，地基需要采取人工加固措施；②地下水位距地表面的深度较浅，修建建筑物时，需降低地下水位或采取排水措施；③属洪水轻度淹没区，淹没深度不超过1～1.5m，需采取防洪措施；④地形坡度较大，修建建筑物时，除需要采取一定的工程措施外，还需动用较大土石方工程；⑤地表面有较严重的积水现象，需要采取专门的工程准备措施加以改善；⑥有轻微的活动性冲沟、滑坡等不良地质现象，需要采取一定工程准备措施等。

三类用地：即不适于修建的用地。这类用地一般说来用地条件极差，其具体情况是：①地基承载力小于 60kPa 和厚度在 2m 以上的泥炭层或流砂层的土壤，需要采取很复杂的人工地基和加固措施才能修建；②地形坡度超过 20°以上，布置建筑物很困难；③经常被洪水淹没，且淹没深度超过 1.5m；④有严重的活动性冲沟、滑坡等不良地质现象，若采取防治措施需花费很大工程量和工程费用；⑤农业生产价值很高的丰产农田，具有开采价值的矿藏埋藏，属给水水源卫生防护地段，存在其他永久性设施和军事设施等。

我国地域辽阔，各地的情况存在差异，城市用地适用性评定在用地类别的划分可按各地区的具体条件相对地来拟定。不同城市的用地类别可不强求统一，类别的多少也要根据用地环境条件的复杂程度和规划的要求来确定。如有的城市用地类别可分为四类或五类，而有的城市则可分为两类。因此，用地适用性评定的分类具有较强的地方性和实用性，必须因地制宜地加以确定。

2. 城市用地的建设条件评价

城市用地的建设条件是指组成城市各项物质要素的现有状况与它们在近期内建设或改进的可能以及它们的服务水平与质量。与建设用地的自然条件评价相比，城市用地的建设条件评价更强调人为因素的影响。城市用地的建设条件评价一般包括城市用地布局结构评价、城市市政设施和公共服务设施评价以及社会、经济构成评价三个方面。

（1）城市用地布局结构评价

1）城市用地布局结构是否合理，主要体现在城市各功能部分的组合与构成的关系，以及所反映的城市总体运营的效率与和谐性。城市的布局现状是城市历史发展过程的产物，有着相当的恒定性。城市越大，其布局一般越难以改动。

2）城市用地布局结构能否适应发展，城市布局结构形态是封闭的还是开放的，将对城市整体的增长、调整或改变的可能性产生影响。如工业的改造或者规模的扩展，以此带来居住生活等相应用地的扩大，是否会在工作地与居住地的空间扩展出现结构性的障碍等。

3）城市用地分布对生态环境的影响，主要体现在城市工业排放物所造成的环境污染与城市布局的矛盾，这一矛盾往往影响到城市用地价值，同时为改变污染状态而需要更多的资金投入。

4）城市内外交通系统结构的协调性、矛盾与潜力，城市对外铁路、公路、水道、港口及空港等站场、线路的分布，将对城市用地结构形态产生深刻的影响，同时，城市内部道路交通系统的完善及与对外交通系统在结构上的衔接和协调性，不仅影响到建成区自身的用地功能，还对城市进一步扩展的方向和用地选择造成制约。

5）城市用地结构是否体现出城市性质的要求，或是反映出城市特定自然地理环境和历史文化积淀的特色等。

（2）城市市政设施和公共服务设施评价

城市市政设施和公共服务设施的建设现状，包括城市市政设施和公共服务设施的质量、数量、容量与改造利用的潜力等，都将影响土地的利用及旧区再开发的可能性与经济性。

在公共服务设施方面，包括商业服务、文化教育、邮电、医疗卫生等设施，它们的分布、配套及质量等。无论是在用地本身，还是作为邻近用地开发的环境，都是土地利用的重要衡量条件，尤其是在旧区改建方面，土地利用的价值往往要视旧有住宅和各种公共服务设施以及改建后所能得益的多寡来决定。

在市政设施方面，包括现有的道路、桥梁、给水、排水、供电、煤气等管网、厂站的分布及其容量等方面。它们是土地开发的重要基础条件，影响着城市发展的格局。

（3）社会、经济构成评价

影响土地利用的社会构成状况主要表现在人口结构及其分布的密度，以及城市各项物质设施的分布及其容量，同居民需求之间的适应性。在城市人口高密度地区，为了合理使用土地，常常不得不进行人口疏解，人口分布的疏或密，将反映出土地利用的强度与效益。当旧区改建时，高密度人口地区常会带来安置动迁居民的困难。

城市经济的发展水平、城市的产业结构和相应的就业结构都将影响城市用地的功能组织和各种用地的数量结构。

1）工程准备条件。在选择城市用地时，为了能顺利而经济地进行工程建设，总是希望用地有较好的工程准备条件，以投入最少的资金而获得较大的效益。用地的工程准备视用地的自然状态的不同而异，常用的如地形改造、防洪、改良土壤、降低地下水位、制止侵蚀和冲沟的形成、防止滑坡等。

2）外部环境条件。除以上这些用地自身的建设条件外，还需要考虑建设地区的外部环境的技术经济条件，主要有经济地理条件（如国家或区域规划对拟建新城或已有城市发展地区所确定的要求，区域内城镇群体的经济联系、资源的开发利用以及产业的分布等方面）、交通运输条件（主要是发展地区的对外运输条件，如铁路、港口、公路、航空港等交通网络的分布与容量，以及接线接轨的条件等）、供电条件（指区域供电网络、变电站的位置与容量等可供利用的条件）、供水条件（建设地区所在区域内水源分布及供水条件，包括水量、水质、水温等方面在城乡、工农业，以及风景旅游业等用水部门之间的矛盾分析）等。

3. 城市用地经济评价

城市用地经济评价是指根据城市土地的经济和自然两方面的属性及其在城市社会经济活动中所产生的作用，综合评定土地质量优劣差异，为土地使用与安排提供依据。在城市中，由于不同地段所处区位的自然经济条件和人为投入物化劳动的不同，土地质量和土地收益也不同。因此，通过分析土地的区位、投资于土地上的资本、自然条件、经济活动的程度和频率等条件，可以揭示土地质量和土地收益的差异，在规划中做到好地优用、劣地巧用，合理确定不同地段的使用性质和使用强度，为用经济手段调节土地使用和提高土地的使用效益打下重要基础。

（1）城市土地的基本特征

1）土地承载性。土地承载性是城市土地最基本的自然属性。城市土地为城市各项建设和经济社会活动提供场所，是人们进行生产和生活不可缺少的物质要素，也是各类建筑物的载体，城市土地的这一特性称为承载性。它对城市发展和建设的影响主要反映在其物理属性方面，而与其自身的肥沃程度无关。

2）区位。由于城市土地不可移动，导致了区位的极端重要性。城市土地区位的含义，除包括以地理坐标表示的几何位置外，更重要的是经济地理位置，即某一地段与周围经济环境的相互关系，如与就业中心、交通线路等社会经济要素的相对位置。它既包括有形的区位，如土地所在位置距就业中心、往返路线远近、基础设施条件等；也包括无形的因素，如经济发展水平、社会文化环境等。

从影响范围看城镇土地区位，可分以下三个层次。宏观区位，指某个城市在一定地域范围内，如一个地区、一个国家乃至在世界所处的位置与地位，既受距海、河远近，地形条件等自然因素影响，更受人类社会长期建设和发展所形成的经济发展水平和文化结构等影响。宏观区位往往对区域城市间土地的级差地租和地价水平具有决定性的作用。中观区位是指城市内部不同地段土地的相对位置及其相互关系。城市土地由于原有自然条件的差异，以及人类对各区段土地投入的物化劳动和活劳动不同，从而导致不同区段土地质量和地租水平明显不同。因此，中观区位是影响城市土地等级和基准地价的主要因素。微观区位是指某块具体使用的土地在城市中的具体位置及周边的条件。同样面积的地块，有的背街，有的临街，还有的处于道路拐角处，往往位置相差数十米，甚至只差几米，地租和地价的差异就悬殊。这种小尺度范围内的地块位置条件和相关影响因素是城市土地经济评价中确定各种地价修正系数和评估地块价格的基础。

（2）区位评价

1）根据区位条件对土地的作用方式，建立城市土地评价的基本思路。在城市土地中，区位条件的差异造成土地利用效益的巨大差别，从而影响地租地价水平的高低；反过来，地租地价水平的高低又决定着土地使用者的区位选择，二者形成互动的循环，最终形成土地收益和租金都趋向最高用途水平的合理空间结构。根据我国土地使用制度实施的实际情况，以决定土地质量优劣的区位因素为主要依据，采用土地分等定级即级差收益测算的方法进行城市土地评价，是较为切实可行的途径。

2）从分析区位条件入手，取得土地评价的因素/因子体系。所有的区位理论中的合理区位模式都是在一定假设前提下，通过选择区位因素，并分析它们对各类经济活动的影响来建立的。不过，城市土地评价因素的选择是根据城市实际情况而非假设。影响城市土地经济评价的因素不仅多样复杂，而且具有不同的层次。一般而言，可以分为三个层次（表1-3）。

城市土地经济评价因素/因子体系　　　　　　　　表1-3

基本因素层	派生因素层	因　子　层
土地区位	繁华度	商业服务中心等级、高级商务金融集聚区、集贸市场等
	交通通达度	道路功能与宽度、道路网密度、公交便捷度等
城市设施	城市基础设施	供水设施、排水设施、供暖设施、供气设施、供电设施等
	社会服务设施	文化教育设施、医疗卫生设施、文娱体育设施、邮电设施、公园绿地等
环境优劣度	环境质量	大气污染、水污染、噪声等
	自然条件	地形坡度、地基承载力、洪水淹没与积水、绿化覆盖率等
其他	城市规划等	人口密度、建筑容积率、用地潜力等

就整体而言，层次越高，影响力越大，因素覆盖面越广，而且包含了低层次因素/因子的作用。根据各因素/因子的空间分布形态和影响土地质量的方式，又可把这些因素/因子分成点状、线状和面状。可以看出，城市用地的经济评价必

须结合自然条件的评价和建设条件的评价，这三方面在许多地方是穿插在一起，而不是孤立的，因此经济评价实为综合评价。

第三节　城市详细规划

城市详细规划是以城市总体规划或分区规划为依据，详细规定建设用地的各项控制指标和其他规划管理要求，或者直接对建设用地作出的具体安排和规划设计。城市详细规划的对象是城市中功能比较明确和地域空间相对完整的区域。按功能可以分为居住区、工业区、商贸区详细规划等。根据城市建设的阶段和工作需要，城市详细规划分为控制性详细规划和修建性详细规划。规划期内拟建设的城市用地都应编制控制性详细规划，规划地域范围一般应在 100 公顷（hm²）以上；近期内拟建设的地区应编制修建性详细规划，地域范围一般应在 3 公顷（hm²）以上。

一、控制性详细规划

（一）控制性详细规划的作用

1. 控制性详细规划起着承上启下的作用

在整个城市规划过程中，控制性详细规划的地位极其特殊。在它之上有城市总体规划和分区规划，在它之下有修建性详细规划。城市总体规划是一定时期内城市发展的整体战略框架，由于它面向未来，跨越时空，面临的不可预测因素很多，因此，城市总体规划必须具有很大程度上的原则性与灵活性，是一种粗线条的框架规划，需要有下一层次的规划将其深化。修建性详细规划是对小范围内城市开发建设活动进行总平面布局和空间立体组织，需要上一层次的规划对用地性质和开发强度进行控制，对开发模式和城市景观进行引导。因此，控制性详细规划是两者之间有效的过渡与衔接，起到深化前者和控制后者的作用，确保规划体系的完善和连续。

2. 控制性详细规划是城市规划管理的依据和城市建设的引导

为加强城市规划管理，一方面是健全城市规划管理法制化制度，提高规划管理人员专业素养和职业道德；另一方面即提供事先确定的、公开的、适当的城市规划作为管理的依据和建设的指导。控制性详细规划采用规划管理语言表述规划的原则和目标，成为规划管理的科学依据和城市建设的有效指导。同时，控制性详细规划自身的法律效力及其相应的规划法规，也使规划管理的权威性得到了充分保证。它提供的依据和指导将保证规划公平的长期实行，使不同的机构、组织和个人能够获得理想和协调的整体框架，从而有利于社会整体的持续发展。

3. 控制性详细规划是城市政策的载体

控制性详细规划的编制和实施过程中都包含诸如城市产业结构、城市用地结构、城市人口空间分布、城市环境保护、鼓励开发建设等各方面广泛的城市政策的内容。例如，适当放宽规划地区土地使用强度控制，可以更多吸引开发者的投资意向，从而带动地区发展；而对开发建设项目的多种选择，则可以实现城市产业结构的合理调整。

作为城市政策的载体，控制性详细规划通过传达城市政策方面的信息，在引导城市社会、经济、环境协调发展方面具有综合能力。市场运作过程中各类经济组织和个人，可以通过规划所提供的政策以及社会经过充分协调的关于城市未来发展的政策和相关信息来消除这些组织在决策时所面对的未来不确定性，从而促进资源的有效配置和合理利用。

（二）控制性详细规划的内容

控制性详细规划的主要任务是：以城市总体规划或分区规划为依据，确定建设地区的土地使用性质和使用强度的控制性指标、道路和工程管线控制性位置以及空间环境控制的规划要求，强化城市规划的控制功能，并指导修建性详细规划的编制。

控制性详细规划的内容有以下几点：①确定规划范围内各类不同使用性质的用地面积与用地界线；②规定各地块土地使用、建筑容量、建筑形态、交通、配套设施及其他控制要求；③确定各级支路的红线位置，控制点坐标和标高；④根据规划容量，确定工程管线的走向、管径和工程设施的用地界线；⑤制定相应的土地使用及建筑管理规定。

（三）控制性详细规划的控制体系

控制性详细规划的控制体系指标包括以下各项：

（1）用地控制指标。包括用地性质、用地面积、土地与建筑使用相容性。

（2）环境容量控制指标。包括容积率、建筑密度、绿地率、人口容量。

（3）建筑形态控制指标。包括建筑高度、建筑间距、建筑后退红线距离、沿路建筑高度、相邻地段的建筑规定。

（4）交通控制指标。包括交通出入口方位、停车位。

（5）城市设计引导及控制指标。包括对城市重要地段的地块，需对地块内建筑的形式、色彩、体量、风格提出设计要求。

（6）配套设施体系。包括生活服务设施布置，市政公用设施、交通设施和管理要求。

以上前五项属地块控制指标，可分为规定性指标和指导性指标两类。规定性指标是一旦确定下来，就必须严格遵照的指标；指导性指标则是参照执行的指标。

规定性指标一般包括以下各项：

（1）用地性质。指规划用地的使用功能或土地用途，可根据用地分类标准进行标注。

（2）用地面积。规划地块划定的面积。

（3）建筑密度。即规划地块内各类建筑基底占地面积与地块面积之比，通常以上限控制。

（4）建筑控制高度。即由室外明沟面或散水坡面量至建筑物主体最高点的垂直距离。

（5）建筑红线后退距离。即建筑相对于规划内道路红线后退的距离，通常以下限控制。

（6）容积率。即规划地块内各类总建筑面积与地块面积之比，即：

$$容积率＝总建筑面积/土地面积$$

容积率可根据需要制定上限和下限。容积率的下限保证地块开发的效益，防止无效益或低效益开发造成的土地浪费。容积率上限防止过度开发带来的城市基础设施超负荷运行。容积率还可以根据建筑的用途不同分为全部建筑容积率、住宅建筑容积率、公共建筑容积率等。全部建筑容积率、住宅建筑容积率、公共建筑容积率等的分子分别对应全部建筑面积、住宅建筑面积和公共建筑面积等。同样上边的建筑密度也可以有全部建筑密度、住宅建筑密度和公共建筑密度等。

（7）绿地率。规划地块内各类绿地面积的总和占规划地块面积的比率，即：

$$绿地率＝绿地面积/土地面积$$

绿地率通常以下限控制。这里的绿地包括公共绿地、宅旁绿地、公共服务设施所属绿地（道路红线内的绿地），不包括屋顶、晒台的人工绿地。公共绿地内占地面积不大于1‰的雕塑、水池、亭榭等绿化小品建筑可视为绿地。

（8）交通出入口方位。规划地块内允许设置出入口的方向和位置。具体可分为以下几个指标：

1）机动车出入口方位。尽量避免在城市主要道路上设置车辆出入口，一般情况下，每个地块应设1～2个出入口。

2）禁止机动车开口地段。为保证规划区交通系统的高效安全运行，对一些地段禁止机动车开口，如主要道路的交叉口附近和商业步行街等特殊地段。

3）主要人流出入口方位。为了实现高效、安全和舒适的交通体系，可能会有必要将人、车进行分流，为此规定主要人流出入口方位。

（9）停车泊位及其他需要配置的公共设施。停车泊位指地块内应配置的停车车位数，通常按下限控制。其他设施的配置包括：居住区服务设施（中小学、幼托、居住区级公建），环卫设施（垃圾转运站、公共厕所），电力设施（变电站、配电所），电信设施（电话局、邮政局），燃气设施（煤气调气站）。

指导性指标一般包括以下各项：

（1）人口容量。即规划地块内部每公顷用地的居住人口数，通常以上限控制。

（2）建筑形式、体量、色彩、风格要求。对规划区重点地段的建筑形体和布局应进行特别控制（包括广场控制线、绿地控制线、裙房建筑控制线、主体建筑控制线、建筑架空控制线、建筑高度控制范围、建筑颜色等具体指标）。

（3）其他环境要求。

（四）控制性详细规划有关计算规则

1. 建筑占地面积

建筑占地面积为建筑物的垂直投影面积，但不包括雨篷、外挑阳台、檐口、连接两座建筑物的架空通道、玻璃拱顶下的天井、室外楼梯或坡道和街坊内连接建筑物之间的过街楼，以及仅一面有围护结构、面积不大于基地空地面积（即基地面积减建筑占地面积）10%的基地附属建筑面积。

2. 总建筑面积

总建筑面积的计算办法按照《建筑工程建筑面积计算规则》GB/T 50353—2013 规定计算。比如，建筑物的建筑面积应按自然层外墙结构外围水平面积之和计算。建筑物内部设有局部楼层时，对于局部楼层的二层及以上楼层，有围护结构的应按其围护结构外围水平面积计算，无围护结构的应按其结构底板水平面积计算。设在建筑物顶部的、有围护结构的楼梯间、水箱间、电梯机房等，结构层高在 2.20m 及以上的应计算全面积；在主体结构内的阳台，应按其结构外围水平面积计算全面积；在建筑物间的架空走廊，有顶盖的和围护结构的，应按其围护结构外围水平面积计算全面积。架空走廊无围护结构、有围护设施的，应按其结构底板水平投影面积计算 1/2 面积；室外楼梯应并入所依附建筑物自然层，按其水平投影面积的 1/2 计算建筑面积。

3. 建筑高度

在核算建筑间距时，建筑高度按以下规定计算：①平屋面算至女儿墙顶，无女儿墙算至檐口，面积小于标准层面积 10%的屋顶附属建筑物高度不计；②坡屋面坡度不大于 35°时，高度算至檐口；大于 35°者，屋脊线平行于相关建筑的算至屋脊线，垂直于相关建筑的算至山墙斜坡高度的中点。

在核算建筑高度时，建筑高度按以下规定计算：①平屋面算至女儿墙顶，无女儿墙者算至檐口；②坡屋面当山墙平行于道路红线时，高度算至山墙斜坡的中点，当屋脊线平行于道路红线时，凡坡度不大于 35°者，高度算至封檐墙顶，无封檐墙顶者算至檐口，坡度大于 35°者高度算至屋脊。

二、修建性详细规划

（一）修建性详细规划的作用

修建性详细规划以上一个层次规划为依据，将城市建设的各项物质要素在当前拟建设开发的地区进行空间布置。

（二）修建性详细规划的内容

主要内容如下：①建设条件分析和综合技术经济论证；②建筑、道路和绿地的空间布局、景观规划设计，布置总平面图；③道路系统规划设计；④绿地系统规划设计；⑤工程管线规划设计；⑥竖向规划设计；⑦估算工程量、搬迁量和总造价，分析投资效益。

第四节　城市居住区规划

为确保居住生活环境宜居适度，科学合理、经济有效地利用土地和空间，保障城市居住区规划设计质量，规范城市居住区的规划、建设与管理，新国家标准《城市居住区规划设计标准》GB 50180—2018 对城市居住区规划设计作出了规定。该标准遵循创新、协调、绿色、开放、共享的发展理念，营造安全、卫生、方便、舒适、美丽、和谐以及多样化的居住生活环境，与旧国家标准《城市居住区规划设计规范》GB 50180—1993 相比较，调整了居住区分级控制方式与规模，统筹、整合、细化了居住区用地与建筑相关控制指标；优化了配套设施和公共绿地的控制指标和设置规定。

一、居住区规划的基本规定

（一）居住区的概念

城市居住区是指城市中住宅建筑相对集中布局的地区，简称居住区，分为以下四级：①十五分钟生活圈居住区。以居民步行十五分钟可满足其物质与生活文化需求为原则划分的居住区范围；一般由城市干路或用地边界线所围合、居住人口规模为 50 000～100 000 人（约 17 000～32 000 套住宅），配套设施完善的地区；②十分钟生活圈居住区。以居民步行十分钟可满足其基本物质与生活文化需求为原则划分的居住区范围；一般由城市干路、支路或用地边界线所围合、居住人口规模为 15 000～25 000 人（约 5 000～8 000 套住宅），配套设施齐全的地区；③五分钟生活圈居住区。以居民步行五分钟可满足其基本生活需求为原则划分的居住区范围；一般由支路及以上级城市道路或用地边界线所围合，居住人口规模为 5 000～12 000 人（约 1 500～4 000 套住宅），配建社区服务设施的地区；④居住街坊。由支路等城市道路或用地边界线围合的住宅用地，是住宅建筑组合形成的居住基本单元；居住人口规模在 1 000～3000 人（约 300～1 000 套住宅，用地面积 2～4hm²），并配建有便民服务设施。

（二）居住区规划的原则

居住区规划设计应坚持以人为本的基本原则，遵循适用、经济、绿色、美观的建筑方针，并应符合下列规定：①应符合城市总体规划及控制性详细规划；②应符合所在地气候特点与环境条件、经济社会发展水平和文化习俗；③应遵循统一规划、合理布局，节约土地、因地制宜，配套建设、综合开发的原则；④应为老年人、儿童、残疾人的生活和社会活动提供便利的条件和场所；⑤应延续城市的历史文脉、保护历史文化遗产并与传统风貌协调；⑥应采用低影响开发的建设方式，并应采取有效措施促进雨水的自然积存、自然渗透与自然净化；⑦应符合城市设计对公共空间、建筑群体、园林景观、市政等环境设施的有关控制要求。

（三）居住区的区位选择

居住区应选择在安全、适宜居住的地段进行建设，并应符合以下规定：①不得在有滑坡、泥石流、山洪等自然灾害威胁的地段进行建设；②与危险化学品及易燃易爆品等危险源的距离，必须满足有关安全规定；③存在噪声污染、光污染的地段，应采取相应的降低噪声和光污染的防护措施；④土壤存在污染的地段，必须采取有效措施进行无害化处理，并应达到居住用地土壤环境质量的要求。

居住区规划设计还应统筹考虑居民的应急避难场所和疏散通道，并应符合国家有关应急防灾的安全管控要求。

二、居住区的用地与建筑

居住区用地是居住区的住宅用地、配套设施用地、公共绿地以及城市道路用地的总称。各级生活圈居住区用地应合理配置、适度开发，人均居住区用地面积、居住区用地容积率、居住区用地构成等控制指标应符合《城市居住区规划设计标准》的规定。居住街坊的用地与建筑控制指标有住宅用地容积率、建筑密度最大值、绿地率最小值、住宅建筑高度控制最大值和人均住宅用地面积最大值，

《城市居住区规划设计标准》还对住宅建筑采用低层或多层高密度布局的居住街坊用地与建筑控制指标做出了专门的规定，适当降低了对建筑密度和绿地率要求。

居住街坊内集中绿地的规划建设，新区建设不应低于 $0.5m^2$/人，旧区改建不应低于 $0.35m^2$/人；宽度不应小于 8m；在标准的建筑日照阴影线范围之外的绿地面积不应少于 1/3，其中应设置老年人、儿童活动场地。

居住区建筑的最大高度限定为 80m。住宅建筑的间距应符合《城市居住区规划设计标准》规定的以底层窗台面（室内地坪 0.9m 高的外墙位置）为计算起点的日照时数和有效日照时间带。对特定情况，还应符合下列规定：老年人居住建筑日照标准不应低于冬至日日照时数 2h；在原设计建筑外增加任何设施不应使相邻住宅原有日照标准降低，既有住宅建筑进行无障碍改造加装电梯除外；旧区改建项目内新建住宅建筑日照标准不应低于大寒日日照时数 1h。

三、居住区的配套设施

为促进公共服务均等化，配套设施配置应对应居住区分级控制规模，以居住人口规模和设施服务范围为基础，分级提供配套服务，配套设施应步行可达，为居住区居民的日常生活提供方便。

（一）十五分钟生活圈居住区

十五分钟生活圈居住区应配套满足日常生活需要的完整的服务设施，主要包括中学、大型多功能运动场地、文化活动中心（含青少年、老年活动中心）、卫生服务中心（社区医院）、养老院、老年养护院、街道办事处、社区服务中心（街道级）、商场、餐饮设施、银行、电信、邮政营业网点等。

（二）十分钟生活圈居住区

十分钟生活圈居住区配建设施是对十五分钟生活圈居住区配套设施的必要补充，必须配建的设施主要包括小学、中型多功能运动场地、菜市场或生鲜超市、小型商业金融餐饮、公交车站等设施。

（三）五分钟生活圈居住区

五分钟生活圈居住区必须配建的设施主要包括社区服务站（含社区居委会、治安联防站、残疾人康复室）、文化活动站（含青少年、老年活动站）、小型多功能运动场地、室外综合健身场地（含老年户外活动场地）、幼儿园、老年人日间照料中心、社区商业网点（超市、药店、洗衣店、美发店等）、再生资源回收点、生活垃圾收集站、公共厕所等。五分钟生活圈的配套设施一般与城市社区居委会管理相对应。

（四）居住街坊

居住街坊应配建便民的日常服务设施，为本街坊的居民服务。必须配建的设施包括物业管理与服务、儿童和老年人活动场地、室外健身器械、便利店和生活垃圾收集点、居民机动车和非机动车停车场（库）等。

四、居住区的道路

（一）居住区道路的组成与布置

居住区道路是城市道路交通系统的组成部分，主要有机动车道、非机动车道和步行道。居住区内道路担负着分隔地块和联系不同功能用地的双重职能，其布置应有利于居住区内各类用地的划分和有机联系。机动车与行人及非机动车不宜混行，宜人车分流。地面不行走机动车、不停车，机动车进入地下。

居住区内道路的规划设计应遵循安全便捷、尺度适宜、公交优先、步行友好的基本原则，居住区的路网系统应与城市道路交通系统有机衔接，并应符合下列规定：居住区应采取"小街区、密路网"的交通组织方式，路网密度不应小于8km/km²；城市道路间距不应超过300m，宜为150～250m，并应与居住街坊的布局相结合；居住区内的步行系统应连续、安全、符合无障碍要求，并应便捷连接公共交通站点；在适宜自行车骑行的地区，应构建连续的非机动车道；旧区改建，应保留和利用有历史文化价值的街道、延续原有的城市肌理。

（二）居住区道路的宽度

居住区内各级城市道路应突出居住使用功能特征与要求，并应符合下列规定：两侧集中布局了配套设施的道路，应形成尺度宜人的生活性街道；道路两侧建筑退线距离，应与街道尺度相协调；支路的红线宽度，宜为14～20m；道路断面形式应满足适宜步行及自行车骑行的要求，人行道宽度不应小于2.5m；支路应采取交通稳静化措施，适当控制机动车行驶速度。

居住街坊内附属道路的规划设计应满足消防、救护、搬家等车辆的通达要求，并应符合下列规定：主要附属道路至少应有两个车行出入口连接城市道路，其路面宽度不应小于4.0m；其他附属道路的路面宽度不宜小于2.5m；人行出口间距不宜超过200m。

五、居住区环境与绿化

（一）居住区环境对规划设计的要求

居住区规划设计应尊重气候及地形地貌等自然条件，并应塑造舒适宜人的居住环境。居住区规划设计应统筹庭院、街道、公园及小广场等公共空间形成连续、完整的公共空间系统，并应符合下列规定：宜通过建筑布局形成适度围合、尺度适宜的庭院空间；应结合配套设施的布局塑造连续、宜人、有活力的街道空间；应构建动静分区合理、边界清晰连续的小游园、小广场；宜设置景观小品美化生活环境。居住区建筑的肌理、界面、高度、体量、风格、材质、色彩应与城市整体风貌、居住区周边环境及住宅建筑的使用功能相协调，并应体现地域特征、民族特色和时代风貌。

（二）居住区绿化要求和绿地种类

居住区内绿化与居民关系密切，对改善居住环境具有重要作用，主要是方便居民户外活动，并有美化环境、改善小气候、净化空气、遮阳、隔声、防风、防尘、杀菌、防病等功能。一个优美的居住区内绿化环境，有助于人们消除疲劳、振奋精神，可为居民创造良好的游憩、交往场所。居住区绿化应遵循适用、美观、经济、安全的原则，并应符合下列规定：宜保留并利用已有树木和水体；应种植适宜当地气候和土壤条件、对居民无害的植物；应采用乔、灌、草相结合的复层绿化方式；应充分考虑场地及住宅建筑冬季日照和夏季遮阴的需求；适宜绿化的用地均应进行绿化，并可采用立体绿化的方式丰富景观层次、增加环境绿量；有活动设施的绿地应符合无障碍设计要求并与居住区的无障碍系统相衔接；绿地应结合场地雨水排放进行设计，并宜采用雨水花园、下凹式绿地、景观水体、干塘、树池、植草沟等具备调蓄雨水功能的绿化方式。

居住区绿地主要有公共绿地、宅旁绿地等。公共绿地是为居住区配套建设、可供居民游憩或开展体育活动的公园绿地。宅旁绿地是指住宅四旁的绿地。衡量居住区内绿化状况的指标主要有绿地率和人均公共绿地面积。

复 习 思 考 题

1. 简述规划的含义。
2. 简述我国国民经济和社会发展第十四个五年规划的主要目标。
3. 什么是国土空间规划？
4. 简述城市规划的主要任务。
5. 简述城市规划体系构成。
6. 简述确定城市性质和城市规模的意义。
7. 简述城市用地分类。
8. 简述城市用地评价的基本内容。
9. 简述控制性详细规划的控制体系。

10. 简述居住区规划的基本规定。
11. 按居住区人口规模和设施服务范围，居住区划分为哪些等级？
12. 居住区道路有哪些种类？其交通组织方式是什么？
13. 为塑造良好居住环境，居住区规划设计有哪些规定？
14. 居住区绿化作用是什么？居住区绿化有哪些规定？
15. 居住区绿地有哪些种类？衡量居住区绿化状况的指标有哪些？

第二章 环 境 知 识

环境是现在使用率极高的词语之一。无论是自然环境，还是人工环境等，在各类房地产项目投资开发建设和建成后使用过程中，都有很大影响。环境状况的优劣，在房地产估价中对估价对象价格或价值影响的差异也很大。为做好房地产估价专业服务，作为一名房地产估价师，应认真调查、观察和深入分析其内外部环境状况对估价对象使用效果和估价结果的影响。本章分别介绍了环境、景观与生态的种类、环境污染的类型、大气污染、噪声污染、水污染、固体废物与辐射污染和建筑环境污染源等。

第一节 环 境 概 述

一、环境的概念和分类

（一）环境的概念

环境是指围绕着某一事物（通常将其称为主体）并对该事物会产生某些影响的所有外界事物（通常将其称为客体），即环境是指某个主体周围的情况和条件。如果这个主体是指生物，那么环境就是围绕着生物有机体的周围的一切。主体不同，环境的范围、内容等也不同。

环境的主体可以是人，也可以是物。对于从事房地产估价活动来说，主要是站在房地产估价对象的角度来看待环境及其好坏。因此我们所讲的环境，是以房地产估价对象为主体的环境，是指人处于某一房地产中时，其周围直接或间接影响人的生活和发展的各种自然因素和社会因素的总体。房地产与其环境是相互影响的，但从事房地产估价活动除了搞清楚环境对房地产的影响外，还要搞清楚房地产本身对环境的影响。

（二）环境的分类

环境既包括以大气、水、土壤、岩石、生物等为内容的物质因素，也包括以观念、制度、行为准则等为内容的非物质因素；既包括自然因素，也包括社会因素；既包括非生命体形式，也包括生命体形式。根据需要，可以对环境进行不同的分类。如根据房地产估价需要，通常可以按照环境的属性，将房地产的环境分为自然环境、人工环境和社会环境。

自然环境，通俗地说，是指未经过人的加工改造而天然存在的环境；从学术上讲，是指直接或间接影响到人类的一切自然形成的物质、能量和自然现象的总体。自然环境按照环境要素，又可以分为大气环境、水环境、土壤环境、地质环境和生物环境，即指地球的五大圈——大气圈、水圈、土圈、岩石圈和生物圈。自然环境的适宜性直接影响房地产的需求及价格。在相同条件下，依山傍水的别墅价格一定高于建在平地上别墅的价格。

人工环境，通俗地说，是指在自然环境的基础上经过人的加工改造所形成的环境，或人为创造的环境；从学术上讲，是指人类利用自然、改造自然所创造的物质环境，如乡村、城市、居住区、房屋、道路、绿地、建筑小品等。人工环境与自然环境的区别，主要在于人工环境对自然物质的形态做了较大的改变，使其失去了原有的面貌。目前一些新建居住区通过修建水湖、绿地等，可以提升居住区内房地产的价值。

社会环境是指由人与人之间的各种社会关系所形成的环境，包括政治制度、经济体制、文化传统、社会治安、邻里关系等。对于某套住宅来说，周边居民的文化素养、收入水平、职业、社会地位等，都是影响其价值高低的社会环境。

二、与环境相关的几个概念

（一）景观的概念

景观的含义与"风景""景致""景色"相近，是描述自然、人文以及它们共同构成的整体景象的一个总称，包括自然和人为作用的任何地表形态及其印象。具体地说，景观是指某地或某种类型的景色及印象。

景观一词如果按中文字面解释，包括"景"和"观"两个方面。"景"是自然环境和人工环境在客观世界所表现的一种形象信息；"观"是这种形象信息通过人的感觉（视觉、听觉等）传导到大脑皮层，产生一种实在的感受，或者产生某种联系与情感。因此，景观应包括客观形象信息和主观感受两个方面。景观的好坏判别，与审视者的心理、生理、知识层次的高低条件有关。但是在人们的感受中会存在很多共性的东西，这种共性使得房地产选址和景观的改造可以有章可循。如有好的景观的房屋，如可以看到水（海、湖、江、河、水库、水渠等）、山、公园、树林、绿地、知名建筑等的房屋，其价值通常较高；反之，有坏的景观的房屋，如可以看到陵园、烟囱、厕所、垃圾站等的房屋，其价值通常较低。

景观可以分为自然景观和人文景观。自然景观是指未经人类活动所改变的水域、地表起伏与自然植物所构成的自然地表景象及其给予人的感受。人文景观是指被人类活动改变过的自然景观，即自然景观加上人工改造所形成的景观及印象。

（二）生态的概念

生物与其生存环境相互间有着直接或间接的作用。生态是指生物在一定的自然环境下生存和发展的状态和关系。生态与环境的含义有所不同。环境是指独立存在于某一主体之外、对该主体会产生某些影响的所有客体，而生态是指生物与其生存环境之间或生物与生物之间的相对状态或相互关系。二者的侧重点也不同，环境强调客体对主体的效应，而生态则阐述客体与主体之间的关系。衡量环境往往用"好坏"之类的定性评价，而衡量生态则在一定程度上用定量指标来阐明关系是否平衡或协调。

（三）生态系统的概念

生态系统是指生物群落中的各生物之间，以及生物和周围环境之间相互作用构成的整个体系。生态系统也就是生命系统与环境系统在特定空间的组合。地球表面是一个庞大的环境系统，在这个系统中，大气、水、土壤、岩石等各种环境要素与生物通过物质能量循环与流动，形成了不同等级的生态系统。这些生态系统的规模大小不等，大到整个生物圈、陆地、海洋，小到一片森林、草地、池塘。同样，城市是一个特殊的生态系统。

生态系统有4个基本组成部分：①非生物环境要素，包括地球表面生物圈以外的物质成分，如阳光、空气、水、土壤、矿物等，它们构成生物赖以生存的环境；②植物——生产者有机体，它们利用光合作用将周围的无机物转化为有机物，为动物提供食物；③动物——消费者有机体，它们又可分为食草动物和食肉动物，以及两者兼有的杂食动物；④微生物——分解者有机体，又称还原者，它们将死亡的动植物的复杂有机物分解还原为简单的无机物，释放回环境中，供植物再利用。

一个城市、一个居住区既与其外界互相发生作用，同时其内部也是一个相对封闭的生态系统。这个生态系统能否实现相对平衡直接影响到其中的房地产价值高低。观察这个生态系统在一定条件下处于相对平衡状态，主要看这个生态系统内物质和能量的输入与输出之间是否协调，不同动植物种类的数量比例是否稳定，在外来干扰下能否通过自我调节恢复到原来的平衡状态。例如，居住区内的水体受到"异物"轻微的污染时，能否通过重力的沉淀、流水的搬运、化学的分解等物理、化学作用，将水中的有害物质稀释化解，使其恢复到原来的平衡状态。

（四）生态环境的概念

生态环境不等于通常意义上的环境，可将其理解为生物的状态与环境的各种关系，是指在生态系统中除了人类种群以外生物和影响生物生存与发展的一切外界条件的总和，包含了特定空间中可以直接或间接影响生物生存和发展的各种要素，强调在生态系统边界内影响生物状态的所有环境条件的综合体。生态环境随生态系统层次边界的不同而有不同的规模范围。

人类的生态环境是一个以人类为中心的生态环境。人类具有生物属性和社会属性。人类的生物属性表现为：人类作为食物链的一个环节，参与自然界的物质循环和能量转换，具有新陈代谢的功能。人类的社会属性表现为：人类是群居的社会性的人，是在一定生产方式下干预自然界的物质循环和能量转换，通过影响生态环境间接影响人类的生存与发展。因此，人类的生态环境凝聚着自然因素和社会因素的相互作用，是自然生态环境与社会生态环境共同组成的统一体。

三、环境质量和环境污染概述

（一）环境质量概述

环境质量是指环境优劣的程度，即一个具体的环境中，环境总体或某些要素对人群健康、生存和繁衍以及社会经济发展适宜程度。环境质量的好坏是影响房地产价值的重要因素之一。一个水体污染严重的地区会逐渐失去对人们的吸引力，房地产价值逐步下降。环境质量包括综合环境质量和各要素的环境质量，如大气环境质量、水环境质量、土壤环境质量等。各种环境要素的优劣是根据人对环境的要求即环境质量标准进行评价的。环境质量可以通过环境质量评价来判定，环境质量评价是确定环境质量的手段、方法。

（二）环境污染概述

在人们的环境意识越来越强的发展趋势下，人们选择房地产越来越重视环境的影响，是否存在污染也就成为人们普遍关心的问题。房地产估价中必须对环境污染有所认识和了解，包括认识和了解环境污染的概念、类型、危害，污染物和污染源，以及环境污染的防治。目的有两点：一是通过对房地产所处环境污染的分析，确定其对房地产价值的影响程度，二是为客户提供环境改善的建议，提升房地产价值。

1. 环境污染的概念

环境污染是指由于人为的因素，环境受到有害物质的污染，使生物的生长繁殖和人类的正常生活受到有害影响的现象。例如，工业废水或生活污水的排放使水质变坏，化石燃料的大量燃烧使大气中颗粒物和二氧化硫的浓度急剧增高等现象，均属于环境污染。环境污染是人类活动的结果。随着工业化和城市化的发展及人口的增加，人类如果对自然资源进行不合理的开发利用，环境污染将会日趋严重。

2. 环境污染的类型

按照环境要素，环境污染分为大气污染、水污染、土壤污染等。按照污染物的性质，环境污染分为物理污染（如声、光、热、辐射等）、化学污染（如无机物、有机物）、生物污染（如霉菌、细菌、病毒等）。按照污染物的形态，环境污染分为废气污染、废水污染、噪声污染、固体废物污染、辐射污染等。按照污染产生的原因，环境污染分为工业污染、交通污染、农业污染、生活污染等。按照污染的空间，环境污染分为室内环境污染和室外环境污染。按照污染物分布的范围，环境污染分为全球性污染、区域性污染、局部性污染等。

3. 环境污染源

环境污染源简称污染源，是指造成环境污染的发生源或环境污染的来源，即向环境排放有害物质或对环境产生有害影响的场所、设备和装置等。例如，垃圾堆放地、垃圾填埋场，农药、化肥残留地，化工厂或化工厂原址，高压输电线路、无线电发射塔、建筑材料，受污染的河流、沟渠，厕所、垃圾站（垃圾处理厂），移动的汽车、火车、轮船、飞机，农贸市场、建筑工地等，都是环境污染源，都会降低用地房地产的价值。

环境污染源按照污染物发生的类型，可分为工业污染源、交通污染源、农业污染源和生活污染源等。按照污染源存在的形式，可分为固定污染源和移动污染源。其中，固定污染源是指像工厂、烟囱之类位置固定的污染源；移动污染源是指汽车、火车、飞机之类位置移动的污染源。按照污染物排放的形式，可分为点源、线源和面源。其中，点源是集中在某一点的小范围内排放污染物，如烟囱；线源是沿着一条线排放污染物，如汽车在道路上移动造成污染；面源是在一个大范围内排放污染物，如工业区许多烟囱构成一个区域性的污染源。按照污染物排放的空间，可分为高架源和地面源。其中，高架源是指在距地面一定高度上排放污染物的污染源，如烟囱；地面源是指在地面上排放污染物的污染源。按照污染物排放的时间，可分为连续源、间断源和瞬时源。其中，连续源连续排放污染物，如火力发电厂的排烟；间断源间歇排放污染物，如某些间歇生产过程的排气；瞬时源在无规律的短时间内排放污染物，如事故排放。按照污染源存在的时间，可分为暂时性污染源和永久性污染源。暂时性污染源经过一段时间之后通常会自动消失，如建筑施工噪声，待建筑工程完工后就不存在了。而永久性污染源一般是长期存在的，如在住宅旁边修筑一条道路所带来的汽车噪声污染，将会是长期的。

第二节　大　气　污　染

大气就是空气，是人类赖以生存、片刻也不能缺少的物质。一个成年人每天大约吸入 15kg 空气，远远超过其每天所需 1.5kg 食物和 2.5kg 饮水的数量。可见，空气质量的好坏对人体健康十分重要。大气污染是一种普遍发生的环境污染，对人体健康产生很大危害。

一、大气污染的概念

洁净的空气，氮气占 78%，氧气占 21%，氩气占 0.93%，二氧化碳占 0.03%，还有微量的其他气体，如氖、氦、氪、氢、氙、臭氧等。大气污染就是空气污染，是指人类向空气中排放各种物质，包括许多有毒有害物质，使空气成分长期改变而不能恢复，以致对人体健康产生不良影响的现象。

二、大气污染物及其危害

排入大气的污染物种类很多，按照污染物的形态，大气污染物分为颗粒污染物和气态污染物两大类。

（一）颗粒污染物及其危害

1. 颗粒污染物的概念和种类

颗粒污染物又称总悬浮颗粒物，是指能悬浮在空气中，空气动力学当量直径（以下简称直径）≤100μm（微米，即百万分之一米）的颗粒物。颗粒污染物主要有尘粒、粉尘、烟尘和雾尘。

在颗粒污染物中，尘粒直径最大，可以因重力沉降到地面。粉尘按照其颗粒大小，分为落尘和飘尘。落尘又称降尘，颗粒相对较大，也可以靠重力在短时间内沉降到地面。飘尘又称可吸入颗粒物，颗粒相对较小，不易沉降，能长时间在空中漂浮。烟尘是指在燃料的燃烧、高温熔融和化学反应等过程中形成的漂浮于空中的颗粒物。典型的烟尘是烟筒里冒出的黑色烟雾，即燃烧不完全的小小黑色碳粒。烟尘的粒径很小。雾尘是指悬浮于空中的小液态粒子，如水雾、酸雾、碱雾、油雾等。

2. 颗粒污染物的危害

颗粒污染物对人体的危害程度与其直径大小和化学成分有关。对人体危害最大的是飘尘，它可被人吸入，其中直径在 0.5~5μm 的飘尘可以直接到达肺细胞而沉积，直径小于等于 2.5μm（即通常所说的 PM2.5）称为可入肺颗粒物，是反映空气环境质量的主要污染物指标。有的飘尘表面还吸附着许多有害气体和微生物，甚至携带着致癌物质，对人体危害更大。

（二）气态污染物及其危害

气态污染物是指以气体形态进入大气的污染物。气态污染物的种类很多，主要有硫氧化物、氮氧化物、一氧化碳、碳氢化合物。

1. 硫氧化物及其危害

污染大气的硫氧化物主要是二氧化硫、三氧化硫。其中以二氧化硫的数量最多，危害也最大。二氧化硫是无色、有刺激性臭味、有毒、有腐蚀性的气体，它对人体的危害，在浓度低时主要是刺激上呼吸道；在浓度高时刺激呼吸道深部，对骨髓、脾等造血器官也有刺激和损伤作用。一般城市空气中，二氧化硫的平均浓度是0.1～0.3ppm；如果人能闻到二氧化硫的气味，空气中二氧化硫的浓度至少有3ppm，此时人就会猛烈咳嗽、打喷嚏，感觉嗓子痛、胸闷、呼吸困难。二氧化硫具有很强的腐蚀性，钢板在二氧化硫浓度为0.12ppm的空气中暴露一年，就能被腐蚀掉1/6；二氧化硫能使架设在空中的输电线上的金属器件和导线的寿命降低1/3。二氧化硫在空气中能同水蒸气和其他化合物结合形成硫酸雾，其毒性比二氧化硫大得多。人体吸入硫酸雾，会引起支气管炎、支气管哮喘和肺气肿等病症。硫酸雾随雨雪降落，形成"酸雨"。酸雨除了损害人体呼吸道系统和皮肤，还会腐蚀建筑物、设备和露天放置的各种金属。

2. 氮氧化物及其危害

污染大气的氮氧化物主要是一氧化氮和二氧化氮。一氧化氮本身对人体无害，但进入空气转变为二氧化氮后就变成有害。二氧化氮对呼吸器官有刺激作用，慢性二氧化氮中毒可引起慢性支气管炎和慢性肺水肿。吸附着二氧化氮的悬浮颗粒物最容易侵入肺部，沉积率很高，可导致呼吸道和肺部病变，出现气管炎、肺气肿和肺癌等症。二氧化氮除了对人体的损伤，也是一种腐蚀剂，能使各种织物褪色，损坏棉织品及尼龙织物。

3. 一氧化碳及其危害

一氧化碳在城市大气污染物中含量最多，约占大气污染物总量的1/3，它大部分来自汽车尾气。一氧化碳是无色、无味、有害的气体，不利用检测仪器很难识别，因此其危害性比刺激性气体还要大。人体靠血液中的血红蛋白携带氧气到各个组织。由呼吸道吸入的一氧化碳与血红蛋白的结合力比氧气与血红蛋白的结合力大200～300倍，从而引起人体各组织缺氧。无污染自然环境空气中的一氧化碳浓度约为1ppm，一般城市空气中的一氧化碳浓度约为10ppm，但在道路附近交通高峰期的一氧化碳浓度可达100ppm以上。在一氧化碳高浓度环境中滞留1～2小时，可使人头痛、恶心甚至昏迷；即使在低浓度下，长时间的停留也会有很大的害处。

4. 碳氢化合物及其危害

碳氢化合物是空气中的一类重要的污染物，包括甲烷、乙烷、乙烯等。碳氢化合物与空气中的氮氧化物在阳光作用下形成浅蓝色烟雾，被称为光化学烟雾，危害非常大。光化学烟雾有强烈的刺激作用，浓度超过 0.15ppm 时就能刺激眼睛，使眼睛红肿。此外，光化学烟雾还能引发哮喘、诱发肺癌，中毒严重者呼吸困难、视力减退、头晕目眩、手足抽搐；长期吸入光化学烟雾，能引起人体动脉硬化，加速人的衰老。除此之外，光化学烟雾还能加速橡胶制品的老化，腐蚀建筑物和衣物。

第三节　噪　声　污　染

噪声污染对人体的危害虽然不如大气污染那么严重，但对人体健康及生活环境有不良影响是不可否认的。随着工业生产、交通运输、建筑施工等的发展，噪声污染日益严重，已成为严重扰民的突出问题。大量的研究表明，环境噪声污染是影响面最广的一种环境污染。

一、噪声污染的概念

噪声是指在一定环境中不应有而有的声音，泛指嘈杂、刺耳的声音，或者说是干扰人们休息、工作和学习的声音，即不需要的声音。此外，振幅和频率杂乱、断续或统计上无规律的声振动，也称噪声。噪声污染是指所产生的噪声超过国家规定的噪声标准，并干扰他人正常生活、工作和学习的现象。

噪声污染有下列 3 个特征：

（1）噪声污染是能量污染。发声源停止发声，污染即自行消除。

（2）噪声污染是感觉公害。对噪声污染的评价，不仅要考虑噪声源的性质、强度，还要考虑受害者的生理与心理状态。如夜间的噪声对睡眠的影响，老年人与青年人、脑力劳动者与体力劳动者、健康人与病患者的反应是不同的。

（3）噪声污染具有局限性和分散性。所谓局限性和分散性，是指噪声影响范围的局限性和噪声源分布的分散性。随着离噪声源距离的增加和受建筑物及绿化林带的阻挡，声能量衰减，受影响的主要是噪声源附近地区。

二、噪声的类型和危害

（一）噪声的类型

按照噪声产生的机理，噪声分为机械噪声、空气动力噪声和电磁性噪声三类。机械噪声是物体间相互撞击、摩擦，如锻锤、织机、机床等产生的噪声。叶片高速旋转或高速气流通过叶片时，会使叶片两侧的空气发生压力突变，激发声波，如通风机、鼓风机、压缩机、发动机迫使气体通过进、排气口时传出的声音，即为空气动力噪声。电磁性噪声是由于电机等的交变力相互作用而产生的声音，如电流和磁场的相互作用产生的噪声，发电机、变压器产生的噪声。

按照噪声随时间的变化情况，噪声分为稳态噪声和非稳态噪声两类。稳态噪声的强度不随时间变化，如电机、风机等产生的噪声。非稳态噪声的强度随时间变化，又可分为瞬时的、周期性起伏的、脉冲的和无规则的噪声。

（二）噪声污染的危害

噪声对人的影响，不仅与噪声的性质有关，而且与个人的心理、生理和社会生活等有关。年龄大小、体质好坏对噪声的忍受程度不同，例如，青年和儿童往往喜欢热闹的环境，老年人则喜欢清闲幽静。体质差的人，尤其是高血压和精神病患者，对噪声特别容易感到烦恼。

噪声污染的危害主要表现在下列几个方面：

（1）噪声污染对听力的损伤。人们在强噪声环境中暴露一定时间后，听力会下降；离开噪声环境到安静的场所休息一段时间，听觉会恢复，这种现象为听觉疲劳。但长期在强噪声环境中工作，听觉疲劳就不能恢复，而且内耳感觉器官会发生器质性病变，造成噪声性耳聋或噪声性听力损失。例如，噪声污染是老年性耳聋的一个重要因素。

（2）噪声污染对睡眠的干扰。睡眠是人消除疲劳、恢复体力和维持健康的一个重要条件，但是噪声会影响人的睡眠质量和数量，老年人和病人对噪声的干扰更敏感。当睡眠受噪声干扰而辗转不能入睡时，就会出现呼吸频繁、脉搏跳动加剧、神经兴奋等现象，第二天会觉得疲倦、易累，从而影响工作效率。久而久之，就会引起失眠、耳鸣多梦、疲劳无力和记忆力衰退等。

（3）噪声污染对人体的生理影响。噪声污染对人体的全身系统，特别是对神经系统、心血管和内分泌系统产生不良影响。噪声作用于人的中枢神经系统，使人的基本生理过程——大脑皮层的兴奋和抑制平衡失调，可以产生头痛、昏厥、耳鸣、多梦等症状，称为神经官能症。噪声会引起人体紧张的反应，刺激肾上腺素的分泌，因而引起心率改变和血压升高，是造成心脏病的一个重要原因。噪声会使人的唾液、胃液分泌减少，从而易患消化道溃疡症等。

（4）噪声污染对人体心理的影响。噪声污染引起的心理影响主要是使人烦恼激动、易怒，甚至失去理智。噪声容易使人疲劳，往往会影响精力集中和工作效率，尤其是对那些要求注意力高度集中的复杂作业和从事脑力劳动的人，影响更大。另外，由于噪声的心理作用，分散了人们的注意力，容易引起事故。

（5）噪声污染对儿童的影响。噪声污染会影响儿童的智力发育，吵闹环境中儿童智力发育比安静环境中低 20%。研究还表明，噪声与胎儿畸形有关。

此外，高强度的噪声还能影响物质结构，从而破坏机械设备和建筑物。研究表明，强噪声会使金属疲劳，造成飞机及导弹失事。在日常生活中，如交谈、思考问题、读书及写作等，均会受噪声干扰而无法进行；学校的教育环境也会因受噪声干扰而被破坏。

三、环境噪声标准

为保障城市居民的生活声环境质量，中国制订了《声环境质量标准》GB 3096—2008。该标准规定了城市五类区域的环境噪声最高限值，见表 2-1。

中国城市区域环境噪声标准　　　　　　　　表 2-1

类别		昼间等效声级 LAeq（dB）	夜间等效声级 LAeq（dB）
0		50	40
1		55	45
2		60	50
3		65	55
4	4a 类	70	55
	4b 类	70	60

表 2-1 中，0 类声环境功能区：指康复疗养区等特别需要安静的区域。

1 类声环境功能区：指以居民住宅、医疗卫生、文化体育、科研设计、行政办公为主要功能，需要保持安静的区域。

2 类声环境功能区：指以商业金融、集市贸易为主要功能，或者居住、商业、工业混杂，需要维护住宅安静的区域。

3 类声环境功能区：指以工业生产、仓储物流为主要功能，需要防止工业噪声对周围环境产生严重影响的区域。

4 类声环境功能区：指交通干线两侧一定区域之内，需要防止交通噪声对周围环境产生严重影响的区域，包括 4a 类和 4b 类两种类型。4a 类为高速公路、一级公路、二级公路、城市快速路、城市主干路、城市次干路、城市轨道交通（地面段）、内河航道两侧区域；4b 类为铁路干线两侧区域。

第四节　水　污　染

水是生命的源泉，水环境是人类和其他生物赖以生存的自然环境。地球上可供生活和生产利用的水资源非常有限。随着人类社会的发展，水污染问题越来越受到居民的关注。

一、水污染的概念

水污染是指因某些物质的介入，而导致水体化学、物理、生物或者放射性等方面特性的改变，从而影响水的有效利用，危害人体健康或者破坏生态环境，造成水质恶化的现象。

水污染可分为地表水污染、地下水污染和海洋污染。地表水的污染物多来自工业和城市生活排放的污水以及农田、农村居民点的排水。海洋污染的范围主要是沿海水域的污染，主要是由航行沿海的船舶排出的废油、油轮触礁而漏洒的原油、临海工厂排放的废水以及沿海居民抛弃的垃圾等所致。被污染的地表水可能随雨水渗到地下，引起地下水污染。另外，过度开采地下水不仅使地下水位下降，而且会使水质恶化。由于地下水是一种封闭性的水，一旦被污染，很难净化；即使切断污染源，仍需数年才能恢复清洁。

二、水污染物及其危害

与居住生活有关的水污染物及其危害主要是：

（1）植物营养物及其危害。植物营养物主要是指氮、磷、钾、硫及其化合物。氮和磷都是植物生长繁殖所必需的营养素，从植物生长的角度看，植物营养物是宝贵的物质，但过多的营养物质进入天然水体，使水体染上"富贵病"，从而使水质恶化，危害人体健康和影响渔业发展。天然水体中过量的营养物质主要来自农田施肥、农业废弃物、城市生活污水及某些工业废水。

（2）酚类化合物及其危害。酚有毒性，水遭受酚污染后，将严重影响水产品的产量和质量；人体经常摄入，会产生慢性中毒，发生呕吐、腹泻、头痛头晕、精神不振等症状。水中酚的来源主要是冶金、煤气、炼焦、石油化工、塑料等工业排放的含酚废水。另外，城市生活污水也是酚类污染物的来源。

（3）氰化物及其危害。氰化物是剧毒物质，一般人误服 0.1g 左右的氰化钾或氰化钠便立即死亡，敏感的人甚至服 0.06g 就可致死。水中氰化物主要来自化学、电镀、煤气、炼焦等工业排放的含氰废水，如电镀废水、焦炉和高炉的煤气洗涤冷却水、化工厂的含氰废水以及选矿废水等。

（4）酸碱及其危害。酸碱废水破坏水的自净功能，腐蚀管道和船舶。水体如果长期遭受酸碱污染，水质逐渐恶化，还会引起周围土壤酸碱化。酸性废水主要来自矿山排水和各种酸洗废水、酸性造纸废水等，雨水淋洗含二氧化硫的空气后，汇入地表水也能造成酸污染。碱性废水主要来自碱法造纸、人工纤维、制碱、制革等工业废水。

（5）放射性物质及其危害。水体所含有的放射性物质构成一种特殊的污染，总称为放射性辐射污染。污染水的最危险的放射性物质是锶、铯等，这些物质半衰期长，经水和食物进入人体后，能在一定部位积累，增加对人体的放射性照射，严重时可引起遗传变异和癌症。放射性物质的主要来源有：①原子能核电站排放废水；②核武器试验带来的，主要是大气中放射性尘埃的降落和地面径流；③放射性同位素在化学、冶金、医学、农业等部门的广泛应用，随污水排入水中，造成对生物和人体的污染。

（6）病原微生物及其危害。病原微生物有病菌、病毒和寄生虫三类，对人类的健康带来威胁。水中病原微生物主要来自生活污水和医院废水，制革、屠宰、洗毛等工业废水，以及牲畜污水。

第五节　固体废物污染和辐射污染

一、固体废物污染

（一）固体废物的概念和种类

固体废物是指在生产和消费过程中被丢弃的固体或泥状物质，包括从废水、废气中分离出来的固体颗粒。

固体废物的种类很多，按照废物的形状，可分为颗粒状废物、粉状废物、块状废物和泥状废物（污泥）。按照废物的化学性质，可分为有机废物和无机废物。按照废物的危害状况，可分为有害废物和一般废物。其中，有害废物是指能对人体健康或环境造成现实危害或潜在危害的废物。为了便于管理，又可将有害废物分为有毒的、易燃的、有腐蚀性的、能传播疾病的、有较强化学反应的废物。按照废物的来源，可分为城市垃圾、工业固体废物、农业废弃物和放射性固体废物。

（二）固体废物的危害

固体废物不仅侵占大量土地，对环境的污染也是多方面的。例如，散发恶臭、污染大气，污染地表水和地下水，改变土壤性质和土壤结构。许多固体废物所含的有毒物质和病原体，除了通过生物传播，还以大气为媒介传播和扩散，危害人体健康。这里主要对城市垃圾和工业固体废物及其危害作一说明。

1. 城市垃圾及其危害

城市垃圾主要包括城市居民的生活垃圾、商业垃圾、建筑垃圾、市政维护和管理中产生的垃圾，但不包括工厂排出的工业固体废物。城市垃圾的种类多而杂，如处理不善，严重影响城市的卫生环境和城市的容貌。城市垃圾中的废物主要有食物垃圾、纸、木、布、金属、玻璃、塑料、陶瓷、器具、杂品、碎砖瓦、建筑材料、电器、汽车、树叶、粪便等。其中，许多东西属于有机物，能够腐烂而产生臭味，影响居民生活。城市垃圾堆放或填埋地如果未经合理选址和安全处理，经雨水浸淋，会污染河流、湖泊和地下水。许多城市垃圾本身或者在焚化时，会散发毒气和臭气，影响危害人体健康。

2. 工业固体废物及其危害

工业固体废物包括由工业生产过程中排入环境的各种废渣、粉尘及其他废物。随着工业生产的发展，工业废物量日益增加，其中以冶金、燃煤火力发电等工业排放量最大。几种主要的工业固体废物及其危害如下：

（1）煤渣和粉煤灰。煤渣是从工业和民用锅炉及其设备燃煤所排出的废渣，又称炉渣。目前排出煤渣最严重是燃煤火力发电厂。大量煤渣弃置堆积可放出含硫气体，污染大气。燃煤电厂从烟道气体中收集的粉煤灰，如果不处理或处理不够，则会造成大气尘污染，排入河湖等中还会造成水污染。

（2）有色金属渣。有色金属渣是指有色金属矿物在冶炼过程中产生的废渣，包括赤泥、铜渣、铅渣、锌渣、镍渣等。有的有色金属渣含有铅、砷、镉、汞等有害物质。有色金属渣如堆置在露天，不仅占用大量土地，受风吹雨淋，还会对土壤、水、大气造成污染。

（3）铬渣。铬渣中含有剧毒的六价铬等，如果露天堆放，受雨雪淋浸，渗入地下或进入河流中，则严重污染环境，危害人体健康。

（4）化工废渣。化工废渣种类繁多，以塑料废渣、石油废渣为主，酸碱废渣次之。化工废渣中有毒物质最多，对环境污染最严重。

二、辐射污染

辐射有电磁辐射和放射性辐射两种。其中，电磁辐射是指能量以波的形式发射出去，放射性辐射是指能量以波的形式和粒子一起发射出去。因此，辐射污染可分为电磁辐射污染和放射性辐射污染两大类。

（一）电磁辐射污染

在电磁波中，波长最短的是 X 射线，其次是紫外线，再次是可见光，此后是红外线，波长最长的是无线电波。电磁辐射污染是指电磁辐射的强度达到一定程度时，对人体机能发生一定的破坏作用。它可分为光污染和其他电磁辐射污染。

1. 光污染

光属于一种电磁波，分为可见光和不可见光。光污染是指人类活动造成的过量光辐射对人类生活和生产环境形成不良影响的现象。光污染可分为可见光污染和不可见光污染。不可见光污染又可分为红外光污染和紫外光污染。

可见光污染有下列几种：①灯光污染。如路灯控制不当或建筑工地的聚光灯，照进住宅，影响居民休息等。②眩光污染。如电焊时产生的强烈眩光，在无防护情况下会对人的眼睛造成伤害；夜间迎面驶来的汽车的灯光，会使人视物不清，造成事故；车站、机场等过多闪动的信号灯，使人视觉不舒服。③视觉污染。这是一种特殊形式的光污染，是指城市中杂乱的视觉环境，如杂乱的垃圾堆物、乱摆的货摊、五颜六色的广告和招贴等。④其他可见光污染。如商店、宾馆、写字楼等建筑物，外墙全部用玻璃或反光玻璃装饰，在阳光或强烈灯光照射下发生反光，会扰乱驾驶员或行人的视觉，成为交通事故的隐患。

2. 其他电磁辐射污染

除光之外的其他电磁辐射污染，通常称为电磁辐射污染，简称电磁污染。电磁辐射污染包括各种天然的、人为的电磁波干扰和有害的电磁辐射。但通常所讲的电磁辐射污染，主要是指人为发射的和电子设备工作时产生的电磁波对人体健康产生的危害。

电磁辐射对人体的危害程度随着电磁波波长的缩短而增加。根据电磁波的波长，电磁波分为微波、超短波、短波、中波、长波。因此，它们对人体的危害程度分别是：微波＞超短波＞短波＞中波＞长波。

人为电磁辐射污染源主要有广播、电视辐射系统的发射塔，人造卫星通信系统的地面站，雷达系统的雷达站，高压输电线路、变压器和变电站，各种高频设备，如高频热合机、高频淬火机、高频焊接机、高频烘干机、高频和微波理疗机以及微波炉等。

（二）放射性辐射污染

放射性辐射污染通常简称放射性污染，是指排放出的放射性污染物造成的环境污染和人体危害。

放射性辐射通过人体时，能够与细胞发生作用，通过某个途径影响细胞的分裂，使细胞受到严重的损伤以至出现生殖、死亡、细胞减少、功能丧失，或者造成致癌和致突变作用。

当人体受到一定剂量的照射后，就会出现机体效应。一般把受照后几分钟到几周内出现的效应称为急性效应，而把潜伏期比较长的效应称为慢性效应。急性效应在临床上的表现为头痛、头晕、食欲不振、睡眠障碍以致死亡等，与放射性辐射的性质、类型、生物机体的吸收剂量和照射部位有关，同时也与人的年龄、性别和身体状况有关。人体在受超容许水平的较高剂量的长期慢性照射下，能够引发各种癌症、白内障、不育症甚至死之，这一点我们不应忽视。

第六节 建筑环境污染源

房地产估价师可通过评价建筑环境，即对建筑环境质量按照一定的标准和方法给予定性和定量的说明和描述，来判断建筑环境质量的优劣。其中最核心的工作是寻找、观察建筑环境污染源，并分析污染源对房地产价值的影响。建筑环境污染源分为室外污染源和室内污染源。室内与室外的区别，通俗地说是一墙之隔，墙内称为室内，墙外称为室外。室内和室外污染源都会影响房地产的价值。

一、室外污染源

室外污染源直接影响人类的户外活动，而且还可通过门窗、孔洞或其他管道缝隙等进入室内，如受到污染的空气、噪声等通过门窗直接进入室内，特别是工厂、机动车道路附近的住宅受这种危害最大。此外，有的建筑地基土层中含有某些可逸出或可挥发出有害物质，也会通过地基的缝隙逸入室内。室外污染源主要有以下几个方面。

（一）大气污染源

大气污染源情况的影响可从源强和源高两方面来看。源强是指污染物的排放速率。污染物的浓度与源强成正比，即源强越大，污染越严重。源高是指污染源排放的高度。源高对污染物的浓度分布有很大影响。一般来说，离污染源越远，污染物的浓度越低，但对于高架源来说，情况比较复杂。以烟囱为例，地面污染物的浓度在离烟囱很近处很低，随着距离的增加逐渐增加，达到一个最大值后又逐渐减小，即污染物的最大浓度不是在最近处，而是在相隔了一段距离处。大气污染源主要有以下几种。

1. 工业污染源

产生大气污染的工业污染源主要有钢铁、有色金属、火力发电、水泥、石油冶炼以及造纸、农药、医药等企业。它们在生产过程中排出各种有毒有害物质。例如，钢铁企业的大气污染物以硫氧化物和粉尘为主；烧石灰、金属冶炼等都是粉尘污染的大户；有色金属企业以硫氧化物污染为主；各种化工企业可以产生各种大气污染物，如硫氧化物、氮氧化物、碳氢化合物以及恶臭气体和悬浮颗粒物等；火力发电的煤和油用量大，主要产生粉尘污染和硫氧化物污染，一般煤燃烧后约有原重量的 1/10 以烟尘的形式排入大气，油燃烧后约有原重量 1% 的烟尘排出，并且煤和油的不充分燃烧是产生硫氧化物的源泉。另外，建筑施工工地的扬尘也不容忽视。

2. 交通污染源

交通污染源一般都是移动污染源，主要是各种机动车辆、飞机、轮船等排放有毒有害物质进入大气。由于交通工具以燃油为主，主要污染物为碳氢化合物、一氧化碳、氮氧化物和含铅污染物，尤其是汽车尾气中的一氧化碳和铅污染，据统计，汽车排放的铅占大气中铅含量的 97%。

3. 生活污染源

人们由于做饭、取暖、沐浴等生活需要，造成大气污染的污染源称为生活污染源。这类污染源具有分布广、排放污染物量大、排放高度低等特点。生活污染源主要有：①生活燃料的污染。居民家庭使用煤炭等燃料取暖或做饭，由于燃烧不充分，经常排出大量烟尘。②居住环境的污染。由于建筑和家庭装修的发展，建筑材料和家具释放的甲醛、苯、氯氨等有机化合物，石棉以及氡等，成了重要的污染物，尤其在半封闭的通风系统和空调系统中，危害更为严重，引起所谓的空调病和办公室综合症。③其他生活污染：城市垃圾、厕所、污水沟等也是一个重要的生活污染源，挥发着有毒有害气体，特别是恶臭气体，影响人们的身心健康。

（二）环境噪声污染源

1. 工业噪声

工业噪声主要是工厂开工时发出的噪声。工业噪声对其附近居民的日常生活干扰十分严重。有些工厂为供应市场的需要而在夜间加工，其噪声延至深夜，使人无法入睡。工业噪声的发生源有两类：一类是气动源，如风机、风扇、高炉排气以及航空工业的风洞试验设备等；另一类是机械动源，如纺织机、大型球磨机、电锯、铆枪和锻锤等。

2. 交通噪声

交通噪声是由交通运输工具（包括汽车、火车、飞机、船舶等）发出的噪声，其特点是声源面广而不固定。交通噪声日益成为城市的主要噪声，城市中50%～70%的噪声来自交通运输工具。交通噪声中又主要是机动车在运行时发出的噪声。汽车噪声除喇叭声外，主要来自发动机运转、进排气和轮胎与地面摩擦等。随着居民收入的增加及工商业需求的增大，汽车的数量大大增加，汽车在给人们带来方便的同时，也带来了日益严重的噪声污染。飞机噪声来自升降及飞行时发出的高音压。随着民航业的发展，飞机升降的频度也与日俱增，其发出的噪声对周围居民的危害也日益严重。

3. 社会生活噪声

社会生活噪声主要是指社会人群活动产生的噪声，如农贸市场、商场、火车站、汽车客运站、娱乐场所、体育场馆、中小学等人们的喧闹声、吆喝声、高音喇叭声等。这些噪声能干扰人们正常的谈话、工作、学习和休息，使人心烦意乱，住宅最好应距离这些场所一定距离。

4. 建筑施工噪声

建筑施工噪声是建筑工地的各种施工机械和建筑工人手工操作产生的噪声，如空压机凿岩、混凝土搅拌与振捣、打桩、强夯夯实地面等。这种噪声具有突发性、冲击性、不连续性等特点，容易引起人们的烦躁。

（三）其他污染源

1. 水污染源

水污染主要来源于生活和工农业生产。生活污染源主要是由城市化造成的。由于城市人口增多，城市规模扩大，人口越来越密集，排放的污染物和生活污水越来越多，病菌的扩散和传播也更容易，所以，城市和人口密集的居住区是主要的生活污染源。人们生活中产生的污水包括由厨房、浴室、厕所等场所排放出的污水和污物。生活污水的特点是含氮、磷、硫高，含大量合成洗涤剂，含有多种微生物。一个居住区的物业服务质量好、污水及时清理，就可以减少这些危害。工业废水是城市水污染的主要来源，按工业行业来分，工业污染源有工业废水、冶金电镀废水、造纸废水、无机化工废水、有机化工废水、化学肥料废水、制药废水、纺织印染废水、制革废水等。工业污染源的特点是量大、面广、含污染物多、成分复杂，在水中不易净化，处理比较困难。农业生产而产生的水污染源，如降水所形成的径流和渗流把土壤中的氮、磷和农药带入水体；由牧场、养殖场、农副产品加工厂的有机废物排入水体，使水质恶化，造成河流、水库、湖泊的水污染甚至富营养化。农业污染源的特点是面广、分散、难于治理。

2. 固体污染源

房地产估价师不仅要关注室外环境中的各类垃圾、工业固体废物等，还应了解房屋地基土层中的污染源，主要有：①地层中固有的，如氡及其子体；②地基在建房前已遭受工农业生产或生活废弃物的污染，如受农药、化工燃料、汞、生活垃圾等污染，而未得到彻底清理即在其上建造房屋。

3. 辐射污染源

房地产估价师不仅要了解室外环境中的光污染源和其他电磁辐射污染源，观察房屋周边建筑玻璃幕墙、广告灯箱、路灯、变电站、高压线等的影响，还要关注放射性污染源，主要有：①人类活动增加的辐射。随着人类社会的进步，人们已经开始利用许多天然材料或者工业生产过程中的副产品来做建筑材料等，如用钢渣或粉煤灰制砖等。这些材料中往往含有放射性元素。②核燃料的"三废"排放。核能应用于动力工业，促进了原子能工业的发展。原子能工业的中心问题是核燃料的产生、使用和回收，在这三个阶段均会产生"三废"，并对周围环境带来一定程度的污染。特别是核反应堆发生事故时，其造成的放射性污染程度将大大增加。③医疗照射引起的放射性。现代医学的发展，使放射在医学上得到广泛的应用。医用照射已经成为主要的人工污染源。④宇宙线。宇宙线来自宇宙空间的高能粒子辐射，宇宙线照射的幅度因海拔高度、地理纬度的不同而不同。⑤地球上的天然放射性源。地球上的天然放射性源通常是指存在于地表、大气和水圈的天然放射性。由于各地区放射性物质的含量、元素有很大差异，因此，自然界中天然放射性本体造成的剂量有很大的差别。

二、室内污染源

室内环境是人们接触的最为频繁和密切的地方，室内污染源严重影响人们的生活。为了预防和控制民用建筑工程中主体材料和装饰装修材料产生的室内环境污染，保障公众健康，维护公共利益，做到技术先进、经济合理，《民用建筑工程室内环境污染控制标准》GB 50325—2020 对新建、扩建和改建的民用建筑工程室内环境污染控制提出了具体要求。人们的居住、办公等室内环境，是由建筑材料所围成的与外界环境隔开的微小环境，这些材料中的某些成分对室内环境质量有很大影响。尤其是在装有空调系统的建筑物内，室内环境污染物得不到及时清除，更容易使人出现某些不良反应及疾病。室内来源的污染物主要来自建筑材料，尤其是装修装饰材料。

（一）无机材料和再生材料

无机建筑材料以及再生的建筑材料影响人体健康比较突出的是辐射问题，有的建筑材料中含有超过国家标准的辐射。由于取材地点的不同，各种建筑材料的放射性也各不相同。大部分建筑材料如砂、砖、实心砌块、混凝土、混凝土预制构件等的辐射量基本符合标准，但也有一些灰渣砖放射性超标。有些石材中含有高本底的镭，镭可蜕变成放射性很强的氡，能引起肺癌。很多有机合成材料可向室内释放许多挥发性有机物，如甲醛、苯、甲苯、醚类、酯类等。这些污染物的浓度有时虽然不很高，但人在它们的长期综合作用下，会出现不良建筑物综合症、建筑物相关疾患等疾病。

（二）合成隔热板材

合成隔热板材是一类常用的有机隔热材料，这类材料是各种树脂为基本原料，加入一定量的发泡剂、催化剂、稳定剂等辅助材料，经加热发泡而制成的，具有质轻、保温等性能。这类材料的主要品种有聚苯乙烯泡沫塑料、聚氯乙烯泡沫塑料、聚氨酯泡沫塑料、脲醛树脂泡沫塑料等。这些材料存在一些在合成过程中未被聚合的游离单体或某些成分，它们在使用过程中会逐渐逸散到空气中。另外，随着使用时间的延长或遇到高温，这些材料会发生分解，释放出许多气态的有机化合物质，造成室内环境污染。这类污染物的种类很多，主要有甲醛、氯乙烯、苯、甲苯、醚类、甲苯二异氰酸脂（TDD）等。

（三）吸声及隔声材料

常用的吸声材料包括无机材料如石膏板等；有机材料如软木板、胶合板等；多孔材料如泡沫玻璃等；纤维材料如矿渣棉、工业毛毯等。隔声材料一般有软木、橡胶、聚氯乙烯塑料板等。这些吸声及隔声材料都可向室内释放多种有害物质，如石棉、甲醛、酚类、氯乙烯等，可造成使人不舒服的气味，出现眼结膜刺激、接触性皮炎、过敏等症状，甚至更严重的后果。

（四）壁纸

装饰壁纸是一种墙面装饰材料，使用广泛。壁纸装饰对室内环境的影响主要是壁纸本身的有毒物质造成的。由于壁纸的成分不同，其影响也是不同的。天然纺织壁纸尤其是纯羊毛壁纸中的织物碎片是一种致敏源，可导致人体过敏。一些化纤纺织物型壁纸可释放出甲醛等有害气体，污染室内空气。塑料壁纸在使用过程中可向室内释放各种挥发性有机污染物，如甲醛、氯乙烯、苯、甲苯、二甲苯、乙苯等。

（五）涂料

涂敷于表面与其他材料很好黏合并形成完整而坚韧的保护膜的物料称为涂

料。在建筑上涂料和油漆是同一概念，室内常见的涂料如水性装饰板涂料、水性墙面涂料、水性墙面腻子等。涂料的组成一般包括膜物质、颜料、助剂以及溶剂，成分十分复杂。成膜材料的主要成分有酚醛树脂、酸性酚醛树脂、脲醛树脂、乙酸纤维剂、过氧乙烯树脂、丁苯橡胶、氯化橡胶等。这些物质在使用过程中可释放甲醛、氯乙烯、苯、甲苯、有机化合物（VOC）、甲苯二异氰酸酯、酚类等有害物质。涂料所使用的溶剂基本上都是挥发性很强的有机物质，其作用是将涂料的成膜物质溶解分散为液体，使之易于涂抹，形成固体的涂膜，其本身不构成涂料，当它的使命完成以后就要挥发在空气中。因此，涂料的溶剂是室内重要的污染源。例如，刚刚涂刷涂料的房间空气中含有 50 多种挥发性有机物。涂料中的颜料和助剂还可能含有多种重金属，如铅、铬、镉、汞、锰以及砷、五氯酚钠等有害物质，可对室内人群的健康造成危害。

（六）人造板材及人造板家具

人造板材及人造板家具是室内装饰的重要组成部分。人造板材在生产过程中需要加入胶黏剂进行粘结，家具的表面还要涂刷各种油漆。这些胶黏剂和油漆中都含有大量的挥发性有机物，在使用这些人造板材和家具时，这些有机物就会不断释放到室内空气中。含有聚氨酯泡沫塑料的家具在使用时还会释放出甲苯二异氰酸酯，造成室内环境污染。例如，许多调查发现，在布置新家具的房间中可以检测出较高浓度的有机化合物（VOC）、苯、二甲苯等几十种有毒化学物质，居室内的居民长期吸入这些物质后，可对呼吸系统、神经系统和血液循环系统造成损伤。另外，人造板家具中有的还加有防腐、防蛀剂，如五氯苯酚，在使用过程中这些物质也可释放到室内空气中，造成室内环境污染。由此可见，建筑材料一般都含有种类不同、数量不等的污染物。其中的大多数具有挥发性，可造成较为严重的室内环境污染，通过呼吸道、皮肤、眼睛等对室内人群的健康产生很大危害。另有一些不具有挥发性的重金属，如铅、铬等有害物质，当建筑材料受损后剥落成粉尘，也可通过呼吸道进入人体，造成中毒。

另外，建筑物环境质量状况可通过其建筑工程及室内装饰装修工程的室内环境质量验收资料进行了解和分析。如：

（1）工程地点土壤中氡浓度或氡析出率检测报告；

（2）建筑主体材料和装饰装修材料污染物检测报告；

（3）涉及室内新风量的设计文件，以及新风量检测报告；

（4）涉及室内环境污染控制的施工图设计文件；

（5）与室内环境污染控制有关的隐蔽工程验收记录；

（6）样板间的室内环境污染物浓度检测报告（不做样板间的除外）；

（7）室内空气中污染物浓度检测报告。

复习思考题

1. 什么是环境？对环境如何分类？
2. 自然环境、人工环境、社会环境的含义分别是什么？
3. 景观的含义是什么？
4. 生态、生态系统、生态环境的含义分别是什么？
5. 生态系统有哪几个基本组成部分？各组成部分的作用是什么？
6. 生态系统相对平衡的主要表现有哪些？
7. 什么是环境质量？
8. 对环境污染的认识和了解应包括哪些方面？
9. 什么是环境污染？它有哪些类型？
10. 什么是环境污染源？它有哪些分类？
11. 什么是大气污染？
12. 大气污染物有哪些？它们有何危害？
13. 什么是环境噪声和环境噪声污染？它有何特征？
14. 环境噪声污染有哪些危害？
15. 中国城市区域环境噪声标准的主要内容是什么？
16. 什么是水污染？水污染物及其危害有哪些？
17. 什么是固体废物？它有哪些危害？
18. 什么是辐射污染？它有哪几种？
19. 什么是光污染？它有哪些危害？
20. 什么是电磁辐射污染？它有哪些危害？
21. 什么是放射性辐射污染？它有哪些危害？
22. 室外污染源主要有哪些？
23. 室内污染源主要有哪些？

第三章 建筑工程知识

房屋建筑的结构与构造、房屋设施设备、建筑材料和装饰装修等状况，不仅关系到房屋的适用性、耐久性和美观，还关系到房屋财产的安全、价格或价值。要做好房地产估价的专业服务，应具备一定的建筑设计、建筑工程图纸、建筑构造、建筑材料和装饰装修知识，并运用这些知识做好房地产估价中估价对象的实地查勘、实物状况描述、价格或价值分析测算等相关环节的工作。为此，本章介绍了房屋建筑的分类、建筑识图、建筑设计、房屋设施设备、建筑材料和装饰装修材料等。

第一节　建筑识图与建筑设计

一、建筑分类

（一）按使用性质分类

按使用性质不同，建筑物通常分为民用建筑、工业建筑和农业建筑。

1. 民用建筑分类

民用建筑根据建筑物的使用功能，可分为居住建筑和公共建筑两大类。

（1）居住建筑

居住建筑是供人们生活起居用的建筑物，它们有普通住宅、公寓、别墅、集体宿舍等。

（2）公共建筑

公共建筑是供人们进行各项社会活动的建筑物，公共建筑按使用功能的特点，可分为以下一些建筑类型。

1）生活服务性建筑。如食堂、菜场、浴室、理发店等。

2）办公建筑。按地上层数和高度可分为单层建筑、多层建筑、高层建筑、超高层建筑。

3）旅馆酒店建筑。如星级饭店、普通旅馆、快捷酒店、招待所、度假村等。

4）教育建筑。如教学楼、图书馆、学生实验室等。

5）托幼建筑。如托儿所、幼儿园等。

6）科研建筑。如研究所、科学实验楼等。

7）医疗建筑。如住院楼、门诊楼、疗养院、急救中心、保健站等。

8）商业建筑。如超市、百货、商场、购物中心、专业商店等。

9）体育建筑。如体育馆（场）、游泳馆（池）、健身房等。

10）文化建筑。如剧院、电影院、城市图书馆、博物馆、文化馆、纪念馆等。

11）交通、邮电建筑。如火车站、汽车站、地铁站、航站楼、水上客运站、停车楼、高速公路服务区用房、邮政大楼、电报电话局等用于交通、邮政、电信的建筑。

12）广播、电影电视建筑。如广播电台、电视台、发射台（站）、监测台（站）、广播电视节目监管建筑、有线电视网络中心等。

13）其他建筑。即除了上述建筑类型以外的非居住性建筑。例如，园林建筑、加油站、煤气站、消防站等设施。

2. 工业建筑分类

根据不同分类方法，可以将工业建筑进一步进行分类。

（1）按照建筑层数，可以将工业建筑分为单层厂房、多层厂房和层次混合厂房。

（2）按照使用性质，可以将工业建筑细分为生产厂房、生产辅助厂房、动力用厂房、仓储建筑、运输用建筑和其他建筑。

（3）按照建筑跨度，可以将工业建筑分为单跨厂房、多跨厂房和纵横跨厂房。

（4）按照跨度尺寸，可以将工业建筑分为小跨度厂房和大跨度厂房。小跨度厂房是指跨度小于或等于 12m 的单层工业厂房，以砌体结构为主。大跨度厂房指跨度在 15m 以上的单层工业厂房，其中跨度为 15～30m 的厂房以钢筋混凝土结构为主，跨度在 36m 及 36m 以上的厂房以钢结构为主。

（5）按照生产状况，可以将工业建筑分为冷加工车间（如机械加工、装配机修）、热加工车间（如铸造、锻压）、恒温恒湿车间（如纺织、烟草、高精密制造、医疗制药）、洁净车间（如仪表、光电电子、航空航天工程、生物工程、食品加工）和其他特种状况的车间。

3. 农业建筑

农业建筑是指进行农牧业生产和加工的建筑。如粮库、畜禽饲养场、温室、农机修理站、饲料加工站等。

（二）按建筑物的结构类型和材料分类

1. 砖木结构建筑

砖木结构建筑主要是用砖石和木材建造并由砖石和木骨架共同承重的建筑物，其结构构造可以由木结构（梁和柱）承重，砖石砌筑成围护墙。也可以采用砖墙、砖柱承重的木屋架结构形式。古代建筑、1949 年以前建造的城镇民居、20 世纪 50 至 60 年代的民用建筑，绝大多数为砖木结构建筑。

2. 砖混结构建筑

砖混结构建筑主要由砖、石和钢筋混凝土等作为承重材料的建筑物。其结构形式是砖墙、砖柱为竖向构件来承受竖向荷载。钢筋混凝土楼板、大梁、过梁、屋架等横向构件，搁置在墙、柱上，承受并传递楼面荷载，这种结构的建筑造价较低。但是，这种建筑的抗震性能较差，开间和进深尺寸都受一定的限制，其层高也受到限制。

3. 钢筋混凝土结构建筑

该类结构的承重构件都是由钢筋混凝土构件构成的，外墙、隔墙等围护结构可由轻质砖或其他砌体组成。钢筋混凝土结构建筑的特点是结构的适应性强、抗震性能好和耐用年限较长。从多层到高层，甚至超高层建筑都可以采用此类结构形式，是目前我国建筑工程中采用最多的一种建筑结构类型。钢筋混凝土结构建筑的结构形式主要有：现浇的框架结构、剪力墙结构、筒体结构、框架剪力墙结构、框架筒体结构、筒中筒结构和预制的装配式框架结构等多种形式。

4. 钢结构建筑

主要的承重构件采用钢材作为承重材料的建筑物称为钢结构建筑，钢结构建筑建造成本较高，多用于超高层建筑和有大跨度要求的建筑物，如体育馆、大剧院、大跨度的工业厂房等。

（三）按建筑物的层数分类

根据《城市居住区规则设计标准》GB 50180—2018，1～3 层为低层住宅，4～9 层为多层住宅，10 层及 10 层以上为高层住宅。

（四）按建筑物的高度分类

根据《民用建筑设计统一标准》GB 50352—2019，建筑高度不大于 27.0m 的住宅建筑、建筑高度不大于 24.0m 的公共建筑及建筑高度大于 24.0m 的单层公共建筑为低层建筑或多层建筑。

建筑高度大于 27.0m 的住宅建筑和建筑高度大于 24.0 的非单层公共建筑，且高度不大于 100.0m 的，为高层民用建筑。建筑高度大于 100.0m 为超高层建筑。

（五）按建筑物承重受力方式分类

1. 墙承重结构形式的建筑物

用墙体来承受由屋顶、楼板传来的荷载的建筑，称为墙承重受力建筑。如砖混结构的住宅、办公楼、宿舍；高层建筑中剪力墙式建筑物，墙所用材料为钢筋混凝土，而承重受力的是钢筋混凝土的墙体。

2. 构架式承重结构的建筑物

由柱、梁等构件做成建筑的骨架，由整个构架的各个构件来承受荷重的建筑。这类建筑有古式的砖木结构、现代建筑的钢筋混凝土框架结构、单层工业厂房的排架结构、用型钢材料构成的钢结构等。

3. 筒体结构或框架筒体结构的建筑物

该类建筑大多为高层建筑和超高层建筑。该类建筑物的中心为一个刚性的筒体（一般由钢筋混凝土做成），外围由框架或更大的筒体构成建筑受力的骨架。这种骨架体系是在高层建筑出现后，逐步发展形成的。

4. 大空间结构的建筑物

该类建筑的室内往往中间没有柱子，而通过网架等空间结构把荷重传到建筑四周的墙、柱上去，如体育馆、游泳馆、大剧场等。

二、建筑识图基础

建筑工程施工图是建筑设计和建筑施工中使用的"工程语言"，因此，房地产估价师要想真正了解建筑物本身的构造、特点和适用范围，就必须能读懂建筑施工图。一套完整的建筑施工图包括建筑总平面图、建筑施工图、结构施工图、暖通及空调施工图、给水排水施工图（通常暖通空调、给水排水作为一套图纸）、电气施工图等。各工种的施工图又分为基本图和详图两部分。

（一）建筑制图的基本规定

为了统一建筑工程图样的画法，提高制图效率，便于工程建设和技术交流，国家建设行政主管部门颁布了有关建筑制图的国家标准。

1. 图纸幅面规定

幅面内应有标题栏和会签栏。幅面规格分别为 0、1、2、3、4 号，共 5 种，其尺寸大小见表 3-1。

图纸幅面规格（mm）　　　　　　　　　　　　表 3-1

幅面代号	0 号	1 号	2 号	3 号	4 号
$b \times l$	841×1 189	594×841	420×594	297×420	297×210
c	10	10	10	5	5
a	25				

注：b、l 分别为图纸宽度和长度；a、c 为图框线与图纸边缘的距离，其中 a 为图框线与图纸左边缘的距离，c 为图框线与图纸上、下、右边缘的距离。

2. 图标和会签栏

常用图标格式及内容见表 3-2。其中，工程名称指某建筑物的名称；项目指建设项目中的具体工程；图名常用以表明本张图的主要内容；设计号是设计部门对该工程的编号；图别表明本图所属工种和实际阶段；图号是指图纸的编号。

图　标　　　　　　　　　　表 3-2

设计单位全称			
工程名称		项　目	
审　定		校　核	
设　计		制　图	
图　名		设计号	
图　别		图　号	
日　期			

会签栏是各工种负责人签字的表格，其格式与内容见表 3-3。

会签栏　　　　　　　　　表 3-3

工种名称	姓　名	签　字

3. 比例尺的选用

一套完整的施工图，既有总图也有细部大样详图，选用一种比例尺显然不合适。这就要根据图纸的具体内容选择恰当的比例尺。常用的比例尺见表 3-4。

施工图常用的比例尺会签栏　　　　　　表 3-4

图　名	常用比例尺
总平面图	1∶500，1∶1 000，1∶2 000
基本图	1∶50，1∶100，1∶200，1∶300
详　图	1∶1，1∶2，1∶5，1∶10，1∶20，1∶25，1∶50

4. 轴线

施工图中的轴线是施工中定位、放线的重要依据。凡承重墙、柱子、大梁或屋架等主要承重构件的位置必须画上轴线并编上轴线号，凡需要确定位置的建筑局部或构件都应注明与附近轴线的尺寸关系。

轴线用点画线表示，端部画圆圈，圆圈内注明编号。水平方向用阿拉伯数字由左至右编号，垂直方向用英文字母由下而上编号。

5. 尺寸及单位

尺寸由数字及单位组成，例如 100mm。根据"国标"规定，总图以米为单位，其余均以毫米为单位。为了图纸简明，尺寸的数字后面可不写单位。

6. 标高

下面横线为某处高度的界限，在符号的横线上注明标高数字。总平面图的室外地坪标高用符号表示。建筑物各部分的高度用标高控制，表示符号"▽"。下面横线为某处高度的界限，在符号的横线上注明标高数字。总平面图的室外地坪标高用符号"▼"表示。标高的单位用米记，按"国标"规定，标高数字准确到毫米，即注到小数点后面第三位。

标高分绝对标高和相对标高两种。我国青岛附近的黄海平均海平面定为绝对标高的零点，其他各地以它为基准所定标高即绝对标高。这也就是一般所说的"海拔标高"。但为简明起见，工程图纸一般都用相对标高。即把室内首层地面的绝对标高定为相对标高的零点，以"±0.000"表示，读作正负零。高于它的为正值，一般不注"＋"号；低于它的负值，必须注"－"号。

相对标高与绝对标高的关系，一般在工程总说明及基础图中加以说明，例如，某建筑物的±0.000＝42.500，即室内地面标高±0.000相当于绝对标高42.500。若某建筑物±0.000＝42.500，设计楼顶标高29.000m，则楼顶标高＝42.500＋29.000＝71.500m。施工时可以根据当地水准点（绝对标高）测定该建筑物首层的标高。

7. 索引号

索引号的用途是索引，便于查找相互有关的图纸内容。索引号的表示方法是把图中所需要另画详图的部位编上索引号。索引号中的内容有两个：一是详图编号；二是详图所在的图纸的编号。将详图编注上详图号，就可以根据对应关系，查找详图。

（二）建筑施工图

建筑施工图是根据正投影原理绘制的，用立面图及屋顶平面图表示建筑物的外部，用总平面图表示建筑物的位置，用平面图及剖面图表示其内部，用详图表示其细部做法的建筑工程图。

1. 总平面图

总平面图是用来说明建筑物所在具体位置和其周围环境关系的水平投影图。总平面图包含的主要内容如下：

（1）拟建建筑和原有建筑的外形、层数和它们的相对位置；

（2）建筑物周围的地形、道路（包括拟建的道路）、水源、桥梁和绿化等；

（3）室内地坪、室外整平和道路的绝对标高；

（4）指北针或风玫瑰图等。

2. 建筑平面图

建筑平面图是建筑工程施工图纸中具有引导作用的图纸，它不仅反映了建筑的使用空间、装修等情况，而且是其他各工种图纸设计的基础，是室内外装修设计的重要依据。

建筑平面图包含的内容如下：

（1）由外围可以了解建筑的外形、总长、总宽以及面积，首层平面图上还有散水、台阶、外门、窗的位置，外墙的厚度，轴线标法，有的还可能有变形缝、外用铁爬梯等图示；

（2）从图的边墙外边线往内看可以看到内墙位置、房间名称，楼梯间、卫生间等布置；

（3）从平面图上还可以了解到开间尺寸、内门窗位置、室内地面标高、门窗型号尺寸以及表明所用详图等符号。

平面图根据建筑的层数不同分为首层平面图、二层平面图、三层平面图、标准层平面图、屋顶平面图等。在二层（或二层以上某层）以上楼层仅与首层不同（或与某层以下各层不同），那么二层（或二层以上某层）以上的平面图就被称为标准层平面图。屋顶平面图是用来说明屋顶建筑构造的平面布置、雨水泛水及坡度等情况的平面图。

3. 建筑立面图

建筑立面图是建筑物的各个侧面向竖直平面作正投影所形成的投影图。根据立面图的位置不同，立面图分为正立面、背立面和侧立面；有时按朝向分为南立面、北立面、东立面、西立面等。

立面图的内容包括：

（1）反映了建筑物的外貌，如外墙上的檐口、门窗套、出檐、阳台、腰线、门窗外形、雨篷、花台、落水管、附墙柱、勒脚、台阶等构造形状；

（2）标明各层建筑标高、层数，建筑的总高度或突出部分最高点的标高尺寸。有的立面图还在侧边采用竖向尺寸，标注窗口的高度、层高尺寸等；

（3）标明外墙装修所用的材料、色彩及分格，出入口处的做法及其装修等；

（4）标注立面详图索引号。

4. 建筑剖面图

建筑剖面图主要用以简要表示建筑物的内部结构形式、空间关系。建筑剖面图的内容包括：

（1）各层楼面的标高，窗台、窗洞口顶部、顶棚的高度，以及室内净高尺寸；

（2）建筑从屋面至地面的内部构造特征。如屋面保温、隔热构造、楼板构造、隔墙构造、室内门洞口高度等；

（3）注明墙身做法，楼、地面做法，对其所用材料加以说明；

（4）有时也可以标明屋顶电梯设备间、女儿墙、烟囱等构造做法。

5. 建筑详图

从建筑的平、立、剖面图上虽然可以看到建筑的外形，平面布置和内部构造情况，以及主要的造型尺寸，但是由于图幅有限，局部细节的构造在这些图上不能够明确表示出来。为了清楚地表达这些构造，把局部细节放大比例绘制成（如1：20,1：10，1：5，1：1等）较详细的图纸，称为建筑详图。

建筑详图是各建筑部位具体构造的施工依据，所有平、立、剖面图上的具体做法和尺寸均以详图为准，因此详图是建筑图纸中不可缺少的一部分。

建筑详图一般包括：建筑的屋檐及外墙身构造大样，楼梯间，厨房、厕所、阳台、门窗、建筑装饰、雨篷、台阶等的具体尺寸、构造和材料做法。

（三）结构施工图

结构施工图用来表示各种承重构件（基础、承重墙、柱、梁、板、屋架等）的布置、形状、大小、材料、构造及其相互关系的建筑工程图。

结构施工图主要表明建筑结构专业的设计内容，同时也反映建筑、给排水、暖通、电气等专业对结构的要求，是指导结构施工、编制预算、施工组织设计和施工进度计划的依据。结构施工图中常用构件代号参见表3-5。

常用构件代号   表3-5

序号	名称	代号	序号	名称	代号	序号	名称	序号
1	板	B	15	吊车梁	DL	29	基础	J
2	屋面板	WB	16	圈梁	QL	30	设备基础	SJ
3	空心板	KB	17	过梁	GL	31	桩	ZH
4	槽形板	CB	18	连系梁	LL	32	柱间支撑	ZC
5	折板	ZB	19	基础梁	JL	33	垂直支撑	CC
6	密肋板	MB	20	楼梯梁	TL	34	水平支撑	SC
7	楼梯板	TB	21	檩条	LT	35	梯	T
8	盖板或沟盖板	GB	22	屋架	WJ	36	雨棚	YP
9	挡雨板或檐口板	YB	23	托架	TJ	37	阳台	YT
10	吊车安全走道板	DB	24	天窗架	CJ	38	梁垫	LD
11	墙板	QB	25	框架	KJ	39	预埋件	M
12	天沟板	TGB	26	钢架	GJ	40	天窗端壁	TD
13	梁	L	27	支架	ZJ	41	钢筋网	W
14	屋面梁	WL	28	柱	Z	42	钢筋骨架	G

注：1. 钢筋混凝土构件、现浇钢筋混凝土构件、钢构件和木构件，一般可直接采用本表中的构件代号。在设计中，当需要区别上述构件种类时，应在图纸上加以说明。

2. 预应力钢筋混凝土构件代号，应在该构件代号前加注"Y—"，如 Y—DL 表示预应力钢筋混凝土吊车梁。

结构施工图一般包括以下几方面。

1. 基础施工图

基础施工图是反映标高在±0.000以下建筑基础构造的图纸，它是施工放线、开挖基坑、砌筑基础及编制施工图预算的依据。基础施工图一般包括基础平面图和基础详图。

（1）基础平面图主要表示基础（柱基或墙基）的位置、轴线，以及基础内预留洞口、构件、管沟、地基变化的台阶、基底标高等平面布置情况。

（2）基础详图主要说明基础的具体构造。一般墙体的基础往往取中间某一平面处的剖面来说明它的构造；柱基则单独绘成单个柱基详图。基础详图上标有所在轴线位置，基底标高，基础防潮层面标高，垫层尺寸与厚度等。墙基还有大放脚的收放尺寸，柱基有钢筋配筋和台阶尺寸构造。墙基上还有防潮层做法和其他与管沟相连部分的尺寸构造等。

2. 主体结构施工图

主体结构施工图一般是指标高在±0.000以上的主体结构构造的图纸，也称为结构施工图。

（1）砖混结构施工图

砖混结构施工图包括结构平面图和结构详图。其中结构平面图反映平面位置布置，标出有关结构的位置、轴线、距离尺寸、梁号与板号，以及剖面及详图的剖切标志。砖混结构平面图一般标有墙身、楼板、梁或过梁、楼梯的平面位置，以及阳台、雨篷的位置。结构详图反映楼梯、阳台、雨篷的详细构造尺寸，配置的钢筋数量、规格、等级；梁的断面尺寸、钢筋构造；预制多孔板采用的标准图集等。

（2）钢筋混凝土框架结构施工图

钢筋混凝土框架结构施工图也分为结构平面施工图和结构构件的施工详图。结构平面图主要标明出框架的平面位置、柱距、跨度，梁的位置、间距、梁号，楼板的跨度、板厚，以及围护结构的尺寸、厚度和其他需在结构平面图上表示的内容。框架结构平面图有时还分划成模板图和配筋图两部分。如模板图除标明平面位置外，还标明出柱、梁的编号和断面尺寸，以及楼板的厚度和结构标高等。

（3）工业厂房结构施工图

一般单层工业厂房，由于厂房的建筑装饰相对比较简单，因此建筑平面图基本上已将厂房构造反映清楚。而结构平面图绘制有时就很简单，只要用轴线和其他线条标明柱子、吊车梁、支撑、屋架、天窗等的平面位置就可以。

结构平面图主要内容为柱网的布置、柱子位置、柱轴线和柱子的编号；吊车梁及编号、支撑及编号等，它是结构施工和建筑构件吊装的依据。

工业厂房的结构剖面图，往往与建筑剖面图相一致的，所以可以互相套用。

工业厂房的结构详图，主要说明各构件的具体构造及连接方法。如柱子的具体尺寸、配筋；梁的尺寸、配筋；吊车梁与柱子的连接，柱子与支撑的连接等。

（四）给水排水施工图

给水和排水系统均通过平面图和透视图来表明，给水排水的透视图是把管道变成线条，绘成竖向立体形式的图纸。在透视图上标出轴线、管径、标高、阀门位置、排水管的检查口位置以及排水出口处的位置等。给水排水施工图一般分为室内给水排水和室外给水排水两部分。室内部分表示一栋建筑物的给水和排水工程，其施工图的组成主要包括给水排水平面图、系统轴测图和节点详图。室外部分则表示一个区域的给水和排水管网，其施工图主要包括平面图、纵断面图及节点详图等。

给水排水总平面图亦称给排水外线图，是指在建筑物（一群或单个）以外的给水排水线路的平面布置图。图上要标出给水管的水源（干管），引进建筑物水管的起始点，闸门井、水表井、消火栓井以及管径、标高等内容；同样要标出排水管的出口、流向、检查井（窨井）、坡度、埋深标高以及流入的指定去向（如流入城干管或化粪池）。

（五）采暖施工图

采暖施工图一般也分为室内和室外两部分。室内部分表示一栋建筑物的采暖工程，其施工图的组成主要包括采暖平面图、立管图（或叫透视图）和节点详图。室外部分则表示一个区域的采暖管网，其施工图的组成包括总平面图、管道横剖面图、管道纵剖面图和节点详图等。

图纸设计及施工说明书主要说明采暖设计概况、热指标、热源供给方式（如区域供暖或集中供暖；水暖或汽暖）、散热器（俗称炉片）的型号、安装要求（如保温、挂钩、加放风等）、检验和材料的做法和要求，以及非标准图例的说明和采用什么标准图的说明等。

总平面图主要表示热源位置，区域管道走向的布置，暖气沟的位置走向，供热建筑物的位置，入口的大致位置等。

管道纵、横剖面图主要是表示供暖管在暖气沟内的具体位置，供暖管的纵向坡度、管径、保温情况、吊架装置等。

平面图表平面图表明建筑物内供暖管道和设备的平面位置。如散热器的位置、数量、水平干管、立管、阀门、固定支架及供热管道入口的位置，并注明管径和立管编号。

立管图（透视图）表示管子走向、层高、层数，立管的管径，立管、支管的连接和阀门位置，以及其他装置如膨胀水箱、泄水管、排气装置等。

（六）通风施工图

通风是把空气作为介质，使之在室内的空气环境中流通，用来消除环境中的危害的一种措施。主要指送风、排风、除尘、排毒方面的工程。通风方式可以分为：

（1）局部排风。即在生产过程中由于局部地方产生危害空气，而用吸气罩等排除有害空气的方法。

（2）局部送风。工作地点局部需要一定要求的空气，可以采用局部送风的方法。

（3）全面通风。整个生产或生活空间均需进行空气调节，可以全面送风的办法。

通风施工图纸分为：

（1）平面图。主要表示通风管道、设备的平面位置、与建筑物的尺寸关系等。

（2）剖面图。表示管道竖直方向的布置和主要尺寸，以及竖向和水平管道的连接，管道标高等。

（3）系统图。表明管道在空间的曲折和交叉情形，可以看出上下关系，用线条表示。

（4）详图。主要为管道、配件等加工图，图上表示详细构造和加工尺寸。

（七）电气施工图

电气施工图主要有系统图和接线原理图。根据不同的系统又可以分为电气动力系统图、照明系统图、空调供电与控制系统图、消防供电及控制信号系统图、电话系统图、广播系统图、电气自备电源系统图、防雷系统图、闭路电视及共享天线系统图、建筑物监测信号系统图等。各系统一般根据建筑物的建造标准，按各个系统单独成图或按强电、弱电等归类绘图，通常用平面图配合大样图来表示。

三、建筑设计

（一）建筑设计的基本要求

1. 满足建筑功能的要求

建筑物首先应该满足人们的某种需求，即具有一定的功能。因此，为人们的生产和生活活动创造良好的环境，是建筑设计的首要任务。例如，在目前住宅的设计中，首先应考虑人们睡眠和厨、浴、厕的需要，还要有良好的通风和采光；其次，应合理地安排活动空间、交通空间；最后，才能考虑室内设备和装饰材料的应用。

2. 采用合理的技术措施

选用建筑材料，根据建筑空间组合的特点，选择合理的结构、施工方案，使建筑坚固耐久、建造方便。自 20 世纪 80 年代之后，我国设计建造的一些屋顶面积较大的体育馆，由于屋顶采用钢网架空间结构和整体提升的施工方法，既节省了建筑物的用钢量，也缩短了施工期限。

3. 具有良好的经济效果

建造建筑是一个复杂的物质生产过程，需要大量的人力、物力和资金，在建筑设计中，要因地制宜、就地取材，尽量做到节省劳动力，节约建筑材料和资金。建筑设计要有周密的计划和核算，重视客观经济规律，讲究经济效果。建筑设计的使用要求和技术措施，要和相应的造价、建筑标准统一起来。

4. 对建筑物美观的要求

建筑物是社会的物质和文化财富，它在满足使用要求的同时，还需要考虑人们对建筑物的美观方面的要求。建筑设计要努力创造具有我国时代精神的建筑空间组合与建筑形象。一个建筑物的外形、装饰和色彩总是在展示某种思想或理念，给人们传递着某种精神享受，例如，香港的中银大厦，其钻石般的装饰外表和挺拔、向上的建筑造型，在周围高层建筑中格外醒目，充分体现了中国银行优良的品质和事业不断发展的形象。

5. 符合总体规划要求

单体建筑是总体规划中的组成部分，单体建筑应符合总体规划提出的要求。建筑物的设计，还要充分考虑和周围环境的关系，包括原有建筑的状况、道路的走向、基地面积大小以及绿化等方面和拟建建筑物的关系。

（二）建筑设计的主要内容

一栋建筑物的主要设计内容有：建筑平面设计、建筑立面设计、建筑剖面设计以及建筑物的结构设计和基础设计。平、立、剖面设计综合在一起，就能够表达一栋三维空间的建筑整体。

1. 建筑平面设计

用以满足建筑的使用功能的平面要求，包括建筑物的内部使用空间和交通联系空间的设计是建筑平面设计的一个重要内容。

使用空间是指各类建筑物中的使用房间和辅助房间。使用房间：如住宅中的客厅、卧室；商场中的营业厅；剧院中的观众厅等；辅助房间：如住宅中的厨房、浴室、厕所等，以及整栋建筑物的各种电气、水暖用房等。

交通联系空间是指建筑物中各个房间之间、楼层之间和房间内外联系通行的面积，即各类建筑物中的走廊、门厅、过厅、楼梯、坡道，以及电梯和自动扶梯所占的面积。

建筑平面设计的另一个重要内容是通过建筑功能分析形成建筑物的平面组合。常见的组合方式如下：

（1）走廊式组合

走廊式组合是以走廊的一侧或两侧布置房间的组合方式，房间的相互联系和房间的内外联系主要通过走廊。走廊式组合能使各个房间不被穿越，较好地满足各个房间单独使用的要求，如办公大楼、学校、旅馆、宿舍楼等建筑类型中用于工作、学习或生活等房间的组合。

（2）套间式组合

套间式组合是房间之间直接穿通的组合方式。套间式的特点是房间之间的联系最为简捷，把建筑的交通联系面积和房间的使用面积结合起来。如展览馆、车站、浴室等建筑类型中主要采用套间式组合。此外，对于活动人数较少，使用面积要求紧凑、联系简捷的住宅，在厨房、起居室、卧室之间也常采用套间式布置。

（3）大厅式组合

大厅式组合是在人流集中、厅内具有一定活动特点并需要较大空间时形成的组合方式。这种组合方式常以一个面积较大、活动人数较多、有一定视听等使用功能的大厅为主，辅以其他的辅助房间。例如剧院、会场、体育馆等建筑类型的平面组合。大厅式组合中，交通路线组织问题比较突出，应使人流的通行通畅安全、导向明确。同时合理选择覆盖和围护大厅的结构布置方式也极为重要。

2. 建筑剖面设计

建筑剖面设计主要分析建筑物各部分应有的高度、建筑物层数，建筑空间的组合和利用，以及建筑结构、构造关系等。它和建筑的使用、造价和节约用地等有密切关系，也反映了建筑标准的一个方面。其中一些问题需要平、剖面结合在一起研究，才能具体确定下来。例如平面中房间的分层安排、各层面积大小和剖面中建筑层数的通盘考虑，大厅式平面中不同高度房间竖向组合的平剖面关系，以及垂直交通联系的楼梯间中，层高和进深尺寸的确定等。

3. 建筑体形和立面设计

建筑体形和立面设计是建筑师充分发挥其想象力和创造力的地方，也是开发商表示所开发的项目品质、思想的重要方面。因此，开发商非常重视对建筑物的外形设计，总是想方设法地通过对建筑物的外形立面设计来显示与其他建筑物的不同之处，从而达到树立自己项目良好形象的目的。不同形象的建筑物在人们心目中总会有不同的价值，因此，房地产估价师要通过学习建筑知识来了解人们对建筑物的喜好取向，在估价中将外形价值也能客观地反映出来。建筑物的外部形象并不等于房间内部空间组合的直接表现，建筑体形和立面设计必须符合建筑造型和立面构图方面的规律性，如均衡、韵律、对比、统一等，把适用、经济、美观有机地结合起来。

（三）建筑设计须考虑的因素

建筑一般由基础、墙、柱、梁、板、屋架、门窗、屋面（包括隔热、保温和防水层）、楼梯、阳台、雨篷、楼地面等部分组成。此外，因为生产、生活的需要，对建筑物还要安装给水、排水系统、供电系统、采暖和空调系统，某些建筑物还有电梯和燃气管道系统等。

建筑构造应考虑各种影响使用的因素，采取相应措施保证建筑安全。

1. 建筑的受力因素

当建筑物的整个主体结构在承受能容许的外力后，要求能够保持稳定，没有不正常的变形和裂缝，能使人们安全使用。在结构上常将这些作用在建筑物上的力称为荷载。荷载分为永久荷载（恒载）、可变荷载（活载）和偶然荷载。

永久荷载是指建筑本身的自重，以及地基给建筑的土反力或土压力。

可变荷载是指在建筑使用中人群的活动、家具、设备、物资、风压力、雪荷载等。

偶然荷载是指由于一些随机因素使得建筑物承受的荷载。

2. 自然界的影响

建筑是建造在大自然的环境中的，它必然受到日晒、雨淋、冰冻、地下水、热胀、冷缩、地震等影响。因此在设计和建造时要考虑温度伸缩、地基压缩下沉、材料收缩、徐变等因素的影响。采取结构、构造措施，以及保温、隔热、防水、防温度变形的措施，从而避免由于这些影响而引起建筑的破坏，保证建筑的正常使用。

3. 各种人为因素的影响

在人们从事生产、生活、工作、学习时，也会产生对建筑安全的影响。如机械振动、化学腐蚀、装饰装修拆改、火灾及可能发生的爆炸和冲击。为了防止这些有害的影响，建筑设计和施工时要在相应部位采取防振、防腐、防火、防爆的构造措施，并对不合理的装饰装修拆改严格限制。

四、建筑等级

建筑等级是房地产估价师考虑建筑物价值的一个重要的依据。可以根据建筑物类别、重要性、使用年限、耐火等级等将建筑划分为不同的等级。

（一）建筑物耐久（年限）等级

建筑物的耐久等级是根据建筑物的使用要求确定的耐久年限，见表3-6。

建筑物的耐久等级

表3-6

建筑物的等级	建筑物的性质	耐久年限
1	具有历史性、纪念性、代表性的重要建筑物（如纪念馆、博物馆、国家会堂等）	100 年以上
2	重要的公共建筑（如一级行政机关办公楼、大城市火车站、国际宾馆、大体育馆、大剧院等）	50～100 年
3	比较重要的公共建筑和居住建筑（如医院、高等院校以及主要工业厂房等）	40～50 年
4	普通的建筑物（如文教、交通、居住建筑以及工业厂房等）	15～40 年
5	简易建筑和使用年限在 5 年以下的临时建筑	15 年以下

（二）建筑物的耐火等级

建筑物的耐火等级分为四级，见表3-7。

燃烧性能是指建筑构件在明火或高温的作用下，燃烧的难易程度。它可分为非燃烧体、难燃烧体、燃烧体三类。

（1）非燃烧体。是指在空气中受到火烧或高温作用时，不起火、不微燃、不碳化的材料，如石材、砖、瓦、混凝土等。

（2）难燃烧体。是指在空气中受到火烧或高温作用时，难起火、难微燃、难碳化的材料，当火源脱离后即停止燃烧的材料，如沥青混凝土。

（3）燃烧体。是指在空气中受到火烧或高温作用时，容易起火或微燃，且火源脱离后，仍继续燃烧或微燃的材料，如木材、塑料、布料等。

耐火极限是指建筑构件遇火后能支承荷载的时间。即从起火燃烧到建筑失掉支承能力，或发生穿透性裂缝，或其背面温度升高到 220℃ 以上时，所需要的时间。

建筑物的耐火等级   表 3-7

构 件 名 称	燃烧性能和耐火极限（h）			
	耐火等级			
	一级	二级	三级	四级
承重墙和楼梯间的墙	非燃烧体 3.00	非燃烧体 2.50	非燃烧体 2.50	难燃烧体 0.50
支承多层的柱	非燃烧体 3.00	非燃烧体 2.50	非燃烧体 2.50	难燃烧体 0.50
支承单层的柱	非燃烧体 2.25	难燃烧体 2.00	难燃烧体 2.00	燃烧体
梁	非燃烧体 2.00	非燃烧体 1.50	非燃烧体 1.00	难燃烧体 0.50
楼 板	非燃烧体 1.50	非燃烧体 1.00	非燃烧体 0.50	难燃烧体 0.25
吊顶（包括吊搁栅）	非燃烧体 0.25	非燃烧体 0.25	非燃烧体 0.15	燃烧体
屋顶的承重构件	非燃烧体 1.50	非燃烧体 0.50	燃烧体	燃烧体
疏散楼梯	非燃烧体 1.50	非燃烧体 1.00	非燃烧体 1.00	燃烧体
框架填充墙	非燃烧体 1.00	非燃烧体 0.50	非燃烧体 0.50	难燃烧体 0.25
隔墙	非燃烧体 1.00	非燃烧体 0.50	难燃烧体 0.50	难燃烧体 0.25
防火墙	非燃烧体 4.00	非燃烧体 4.00	非燃烧体 4.00	非燃烧体 4.00

注：以木柱承重且以非燃烧材料作为墙体的建筑物，其耐火等级应按四级考虑。

（三）建筑物的重要性等级

建筑物按其重要性和使用要求分成五等，为特等、甲等、乙等、丙等、丁等，见表 3-8。

建筑物的重要性等级   表 3-8

| 等级 | 适 用 范 围 | 建筑类别举例 |
| 特等 | 具有重大纪念性、历史性、国际性和国家级的各类建筑 | 国家级建筑：如国宾馆、国家大剧院、大会堂、国家美术馆、博物馆、图书馆、国家级科研中心、体育、医疗建筑等；国际性建筑：如重点国际教科文建筑、重点国际性旅游贸易建筑、重点国际福利卫生建筑、大型国际航空港等 |

续表

等级	适 用 范 围	建 筑 类 别 举 例
甲等	高级居住建筑和公共建筑	高等住宅；高级科研人员单身宿舍；高级旅馆；部、委、省、军级办公楼；国家重点科教建筑、省、市、自治区级重点文娱集会建筑、博览建筑、体育建筑、外事托幼建筑、医疗建筑、交通邮电类建筑、商业类建筑等
乙等	中级居住建筑和公共建筑	中级住宅；中级单身宿舍；高等院校与科研单位和科教建筑；省、市、自治区级旅馆；地、市办公楼；省、市、自治区级一般文娱集会建筑、博览建筑、体育建筑、福利卫生类建筑、交通邮电类建筑、商业类建筑及其他公共类建筑等
丙等	一般居住建筑和公共建筑	一般住宅；单身宿舍、学生宿舍、一般旅馆、行政企业事业单位办公楼、中小学教学建筑、文娱集会建筑、一般博览、体育建筑、县级福利卫生建筑、交通邮电建筑、一般商业及其他公共建筑等
丁等	低标准的居住建筑和公共建筑	防火等级为四级的各类建筑，包括：住宅建筑、宿舍建筑、旅馆建筑、办公楼建筑、科教建筑、福利卫生建筑、商业建筑及其他公共类建筑等

第二节　建　筑　构　造

一、建筑的构造组成

（一）民用建筑的组成

民用建筑一般由基础、墙和柱、楼地面、楼梯、屋顶和门窗六大部分组成。建筑的物质实体一般由承重结构、围护结构、饰面装修及附属部件组合构成。其中，承重结构可分为基础、承重墙体（框架结构建筑中承重墙体则由柱、梁代替）、楼板、屋面板等。围护结构可分为外围护墙、内墙（在框架结构建筑为框架填充墙和轻质墙）等。饰面装修通常按其部位分为内外墙面、楼地面、屋面、檐口、山墙顶、顶棚等。附属部件通常包括楼梯、电梯、自动扶梯、门窗、遮阳、阳台、栏杆、雨篷、花池、台阶、坡道等。

（二）单层工业厂房的组成

单层工业厂房的结构组成有两种类型，即墙体承重结构和骨架承重结构。墙体承重结构为外墙采用砖、砖柱的承重结构类型。骨架承重结构是采用钢筋混凝土构件或钢构件组成骨架的承重结构类型，这种类型的墙体仅起围护的作用。单层厂房的骨架由下列构件组成。

（1）屋盖结构。屋盖结构主要包括屋面板、屋架或屋面梁、天窗架、托架等。屋面板直接铺设在屋架或屋面梁上，承受上部荷载，并传递给下面的屋架或屋面梁。屋盖结构的主要承重构件为屋架或屋面梁，承受屋面板、天窗的荷载，并传递给搁置其上的柱子。

（2）吊车梁。吊车梁安放在柱子伸出的牛腿上，承受吊车自重、吊车最大起重量以及吊车刹车时产生的冲切力，并将这些荷载传递给其下的柱子。

（3）柱子。柱子是厂房的主要承重构件，承受屋盖、吊车梁、墙体上的荷载以及山墙传来的风荷载，并将这些荷载传递给基础。

（4）外墙围护系统。外墙围护系统包括外墙、抗风柱、墙梁和基础梁等。主要承受的是墙体和构件的自重以及作用在墙上的风荷载。

（5）支撑系统。支撑系统包括柱间支撑和屋盖支撑两个部分，其作用主要是提高厂房结构的空间整体刚度和稳定性，传递水平风荷载以及吊车产生的冲击力。

（6）基础。基础是将厂房的全部荷载传递给地基的地下承重结构。

二、地基、基础与地下室

（一）地基

位于基础下面并承受由基础传来全部荷载的土层叫地基。地基与基础是密切相关的，整个建筑物的全部荷载都通过基础最终传给地基来承受。但地基承受荷载的能力是有一定限度的。地基单位面积所能承受的最大压力，叫作地基容许承载力。当基础对地基的压力超过地基容许承载力时，地基将出现较大的沉降变形，甚至地基土层会滑动挤出而破坏。为了保证建筑物的稳定与安全，需要根据基底压力不超过地基容许承载力的原则，适当扩大基础底面积。一般来说，上部荷载越大，要求基础的底面积就越大；或者说，地基容许承载力越小，所需要的基底面积就越大。

（二）基础

基础是位于建筑物最下部的承重构件，承受建筑物上部的全部荷载，并传递给基础底面以下的地基。基础必须具有一定的强度，并能抵御地下各种有害因素的侵蚀。常用的基础材料有砖、石、混凝土（包括毛石混凝土）、钢筋混凝土、灰土等。

基础按其构造特点可分为：条形基础、独立基础、整体式筏式基础、箱形基础桩基础等。

1. 条形基础

条形基础的形状为长条形，适用于砖混结构建筑，如住宅、教学楼、办公楼等多层建筑。基础的材料可以是砖石砌体、素混凝土材料，也可以是钢筋混凝土材料。

根据其受力特点，条形基础可分为柔性基础和刚性基础。刚性基础一般由浆砌毛石、砖或素混凝土建造而成。通常用作建筑层数不多、地基土质较均匀且承载力较高的情况下的墙下条形基础。柔性基础一般指钢筋混凝土条形基础，用于刚性基础不适宜时的墙下条形基础或钢筋混凝土柱下条形基础。

2. 独立基础

独立基础是呈独立柱墩形式的基础，基础底面形状为方形或矩形，适用于多层框架结构或厂房排架柱下基础。独立基础大多用钢筋混凝土材料做成，上面为钢筋混凝土柱或钢柱。有的也可以用砖柱。

3. 整体式筏式基础

整体式筏式基础是由整片钢筋混凝土基板和反梁组成的基础。通过在梁的交点上竖立柱子，以支承建筑的骨架。这种基础面积较大，可承载能力较强，多用于大型公共建筑。

4. 箱形基础

箱形基础也是整块的大型基础。它是由底板、顶板、侧板和一定数量内隔墙构成的整体刚度较好的钢筋混凝土箱形结构。为了充分利用空间，人们通常把该部分做成地下室，可以给建筑物增加使用空间。

5. 桩基础

当建筑场地的上部土层较弱、承载力较低，在不适宜采用在天然地基上做浅基础时宜采用桩基础。桩基础由设置于土中的桩和承接上部结构的承台组成。承台设置于桩顶，把各单桩联成整体，并把建筑物的荷载均匀地传递给各根桩，再由桩端传递给深处坚硬的土层，或通过桩表面与其周围土的摩擦力传给地基。前者称为端承桩，后者称为摩擦桩。

（三）地下室

1. 地下室分类

按使用功能不同，地下室可以分为普通地下室和人防地下室；按地下室顶板标高不同，地下室可以分为全地下室和半地下室；按结构材料不同，地下室可以分为砖墙结构地下室和钢筋混凝土结构地下室。

2. 地下室的构成

一般情况下，地下室由墙、底板、顶板、门窗和楼梯等部分组成。地下室的顶板，一般采用现浇钢筋混凝土板。

当地下水位高于地下室地面时，地下室的底板不仅承受作用在它上面的垂直荷载，还必须承受地下水的浮力。此时常采用具有足够的强度、刚度和抗渗能力的钢筋混凝土底板。

地下室可通过两侧外墙窗设采光井采光和通风。一般每个窗设一个采光井，当窗的距离很近时，也可设一个通长的采光井。采光井由侧墙和底板构成。侧墙一般用砖砌筑，井底板则用混凝土浇筑。

采光井的深度视地下室窗台的高度而定。一般采光井底面低于窗台 250～300mm，采光井的深度为 1～2m，其宽度为 1m 左右，其长度则应比窗宽大 1m 左右。采光井侧墙顶面应比室外地面高 250～300mm，以防地面水流入采光井内。

3. 地下室的防潮与防水

地下室的防潮与防水是一个很重要的构造措施问题。地下水位一年之中有起有落：雨季之后，地下水位最高，称丰水期；冬季地下水位最低，称枯水期。根据水位高低与地下室地坪的关系，地下室的防潮、防水的构造做法有以下几种。

（1）防潮

常年静止水位和丰水期最高水位都低于地下室地坪时，可只做防潮处理。

（2）防潮与排水相结合

常年静止水位低于地下室地坪，丰水期最高水位高于地下室地坪，但不超过500mm 时，可采用防潮与排水相结合的做法。

（3）卷材防水

常年静止水位和丰水期最高水位都高于地下室地坪时，地下水不仅可以浸入地下室，还对墙板、底板有较大的压力。在这种情况下，地下室常用的防水做法是卷材防水。卷材防水层粘贴在地下室墙外表面者叫外防水；粘贴在外墙内表面者叫内防水。外防水的防水层贴在迎水面上，防水效果好；内防水的防水层则是贴在背水面上，防水效果较差，但施工简便、便于修补。

（4）钢筋混凝土防水

这是承重结构与防水层合一的做法，即采用钢筋混凝土箱形结构。由于钢筋混凝土具有一定的抗渗能力，也能承受水压，如果配合比准确合理，保证施工质量，可不做防潮、防水处理。另一种做法可在混凝土中加入适量防水剂或安放钢板止水带，做成防水混凝土，并在墙板外侧抹水泥砂浆找平层，再涂两道热沥青即成。防水混凝土墙和板不能过薄，一般墙板厚不应小于 200mm，底板不宜小于 150mm。

三、墙

（一）墙体的类型

按所处位置不同，墙可分为外墙和内墙。外墙指建筑四周与室外接触的墙；内墙是位于建筑内部的墙。

按其方向不同，墙可分为纵墙与横墙。纵墙指与建筑长轴方向一致的墙；横墙是与建筑短轴方向一致的墙。

按其受力情况墙可分为承重墙和非承重墙。承重墙指除了承受自身重量外，还承受上部传来荷载的墙；非承重墙是只承受自身重量的墙，不承受上部传来荷载的墙。非承重墙包括自承重墙和填充墙。填充墙是指在框架结构中，填充在框架间的墙，它的重量由楼板、梁、柱承受。建筑中的隔墙也属于非承重墙。

按构成墙的材料和制品不同，墙又可分为砖墙、石墙、砌块墙、板材墙等。

（二）墙体的构造

1. 砖砌墙体

（1）砖砌墙体材料

砖砌墙体是由砌墙砖与砂浆砌合而成，分为普通砖和空心砖两大类。空心砖是指孔洞率不小于 15％的砖。

砌墙砖的规格尺寸见表 3-9。

砌墙砖的规格尺寸（mm）　　　　　　　　　　表 3-9

名称	长	宽	厚
普通砖	240	115	53
空心砖	190 240 240	190 115 180	90 90 115

砌墙用的砂浆是由胶凝材料（水泥、石灰、黏土等）和填充材料（砂、矿渣等）混合加水搅拌而成。常用的有水泥砂浆、水泥石灰砂浆、石灰砂浆和黏土砂浆。水泥砂浆主要用于砌筑基础，砌墙一般用水泥石灰砂浆。石灰砂浆和黏土砂浆因强度较低，多用于砌筑非承重墙或荷载不大的承重墙。

（2）砖砌墙体的基本尺寸和砌筑方式

砖墙的基本尺寸包括砖墙的厚度、墙段长度和墙高。决定砖墙基本尺寸应考虑很多因素，如荷载、门窗洞口的大小及数量、横墙间距、支承楼板的情况以及保温、隔热、隔声、防火等要求。

为了确保墙的牢固，砌砖墙要遵循一定的排列方式。砖的排列方式应按内外搭接、上下错缝的原则砌筑，错缝距离一般不小于 60mm。错缝和搭接能够保证墙体不出现连续的垂直通缝，以提高墙体的强度和稳定性。

2. 隔墙

隔墙的类型很多，按构造方式可以分为三大类。

（1）块材式隔墙。块材式隔墙是指用普通砖、空心砖、加气混凝土砌块等块材砌筑的墙。这类隔墙自重较大，但由于隔声效果较好和取材容易，所以采用比较广泛。

（2）立筋式隔墙。立筋式隔墙也称立柱式、龙骨式隔墙。它是以木材、钢材或其他材料构成骨架，把面层钉结、涂抹或粘贴在骨架上形成的隔墙，如板条抹灰墙、钢丝（板）网抹灰墙、纸面石膏板墙等。这类隔墙自重轻，可以搁置在楼板上，不须作特殊的结构处理。由于这类墙有空气夹层，隔声效果一般也比较好。

（3）板材式隔墙。板材隔墙是采用工厂生产的制品板材，以砂浆或其他黏结材料固定形成的隔墙，如加气混凝土条板墙、碳化石灰板墙等。这类隔墙的工厂化程度较高、施工速度快，可减少现场湿作业；不仅用于预制装配式建筑，在砖混结构中也逐渐采用。

3. 玻璃幕墙

玻璃幕墙（简称幕墙）是一种新型墙体，主要用于高层办公楼及高级宾馆等。

玻璃幕墙的构造形式一般为框格式，主要承重骨架为垂直向的主龙骨和水平向的次龙骨，中间嵌入玻璃。玻璃镶嵌后用橡胶密封条及其他连接件组成格构式外围护反射玻璃幕墙。所有玻璃幕墙的重量（垂直荷载）及风载（水平荷载）均通过主龙骨与混凝土楼板的连接件传给各层楼板。

主龙骨、次龙骨均为铝合金空腹材料，主龙骨长可以两层楼高为一段，其接头可用套筒法，并应考虑伸缩。次龙骨端头有弹性橡胶垫，镶嵌的玻璃（单、双）端头应留有空隙，可在橡胶垫夹定位置上滑移而不损坏。

玻璃幕墙所用的玻璃是按不同用途生产出的不同性质的玻璃。目前生产的玻璃有中空玻璃、透明浮法玻璃、彩色玻璃、防阳光玻璃、钢化玻璃、镜面反射玻璃等。玻璃色彩有无色、茶色、蓝色、灰色、灰绿色等，一般多采用茶色反光玻璃（采光和不采光）。

四、柱、梁、板

柱子是独立支承结构的竖向受力构件。它在建筑中承受梁和板传来的荷载。

梁是跨过空间的横向受力构件。它在建筑中承担其上的板传来的荷载，再传递到支承它的柱上。

板是直接承担其上面的竖向平面荷载的水平平面构件。它支承在梁上或直接支承在柱上，把所受的荷载传递给梁或柱子。

柱、梁和板，可以是预制的，也可以在工地现制。装配式的工业厂房，一般都采用预制好的构件安装成骨架；而民用建筑中砖混结构的建筑，其楼板往往用预制的多孔板；钢筋混凝土框架结构或板柱结构则往往是柱、梁、板现场浇制而成。

五、楼、地面

楼面和地面是人们生活或生产中经常接触行走的平面，楼、地面的表层必须清洁、耐磨、光滑（有的面层要求防滑，如卫生间地面、厨房地面等）。楼、地面的构造必须适合人们生产、生活的需要。楼、地面的构造层次一般有：

（1）基层。地面的基层是基土；楼面的基层是结构楼板，包括现浇板和多孔预制板。

（2）垫层。是指在基层之上的构造层。地面的垫层可以是毛石混凝土、素混凝土或灰土，或两者的叠加；在楼面可以是细石混凝土。

（3）填充层。在有隔声、保温等要求的楼面设置轻质材料的填充层，如水泥蛭石、水泥炉渣、水泥珍珠岩等。

（4）找平层。当面层为地砖、水磨石及其他材料时，要求面层很平整时，则先要做好找平层。

（5）面层。面层是地面的表层，是人们直接接触的一层。面层根据所用材料不同而定名。

1）水泥类的面层，有水泥混凝土面层、水泥砂浆面层、水磨镜面水磨石石面层、水泥石子无砂面层、水泥钢屑面层等。

2）块材面层，有条石面层、缸砖面砖、陶瓷地砖面层、陶瓷锦砖（马赛克）面层、大理石面层、磨光镜面水磨石面层、预制水磨石面层、水泥花砖和菱苦土面层等。

3）其他面层，有木板面层、塑料面层、沥青砂浆及沥青混凝土面层、菱苦土面层、铝合金防静电活动地板面层等。

六、楼梯、电梯

楼梯和电梯是联系建筑上下各层的垂直交通设施。高层建筑上下各层的联系主要靠电梯，在人流较大的公共建筑中可设置自动扶梯。设有电梯或自动扶梯的建筑，也必须同时设置楼梯。

（一）楼梯

按楼梯的使用性质区分，室内设置主要楼梯和辅助楼梯，室外设有安全楼梯和消防楼梯。按楼梯的结构形式区分，可以分为板承式楼梯、梁承式楼梯和悬挑楼梯。按施工方法区分，可以分为现浇钢筋混凝土楼梯和预制装配式钢筋混凝土楼梯。按使用材料区分，可以分为钢筋混凝土楼梯、木楼梯、钢梯和砖石楼梯等。室内台阶、坡道也是室内常见的竖向交通设施。

1. 楼梯的组成

楼梯一般由楼梯段、休息平台、楼梯栏杆或栏板及扶手组成。

（1）楼梯段

楼梯段由踏步和斜梁组成。斜梁支承踏步荷载，传至平台梁及楼面梁上，它是楼梯的主要承重构件。踏步的垂直面叫踢面，水平面叫踏面。楼梯段踏步数也不宜少于 3 级。每一个楼梯段的踏步数量一般不应超过 18 级。

（2）楼梯平台

为缓解疲劳，使人们在上楼过程中得到暂时的休息，在两个楼梯段之间设置楼梯平台。

（3）栏杆或栏板

栏杆或栏板在楼梯段和平台的临空边缘设置，用来保证人们在楼梯上行走的安全。

（4）扶手

在栏杆或栏板上的上端安设扶手，做上下楼梯时依扶之用，同时也增加楼梯的美观。扶手一般设置高、低两层，高层供成年人使用，低层供儿童使用。

2. 楼梯的基本尺寸

楼梯踏步尺寸包括踏步高度和宽度。一般住宅的踏步高为 156～175mm，宽为 250～300mm；办公楼的踏步高为 140～160mm，宽为 280～300mm；而幼儿园的踏步则高为 120～150mm，宽为250～280mm。

楼梯的坡度一般在 20°～45°。楼梯段上的垂直高度，最低处不应小于 2m；楼梯休息平台的宽度不应小于楼梯段的宽度。

楼梯的栏杆和扶手的高度除幼儿园可低些，其他都应高出梯步 900mm 以上。

（二）电梯与自动扶梯

1. 电梯

一般来说，住宅建筑层数在 7 层及 7 层以上的，或最高住户入口层楼面距底层室内地面的高度在 16m 以上的，均应设置电梯。对于一些层数不多，但建筑等级较高或有特殊需要的公共建筑，如宾馆、医院，也应设置电梯。多层仓库和商店还需设置运货用电梯。除此之外，高层建筑还应设消防电梯。

电梯由机房、井道、轿厢三大部分组成。轿厢是由电梯厂生产的设备，其规格依额定起重量不同而异。一般乘客电梯载重分为 500kg、750kg、1 000kg、1 500kg、2 000kg 五种。

电梯井道是电梯运行的通道，一般每层均有出入口，井内有导轨、导轨撑架、平衡锤及缓冲器等。

机房通常设在井道上方。电梯井道一般为钢筋混凝土结构。井道出入口（也称电梯厅）的门套应进行装修。

电梯导轨固定在导轨撑架上，导轨撑架固定在井道壁上。

2. 自动扶梯

自动扶梯由电动机械牵动，梯级踏步连同扶手同步运行，机房设在地面以下。自动扶梯可以正逆运行，既可提升又可下降。在机械停止运转时，可作为普通楼梯使用。

自动扶梯的坡度通常为 30°。扶梯的栏板分为全透明型、透明型、半透明型、不透明型四种。

七、屋顶

（一）屋顶的类型

屋顶是建筑上面的构造部分。由于不同的屋面材料和不同的承重结构形式，形成了多种类型的屋顶，归纳起来包括平屋顶、坡屋顶、曲面屋顶和多波式折板屋顶四大类。

（1）平屋顶。平屋顶是目前民用建筑中采用最普遍的屋面形式，主要以钢筋混凝土屋顶为主。承重结构为现浇或预制的钢筋混凝土板，屋面上做防水、保温或隔热处理。平屋顶的坡度很小，一般采用 3% 以下，上人屋顶坡度在 2% 左右。

（2）坡屋顶。坡度较陡，一般在 10% 以上，用屋架作为承重结构，上放檩条及屋面基层。坡屋顶有单坡、双坡、四坡、歇山等多种形式。

（3）曲面屋顶。由各种薄壳结构或悬索结构作为屋顶的承重结构，如双曲拱屋顶、球形网壳屋顶等。

（4）多波式折板屋顶。屋顶是由钢筋混凝土薄板形成的一种多波式屋顶，折板现浇的厚度约 60mm，预制的还要薄些，折板的波长为 2～3m，通常跨度 9～15m，折板的倾斜角在 30°～38°。

（二）屋顶的组成

屋顶由屋面、屋顶承重结构、保温隔热层和顶棚组成。

（1）屋面。屋面作为屋顶的面层，它直接承受大自然的长期侵袭，并应承受施工和检修过程中加在上面的荷载，因此屋面材料应具有一定的强度和很好的防水性能。为了能尽快排除雨水，屋面应有一定的坡度。坡度的大小与材料有关，不同的材料有不同的坡度。

（2）承重结构。屋面承重结构的类型很多，按材料分有木结构、钢筋混凝土结构、钢结构等。承重结构应承受屋面所受的活荷载、自重和其他作用于屋顶的荷载，并将这些荷载传递到支承它的承重墙或柱上。

（3）保温隔热层。组成屋顶前两部分的材料，即屋面材料和承重结构材料，保温隔热性能都很差，在寒冷的北方必须加保温层，在炎热的南方则必须设隔热层。保温层或隔热层的材料大都是由一些轻质、多孔的材料做成，通常设置在屋顶的承重结构层与面层之间，常用的材料有膨胀珍珠岩、沥青珍珠岩、加气混凝土块等。

（4）顶棚。顶棚是房间的顶面，也是屋顶的底面，当屋顶结构的底面不符合使用要求时，就需要另做顶棚。顶棚结构一般吊挂在屋顶承重结构上，称为吊顶。顶棚结构也可单独设置在墙上或柱上。

八、门窗

门和窗是建筑中不可缺少的构件。门和窗不但有实用价值，还有建筑装饰的作用。窗是建筑上阳光和空气流通的通道；门则主要是分隔室内外及房间的主要通道，当然也是空气和阳光要经过的通道。门和窗在建筑上还起到围护和安全保护、隔声、隔热、防寒、防风雨的作用。

门和窗按其所用材料的不同分为木门窗、钢门窗、钢木组合门窗、铝合金门窗、塑料窗、塑钢门窗，还有贵重的铜门窗和不锈钢门窗，以及用玻璃做成的无框厚玻璃门窗等。

门窗按照形式可以分为：夹板门、镶板门、半截玻璃门、拼板门、双扇门、连窗门、推拉门、平开大门、弹簧门、钢木大门、旋转门等；窗有平开窗、推拉窗、中悬窗、上悬窗、下悬窗、立转窗、提拉窗、百叶窗、纱窗等。

根据所在位置不同，门有进户门、房间门（卧室门、厨房门、厕所门等），还有防盗门等；窗有外窗、内窗、高窗、通风窗、天窗、老虎窗等。

以单个的门窗构造来看，门有门框、门扇。框又分为上冒头、中贯档、门框边梃等。门扇由上冒头、中冒头、下冒头、门边梃、门板、玻璃芯子等构成。

窗由窗框、窗梃、窗框上冒头、中贯档、下冒头及窗扇的窗扇梃、窗扇的上、下冒头和安装玻璃的窗棂构成。

九、变形缝

变形缝是为了避免建筑由于温度变化、建筑物各部分所受荷载的不同以及建筑物相邻部分结构的差异和地震的影响而使建筑物出现变形、开裂、建筑结构破坏而设置的将建筑物垂直分开的缝隙。变形缝包括伸缩缝、沉降缝、防震缝。

（一）伸缩缝

伸缩缝，也叫温度缝，是防止由温度影响产生变形而设置的变形缝。伸缩缝要从基础顶面开始，将墙体、楼板、屋顶全部断开。基础部分因埋置于地下，受温度影响较小，所以不必断开，如建筑屋顶采用瓦屋面，屋顶部分也无需另做伸缩缝。

（二）沉降缝

沉降缝是防止因荷载、结构形式、地基能力的差异等原因而产生不均匀沉降的影响所设的变形缝。沉降缝是将建筑物垂直方向划分为若干个刚度较一致的单元，使相邻单元可以自由沉降，而不影响建筑的整体。

应设置沉降缝的情况有：

（1）建筑平面的转折部位；

（2）高度差异（或荷载差异）处；

（3）长高比过大的砌体承重结构或钢筋混凝土框架结构的适当部位；

（4）地基土的压缩性有显著差异处；

（5）建筑结构（或基础）类型不同处；

（6）分期建造建筑的交界处。

伸缩缝与沉降缝最显著的区别是伸缩缝只设在墙、楼地面、屋顶上，基础不设缝。沉降缝则从屋顶到基础，全部构件部位均需设缝分开。这两种缝相同之处是，都要保证缝的两侧构件均能自由伸缩而互不影响。缝的表面必须遮盖妥善，不得渗漏。一般沉降缝同时可起伸缩缝的作用，而伸缩缝不能代替沉降缝。

（三）防震缝

防震缝是防止由地震的影响而设置的变形缝。在地震区建造建筑应考虑地震的影响，根据抗震设计规范规定，地震烈度 6 度以下地区的建筑可不予设防；9度以上的地区，一般避免进行工程建设。防震缝的宽度在任何情况下不得小于50mm。防震缝的宽度在建筑抗震设计规范中按照不同烈度、不同结构、砌体类别、建筑类别、高度等都有不同的规定。

防震缝的两侧应采用双墙、双柱。防震缝可以结合伸缩缝、沉降缝的要求统一考虑。

防震缝应沿建筑的全高设置。在平面复杂的建筑中，由于与震动方向有关的建筑各相连部分的刚度差别很大，因此应将基础分开。此外，当防震缝与沉降缝结合设置时，基础也应分开。但在其他情况下基础内可不设防震缝。

第三节　房屋设施设备

房屋设施设备主要包括给水、排水、采暖、通风、空调、供电及智能化楼宇设备等。

一、给水系统及设备

（一）给水系统及其分类

给水系统的任务是供应不同类型建筑物用户的用水，满足其对水量、水质、水压和水温的要求。按供水用途，给水系统基本上可以分为生活、生产、消防等三种。选用需视建筑性质，根据其对水量、水质、水压和水温的要求等具体情况，经技术经济比较之后，可分别设置生活、生产、消防三种独立的给水系统，也可将生活、生产、消防系统合并设置两种或三种联合的给水系统。

给水的供水方式根据建筑物的性质、高度、用水设备情况、配水管网的水压以及消防要求等因素来决定。基本供水方式可分为下列四种：

（1）直接供水方式。当室外配水管网的压力、水量能终日满足室内供水的需要时，可采用此种简单、经济而又安全的方式。

（2）设置水箱的供水方式。当配水管网的压力，在一天之内有定期的高低变化时，可设置屋顶水箱，水压高时，箱内蓄水；水压低时，箱中放出存水，补充供水不足，这样可以利用城市配水管网中压力波动，使水箱存水或放水来满足建筑供水要求。

（3）水泵水箱的供水方式。当室外配水管网中的水压经常或周期性低于室内所需要的水压，且用水量较大时，可采用水泵提高供水压力，水箱的容积可以减少，水泵与水箱连锁自动控制水泵停开，以节省能源。

（4）分区分压供水方式。在多层和高层建筑中，室外配水管网的水压仅能满足下面若干层用水要求，而不能满足上面楼层的用水。为了充分利用外网的压力，宜将给水系统分成上下两个供水区，下区由外网压力直接供水，上区由水泵加压后与水箱联合供水。若消防水给水系统与生产或生活供水系统合并使用时，消防水泵需能满足上下两区消防用水量的要求。

（二）给水管道的布置和材料

给水管道的布置要根据建筑的性质、建筑与结构的要求及用水设备设置情况而定。总的要求是管线力求简短、经济、便于安装维修。在大型建筑物中，给水干管上可设置多条立管，要求供水安全性较高者，干管布置成环行管网，并根据要求采用下行上给式或上行下给式干管。支管的布置应注意与其他设备之间的关系，如管线过长，通过房间多，则可设置立管，缩短支管，减少与其他工种之间的矛盾。

给水管道的敷设，在一般民用与工业建筑中多为明装，管线沿墙、墙角、梁或地板上及顶棚下等处敷设，其优点是安装、检修方便。对于美观及卫生条件要求较高的建筑物如宾馆、别墅或医院等，宜采用暗装。暗装是将供水管道设置于墙槽内、吊顶内、管井或管沟内，但考虑维修方便，管道穿过基础墙、地板处时应预留孔洞，尽量避免穿越梁柱。给水管道的材料常用焊接钢管、镀锌钢管、无缝钢管或铝塑管。其中焊接钢管用于非生活用水或一般工业给水管道；镀锌钢管用于生活饮用水或对水质有一定要求的工业用水管道；无缝钢管用于工作压力可达 1.6MPa 以上的高压水管。室外埋地且管径大于 50mm 的给水管，采用给水铸铁管，它具有耐腐蚀、价格低的优点。铝塑管的优点是安装方便，为目前家庭装修普遍采用的室内给水管道材料。

给水管道的配件包括配水使用的各种水龙头；控制调节作用的球阀、止回阀、浮球阀、冲洗阀、减压阀、安全阀、排气阀等。此外还有水表、压力表、真空表、温度表等测量装置。管道的装配必须选用连接部件，如弯头、三通、四通、异径管、活接头、管箍、管塞、补芯等零件。

（三）给水系统的升压设备

城市给水系统常采用低压制，一般只能供六层以下用水，建筑楼层较多时，为满足用水要求，须设置升压设备。它可用水泵与水箱、气压给水、变频调速供水装置。

（1）水泵与水箱。离心式水泵一般设于底层或地下室水泵房内，建筑物用水量大时，为保证配水管网正常工作，水泵不能直接从配水管网抽水，必须设置贮水池，水泵由池中抽水并采用自动控制，将水提升至屋顶水箱内。屋顶水箱常用钢板焊接制成圆形或方形。

（2）气压给水装置。在大型建筑物中，为保证顶层供水水压要求，减少结构荷载，在底层设置气压水罐，将水及空气密封于压力水罐内，利用空气压力把罐内存水送到给水系统中。但这种装置的缺点是水压变化大、效率低、能耗较多，供水安全性不如屋顶水箱可靠。

（3）变频调速供水设备。变频调速供水设备可节省动力电消耗，不需设屋顶水箱，又能保证供水要求。变频调速供水设备由电机、水泵、传感器、控制器及变频调速器等组成。

（四）消防给水系统

在一般建筑物中，根据要求可设置消防与生活或生产结合的联合给水系统。对于消防要求高或高层建筑，根据消防规范应设置独立的消防给水系统。

（1）消火栓系统。是最基本的消防给水系统，在多层或高层建筑物中已广泛使用。消火栓箱安装在建筑物中经常有人通过、明显和使用方便之处。消火栓箱中装有消防龙头、水龙带、水枪等器材。

（2）自动喷洒系统。在火灾危险性较大、燃烧较快、无人看管或防火要求较高的建筑物中，需装设自动喷洒消防给水系统。该系统的作用是当火灾发生时，能自动喷水扑灭火灾，同时又能自动报警。它由洒水喷头、供水管网、贮水箱、控制信号阀及烟感、温感等各式探测报警器等部分组成。

（五）热水供应系统

热水供应系统按竖向分区，为保证供水效果，建筑物内多设置机械循环集中热水供应系统，热水的加热器和水泵均集中于地下的设备间。若建筑高度较高，分区数量较多，为防止加热器负担过大压力，可将各分区的加热器和循环水泵设在该区的设备层中，分别供用本区热水。

在电力供应充足或有煤气供应时，可设置电热水器或煤气热水器的局部供应热水系统，此时只需要由冷水管道供水，省去一套集中热水系统，且使用也比较灵活方便。

（六）分质供水系统

由于在人们日常生活用水中，饮用水仅占很少部分。为了提高饮水品质，有的居住小区还有分质供水系统。即用两套系统供水，其中一套是提供高质量、净化后的直接饮用水。

二、排水系统及设备

（一）排水系统的分类与组成

建筑排水系统按其排放的性质可分为生活污水、生产废水、雨水三类排水系统，也可以根据污水的性质和城市排水制度的状况，将性质相近的生活与生产废水合流。当性质相差较大时，不能采用合流制。

排水系统力求简短，安装正确牢固，不渗不漏，使管道运行正常，它通常由下列部分组成。

（1）卫生器具。包括洗脸盆、洗手盆、洗涤盆、洗衣盆、洗菜盆、浴盆、污水盆、拖布池、大便器、小便池、卫生盆及地漏等。

（2）排水管道。包括横支管、立管、排出管、通气管及其连接部件。

（二）污水的抽升与处理设备

当排水不能以重力流排至室外排水管中时，必须设置局部污水抽升设备来排除内部污废水。抽升设备的选用应根据污废水的性质、污水量、排水情况（经常性或间断性）、抽升高度以及建筑物的要求等决定。常用的抽升设备有污水泵、潜水泵、喷射泵、手摇泵及气压输水器等。

在有污水处理厂的城市中，生活或有害的工业污废水需先经过局部处理才能排放，污水的局部处理方式有以下几种。

（1）化粪池。化粪池是用钢筋混凝土或砖石砌筑成的矩形地下构筑物。其主要功能是去除污水中的油脂，以免堵塞排水管道。

（2）中水道。中水道是为降低市政建设中给排水工程的投资，改善环境卫生，缓和城市供水紧张而采用废水处理后回用的技术措施。废水处理后回用的水不能饮用，只能供冲洗厕所、汽车或消防用水。设置中水道系统，要按规定配套建设中水设施，如净化池、消毒池、水处理设备等。

三、供暖系统及设备

在冬季比较寒冷的地区，人们为了进行正常的工作和生活，需维持室内一定的环境温度，而房间的围护结构不断地向室外散失热量，在风压作用下通过门窗缝隙渗入室内的冷空气也会消耗室内的热量，降低房间的温度。采暖的任务是通过采暖设备不断地向房间供给相应的热量，以补偿房间内的热耗失量，维持室内一定的环境温度。

（一）常用的采暖方式

（1）集中采暖。有热源（锅炉产生的热水或蒸汽作为热媒）经输热管道送到采暖房间的散热器中，放出热量后，经回水管道流回大热源重新加热，循环使用。

（2）局部采暖。将热源和散热设备合并成一个整体分散设置在各个采暖房间。如火炉、火坑、空气电加热器等。

（3）区域供热。大规模的集中供热系统是由一个或多个大型热源产生的热水或蒸汽，通过区域供热管网，供给地区以至整个城市的建筑物采暖、生活或生产用热。如大型区域锅炉房或热电厂供热系统。

（二）采暖系统的类型

（1）热水采暖系统。包括循环热水采暖供应系统（靠供水与回水的容重差所形成的压力使水循环）和机械循环热水采暖系统（水循环靠水泵运转产生的压力）。该系统一般由锅炉、输热管道、散热器、循环水泵及膨胀水箱等组成。常用的低温热水采暖系统中的供水温度为 95℃，回水温度一般为 70℃。

（2）蒸汽采暖系统。该系统以蒸汽锅炉产生的饱和水蒸气作为热媒，经管道进入散热器内，将饱和水蒸气的汽化潜热散发到房间周围的空气中，水蒸气冷凝成同温度的饱和水，凝结水再经管道及凝结水泵返回锅炉重新受热。蒸汽采暖系统按蒸汽压力的不同，有低压蒸汽系统（供汽压力低于或等于 70kPa）与高压蒸汽系统（供汽压力大于 70kPa）。对于间歇性的采暖建筑（如影剧院、俱乐部）蒸汽采暖有较高的实用价值。

（三）高层建筑热水采暖系统

高层建筑的热水采暖系统，由于下层散热器只能承受一定的静水压力，这就限制了采暖系统的高度，使得系统须沿垂直方向分区，工程中常用分层式采暖系统和单双管混合式系统。具体分区高度需按建筑物总高度和所选用的散热器的工作压力，以及系统的形式综合考虑确定。此外，还应结合给水系统与空调系统的分区情况，一并考虑楼层中间设备层的问题。

四、通风与空调系统及设备

在人们生产和生活的室内空间，需要维持一定的空气环境，通风与空气调节就是创造这种空气环境的一种手段。

（一）通风系统及其分类

为了维持室内合适的空气环境湿度与温度，排出其中的余热余温、有害气体、水蒸气和灰尘，同时送入一定质量的新鲜空气，以满足人体卫生或生产车间工艺的要求，就需要设置一套送、排风或除、排毒通风系统。

通风的任务是将室内的污浊空气排出，并将经过处理的新鲜空气送入。通风系统按动力分类为自然通风和机械通风；按作用范围分类为全面通风和局部通风；按特征分类为进气式通风和排气式通风。在实际工程中，各种通风方式常常是联合使用的，应根据卫生和技术要求，建筑物和生产工艺特点以及经济、适用等具体情况而定。

（二）空调系统及其分类

为了使室内的空气温度、相对湿度、气流速度、洁净度等参数保持在一定的范围内的技术，称为空气调节。它是建筑通风的发展和继续，对送入室内的空气进行过滤、加热或冷却、干燥或加湿等各种处理，使空气环境满足不同的使用要求，这种对空气处理的通风必须采用一定的设备和技术措施。

（1）按空气处理的设置情况分类，空调系统可分为集中式系统（空气处理设备大都设置在集中的空调机房内，空气经处理后，由风道送入各房间）、分布式系统（将冷、热源和空气处理与输送设备整个组装的空调机组，按需要直接放置在空调房内或附近的房间内。每台机组只供一个或几个小房间，或者一个大房间内放置几台机组）、半集中式系统（集中处理部分或全部风量，然后送往各个房间或各区进行再处理。如用集中处理后的新风送入各房间，与分散设置在房间内的冷、热风机盘管系统进行空调，或者采用分区机组空调系统）。

（2）按负担室内负荷所用的介质分类，空调系统可分为全空气系统（房间的全部冷、热负荷均由集中处理后的空气来负担的空调系统）、全水系统（房间负荷全部由集中供应的冷、热水负担，如风机盘管系统）、空气—水系统（房间的负荷由集中处理的空气负担一部分，其余负荷由水作为介质，在送入房间时，对空气进行再处理，如诱导器空调系统或带新风的风机盘管系统）和冷剂系统（房间冷、热负荷由制冷系统的直接蒸发器和空调器组合在一起的小型机组负担，直接蒸发机组按冷凝器的冷却方式不同，可以分为风冷式或水冷式；按安装组合情况可以分为窗式、柜式和分体式）。

（3）按集中式空调系统处理的空气来源划分，包括封闭式系统（需要处理的空气全部来自空调房间本身，无室外新风补充，适用于战时人防工程或少有人进出的仓库）、直流式系统（需要处理的空气全部来自室外新风，适用于不允许采用室内回风的系统，如放射性实验室等）和混合式系统（封闭式和直流式系统的组合使用，为大多数工业与民用建筑使用）。

五、供电系统及设备

（一）室内低压配电与配线方式

室内配电用的电压，最普通为 220V/380V 三相四线制、50Hz 交流电压。

220V 单相负载用于电灯照明或其他家用电器设备，380V 三相负载多用于有电动机的设备。

对于低压电源直接进户的供电网路，它是由配电柜、配电箱干线和支线等部分组成。一般把电能从配电柜（盘）送到各个配电箱（盘）的线路称为干线；而由各种配电箱分出接至各个灯具（或其他负载）的线路，称为支线。由总配电箱到各个分配电箱的边接线，通常有放射式、树干式和混合式三种。

（二）导线选择的一般原则

导线的选择是供配电系统设计中一项重要的内容。它包括导线型号与导线截面的选择。导线型号的选择，是根据使用的环境、敷设方式和供货的情况而定。导线截面的选择是根据机械强度、通过导线电流的大小、电压损失等确定的。

（三）配电箱、开关、电表及光源的选择

配电箱是接受和分配电能的装置。配电箱按用途分可以有照明和动力配电箱；按安装形式可分为明装（挂在墙上或柱上）、暗装和落地柜式；按制造方式划分可分为工厂的定型产品和由施工单位或工厂根据使用要求另行设计加工的非定型配电箱。用电量小的建筑物可只设一个配电箱；用电量较大的可在每层设分配电箱，在首层设总配电箱；对于用电量大的建筑物，根据各种用途可设置数量较多的各种类型的配电箱。

电开关包括刀开关和自动空气开关。前者适用于小电流配电系统中，可作为一般电灯、电器等回路的开关来接通或切断电路，此种开关有双极和三极两种；后者主要用来接通或切断负荷电流。因此又称为电压断路器。开关系统中一般还有熔断器，主要用来保持电气设备免受过负荷电流和短路电流的损害。

电表用来计算用户的用电量，并根据用电量来计算应缴电费数额。交流电度表可分为单相和三相两种。选用电表时要求额定电流大于最大负荷电流，并适当留有余地，考虑今后发展的可能。

光源是指能将电能转换为光能的灯泡、灯管等。光源的选择是根据照度和光色的要求、室内环境及建筑特点等因素而决定的。目前应用广泛的光源是白炽灯和荧光灯具。此外还有高压水银荧光灯、碘钨灯、高压钠灯等。

（四）建筑防雷与接地、接零保护

雷电是大气中的自然放电现象，它可能引起建筑物或设备的严重破坏并危及人的生命。因此，要采取适当的措施，保持建筑物不受雷击，保护设备和人员安全。建筑物的防雷装置一般由接闪器（避雷针、避雷带或网）、引下线及接地线三个基本部分组成。

六、住宅居住区智能化系统

（一）住宅居住区智能化的含义

所谓住宅居住区智能化就是利用 4C（即计算机、通讯与网络、自控、IC 卡）技术，通过有效的传输网络，将多元信息服务与管理、物业管理与安防、住宅智能化系统集成，为住宅居住区的服务与管理提供高技术的智能化手段，以实现快捷高效的服务与管理，提供安全舒适的家居环境。

（二）住宅居住区智能化应用系统的基本配置

（1）信息通信系统。利用居住区智能化系统中心平台为住户提供包括电信通信、电子商务、公共信息、家电远程控制等服务，满足住户语言通信及视频服务需求。

（2）防范系统。通过高新技术设备对住宅居住区提供安全监护和急救服务。

（3）建筑设备监控系统。利用计算机对建筑设备进行实时监控，保证建筑设备的安全运行和节能降耗。

（4）物业管理系统。运用计算机物业管理信息系统，对居住区建筑的各个系统进行管理和维护，及时处理日常维修、管理事务和实现远程抄表。

（三）住宅居住区智能化系统等级

建设部住宅产业化促进中心在 1999 年 12 月 10 日颁发的《全国住宅小区智能化系统示范工程建设要点与技术导则（试行稿）》中，为使不同类型、不同居住对象、不同建设标准的住宅居住区，合理配置智能化系统建设提供依据，要求示范工程按其功能要求、技术含量、经济合理性等因素综合考虑，划分为：一星级（普及型，符号★）、二星级（提高型，符号★★）、三星级（超前型，符号★★★）三种类型。

1. 一星级

（1）安全防范子系统：

1）出入口管理及周界防越报警；

2）闭路电视监控；

3）对讲与防盗门控；

4）住户报警；

5）巡更管理。

（2）信息管理子系统：

1）对安全防范系统实行监控；

2）远程抄收与管理或 IC 卡；

3）车辆出入与停车管理；

4）供电设备、公共照明、电梯、供水等主要设备监控管理；

5）紧急广播与背景音乐系统；

6）物业管理计算机系统。

（3）信息网络子系统：

1）为实现上述功能科学合理布线；

2）每户不少于两对电话线和两个有线电视插座；

3）建立有线电视网。

2. 二星级

二星级除应具备一星级的全部功能之外，同时在安全防范子系统和信息管理子系统的建设方面，其功能及技术水平应有较大提升。信息传输信道应采用高速宽带数据网作为主干网。物业管理计算机系统应配置局部网络，并可供住户联网使用。

3. 三星级

三星级应具备二星级的全部功能。其中信息传输信道应采用宽带光纤用户接入网作为主干网，实现交互式数字视频业务。三星级住宅小区智能化系统建设在可能条件下，应实施现代集成建造系统（HI－CIMS）技术，并把物业管理智能化系统建设纳入整个住宅小区建设中，作为 HI－CIMS 工程中的一个子系统。同时，HI－CIMS 系统要考虑物业公司对其智能化系统管理的运行模式，使其实现先进性、可扩展性和科学管理。

第四节   建 筑 材 料

建筑材料是建造和装饰建筑物所用的各种材料的统称。建筑材料是建筑工程的物质基础，直接关系到建筑物的质量、耐久性、档次、艺术性和造价等。建筑材料的种类繁多，可作多种分类。例如，根据来源不同，可将建筑材料分为天然材料和人造材料。常见的分类还有按化学成分划分和按使用功能划分，分别见表 3-10 和表 3-11。

建筑材料按化学成分的分类表　　　　　　　　　　　表 3-10

建筑材料	无机材料	金属材料	黑色金属材料——如钢、铁
			有色金属材料——如铝、铜及其合金
		非金属材料	天然石材——如大理石、花岗岩
			陶瓷和玻璃——如砖、瓦、卫生陶瓷、平板玻璃
			无机胶凝材料——如石灰、石膏、水玻璃
			砂浆混凝土——如水泥、砂浆、水泥混凝土、人造大理石

续表

建筑材料	有机材料	木材——如针叶树（松、杉、柏），阔叶树（水曲柳、榆木、柞木）
		沥青——如石油沥青、煤沥青
		塑料——如聚乙烯塑料、聚氯乙烯塑料、酚醛塑料
		涂料——如聚乙烯醇涂料、丙烯酸酯涂料、油漆
	复合材料	金属与非金属复合——如钢筋混凝土、钢纤维混凝土
		有机与无机复合——如聚合物混凝土、沥青混凝土、玻璃钢

建筑材料按使用功能的分类表　　　　　　　表 3-11

分类	定义	实例
结构材料	构成基础、柱、梁、框架、屋架、板等承重系统的材料	砖、石材、钢材、钢筋混凝土、木材
墙体材料	构成建筑物内、外承重墙体及内分隔墙体的材料	石材、砖、空心砖、加气混凝土、各种砌块、混凝土墙板、石膏板及复合墙板
功能材料	不作为承受荷载且具有某种特殊功能的材料	绝热材料：膨胀珍珠岩及其制品、膨胀蛭石及其制品、加气混凝土； 吸声材料：毛毡、棉毛织品、泡沫塑料； 采光材料：各种玻璃； 防水材料：沥青及其制品、树脂基防水材料； 装饰材料：石材、陶瓷、玻璃、涂料、木材

一、建筑材料的性质

　　建筑物是由各种建筑材料建造而成的，为了其安全、适用、美观等，要求不同部位的建筑材料发挥着不同的作用，具有相应的性质。建筑材料的性质有物理性质、力学性质、耐久性等。例如，作为结构物的材料要承受各种外力的作用，因此应具有所需的力学性质；屋面防水材料、地下防潮材料则应具有良好的耐水性和抗渗性；内墙材料应具有保温、隔热和吸声、隔声的性能；外墙和屋面材料则应能经受长期风吹、日晒、雨淋、冰冻的破坏作用；在受酸、碱、盐类物质腐蚀的部位，材料还应具有较高的化学稳定性等。

（一）建筑材料的物理性质

建筑材料的物理性质是指材料分子结构不发生变化的情况下所具有的性质。可分为与质量有关的性质、与水有关的性质和与温度有关的性质。

1. 与质量有关的性质

（1）密度。材料的密度是指材料在绝对密实状态下单位体积的质量，即材料的质量与材料在绝对密实状态下的体积之比。材料在绝对密实状态下的体积是指不包括材料内部孔隙的体积，即材料在自然状态下的体积减去材料内部孔隙的体积。

（2）表观密度。材料的表观密度是指材料在自然状态下单位体积的质量，即材料的质量与材料在自然状态下的体积之比。计算表观密度时，如果只包括材料内部孔隙而不包括孔隙内的水分，则称为干表观密度；如果既包括材料内部孔隙又包括孔隙内的水分，则称为湿表观密度。

（3）密实度。材料的密实度是指材料在绝对密实状态下的体积与在自然状态下的体积之比。凡是内部有孔隙的材料，其密实度都小于1。材料的密实度反映固体材料中固体物质的充实程度，密实度的大小与其强度、耐水性和导热性等很多性质有关。密实度又等于密度与表观密度之比。材料的密度与表观密度越接近，材料就越密实。

（4）孔隙率。材料的孔隙率是指材料内部孔隙的体积占材料在自然状态下的体积的比例。材料的孔隙率和密实度是从两个不同的角度来说明材料的同一性质。材料内部孔隙的构造可分为开口孔隙（与外界相通）和封闭孔隙（与外界隔绝）。材料的许多重要性质与其孔隙率大小和内部孔隙构造有密切关系。

2. 与水有关的性质

（1）吸水性。材料的吸水性是指材料在水中吸收水分的性质，可用材料的吸水率来反映。材料的吸水率与其孔隙率正相关。

（2）吸湿性。材料的吸湿性是指材料在潮湿的空气中吸收水蒸气的性质，可用材料的含水率来反映。材料可从湿润的空气中吸收水分，也可向干燥的空气中扩散水分，最终使自身的含水率与周围空气湿度保持平衡。

（3）耐水性。材料的耐水性是指材料在饱和水作用下强度不显著降低的性质。

（4）抗渗性。材料的抗渗性是指材料的不透水性，或材料抵抗压力水渗透的性质。

（5）抗冻性。材料的抗冻性是指材料在多次冻融循环作用下不破坏，强度也不显著降低的性质。

3. 与温度有关的性质

（1）导热性。材料的导热性是指热量由材料的一面传至另一面的性质。

（2）热容量。材料的热容量是指材料受热时吸收热量，冷却时释放热量的性质。

（二）建筑材料的力学性质

建筑材料的力学性质是指建筑材料在各种外力作用下抵抗破坏或变形的性质，包括强度、弹性、塑性、脆性、韧性、硬度和耐磨性。

（1）强度。材料的强度是指材料在外力作用下抵抗破坏的能力。材料在建筑物上所受的外力主要有拉力、压力、弯矩及剪力。材料抵抗这些外力破坏的能力分别称为抗拉、抗压、抗弯和抗剪强度。

（2）弹性与塑性。材料的弹性是指材料在外力作用下产生变形，外力去掉后变形能完全恢复的性质。材料的这种可恢复的变形，称为弹性变形。材料的塑性是指材料在外力作用下产生变形，外力去掉后变形不能完全恢复，但也不被破坏的性质。材料的这种不可恢复的残留变形，称为塑性变形。

（3）脆性与韧性。材料的脆性是指材料在外力作用下未发生显著变形就突然破坏的性质。脆性材料的抗压强度远大于其抗拉强度，所以脆性材料只适用于受压构件。建筑材料中大部分无机非金属材料为脆性材料，如天然石材、陶瓷、砖、玻璃、普通混凝土等。材料的韧性是指材料在冲击或振动荷载作用下产生较大变形尚不致破坏的性质，如钢材、木材等。

（4）硬度和耐磨性。材料的硬度是指材料表面抵抗硬物压入或刻划的能力。材料的耐磨性是指材料表面抵抗磨损的能力。材料的耐磨性与材料的组成成分、结构、强度、硬度等有关。材料的硬度愈大，耐磨性愈好。

（三）建筑材料的耐久性

材料的耐久性是指材料在使用过程中经受各种常规破坏因素的作用而能保持其原有性能的能力。材料被用于建筑物后，要长期受到来自使用方面的破坏因素及来自环境方面的破坏因素的作用。前者包括摩擦、荷载、废气、废液等破坏因素的作用；后者包括阳光紫外线照射、空气和雨水侵蚀、气温变化、干湿交换、冻融循环、虫菌寄生等破坏因素的作用。这些破坏因素的作用又可归结为机械作用、物理作用、化学作用和生物作用。它们或单独，或交互，或同时综合地作用于材料，使材料逐渐变质、损毁而失去使用功能。

不同材料的耐久性不同，影响其耐久性的因素也不同，如钢材易氧化锈蚀，木材易虫蛀腐烂，塑料易老化变形，石材易风化，涂料易褪色、脱落。采用耐久性好的材料有时虽然会增加成本、提高价格，但因材料的使用寿命长，建筑物的使用寿命也相应延长，且会降低使用过程中的维修保养费用，最终会提高综合经济效益。

二、钢材、木材和水泥

（一）钢材

1. 钢材的分类

在土建工程中，钢材是重要的建筑材料之一，包括用于其中的各种型材、钢板、管材和用于钢筋混凝土中的各种钢筋、钢丝等。钢材具有良好的技术性质，能够承受较大的弹塑性变形，加工性能好。根据不同的划分标准，可以将钢材划分成不同的类别。

按照钢的化学成分可以分为碳素钢和合金钢。碳素钢中的成分除了铁和碳外，还含有在冶炼中难以除净的少量硅、锰、磷、硫、氧和氮等。其中磷、硫、氧和氮等对钢材性能产生不利影响，为有害杂质。根据含碳量大小，将碳素钢分为低碳钢（含碳小于 0.25%）、中碳钢（含碳 0.25%～0.6%）和高碳钢（含碳大于 0.6%）。合金钢是特意加入或超过碳素钢限量的合金元素的钢，这些合金元素包括锰、硅、矾、钛等。合金元素总含量小于 5% 为低合金钢，5%～10% 为中合金钢，大于 10% 为高合金钢。

按照用途不同，可以将钢分为结构钢、工具钢和特殊用途钢（如不锈钢、耐热钢、耐酸钢等）。

按照脱氧程度不同，将脱氧充分者分为镇静钢（代号为 Z）和特殊镇静钢（代号为 TZ）；脱氧不充分者分为沸腾钢（代号为 F）；介于二者之间的分为半镇静钢（代号为 B）。

2. 钢材的化学成分对其性能的影响

钢材中的主要成分主要是指碳、硅、锰、磷、硫、氧和氮，以及其他合金元素等。它们对钢的性能具有不同的影响。

（1）碳

土木建筑工程中所使用的钢材大多为普通碳素钢和属普通碳素钢一类的低合金钢，含碳量不大于 0.8%。在此范围内，随着含碳量的提高，钢材的强度和硬度相应提高，但塑性和韧性相应降低；此时，碳还可以显著降低钢材的可焊性，增加钢材的冷脆性和时效敏感性，降低抗大气锈蚀性。

（2）硅

当硅在钢中的含量小于 1% 时，随着其含量的增加可以提高钢材的强度，而对塑性和韧性影响不明显。

（3）锰

我国低合金钢中锰是主加合金元素，一般含量在 $1\% \sim 2\%$ 范围内，其作用主要是使钢的强度提高，同时还能消减硫、氧引起的热脆性，改善钢的热加工性能。

（4）硫和磷

硫和磷都属于有害元素。硫呈非金属硫化物夹杂于钢中，具有强烈的偏析作用，降低各种机械性能。硫化物造成的低熔点还使得钢在焊接时容易产生热裂痕，显著降低可焊性。磷元素的含量提高，钢材的强度可以得到提高，但是塑性和韧性则会明显下降，特别是温度越低，对韧性和塑性的影响越大。磷在钢中的偏析作用也很强烈，增大钢材的冷脆性，并显著降低钢材的可焊性。但是磷可以提高钢材的耐磨性和耐腐蚀性，在低合金钢中可以配合其他元素作为合金元素使用。

3. 建筑工程中常用钢材

（1）碳素结构钢

碳素结构钢是指一般的结构钢以及工程用的热轧板、管、带、型、棒材。

（2）低合金结构钢

低合金结构钢一般是在普通碳素钢的基础上，少量添加若干合金元素而成，加入合金元素后可以提高和改善钢材的强度、耐腐蚀性、耐磨性、低温冲击韧性等。

（3）型钢

常用的型钢有角钢（分等边角钢和不等边角钢）、工字钢、槽钢、T 型钢、H 型钢、Z 型钢等。

（4）钢板

热轧钢板按厚度分为薄板（厚度为 $0.15 \sim 4mm$）和中厚板（厚度大于4mm）；冷轧钢板只有薄板（厚度 $0.2 \sim 4mm$）一种。

（5）钢筋

钢筋是建筑工程中使用量最大的钢材品种，其材质包括普通碳素钢和普通低合金钢两大类。常用的有热轧钢筋、冷加工钢筋、钢丝、钢绞线等。

（二）木材

1. 木材的分类

按照材型将木材分为原木、板材和枋材。原木是指伐倒后经修剪并截成一定长度的木材；板材是宽度为厚度三倍或三倍以上的型材；枋材则是宽度不及厚度三倍的型材。其中板材和枋材统称锯材。锯材分为特种锯材和普通锯材两个级别；普通锯材又根据其缺陷分为一等、二等和三等三个等级。

对于承重结构使用的木材，按照受力要求分成三级，即Ⅰ级、Ⅱ级、Ⅲ级。Ⅰ级用于受拉或受弯构件；Ⅱ级用于受弯或受压弯构件；Ⅲ级用于受压或次级构件。

2. 木材的物理力学性质

（1）木材的物理性质

1）木材的含水率

在木材内部含有的水分根据其存在形式分为三种，即自由水、吸附水和化合水。自由水是存在于细胞腔与细胞间隙中的水；吸附水是存在于细胞壁内的水；化合水则是木材化学成分中的结合水。当木材干燥时，首先失去的是自由水，然后失去的是吸附水。当木材细胞腔和细胞间隙中的自由水完全失去，而细胞壁吸附水达到饱和时的木材含水率被称为木材的纤维饱和点，一般在25%～35%。纤维饱和点是木材物理力学性质发生改变的转折点，是木材含水率是否影响其强度和干缩湿胀的临界值。

2）湿胀干缩

木材具有显著的湿胀干缩性，即当木材由潮湿状态干燥到纤维饱和点前，其尺寸不变，而继续干燥到其细胞壁中的吸附水开始蒸发以后，木材的体积开始收缩；而当干燥木材吸湿时，随着吸附水的增加，木材体积开始膨胀，直到含水率达到纤维饱和点为止，此后含水量会继续增加，但是木材的体积不再发生膨胀。由此可见，木材所具有的这种显著的湿胀干缩性，是由于木材的吸附水含量的变化引起的。

（2）木材的力学性质

木材属于有机材料，由于木材本身组织结构的特点，其很多性质具有各向异性的特点，尤其是力学性质。如木材的强度，包括抗拉强度、抗压强度、抗弯强度和抗剪强度，都具有明显的方向性。

木材顺纹方向的抗拉强度、抗剪强度最大，横纹方向最小；顺纹的抗压强度最小，而横纹最大；木材的抗弯性很好，一般在使用中是顺纹情况，可以认为弯曲上方为顺纹抗压、下方为顺纹抗拉。

（三）水泥

水泥呈粉末状，是一种经过物理化学反应过程能由塑性浆体变成坚硬的石状体，并能将散粒状材料胶结成为整体的水硬性胶凝材料。在工程中最常用的是硅酸盐系列水泥。

1. 水泥的种类

（1）硅酸盐水泥。凡是由硅酸盐水泥熟料、0～5%的石灰石或粒化高炉矿渣、适量石膏磨细而制成的水硬性胶凝材料，称为硅酸盐水泥，也叫波特兰水泥。硅酸盐水泥又可以分成两大类，即不掺混合材料的Ⅰ型硅酸盐水泥、在硅酸盐水泥熟料中掺入超过5%的石灰石或粒化高炉矿渣混合材料的Ⅱ型硅酸盐水泥，它们的代号分别为P·Ⅰ和P·Ⅱ。

硅酸盐水泥熟料主要矿物组成及其含量范围和各种熟料单独与水作用的表现特性如表3-12所示。

水泥熟料矿物含量与主要特征 表3-12

矿物名称	代号	含量（%）	主要特征				
			抗硫酸盐侵蚀性	水化速度	水化热	强度	体积收缩
硅酸三钙	C_3S	37~60	快	大	高	中	中
硅酸二钙	C_2S	15~37	慢	小	早期低、后期高	中	最好
铝酸三钙	C_3A	7~15	最快	最大	低	最大	差
铁铝酸四钙	C_4AF	10~18	较快	中	中	最小	好

（2）普通硅酸盐水泥。由硅酸盐水泥熟料、6%~15%的混合材料、适量的石膏磨细制成的水硬性胶凝材料，称为普通硅酸盐水泥，也叫普通水泥。掺活性混合材料时，最大掺量不得超过15%，其中允许用不超过水泥质量5%的窑灰或不超过水泥质量10%的非活性混合材料来代替。

硅酸盐水泥与普通硅酸盐水泥性质十分相似，在工程应用范围内也是一致的。主要体现在：

水泥强度高，主要用于重要结构的高强度混凝土、钢筋混凝土和预应力混凝土工程；胶凝硬化较快、抗冻性能好，适用于早期强度要求高、凝结快，冬季施工及严寒地区遭受反复冻融的工程；水泥石中含有较多的氢氧化钙，抗软水侵蚀和抗化学腐蚀性差，不宜用于经常与流动软水接触及有水压作用的工程以及受海水和矿物水作用的工程。

（3）掺混合材料的水泥。为了改善水泥的性能，调节水泥强度等级，在水泥的生产过程中，在水泥中加入一些天然的或人工的矿物材料，称这些矿物材料为水泥混合材料。按照混合材料的性质分为活性混合材料和非活性混合材料两类。活性材料是指水硬性混合材料，如符合《用于水泥和混凝土中的粉煤灰》GB/T 1596—2017的粉煤灰、符合《用于水泥中的火山灰质混合材料》GB/T 2847—2005的火山灰质和符合《用于水泥中的粒化高炉矿渣》GB/T 203—2008的粒化高炉矿渣混合材料；非活性混合材料是指填充性混合材料，如石英砂、石灰石以及未达到 GB/T 1596、GB/T 2847、GB/T 203 标准要求的粉煤灰、火山灰质、粒化高炉矿渣混合材料。

（4）矿渣硅酸盐水泥。由硅酸盐水泥和 20％～70％的粒化高炉矿渣、适量的石膏磨细制成的水硬性胶凝材料，称为矿渣硅酸盐水泥。矿渣硅酸盐水泥适用于高温车间和有耐热、耐火要求的混凝土结构、大体积混凝土结构、蒸汽养护的混凝土结构、一般地上、地下和水中混凝土结构以及有抗硫酸盐侵蚀要求的一般工程。矿渣硅酸盐水泥不适用于早期强度要求较高的工程和严寒地区并处在水位升降范围之内的混凝土工程。

（5）火山灰质硅酸盐水泥。由硅酸盐水泥和 20％～50％的火山灰质、适量的石膏磨细制成的水硬性胶凝材料，称为火山灰质硅酸盐水泥。火山灰质硅酸盐水泥适用于大体积混凝土工程、有抗渗要求的工程、蒸汽养护的混凝土构件、有抗硫酸盐侵蚀要求的一般工程以及一般混凝土结构；不适用于处在干燥环境的混凝土工程、耐磨性要求高的工程、早期强度要求较高的工程和严寒地区并处在水位升降范围之内的混凝土工程。

（6）粉煤灰硅酸盐水泥。由硅酸盐水泥和 20％～40％的粉煤灰、适量的石膏磨细制成的水硬性胶凝材料，称为粉煤灰硅酸盐水泥。粉煤灰硅酸盐水泥适用于大体积混凝土工程、地上、地下和水中混凝土工程、蒸汽养护的混凝土构件、有抗硫酸盐侵蚀要求的一般工程以及一般混凝土结构；不适用于处在干燥环境的混凝土工程、耐磨性要求高的工程、早期强度要求较高的工程、严寒地区并处在水位升降范围之内的混凝土工程以及有抗碳化要求的工程。

2. 硅酸盐水泥的硬化

硅酸盐水泥的硬化是一个不可分割的连续而复杂的物理化学过程，包括化学反应过程（水化过程）和物理化学作用（胶凝过程）。水泥的水化反应过程是指水泥加水后，熟料矿物及掺入水泥熟料中的石膏与水发生一系列化学反应的过程。水泥胶凝硬化机理一般解释为水化是水泥产生凝结硬化的必要条件，而凝结硬化是水泥水化的结果。

3. 硅酸盐水泥和普通硅酸盐水泥的技术性质

（1）细度。细度表示水泥颗粒的粗细程度。水泥细度直接影响水泥的活性和强度。颗粒越细，与水反应的表面积越大，水化速度越快，早期强度高，但硬化收缩较快，且粉磨时能耗大，成本高。颗粒过粗，不利于水泥活性的发挥，且强度低。

（2）强度。水泥强度是评定水泥强度等级的依据，是指胶凝的强度而不是净浆的强度。

（3）体积安定性。体积安定性是指水泥在硬化过程中体积变化是否均匀的性能。水泥安定性不良会导致构件制品产生膨胀性裂纹或翘曲变形，造成质量事故。引起水泥安定性不良的主要原因是熟料中游离氧化钙或游离氧化镁过剩或石膏掺量过多。安定性不合格的水泥不得用于工程，应废弃。

（4）胶凝时间。胶凝时间可分为初凝时间和终凝时间。初凝时间是指从水泥加水拌合起到水泥浆开始失去塑性所需的时间。终凝时间则是指从水泥加水拌合到水泥浆完全失去塑性并开始产生强度所需的时间。硅酸盐水泥初凝时间不得早于 45min（分钟），终凝时间不得迟于 6.5h（小时）；普通硅酸盐水泥初凝时间不得早于 45min，终凝时间不得迟于 10h。水泥初凝时间不合要求，该水泥报废；终凝时间不合要求，视为不合格。

（5）水化热。水泥的水化热是指水泥在水化过程中释放出的热量，与水泥矿物成分、细度、掺入外加剂品种、数量、水泥品种以及混合材料掺量有关。水化热对大体积混凝土工程是不利的。

三、石灰与石膏

（一）石灰

石灰是由含碳酸钙较多的石灰石经过高温煅烧生成的气硬性胶凝材料，呈白色或灰色块状，其主要成分是氧化钙。石灰加水后便与水发生化学反应，消解为熟石灰，这个过程称为石灰的熟化。石灰的熟化时，其体积增大 1～3 倍，未经完全熟化的石灰不得用于拌制砂浆，目的是防止抹灰后爆灰起鼓。

石灰加大量水熟化形成石灰浆，再加水冲淡形成石灰乳，俗称淋灰。石灰乳在储灰池内完成全部熟化过程，经沉淀浓缩成石灰膏。

石灰浆体在空气中逐渐硬化，是由结晶作用和碳化作用两个同时进行的过程来完成的。

石灰在建筑工程中的应用主要为：

（1）配置水泥石灰混合砂浆、石灰砂浆；

（2）拌制灰土或三合土；

（3）生产硅酸盐制品；

（4）利用石灰膏稀释成石灰乳，用作内墙和顶棚的粉刷涂料。

（二）石膏

石膏是以硫酸钙为主要成分的气硬性胶凝材料。石膏的主要原料是天然的二水石膏，也叫软石膏，那些含有二水石膏或含有二水石膏与硫酸钙的混合物的化工副产品及废渣，如磷石膏、氟石膏、硼石膏等，也可作为生产石膏的原料。

建筑石膏的初凝时间和终凝时间都很短，需要加入缓凝剂用以降低半水石膏的溶解度和溶解速度，便于成型。常用的缓凝剂有硼砂、酒石酸钾钙、柠檬酸、聚乙烯醇、石灰活化骨胶或皮胶等。

建筑石膏在建筑工程中的主要用途有石膏抹灰材料、各种装饰石膏板、石膏浮雕花饰、雕塑饰品等。

四、砖与石

（一）砖

1. 烧结砖

烧结砖包括烧结普通砖、烧结多孔砖和烧结空心砖。

烧结普通砖包括黏土砖、页岩砖、煤矸石砖、粉煤灰砖等多种。烧结普通砖的标准尺寸为 240mm×115mm×53mm，其外观质量包括尺寸偏差、弯曲程度、杂质凸出高度、缺棱掉角、裂纹长度和完整面的要求。根据抗压强度试验得到的抗压强度平均值和强度标准值将烧结普通砖划分为五个强度等级：MU30，MU25，MU20，MU15，MU10。

烧结多孔砖有 190mm×190mm×190mm（M 型）和 240mm×115mm×90mm（P 型）两种规格。根据抗压强度、抗折荷重将烧结多孔砖分为 30，25，20，15，10，7.5 六个强度等级。

烧结空心砖有 290mm×190mm×90mm 和 240mm×180mm×115mm 两种规格。根据表观密度将烧结空心砖分为 800，900，1 100 三个密度等级。

2. 蒸养（压）砖

蒸养（压）砖属于硅酸盐制品，是以石灰和含硅原料，如砂、粉煤灰、炉渣、煤矸石，加水拌合，经成型、蒸养（压）而制成。目前使用的主要是灰砂砖、粉煤灰砖和炉渣砖。

3. 砌块

砌块建筑可以减轻建筑墙体自重，改善建筑功能，降低造价。目前使用的主要有粉煤灰砌块、中型空心砌块、混凝土小型空心砌块、蒸压加气混凝土砌块等。

（二）天然石材

天然石材具有资源丰富、强度高、色泽自然、耐久性好的特点，在建筑工程中常用作砌体材料、装饰材料以及混凝土的集料。

根据石材的生成条件，按地质分类法可将其分为岩浆岩（又叫火成岩，常用石种有花岗岩和玄武岩）、沉积岩（又叫水成岩，常用石种有石灰岩和砂岩）和变质岩（常用石种有大理石和石英岩）三大类。这些常用的岩石的特性与用途如表 3-13 所示。

常用岩石的特性与用途　　　　　　　　　　表 3-13

岩石种类	常用石种	特性			用　　途
		表观密度（kg/m³）	抗压强度（MPa）	其他特性	
岩浆岩（火成岩）	花岗岩	2 500~2 800	120~250	孔隙率小，吸水率低，耐磨、耐酸、耐久，但不耐火，耐光性好	基础、地面、路面、室内外装饰、混凝土骨料
	玄武岩	2 900~3 300	250~500	硬度大、细密、耐冻性好，抗风化性强	高强混凝土骨料、道路路面
沉积岩（水成岩）	石灰岩	2 600~2 800	80~160	耐久性及耐酸性均较差，力学性质随组成不同变化范围很大	基础、墙体、桥墩、路面、混凝土骨料
	砂　岩	1 800~2 500	约 200	硅质砂岩（以氧化硅胶结），坚硬、耐久、耐酸性与花岗岩相似	基础、墙体、衬面、踏步、纪念碑石
变质岩	大理石	2 600~2 700	100~300	质地细密、硬度不高，易加工，耐磨性好，易风化，不耐酸	室内墙面、地面、柱面、栏杆等装修
	石英岩	2 650~2 750	250~400	硬度大，加工困难，耐酸、耐久性好	基础、栏杆、踏步、饰面材料、耐酸材料

五、混凝土

混凝土是以胶凝材料与骨料按适当比例配合，经搅拌、成型、硬化而成的一种人造石材。混凝土是由水泥、水、砂和石子组成。水和水泥成为水泥浆，砂和石子为混凝土的骨料。在混凝土的组成中，骨料一般占总体积的 70%～80%；水泥石约占 20%～30%，其余是少量的空气。

（一）混凝土材料组成

1. 水泥

根据混凝土的强度，要求水泥强度等级与混凝土强度相适应。水泥的强度约为混凝土强度的 1.5～2.0 倍为好。

2. 细骨料

粒径为 5mm 以下的骨料称为细骨料，一般采用天然砂。混凝土用砂的质量要求，主要有以下几项。

（1）砂的粗细程度及颗粒级配

在混凝土中，砂的表面由水泥浆包裹，砂的总表面积越大，需要的水泥浆越多。当混凝土拌合物的流动性要求一定时，由于砂的粒径越小，总表面积越大。因此采用粗砂比采用细砂所需水泥浆要省一些，且硬化后水泥石含量少，可提高混凝土的密实性。但砂粒过粗，又使混凝土拌合物容易产生离析、泌水现象，影响混凝土的均匀性。所以，拌制混凝土的砂，不宜过细，也不宜过粗。

砂的粗细程度，工程上常用细度模数表示。细度模数越大，表示砂越粗。细度模数在 3.7～3.1 为粗砂，在 3.0～2.3 为中砂，在 2.2～1.6 为细砂。普通混凝土用砂的细度模数范围在 3.7～1.6，以中砂为宜。在配制混凝土时，除了考虑砂的粗细程度外，还要考虑它的颗粒级配。砂的颗粒级配是指粒径大小不同的砂相互搭配的情况。级配好的砂应该是粗砂空隙被细砂所填充，使砂的空隙达到尽可能小。这样不仅可以减少水泥浆量，即节约水泥，而且水泥石含量少，混凝土密实度提高，强度和耐久性加强。可见，要想减少砂粒间的空隙，就必须有良好的级配。

（2）泥、泥块及有害物质

泥黏附在骨料的表面，妨碍水泥石与骨料的黏结，降低混凝土强度，还会加大混凝土的干缩，降低混凝土的抗渗性和抗冻性。泥块在搅拌时不易散开，对混凝土性质的影响更为严重。

砂中的有害物质主要包括硫化物、硫酸盐、有机物及云母等，能降低混凝土的强度和耐久性。

（3）坚固性

必须选坚固性好的砂，不能使用已风化的砂。

3. 粗骨料

粒径的大小表示粗骨料的粗细程度。粗骨料最大粒径增大时，骨料总表面积减少，可减少水泥浆用量，节约水泥，且有助于提高混凝土密实度，因此，当配制中等强度以下的混凝土时，尽量采用粒径大的粗骨料。但粗骨料的最大粒径，不得大于结构截面最小尺寸的 1/4，并不得大于钢筋最小净距的 3/4；对混凝土实心板，最大粒径不得大于板厚的 1/2，并不得超过 50mm。

4. 水

凡能饮用的自来水及清洁的天然水都能用来养护和拌制混凝土。污水、酸性水、含硫酸盐超过 1% 的水均不得使用。海水一般不用来拌制混凝土。

（二）普通混凝土的性质

1. 和易性

和易性是指混凝土是否易于施工操作和均匀密实的性能，它是混凝土的主要性质。主要表现为：是否易于搅拌和卸出；运输过程中是否分层、泌水；浇灌时是否离析；振捣时是否易于填满模型。可见，和易性是一项综合性能，包括流动性、黏聚性和保水性。

和易性的测定通常是测定拌合物的流动性，黏聚性和保水性一般靠目测。影响和易性的因素主要有以下几方面。

（1）用水量

用水量是决定混凝土拌合物流动性的主要因素。分布在水泥浆中的水量，决定了拌合物的流动性。拌合物中，水泥浆应填充骨料颗粒间的空隙，并在骨料颗粒表面形成润滑层以降低摩擦，由此可见，为了获得要求的流动性，必须有足够的水泥浆。

实验表明，当混凝土所用粗、细骨料一定时，即使水泥用量有所变动，为获得要求的流动性，所用水量基本是一定的。流动性与用水量的这一关系称为恒定用水量法则。

增加用水量虽然可以提高流动性，但用水量过大，又使拌合物的黏聚性和保水性变差，影响混凝土的强度和耐久性。

（2）水灰比

水灰比决定着水泥浆的稀稠。为获得密实的混凝土，所用的水灰比不宜过小；为保证拌合物有良好的黏聚性和保水性，所用的水灰比又不能过大。水灰比一般在 0.5～0.8。

（3）砂率

砂率是指混凝土中砂的用量占砂、石总量的质量百分率。当砂率过大时，由于骨料的空隙率与总表面积增大，在水泥浆用量一定的条件下，包覆骨料的水泥浆层减薄，流动性变差；若砂率过小，砂的体积不足以填满石子的空隙，要用部分水泥浆填充，使起润滑作用的水泥浆层减薄，混凝土变得粗涩，和易性变差，出现离析、溃散现象。而在水泥浆量一定的情况下，合理砂率可以使混凝土拌合物有良好的和易性。可见，合理砂率就是保持混凝土拌合物有良好黏聚性和保水性的最小砂率。

（4）其他影响因素

影响和易性的其他因素有水泥品种、骨料条件、时间和温度、外加剂等。

2. 普通混凝土结构的力学性质

（1）混凝土的抗压强度和强度等级

混凝土强度包括抗压强度、抗拉强度，其中以抗压强度为最高，所以混凝土主要用来抗压。混凝土的抗压强度是一项最重要的性能指标。以边长为 150mm 的立方体试块，在标准养护条件下（温度为 20℃左右，相对湿度大于 90%）养护 28 天，测得的抗压强度值，称为立方抗压强度 f_{cu}。

混凝土的强度等级是按立方体抗压强度标准值 $f_{cu,k}$ 划分的。立方体抗压强度标准值是立方体抗压强度总体分布中的一个值，强度低于该值的百分率不超过 5%，即有 95% 的保证率。混凝土的强度分为 C7.5、C10、C15、C20、C25、C30、C35、C40、C45、C50、C55、C60 等十二个等级。

（2）普通混凝土受压破坏特点

混凝土受压破坏主要发生在水泥石与骨料的界面上。混凝土受荷载之前，粗骨料与水泥石界面上实际已存在细小裂缝。随着荷载的增加，裂缝的长度、宽度和数量也不断增加，若荷载是继续的，随时间延长即发生破坏。

（3）影响混凝土强度的因素

影响混凝土强度的因素主要有：

1）水泥强度和水灰比

从普通混凝土受压破坏特点得知，混凝土强度主要决定于水泥石与粗骨料界面的黏结强度。水泥强度愈高，水泥石强度愈高，黏结力愈强，混凝土强度愈高。在水泥强度相同的情况下，混凝土强度则随水灰比的增大有规律地降低。但水灰比也不是愈小愈好，当水灰比过小时，水泥浆过于干稠，混凝土不易被振密实，反而导致混凝土强度降低。

2）龄期

混凝土在正常情况下，强度随着龄期的增加而增长，最初的 7～14 天内较快，以后增长逐渐缓慢，28 天后强度增长更慢，但可持续几十年。

3）养护温度和湿度

混凝土浇捣后，必须保持适当的温度和足够的湿度，使水泥充分水化，以保证混凝土强度的不断发展。一般规定，在自然养护时，对硅酸盐水泥、普通水泥、矿渣水泥配制的混凝土，浇水保湿养护日期不少于 7 天；火山灰水泥、粉煤灰水泥、掺有缓凝型外加剂或有抗渗性要求的混凝土，则不得少于14 天。

4）施工质量

施工质量是影响混凝土强度的基本因素。若发生计量不准，搅拌不均匀，运输方式不当造成离析，振捣不密实等现象时，均会降低混凝土强度。

（4）提高混凝土强度的措施

提高混凝土强度的措施有：采用高强度等级水泥、采用干硬性混凝土拌合物、采用湿热处理（蒸汽养护和蒸压养护）、改进施工工艺、加强搅拌和振捣（采用混凝土拌和用水磁化、混凝土裹石搅拌法等新技术）、加入外加剂（如加入减水剂和早强剂等）。

3. 普通混凝土的变形性质

混凝土在硬化后和使用过程中，受各种因素影响而产生变形，主要有化学收缩、干湿变形、温度变形和荷载作用下的变形等，这些都是使混凝土产生裂缝的重要原因，直接影响混凝土的强度和耐久性。

（1）化学收缩

混凝土在硬化过程中，水泥水化后的体积小于水化前的体积，致使混凝土产生收缩，这种收缩叫化学收缩。

（2）干湿变形

当混凝土在水中硬化时，会引起微小膨胀，当在干燥空气中硬化时，会引起干缩。干缩变形对混凝土危害较大，它可使混凝土表面开裂，使混凝土的耐久性严重降低。影响干湿变形的因素主要有：用水量、水灰比、水泥品种及细度、养护条件等。

（3）温度变形

温度差改变 1 度，每米胀缩约 0.01mm。温度变形对大体积混凝土极为不利。在混凝土硬化初期，放出较多的水化热，当混凝土较厚时，散热缓慢，致使内外温差较大，因而变形较大。

4. 普通混凝土的耐久性

抗渗性、抗冻性、抗侵蚀性、抗碳化性，以及防止碱—骨料反应等，统称为混凝土的耐久性。提高耐久性的主要措施：选用适当品种的水泥；严格控制水灰比并保证足够的水泥用量；选用质量好的砂、石，严格控制骨料中的泥及有害杂质的含量，采用级配好的骨料；适当掺用减水剂和引气剂；在混凝土施工中，应搅拌均匀，振捣密实，加强养护等，以增强混凝土的密实性。

（三）混凝土外加剂

在混凝土拌合物中，掺入能改善混凝土性质的材料，称为外加剂。外加剂的掺入量一般不大于水泥质量的 5％。混凝土外加剂按其功能可分为：改善混凝土拌合物和易性的外加剂；调节混凝土凝结时间和硬化性能的外加剂；改善混凝土耐久性的外加剂；提高混凝土特殊性能的外加剂。

六、防水材料

防水材料就是那些具有阻止雨水、地下水与其他水分渗透功能的建筑材料，是建筑工程材料中重要的功能性材料之一，包括防水卷材、防水涂料和建筑密封材料三大类。

（一）防水卷材

防水卷材的特点有：

（1）拉伸强度高、抵抗基层和结构物变形能力强、防水层不易开裂；

（2）防水层厚度可按防水工程质量要求控制；

（3）防水层较厚，使用年限长；

（4）便于大面积施工。

防水卷材根据形式的不同，可以分为无胎体卷材和以纸或织物等为胎体的卷材。常用的防水卷材有沥青防水卷材、聚合物改性沥青防水卷材、合成高分子防水卷材。

沥青防水卷材俗称油毡，常用的品种有石油沥青纸胎油毡、石油沥青玻璃布油毡、石油沥青玻纤胎油毡、石油沥青麻布胎油毡等。石油沥青纸胎油毡是用高软化点的石油沥青涂盖油毡的两面，再涂撒隔离材料制成的一种防水材料。按照原纸 1m² 的重量克数石油沥青纸胎油毡分为 200、350 和 500 三个标号。其中200 号油毡适用于简易防水、临时建筑防水、防潮及包装等；350 号和 500 号油毡适用于一般工程的屋面和地下防水。

聚合物改性沥青防水卷材常见的有 SBS 改性沥青防水卷材、APP 改性沥青防水卷材、PVC 改性沥青防水卷材、再生胶改性沥青防水卷材等。此类防水卷材一般单层铺设，也可复层使用，根据不同卷材可以采用热熔法、冷粘法、自粘法施工。

合成高分子防水卷材是以合成橡胶、合成树脂或其二者共混体为基料，加入适量的化学助剂和填充材料，经混炼、压延或挤出等工序加工而成的可卷曲的片状防水材料。常见的有再生胶防水卷材、三元乙丙橡胶防水卷材、三元丁橡胶防水卷材、聚氯乙烯防水卷材、氯化聚乙烯防水卷材、氯化聚乙烯—橡胶共混防水卷材等。一般单层铺设，可采用冷粘法或自粘法施工。

（二）防水涂料

防水涂料是一种流态或半流态物质，可用刷、喷等工艺涂布在基层表面，经溶剂或水分挥发或各组分间的化学反应，形成具有一定弹性和一定厚度的连续薄膜，使基层表面与水隔绝，起到防水、防潮作用，广泛适用于工业与民用建筑工程的屋面防水、地下室防水和地面防潮等。

按照成膜物质的主要成分，防水涂料可分为沥青基防水涂料、聚合物改性沥青防水涂料和合成高分子防水涂料等三类。

（三）建筑密封材料

建筑密封材料是具高气密性水密性而嵌入建筑接缝中的定形和不定形的材料。定形密封材料是具有一定形状和尺寸的密封材料，如密封条带、止水带等。不定形密封材料通常是黏稠状的材料，分为弹性密封材料和非弹性密封材料。

建筑密封材料按构成类型分为溶剂型、乳液型和反应型密封材料；按使用时的组分分为单组分密封材料和多组分密封材料；按组成材料分为改性沥青密封材料和合成高分子密封材料。

目前，常用的不定形密封材料有：沥青嵌缝油膏、聚氯乙烯接缝膏和塑料油膏、丙烯酸类密封膏、聚氨酯密封膏、聚硫密封膏和硅酮密封膏等。

沥青嵌缝油膏主要作为屋面、墙面、沟和槽的防水嵌缝材料。

聚氯乙烯接缝膏和塑料油膏适用于各种屋面嵌缝或表面涂布作为防水层，也可用于水渠、管道等接缝，工业厂房自防水屋面嵌缝，大型墙板嵌缝。

丙烯酸类密封膏通常为水乳型，主要用于屋面、墙面、门、窗嵌缝，不宜用于经常泡在水中的工程，不宜用于广场、道路、公路、桥面等有交通往来的接缝中，也不宜用于水池、污水厂、灌溉系统、堤坝等水下接缝中。

聚氨酯密封膏可以作为屋面、墙面的水平或垂直接缝，尤其适用于游泳池工程，还是公路及机场跑道的补缝、接缝的好材料，也可用于玻璃、金属材料的嵌缝。

硅酮建筑密封膏分为 F 类和 G 类两种类型。其中 F 类为建筑接缝用密封膏，适用于预制混凝土墙板、水泥板、大理石板的外墙接缝，混凝土和金属框架的黏结，卫生间和公路接缝的防水密封等；G类为镶装玻璃用密封膏，主要用于镶嵌玻璃和建筑门、窗的密封。

七、装饰材料

（一）建筑装饰材料的分类

随着科学技术的发展，建筑材料的品种也日益繁多。就目前常用的建筑装饰材料而言，通常有以下两种分类。

1. 按化学成分分类

（1）金属材料。包括黑色金属材料（如不锈钢）和有色金属材料（如铝、铜、银等）。

（2）非金属材料。包括无机非金属材料（如大理石、玻璃、建筑陶瓷等）和有机非金属材料（如木材、建筑塑料等）。

（3）复合材料。所谓复合材料，是指由两种或两种以上的材料组合成为一种具有新的性能的材料。包括非金属与非金属复合材料（如装饰混凝土、装饰砂浆等），金属与金属复合材料（如铝合金、铜合金等），金属与非金属复合材料（如涂料钢板等），无机与有机复合材料（如人造花岗石、人造大理石等），有机与有机复合材料如各种涂料。复合材料往往具有多种功能，是现代材料发展的方向。

2. 按建筑装饰的部位分类

建筑材料按其在建筑物不同的装饰部位，可以分为以下几类。

（1）外墙装饰材料。包括外墙、阳台、台阶、雨篷、挑檐、山墙顶部等建筑物全部外露的外部装饰所用的材料。

（2）内墙装饰材料。包括内墙墙面、墙裙、踢脚线、隔断、花架等全部内部构造装饰所用的材料。

（3）地面装饰材料。包括地面、楼面、楼梯等面层的全部装饰材料。

（4）吊顶装饰材料。主要指室内顶棚装饰材料。

（5）室内装饰用品及配套设备。包括卫生洁具、装饰灯具、家具、空调设备及厨房设备等。

（6）其他。街心、庭院小品及雕塑等。

（二）建筑装饰材料使用效果评价

建筑物的种类繁多，不同功能的建筑物，对装饰的要求不同，即使同一类建筑物，也因设计标准不同而导致对装饰要求的不同。通常建筑物的装修有高级装修、中级装修和普通装修之分。评价建筑装饰工程的好坏或建筑装饰材料使用的效果，首先就要明确建筑装饰是为了创造环境和改造环境，同时这种环境应做到自然环境和人造环境的高度统一和谐。装饰材料的色彩、光泽、质感、耐久性等性能的不同，将会在很大程度上影响到其使用效果。因此我们主要从以下几个方面来评价建筑装饰材料使用的效果。

1. 装饰效果

建筑装饰效果最突出的一点是材料的色彩，它是构成人造环境的重要内容。我国古建筑常利用材料的色彩来突出表现建筑物的美，因此人们很重视从我国古代建筑色彩处理的手法中吸取精华，以丰富当代的建筑艺术和形成新的民族建筑风格。评价装饰效果主要考察以下两点。

（1）建筑物外部色彩。主要看建筑物的色彩是否与建筑物的规模、环境及功能相适应。此外，还要看其是否与周围的道路、园林、小品以及其他建筑物风格和色彩相和谐。

（2）建筑物内部色彩。建筑物内部色彩对人的生理和心理均产生重要的影响。因此应观察色彩的选择是否与季节、建筑功能及人们从事不同活动时的需要相适应。

2. 耐久性

用于建筑装饰的材料，要求其既美观又耐久。通常建筑物外部装饰材料要经受日晒、雨淋、霜雪、冰冻、风化、介质的侵袭，而内部装饰材料要经受摩擦、潮湿、洗刷等的作用。因此评价一个建筑装修的好坏，还要看其装饰材料的耐久性能。

（1）力学性能。包括强度（抗压强度、抗拉强度、抗弯强度、冲击韧性等）、受力变形、黏结性、耐磨性以及可加工性等；

（2）物理性能。包括密度、表观密度、吸水性、耐水性、抗渗性、抗冻性、耐热性、绝热性、吸声性、隔声性、光泽度、光吸收性及光发射性等；

（3）化学性能。包括耐腐蚀性、耐大气侵蚀性、耐污染性、抗风化性及阻燃性等。

各种建筑材料均各具特性，良好的建筑装修就要根据使用部位及条件不同来适当选择建筑装饰材料，以保证建筑装饰工程的耐久性。目前，考虑耐久性时还应考虑到大气污染的问题，如由于城市空气中的二氧化硫遇水后对大理石中的方解石有腐蚀作用，故大理石不宜在室外使用。

3. 经济性

建筑装饰的评价，还要考虑装饰材料使用的经济性，即从经济角度考虑建筑装修所选用的材料是否合理。考虑建筑材料的经济性，要有一个总体的观念，既要考虑到装饰工程一次性投资的多少，也要考虑到日后的维护维修费用和材料的使用寿命。

4. 环保性

目前，由于装饰材料的大量使用，使得室内环境质量受到严重影响，因此，在评价时也应考虑装饰材料的环保性。

（三）建筑装饰材料的主要种类和用途

表 3-14 列举了建筑装饰材料的主要种类及其用途。

建筑装饰材料主要种类及其用途　　　　　　　表 3-14

材料类型	材料具体内容	主要用途
石　材	大理石、花岗石、人造大理石、人造花岗石、人造玛瑙、人造玉石	大型高档建筑内外饰面
建筑石膏	装饰石膏板、纸面石膏板、嵌装式装饰石膏板、艺术装饰石膏制品	建筑物室内装饰
建筑陶瓷	釉面砖、墙地砖、陶瓷锦砖（马赛克）、玻璃制品	建筑物内外贴面
水　泥	硅酸盐水泥、白色硅酸盐水泥、彩色硅酸盐水泥	配置混凝土、水泥浆等
混凝土	重混凝土、普通混凝土、轻混凝土、装饰混凝土	承重、防辐射、装饰等
砂　浆	砌筑砂浆、抹面砂浆、装饰砂浆（水刷石、干粘石、水磨石等）、特种砂浆	砌筑、饰面等
金属材料	建筑钢材、钢材	
建筑玻璃	平板玻璃、装饰玻璃（钢化/夹丝/夹层/压花/磨花/彩色/金属/水晶/镭射/热反射/吸热等玻璃）、中空玻璃/玻璃幕墙等	光控、温控、节能、降低噪声、装饰等
木　材	针叶树（松、杉、柏等）、阔叶树（水曲柳、榆木、柞木等）	制作门窗、内部装饰等
建筑涂料	外墙、内墙、地面涂料（清油/清漆/厚漆/调合漆/磁漆/乳胶漆/透明漆/等）	建筑表面防护、装饰
建筑织物	地毯（纯毛/化纤/混纺等）、墙面装饰织物等	室内装饰

（四）建筑物装饰标准及其所用的主要材料

建筑物的建筑装饰等级，一般分为甲、乙、丙三级。目前，常见的装饰等级分类如下：

1. 多层住宅甲级装修

（1）外墙：贴陶瓷锦砖或喷塑压花。

（2）内墙：厅、居室内墙面贴墙纸，厅顶棚为立体木吊顶贴墙纸。

（3）楼地面：厅、卧室铺柚木地板或铺地毯，带柚木或瓷砖踢脚线。

（4）门窗：防火、防盗，外门带防盗眼，加豪华型防盗门；室内为实心木门；厨、厕为双面夹板门；铝合金窗（厅为落地式）。

（5）厨房：防滑地砖或石材、高档墙面瓷砖到顶；装有三件进口卫生洁具，设大理石洗面台、梳妆镜、铝条纤维吊顶。

（6）电信：客厅设电话插口和公共电视天线插座。

（7）阳台：铺砌瓷砖，瓷砖墙裙到顶，设艺术方钢防盗栅。

（8）水电设置：分户设立独立电表及配套插座，客厅、卧室均装豪华灯饰，阳台、楼梯间装吸顶灯，室内管均为暗线，分户独立水表。

2. 高层住宅甲级装修

（1）外墙：优质石材、陶瓷锦砖或条形饰面砖。

（2）内墙：厅、卧室内墙面贴高级墙纸或涂高级乳胶漆，厅顶棚为立体木吊顶贴墙纸，卧室内带装饰线。

（3）楼地面：客厅、餐厅、卧室铺高级拼花实木地板，带装饰线和实木踢脚线。

（4）门窗：优质铝合金窗，实木实心门（其中分每个门的情况配高级门锁、广角镜眼及防盗扣，带豪华型防盗门）。

（5）厨房：防滑瓷砖或优质地砖，进口墙面瓷砖到顶，装配套高级不锈钢洗涤盆、调理台、橱柜、煤气炉、抽油烟机及换气风扇，设专用煤气管道。

（6）卫生间：防滑瓷砖或优质地砖，全套进口卫生洁具，进口墙面瓷砖到顶，设大理石洗面台、梳妆镜、铝龙骨高级吊顶。

（7）阳台：优质地砖铺面，优质瓷砖贴墙身，艺术金属防盗栏杆。

（8）通讯消防：底层入口设对讲传呼系统，配有闭路电视监视系统，设公用电视天线、IDD电话线路，主卧室、卫生间分别设电话插座。公共部分配备消防自动报警装置和自动喷淋系统。

（9）水电装置：客厅、卧室均装壁灯和配套插座，阳台、楼梯间装吸顶灯，室内管线均为暗线。

（10）电梯：每栋楼装设快速电梯2～3部，直达各层。

3. 别墅甲级装修

（1）外墙：石材或贴条形饰面砖，局部玻璃幕墙。

（2）内墙：客厅、卧室内墙及顶棚刷高级乳胶漆，客厅采用立体式吊顶，高级灯具。

（3）楼地面：客厅、卧室铺实木地板带踢脚线。

（4）门窗：高级铝合金窗，高级实心木门，配艺术拉手，高级防盗锁和豪华防盗门。

（5）厨房：大理石地面，墙身贴进口彩色瓷砖到顶，金属吊顶，设吊柜、不锈钢橱柜、煤气炉、抽油烟机、微波炉。

（6）卫生间：大理石地面，墙身贴进口彩色瓷砖到顶，明铝架玻璃棉天花吊顶，配全套进口彩色卫生设备（包括大理石洗面台、宽大梳妆镜和进口热水器等）。

（7）阳台：大理石地面，高级瓷砖墙裙。

（8）楼梯间：铺地毯，配彩色全玻不锈钢栏杆。

（9）电视共享天线：客厅、主卧室设插座。

（10）电话、空调：客厅、卧室装有电话和空调。

（11）其他：配全套家具，设停车库、大花园和游泳池、玻璃瓦屋檐。

复习思考题

1. 建筑工程有哪些分类方法？如何对建筑物进行分类？
2. 建筑施工图包括哪些图纸？各反映哪些内容？
3. 建筑设计的基本要求是什么？
4. 建筑设计需要考虑的因素有哪些？
5. 建筑等级有哪些划分标准？
6. 什么是地基和基础？有哪些类型的基础？
7. 墙体如何分类？
8. 楼地面有哪些构造层次？
9. 楼梯由哪几部分组成？电梯由哪几部分组成？
10. 屋顶包括哪几种类型？屋顶由哪几部分组成？
11. 什么是变形缝？变形缝有哪几种？各自作用是什么？
12. 建筑给水方式可以分为哪几种？
13. 按排放性质，建筑排水系统可以分为哪几类系统？
14. 污水的局部处理方式有哪些？
15. 常用的采暖方式有哪几种？采暖系统包括哪几种类型？
16. 建筑通风系统如何进行分类？建筑空调系统如何进行分类？
17. 建筑材料按使用功能各如何分类？
18. 建筑材料的物理性质、力学性质各包括什么？

19. 如何根据不同划分标准对钢材进行分类？

20. 木材如何分类？木材的物理力学性质特点是什么？

21. 水泥有哪些分类？有哪些特点？

22. 什么是石灰和石膏？在建筑工程中有何用途？

23. 砖和天然石材的种类有哪些？

24. 什么是混凝土？混凝土材料由哪几部分组成？混凝土划分标准是什么？

25. 防水材料包括哪几大分类？

26. 主要从哪几个方面评价建筑装饰材料使用的效果？

27. 建筑装饰材料主要有哪些种类？主要用途是什么？

第四章　工　程　造　价　知　识

　　工程造价是房地产项目中开发建设、装修改造预期支付、实际支付的成本或投资费用。工程造价的构成、工程量的计量、工程造价的计价等，不仅是房地产估价方法中开发建设成本或装修改造成本测算的重要内容，同时在房地产项目开发建设的投资估算、技术经济评价中也至关重要。要做好房地产估价的专业服务，应具备一定的工程造价知识。为此，本章介绍了工程项目的划分与工程造价的构成、工程造价的计量方法、工程造价的计价方法、建设项目不同阶段工程造价的计价等。

第一节　工程造价及其构成

一、工程造价概述

　　（一）工程造价的含义

　　工程造价有两种含义：一是指建设一项工程的预期开支或实际开支的全部固定资产投资费用，在这个意义上工程造价与建设项目投资的概念是一致的；二是指工程价格，即为建成一项工程，预期在土地市场、技术和设备市场、劳务市场以及工程承包市场等交易活动中所形成的建设安装工程价格或建设项目总价格，通常又称之为工程承发包价格。它们分别是从投资者和承包商的角度来定义的。

　　（二）工程造价的特点

　　1. 大额性。工程项目的造价一般都非常大，少则几百万元，多则数亿元。直接关系到各方面的经济利益，同时也会对宏观经济产生较大影响。

　　2. 个别性和差异性。任何一项工程都有特定的用途、功能和规模，因此对每项工程的结构、造型、空间分割、设备配置和内外装饰装修等都有具体的要求，所以工程内容和实物形态都具有个别性和差异性，由此也决定了工程造价的个别性差异。

　　3. 动态性。任何一项工程从决策到竣工交付使用都有一个较长的建设期间。在这期间，有很多因素的变化必然会影响到造价的变动，从而使工程造价呈现动态性。如工程会发生变更，设备或材料价格上涨、工资标准以及费率、利率、汇率变化等。

4. 层次性。工程造价的层次性取决于工程的层次性。与工程项目的划分相对应，工程造价也可分为多个层次，如建设工程总造价、单项工程造价、单位工程造价、分部分项工程造价。

5. 复杂性。工程造价的复杂性表现在两方面：一是造价构成因素的广泛性和内容庞大的复杂性；二是造价种类繁多，盈利构成也较为复杂，资金成本较大。

（三）工程造价的职能

工程造价的职能除了一般商品的价格职能以外，它还有一些特殊的职能。

1. 预测职能。由于工程造价的大额性和动态性，无论是投资者还是承包商都要对拟建工程进行预先测算。投资者预测工程造价不仅可用于项目决策，同时也是筹集资金和控制造价的依据；承包商对工程造价的预测，既可为投标决策提供参考，也可为成本管理提供依据。

2. 控制职能。在价格一定的条件下，企业实际成本开支决定企业的盈利水平，成本越高盈利越低。所以企业要以工程造价来控制成本，工程造价提供的信息资料可以作为控制成本的依据。

3. 评价职能。工程造价是评价投资合理性和投资效益的主要依据之一。在评价建筑工程、安装工程、装饰装修工程和设备价格合理性时，必须利用工程造价资料；在评价建设项目的偿贷能力、获利能力和经济效益时，也必须依据工程造价。同时工程造价也是评价建筑安装企业管理水平和经营成果的重要依据。

4. 调控职能。工程建设与经济发展密切相关，也直接关系到国家对重要资源的分配和资金流向，对国计民生有重要影响。对此国家对工程建设规模、结构进行宏观调控和管理时，政府通常用工程造价作为评价指标，从而对工程建设中的物质消耗水平、建设规模、投资方向等进行调控和管理。

二、工程项目的划分

（一）建设项目

建设项目是指在一个场地或几个场地上，按照一个总体设计进行施工、并受总概（预）算控制的各个工程项目的总和。建设项目可由一个或几个工程项目构成。建设项目在经济上实行独立核算，具有独立的组织形式，如一个工厂、一座煤矿、一所学校或一条铁路等。

（二）工程项目

工程项目也称单项工程，是建设项目的组成部分。它是指具有独立的设计文件和相应的综合概（预）算书，竣工后能独立发挥生产能力或使用效益的工程，如高等院校的综合教学楼、工厂中的某个生产车间等。

（三）单位工程

单位工程是工程项目的组成部分。它是指具有独立设计的施工图和相应的概（预）算书，能够单独施工，但竣工后不能独立形成生产能力或发挥使用效益的工程，如一栋住宅中的土建工程、安装工程、装饰装修工程等。

（四）分部工程

分部工程是单位工程的组成部分。它是按照单位工程的不同部位、不同施工方法或不同材料和设备种类，从单位工程中划分出来的中间产品，如土建工程可以划分为土石方工程、地基与基础工程、楼地面工程、砌体工程等分部工程。

（五）分项工程

分项工程是分部工程的组成部分。它是指通过简单施工过程就能生产出来并可利用某种计量单位计算的最基本的中间产品，它是按照不同施工方法或材料规格，从分部工程中进一步细分出来的，如有支护土方工程可分为排桩、降水、排水、地下连续墙、锚杆、土钉墙、水泥土桩、沉井与沉箱、钢及混凝土支撑等分项工程。

三、工程造价的构成

建设项目投资是指在工程项目建设阶段所需要的全部费用的总和。生产性建设项目总投资包括建设投资、建设期利息和流动资金三部分；非生产性建设项目总投资包括建设投资和建设期利息两部分。其中，建设投资和建设期利息之和对应于固定资产投资，与建设项目工程造价在量上相等。根据国家发展改革委和建设部发布的《建设项目经济评价方法与参数（第三版）》（发改投资〔2006〕1325号）的规定，建设投资包括工程费用、工程建设其他费用和预备费三部分。工程费用是指直接构成固定资产实体的各种费用，可以分为设备及工、器具购置费和建筑安装工程费；工程建设其他费用是指根据国家有关规定应在投资中支付，并列入建设项目总造价或单项工程造价的费用；预备费是为了保证工程项目的顺利实施，避免在难以预料的情况下造成投资不足而预先安排的一笔费用。

（一）设备及工、器具购置费用的构成

设备及工、器具购置费用是由设备购置费和工具、器具及生产家具购置费组成。

1. 设备购置费

设备购置费是指为建设项目购置或自制的达到固定资产标准的各种国产或进口设备、工具、器具的购置费用，由设备原价和设备运杂费构成。设备原价指国产或进口设备的原价；设备运杂费指设备原价之外的关于设备采购、运输、途中包装以及仓库保管等方面的支出费用的总和。

（1）国产设备原价的构成

国产设备原价一般是指设备制造厂的交货价或订货合同价，一般根据生产厂或供应商的询价、报价、合同价确定，或采用一定的方法计算确定。国产设备原价分为国产标准设备原价和国产非标准设备原价。

国产标准设备是指按照主管部门颁布的标准图纸和技术要求，由我国设备生产厂批量生产的，符合国家质量检测标准的设备。国产标准设备原价有两种，即带有备件的原价和不带备件的原价。在计算时，一般采用带有备件的原价。国产标准设备一般有完善的设备交易市场，因此可通过查询相关交易市场价格或向设备生产厂家询价得到国产标准设备原价。

国产非标准设备是指国家尚无定型标准，各设备生产厂不可能在工艺过程中采用批量生产，只能按订货要求并根据具体的设计图纸制造的设备。非标准设备由于单件生产、无定型标准，所以无法获取市场交易价格，只能按其成本构成或相关技术参数估算其价格。按照成本计算估价法，非标准设备原价包括材料费、加工费、辅助材料费、专用工具费、废品损失费、外购配套件费、包装费、利润、税金以及非标设备设计费。

（2）进口设备原价的构成

进口设备原价是指进口设备的抵岸价，通常是由进口设备到岸价（CIF）和进口从属费构成。进口设备到岸价，即抵达买方边境港口或车站的价格，由离岸价格（FOB）加国际运费、运输保险费构成。进口设备从属费用包括银行财务费、外贸手续费、进口关税、消费税、进口环节增值税等，进口车辆还需缴纳车辆购置税。

（3）设备运杂费的构成

设备运杂费通常由运费、装卸费、包装费、设备供销部门的手续费、采购与仓库保管费等构成，通常按设备原价乘以设备运杂费率计算，设备运杂费率按各部门及省、市有关规定计取。计算公式为：

$$设备运杂费＝设备原价×设备运杂费率$$

2. 工具、器具及生产家具购置费

工具、器具及生产家具购置费，是指新建或扩建项目初步设计规定的，保证初期正常生产必须购置的没有达到固定资产标准的设备、仪器、工卡模具、器具、生产家具和备品备件等的购置费。该项费用一般以设备购置费为计算基数，按照部门或行业规定的费率计算。计算公式为：

$$工具、器具及生产家具购置费＝设备购置费×定额费率$$

（二）建筑安装工程费用的构成

根据住房和城乡建设部、财政部《关于印发〈建筑安装工程费用项目组成〉的通知》（建标〔2013〕44号），我国现行建筑安装工程费按照费用构成要素划分与按照工程造价形成划分由不同项目构成。

1. 按照费用构成要素划分

建筑安装工程费按照费用构成要素划分由人工费、材料（包含工程设备）费、施工机具使用费、企业管理费、利润、规费和税金组成，其中人工费、材料费、施工机具使用费、企业管理费和利润包含在分部分项工程费、措施项目费、其他项目费中。

（1）人工费

人工费是指按工资总额构成规定，支付给从事建筑安装工程施工的生产工人和附属生产单位工人的各项费用，包括计时工资或计件工资、奖金、津贴补贴、加班加点工资以及特殊情况下支付的工资等。

（2）材料费

材料费是指施工过程中耗费的原材料、辅助材料、构配件、零件、半成品或成品、工程设备的费用，包括材料原价、运杂费、运输损耗费、采购及保管费。其中工程设备是指构成或计划构成永久工程一部分的机电设备、金属结构设备、仪器装置及其他类似的设备和装置。

（3）施工机具使用费

施工机具使用费是指施工作业所发生的施工机械、仪器仪表使用费或其租赁费。其中：

1）施工机械使用费：以施工机械台班耗用量乘以施工机械台班单价表示，施工机械台班单价应由折旧费、大修理费、经常修理费、安拆费及场外运费、人工费、燃料动力以及税费等七项费用组成。

2）仪器仪表使用费：工程施工所需使用的仪器仪表的摊销及维修费用。

（4）企业管理费

企业管理费是指建筑安装企业组织施工生产和经营管理所需的费用，包括管理人员工资、办公费、差旅交通费、固定资产使用费、工具用具使用费、劳动保险和职工福利费、劳动保护费、检验试验费、工会经费、职工教育经费、财产保险费、财务费、税金（房产税、车船使用税、土地使用税、印花税等）、其他（技术转让费、技术开发费、投标费、业务招待费、绿化费、广告费、公证费、法律顾问费、审计费、咨询费等）。

（5）利润

利润是指施工企业完成所承包工程获得的盈利。

（6）规费

规费是指按国家法律、法规规定，由省级政府和省级有关权力部门规定必须缴纳或计取的费用，包括社会保险费（养老保险费、失业保险费、医疗保险费、生育保险费以及工伤保险费等）、住房公积金、工程排污费以及其他应列而未列入的规费。

（7）税金

税金是指国家税法规定的应计入建筑安装工程造价内的增值税、城市维护建设税、教育费附加以及地方教育附加等。

2. 按照工程造价形成划分

建筑安装工程费按照工程造价形成由分部分项工程费、措施项目费、其他项目费、规费、税金组成，分部分项工程费、措施项目费、其他项目费包含人工费、材料费、施工机具使用费、企业管理费和利润。

（1）分部分项工程费

分部分项工程费是指各专业工程的分部分项工程应予列支的各项费用。根据现行国家或行业计量规范，在房地产开发项目中，专业工程包括房屋建筑与装饰工程、仿古建筑工程、安装工程、市政工程、园林绿化工程、构筑物工程、爆破工程等各类工程。分部分项工程是对各专业工程划分的项目，如房屋建筑与装饰工程划分的土石方工程、地基处理与桩基工程、砌筑工程、钢筋及钢筋混凝土工程等。

（2）措施项目费

措施项目费是指为完成建设工程施工，发生于该工程施工前和施工过程中的技术、生活、安全、环境保护等方面的费用，包括安全文明施工费、夜间施工增加费、二次搬运费、冬雨季施工增加费、已完工程及设备保护费、工程定位复测费、特殊地区施工增加费、大型机械设备进出场及安拆费以及脚手架工程费等。

（3）其他项目费

1）暂列金额：是指建设单位在工程量清单中暂定并包括在工程合同价款中的一笔款项。用于施工合同签订时尚未确定或者不可预见的所需材料、工程设备、服务的采购，施工中可能发生的工程变更、合同约定调整因素出现时的工程价款调整以及发生的索赔、现场签证确认等的费用。

2）计日工：是指在施工过程中，施工企业完成建设单位提出的施工图纸以外的零星项目或工作所需的费用。

3）总承包服务费：是指总承包人为配合、协调建设单位进行的专业工程发包，对建设单位自行采购的材料、工程设备等进行保管以及施工现场管理、竣工资料汇总整理等服务所需的费用。

（4）规费

定义与按照费用构成要素划分建筑安装工程费的规费相同。

（5）税金

定义与按照费用构成要素划分建筑安装工程费的税金相同。

（三）工程建设其他费用的构成

工程建设其他费用是指应在建设项目的建设投资中开支的，为保证工程建设顺利完成和交付使用后能够正常发挥效用而发生的固定资产其他费用、无形资产费用和其他资产费用。

固定资产其他费用是固定资产费用的一部分，主要包括建设管理费、建设用地费、可行性研究费、研究试验费、勘察设计费、环境影响评价费、劳动安全卫生评价费、场地准备及临时设施费、引进技术和引进设备其他费、工程保险费、联合试运转费、特殊设备安全监督检验费和市政公用设施费。

无形资产费用是指直接形成无形资产的建设投资，主要是指专利及专有技术使用费。

其他资产费用是指建设投资中除形成固定资产和无形资产以外的部分，主要包括生产准备及开办费等。生产准备及开办费是指建设项目为保证正常生产（或营业、使用）而发生的人员培训费、提前进厂费以及投产使用必备的生产办公、生活家具用具及工器具等购置费用。

工程建设其他费用的计算应结合拟建建设项目的具体情况，有合同或协议明确的费用按合同或协议列入。无合同或协议明确的费用，根据国家、各行业部门、工程所在地地方政府的有关工程建设其他费用定额（规定）和计算办法估算。

（四）预备费

按我国现行规定，预备费包括基本预备费和价差预备费两部分。

基本预备费是指针对在项目实施过程中可能发生难以预料的支出，需要事先预留的费用，又称工程建设不可预见费用。主要是指设计变更及施工过程中可能增加工程量的费用。基本预备费按工程费用和工程建设其他费用两者之和为计费基础，乘以基本预备费费率进行计算。计算公式为：

基本预备费＝（工程费用＋工程建设其他费用）×基本预备费费率

价差预备费是指建设项目在建设期间内由于材料、人工、设备等价格可能发生变化引起工程造价变化，而事先预留的费用，亦称为价格变动不可预见费。价差预备费的测算方法，一般根据国家规定的投资综合价格指数，按估算年份价格水平的投资额为基数，采用复利方法计算。计算公式为：

$$价差预备费 = PF = \sum_{t=1}^{n} I_t \left[(1+f)^m (1+f)^{0.5} (1+f)^{t-1} - 1 \right]$$

式中　I_t——建设期第 t 年的计划投资额，包括工程费用、工程建设其他费用及基本预备费；

　　　n——建设期；

　　　f——年均价格上涨率；

　　　m——建设前期年限（从编制估算到开工建设，单位：年）。

【例】　某建设项目建安工程费 5 000 万元，设备购置费 3 000 万元，工程建设其他费用 2 000 万元，已知基本预备费率 5%，项目建设前期年限为 1 年，建设期为 3 年，各年投资计划额为：第一年完成投资 20%，第二年 60%，第三年 20%。年均投资价格上涨率为 6%，求建设项目建设期间价差预备费。

【解】　基本预备费＝（5 000＋3 000＋2 000）×5%＝500 万元

静态投资＝5 000＋3 000＋2 000＋500＝10 500 万元

建设期第一年完成投资＝10 500×20%＝2 100 万元

第一年价差预备费为：$PF_1 = 2\ 100 [(1+6\%)^{1.5} - 1] = 191.8$ 万元

第二年完成投资＝10 500×60%＝6 300 万元

第二年价差预备费为：$PF_2 = 6\ 300 [(1+6\%)^{2.5} - 1] = 987.9$ 万元

第三年完成投资＝10 500×20%＝2 100 万元

第三年价差预备费为：$PF_3 = 2\ 100 [(1+6\%)^{3.5} - 1] = 475.1$ 万元

所以，建设期的价差预备费为：

$$PF = 191.8 + 987.9 + 475.1 = 1\ 654.8 \text{ 万元}$$

（五）建设期利息

建设期利息是指项目借款在建设期内发生的固定资产的利息，包括向国内银行和其他非银行金融机构贷款、出口信贷、外国政府贷款、国际商业银行贷款，以及在境内外发行债券等在建设期内所产生的应偿还贷款利息。建设期内利息按照复利计算。为了简化计算，在编制投资估算时通常假定借款均在每年年中支付，借款第 1 年按半年计息，其余各年按全年计息。计算公式为：

各年应计利息＝（年初借款本息累计＋本年借款额/2）×年利率

第二节   工程量计量

一、工程量的概念

工程量是指以物理计量单位或自然计量单位所表示的建筑工程各个分项工程和结构构件的实物数量。这里所说的物理计量单位是指以度量表示的长度、面积、体积和重量的单位，如米、平方米、立方米、吨等。自然计量单位是指以建筑成品表现在自然状态下的简单点数所表示的个、块、樘、条等单位。

二、工程量计算的作用

工程量计算是施工图预算编制的主要内容和工程估价的重要依据。准确计算工程量，并选套相应的预算单价，才能正确地计算出工程直接费或工程量清单，从而合理确定工程造价。同时，根据工程量指标和工程定额，可以掌握工程所需的各种消耗。因此，工程量计算是施工企业投标报价、安排工程作业计划、组织劳动力和物资供应、进行经济核算等必不可少的基础资料；也是建设单位筹集建设资金、安排工程价款拨付和结算、进行财务管理和核算的重要依据。

三、工程量计算的依据

（1）施工图纸及设计说明书、相关图集、设计变更资料、图纸答疑、会审记录等；

（2）经审定的施工组织设计或施工方案；

（3）工程施工合同、招标文件的商务条款；

（4）工程量计算规则。

四、工程量计算的顺序

计算工程量应该按照一定顺序进行，这样既可节省看图时间以加快进度，又可避免工程量的漏算或重复计算。

（一）单位工程计算顺序

1. 按施工顺序计算法

这是按照工程施工的先后顺序来计算工程量的方法。如一般民用建筑，按照土石方、基础、墙体、脚手架、地面、楼面、屋面、门窗、外抹灰、内抹灰、刷浆、油漆、玻璃等顺序进行计算。

2. 按"基础定额"和"计价规范"顺序计算法

这种方法是按照"基础定额"和"计价规范"中的分章或分部分项工程顺序来计算工程量。

（二）分部分项工程计算顺序

1. 按顺时针方向计算法

这种方法首先是从平面图的左上角开始，从左至右，然后再从上到下，最后转回到左上角为止，按顺时针方向依次计算工程量。

2. 按"先横后竖、先上后下、先左后右"计算法

这种方法是从平面图的左上角开始，按"先横后竖、先上后下、先左后右"的顺序计算工程量。

房地产估价师在实务操作中，根据实际需要可查阅国家有关工程量计算规则等规定。

3. 按图纸分项编号顺序计算法

这种方法是按照图纸上作注结构构件、配件的编号顺序计算工程量。

第三节　工程造价的计价与控制

工程造价的计价与控制是以建设项目、单项工程、单位工程为对象，研究其在建设前期、工程实施和工程竣工全过程中计算和控制工程造价的理论、方法，以及工程造价运动规律的学科。计算和控制工程造价是工程项目建设中一项重要的技术与经济活动，是工程管理工作中一个独特和相对独立的领域。工程造价的计价与控制是工程造价管理两个并行、各有侧重而又相互联系和相互重叠的工作过程。工程造价的计价主要是指计算和确定工程造价和投资费用；工程造价控制是按照既定的造价目标，对造价形成过程的一切费用（受控系统）进行严格的计算、调节和监督，揭示偏差，及时纠正，保证造价目标的实现。

一、工程造价计价的基本原理和方法

（一）工程造价计价的基本原理

工程造价计价也叫工程估价，是对投资项目造价（或价格）的计算。其形成过程与机制由于工程项目自身的技术经济特点如单件性、体积庞大、建设周期长、价值量大以及先交易、后生产等影响，而与一般商品有所不同。

工程项目是单件性与多样性组成的集合体，其主要特点就是按工程分解结构进行。任何一个工程项目都可以分解为一个或几个单项工程；任何一个单项工程又是由一个或几个单位工程组成的；而单位工程可以进一步细分为一个或几个分部工程。分部工程还可以进一步细分为更简单细小的部分，即分项工程。也就是要划分到构成工程项目的最基本构成要素。在此基础上，利用适当的计量单位，采用一定的估价方法，将各分项工程造价汇总就能得到工程的全部造价。由此可见，工程造价的计价过程就是将建设项目进行分解和逐步组合的过程。

从工程费用计算角度，工程计价的顺序一般为：分部分项工程单价——单位工程总价——工程项目总价——建设项目总造价。影响工程造价的主要因素有两个，即基本构造要素的单位价格和基本构造要素的实物工程数量，可用下列基本计算式表示：

$$工程计价 = \sum_{i=1}^{n} 工程实物量_i \times 单位价格_i$$

由此可见，基本子项的实物工程量越大、单位价格越高，则工程造价也越大。在进行工程计价时，实物工程量的计量单位是由单位价格的计量单位决定的。单位价格的计量单位的对象越大，得到的工程估算越粗略，反之，工程估算就较为准确。

（二）工程造价计价的方法

工程造价计价分为定额计价和工程量清单计价两种方法，它们产生与发展于我国不同的定价阶段。

1. 工程建设定额计价法

（1）工程建设定额的概念

工程建设定额，是指在工程建设中单位质量合格的产品上人工、材料、机械、资金消耗的规定额度。它反映的是在一定的社会生产力发展水平条件下，完成工程建设中的某项产品与各种生产消费之间特定的数量关系，体现在正常施工条件下人工、材料、机械等消耗的社会平均水平。工程建设定额是根据国家一定时期的管理体制和管理制度，根据不同定额的用途和适用范围，由指定的机构按照一定的程序制定，并按照规定的程序审批和办法执行的。

（2）工程建设定额的分类

1）按定额反映的生产要素消耗内容划分

按定额反映的生产要素消耗内容不同，可以把工程建设定额划分为劳动消耗定额、机械消耗定额和材料消耗定额三种。

劳动消耗定额是指完成一定数量的合格产品规定的劳动消耗的数量标准。

劳动定额的主要表现形式是时间定额，即完成一定的合格产品规定的劳动消耗时间数量标准。除此之外，劳动定额的另一表现形式是产量定额，也就是在单位时间内完成合格产品的数量。时间定额和产量定额互为倒数关系。

机械消耗定额是指完成一定数量的合格产品规定的施工机械消耗的数量标准，其主要表现形式是机械时间定额，同时也可以产量定额表现。

材料消耗定额是指完成一定数量的合格产品规定消耗的原材料、成品、半成品、构配件数量标准。

2）按定额编制的程序和用途划分

按定额的编制程序和用途不同，常见的工程建设定额为预算定额、概算定额、概算指标和投资估算指标等。

预算定额是指在编制施工图预算阶段，以工程中的分项工程或结构构件为对象编制，用来计算工程造价和计算工程中的劳动、机械台班、材料需要量的定额。预算定额是一种计价性定额。预算定额是调整工程预算和工程造价的基础，同时也是编制施工组织设计、施工技术财务计划的参考。

概算定额是指以扩大分项工程或扩大结构构件作为对象编制的，计算和确定该工程项目的劳动、机械台班、材料消耗量所使用的定额，也是一种计价性定额。概算定额是在预算定额的基础上综合扩大而成的，每一概算定额中综合分项都包含数个预算定额细目。概算定额是编制扩大初步设计概算、确定建设项目投资额的依据。

概算指标是概算定额的扩大与合并，是以整个建筑物和构筑物为对象，以更为扩大的计量单位编制的，包括劳动定额、机械台班定额、材料定额三个基本部分，同时列出了各结构分部的工程量及单位建筑工程的造价，是一种计价定额。

投资估算指标是在项目建议书和可行性研究阶段编制投资估算、计算投资需要量时使用的一种定额。

3）按照工程的费用划分

按照工程费用的不同，可以把工程建设定额划分为建筑工程定额、设备安装工程定额、建筑安装工程费用定额、工器具定额以及工程建设其他费用定额。

建筑工程定额是建筑工程的预算定额、概算定额和概算指标等的统称。一般将建筑工程理解为房屋和构筑物，具体包括一般土建工程、特殊构筑物工程。从广义上还包括道路、桥梁、铁路、隧道、运河、堤坝、港口、电站、机场等工程。

设备安装工程定额是安装工程的预算定额、概算定额和概算指标等的统称。如电气工程（动力、照明、弱电）、卫生技术（水、暖、通风）工程、工业管道工程。

建筑安装工程费用定额包括三个部分，分别为其他直接费定额、现场经费定额以及间接费定额。其他直接费定额是指预算定额细目内容以外，与建筑安装工程直接有关的各项费用开支标准，也是编制施工图预算和概算的依据。现场经费定额是指与现场施工直接有关，是施工准备、施工组织和管理所需的费用定额。间接费定额是指为企业生产全部产品所必需，为维持整个企业的生产经营活动所必需的各项费用开支标准，与个别产品的建筑安装施工无关。

工器具定额是为新建或扩建项目投产、运转首次配置的工具、器具数量标准。

工程建设其他费用定额是指独立于建筑安装工程、设备和工器具购置之外的其他费用开支的标准。

4）按照专业性质划分

按照专业性质不同，工程建设定额可以划分为全国通用定额、行业通用定额和专业专用定额三种。

5）按照主编单位和管理权限划分

按照主编单位和管理权限不同，工程建设定额可以划分为全国统一定额、行业统一定额、地区统一定额、企业定额、补充定额五种。

（3）工程建设定额计价的基本方法与程序

工程建设定额计价法是我国工程造价计价中比较传统的方法，它依据建设行政主管部门颁发的各种工程预算定额来计算工程造价。因此，定额计价是建立在以政府定价为主导的计划经济管理基础上的价格管理模式，它所体现的是政府对工程价格的直接管理和调控。

工程建设定额计价的基本程序可以描述为：按预算定额规定的分部分项子目，逐项计算工程量，套用预算定额单价（或单位估价表）确定直接费，然后按规定的取费标准确定其他直接费、现场经费、间接费、计划利润和税金，加上材料调差系数和适当的不可预见费，经汇总后即为工程预算或标底。其基本特征是"价格＝定额＋费用＋文件规定"，不论是工程招标编制标底还是投标报价都以此作为唯一依据，承发包双方使用相同的定额和费用标准分别确定投标报价和标底价。

2. 工程量清单计价法

（1）工程量清单的概念

工程量清单是建设工程实行工程量清单计价的专用名词。表示的是拟建工程的分部分项工程项目、措施项目、其他项目、规费项目和税金项目的名称和相应数量等的明细清单。

工程量清单应由具有编制能力的招标人或受其委托，具有相应资质的工程造价咨询人编制。

根据国家标准《建设工程工程量清单计价规范》GB 50500—2013 规定，全部使用国有资金投资或国有资金投资为主（简称"国有资金投资"）的工程建设项目，必须采用工程量清单计价。非国有资金投资的工程建设项目，也可采用工程量清单计价。

采用工程量清单方式招标时，工程量清单必须作为招标文件的组成部分，其准确性和完整性由招标人负责。由此可见，工程量清单是一份由招标人提供的文件，编制人是招标人或其委托的工程造价咨询单位。其次，从性质上说，工程量清单是招标文件的组成部分，一经中标且签订合同，即成为合同的组成部分。因此，无论招标人还是投标人都应该慎重对待。再次，工程量清单的描述对象是拟建工程，其内容涉及清单项目的性质、数量等，并以表格为主要表现形式。

工程量清单是工程量清单计价的基础，应作为编制招标控制价、投标报价、计算工程量、支付工程款、调整合同价款、办理竣工结算以及工程索赔等的依据之一。

（2）工程量清单的内容

工程量清单由分部分项工程量清单、措施项目清单、其他项目清单、规费项目清单、税金项目清单组成，主要包括工程量清单说明和工程量清单表两部分。

工程量清单说明主要是招标人解释拟招标工程的工程量清单的编制依据以及重要作用，明确清单中的工程量是招标人估算得出的，仅仅作为投标报价的基础。

工程量清单表作为清单项目和工程数量的载体，是工程量清单的重要组成部分。合理的清单项目设置和准确的工程数量，是清单计价的前提和基础。对于招标人来讲，工程量清单是进行投资控制的前提和基础，工程量清单表编制的质量直接关系和影响到工程建设的最终结果。

（3）工程量清单计价的基本方法与程序

工程量清单计价是改革和完善工程价格管理体制的一个重要组成部分。工程量清单计价方法相对于传统的定额计价方法是一种新的计价模式，是由建设产品的买方和卖方在建设市场上根据供求状况、信息状况进行自由竞价，从而最终能够签订工程合同价格的方法。

工程量清单计价的基本过程可以描述为：在统一的工程量计算规则的基础上，根据具体工程的施工图纸计算出各个清单项目的工程量，再根据所获得的工程造价信息和经验数据计算得到工程造价。其中"招标控制价"是由招标人根据有关计价规定计算的工程造价，其作用是招标人用于对招标工程发包的最高限价。而"投标价"是由投标人按照招标文件的要求，根据工程特点，并结合自身的施工技术、装备和管理水平，依据有关计价规定自主确定的工程造价，是投标人希望达成工程承包交易的期望价格，它不能高于招标人设定的招标控制价。

工程量清单计价编制过程可以分为两个阶段：一是招标者或其委托的具有相应资质的工程造价咨询人进行工程量清单的编制；二是投标企业利用工程量清单来编制投标价。如果得以中标，则交易双方形成的"合同价"就是投标人的中标价。但合同价不是最后的"竣工结算价"，后者是在承包人完成施工合同约定的全部工程内容，发包人依法组织竣工验收合格后，由发、承包双方按照合同约定的工程造价条款，即合同价、合同价款调整以及索赔和现场签证等事项确定的最终工程造价。

具体算法如下：

1）分部分项工程费

$$分部分项工程费＝\sum（分部分项工程量×综合单价）$$

式中：综合单价包括人工费、材料费、施工机具使用费、企业管理费和利润以及一定范围的风险费用。

2）措施项目费

①国家计量规范规定应予计量的措施项目，其计算公式为：

$$措施项目费＝\sum（措施项目工程量×综合单价）$$

②国家计量规范规定不宜计量的措施项目，计算方法如下：

安全文明施工费＝计算基数×安全文明施工费费率（％）

夜间施工增加费＝计算基数×夜间施工增加费费率（％）

二次搬运费＝计算基数×二次搬运费费率（％）

冬雨季施工增加费＝计算基数×冬雨季施工增加费费率（％）

已完工程及设备保护费＝计算基数×已完工程及设备保护费费率（％）

式中：安全文明施工费计算基数应为定额基价（定额分部分项工程费＋定额中可以计量的措施项目费）、定额人工费或（定额人工费＋定额机械费），夜间施工增加费、二次搬运费、冬雨季施工增加费、已完工程及设备保护费其计费基数应为定额人工费或（定额人工费＋定额机械费），各项费率由工程造价管理机构根据各专业工程特点和调查资料综合分析后确定。

3）其他项目费

$$其他项目费＝暂列金额＋暂估价＋计日工＋总承包服务费$$

①暂列金额由建设单位根据工程特点，按有关计价规定估算，施工过程中由

建设单位掌握使用、扣除合同价款调整后如有余额，归建设单位。

②计日工由建设单位和施工企业按施工过程中的签证计价。

③总承包服务费由建设单位在招标控制价中根据总包服务范围和有关计价规定编制，施工企业投标时自主报价，施工过程中按签约合同价执行。

4）规费

$$规费＝社会保障费＋住房公积金＋工程排污费$$

如果含有未包括的规费项目，在编制规费项目清单时应根据省级政府或省级有关权力部门的规定列项。

5）税金

$$税金＝增值税＋城市建设维护税＋教育费附加＋地方教育费附加$$

如果国家税法发生变化，税务部门依据职权增加了税种，则应对税金项目进行补充。

6）单位工程报价

$$单位工程报价＝分部分项工程费＋措施项目费＋其他项目费＋规费＋税金$$

7）单项工程报价＝∑单位工程报价

8）建设项目总报价＝∑单项工程报价

（三）定额计价方式与工程量清单计价方式的差别

定额计价方式（以下简称前者）与工程量清单计价方式（以下简称后者）的差别主要有以下几点。

（1）体现我国建设市场发展过程的不同定价阶段。前者的价格形成介于国家定价和国家指导价之间，工程价格或直接由国家决定，或是由国家给出一定的指导性标准，承包商可以在该标准的允许幅度内实现有效竞争。后者则反映了市场定价阶段，工程价格是在国家有关部门间接调控和监督下，由工程承包发包双方根据工程市场中建筑产品供求关系变化自主确定工程价格。

（2）主要计价依据及其性质不同。前者的主要计价依据为国家、省、有关专业部门制定的各种定额，其性质为指导性，定额的项目划分一般按施工工序分项，每个分项工程项目所含的工程内容一般是单一的。后者的主要计价依据为"清单计价规范"，其性质是含有强制性条文的国家标准，清单的项目划分一般是按"综合实体"进行分项的，每个分项工程一般包含多项工程内容。

（3）编制工程量的主体不同。前者工程量由招标人和投标人分别按图计算，而后者由招标人统一计算或委托有关工程造价咨询资质单位统一计算。

（4）单价与报价的组成不同。前者以直接费单价为基础，分为人工费、材料费、施工机具使用费单价，属于不完全单价；而后者采用综合单价形式，包括人工费、材料费、施工机具使用费、企业管理费、利润，并考虑风险因素，属于完全单价。工程量清单计价法的报价除包括定额计价法的报价外，还包括预留金、材料购置费和零星工作项目费等。

（5）适用阶段不同。前者主要用于在项目建设前期各阶段对于建设投资的预测和估计，在工程建设交易阶段只能作为建设产品价格形成的辅助依据。后者主要适用于合同价格形成以及后续的合同价格管理阶段。

（6）合同价格的调整方式不同。前者形成的合同价格其主要调整方式有变更签证、定额解释、政策性调整，而后者在一般情况下单价是相对固定的，减少了在合同实施过程中的调整活口。

（7）是否区分施工实体性损耗和施工措施性损耗不同。前者未区分施工实体性损耗和施工措施性损耗，而后者把施工措施与工程实体项目进行分离。工程量清单计价规范的工程量计算的编制原则一般是以工程实体的净尺寸计算，也没有包含工程量合理损耗，这一特点是定额计价的工程量计算规则与工程量清单计价规范的工程量计算规则的本质区别。

二、工程造价控制的基本原理和方法

（一）工程造价控制的基本原理

工程造价控制是全过程动态控制。首先，工程造价控制是全过程控制，即从建设项目可行性研究阶段工程造价的预测开始，到工程实际造价的确定和经济评价为止整个建设期间的工程造价控制管理。在整个工程造价全过程控制中，要以设计阶段为重点，在优化建设方案、设计方案的基础上，在建设程序的各个阶段，采用一定的方法和措施把工程造价的发生控制在合理的范围和核定的造价限额内，具体地说，要用投资估算价控制设计方案的选择和初步设计概算造价；用概算造价控制技术设计和修正概算造价；用概算造价或修正概算造价控制施工图设计和预算造价。其次，工程造价控制是动态控制，一是工程造价受到建设周期影响，许多影响工程造价因素都是经常发生变化的，使得工程造价在较长的建设期内处于动态的变化之中，只有到工程竣工才能最终确定工程的实际造价；二是在工程建设过程中，项目造价控制围绕三大目标，即投资控制、质量控制和进度控制，这些目标是动态的，并且贯穿于项目实施的始终。

（二）工程造价控制的主要方法

在工程建设各个阶段工程造价控制的主要方法如下：

（1）可行性研究。可行性研究是运用科学方法或手段综合论证一个工程项目技术上是否可行、经济上是否合理，结合环境效益、经济效益和社会效益评价以及项目抵抗风险的结论，为投资决策提供依据的方法。

（2）限额设计。所谓限额设计就是要按照批准的设计任务书及投资估算控制初步设计，按照批准的设计总概算控制施工图设计。将上阶段审定的投资额和工程量先分解到各专业，然后再分解到各单位工程和分部工程。各专业在保证使用功能的前提下，按分配的投资限额控制设计，严格控制技术设计和施工图设计的不合理变更，以保证总投资额不被突破。

（3）价值工程。价值工程是通过对研究对象的功能与费用的系统分析，以提高价值为目标，以功能分析为核心，以创新为支柱的技术分析与经济分析相结合，有效控制工程成本与功能协调的方法。在价值工程中，价值的定义为：

$$价值 = \frac{功能}{费用}$$

因此，提高价值的方法有：①功能提高，费用不变；②功能不变，费用降低；③功能提高，费用下降；④功能提高大于费用提高；⑤功能下降小于费用下降。

（4）招标投标。采用工程招标投标方式选择承包商，引入竞争机制，不仅有利于确保工程质量和缩短工期，更有利于降低工程造价，是造价控制的重要手段之一。

（5）合同管理。合同管理在现代建设工程中具有特殊的地位，是合同双方在整个工程建设过程中进行各种经济活动，明确各方权利义务的依据。合同管理是工程项目管理的核心。

三、建设项目各个阶段工程造价的计价

（一）建设项目决策阶段工程造价的计价

1. 建设项目决策

建设项目决策是选择和投资行动方案的过程，是对拟建项目的必要性和可行性进行技术经济论证，对不同建设方案进行技术经济比较及做出判断和决定的过程。建设项目决策是否正确，直接关系项目建设的成败，关系工程造价的高低和投资效果的好坏。正确决策是合理确定工程造价的前提。

2. 建设项目决策阶段影响工程造价的主要因素

在项目决策阶段，影响工程造价的主要因素如下：

（1）项目合理规模

项目合理规模就是合理选择拟建设项目的生产规模或居住规模。不管是生产型建设项目，还是房地产开发项目，都要首先解决项目的规模问题。项目规模

小，单位产品成本高，经济效益低下；项目规模过大，超过市场需求量，导致开工不足、产品积压或降价销售，同样导致经济效益的低下。因此，项目规模的合理选择关系着项目的成败，决定着工程造价合理与否。

（2）建设地区及建设地点（厂址）

建设地点的不同在很大程度上影响工程造价的高低、建设工期的长短、建设质量的好坏，还会影响到建成后的销售和经营状况。建设地点的选择包括建设地区选择和建设地点的选择这样两个不同层次的、相互联系又相互区别的工作阶段。

建设地区选择是指在几个不同地区之间对拟建项目适宜配置在哪个区域范围的选择，应该具体考虑的因素有：要符合国民经济发展战略规划、国家工业布局总体规划和地区经济发展规划；要根据项目的特点和需要，充分考虑原材料、能源条件、水源条件、各地区对项目产品的需求和运输条件等；综合考虑气象、地质、水文等自然条件；充分考虑劳动力资源、生活环境、协作、施工力量、风俗文化等社会环境因素的影响。

建设地点选择是指对项目具体坐落位置的选择，需要考虑的因素主要有：节约用地，少占耕地；减少征收"移民"；尽量选择工程地质、水文地质条件较好的地段；力求地势平坦而略有坡度（一般5％～10％为宜），以减少土方工程量，便于排水，节约投资；应尽量靠近交通运输条件和水电等供应条件好的地方；尽量减少对环境的污染。

（3）技术方案

生产技术方案指产品生产所采用的工艺流程和生产方法。技术方案不仅影响项目的建设成本，也影响项目建成后的运营成本。因此，技术方案的选择直接影响项目的工程造价，必须认真选择和确定。技术方案选择时应坚持先进适用、安全可靠、经济合理的基本原则。

（4）设备方案

在生产工艺流程和生产技术确定后，就要根据工厂生产规模和工艺过程的要求，选择设备的型号和数量。设备方案选择时应注意：主要设备方案应与确定的建设规模、产品方案和技术方案相适应，并满足项目投产后生产或使用的要求；主要设备之间、主要设备与辅助设备之间能力要相互匹配；设备质量可靠、性能成熟，保证生产和产品质量稳定；在保证设备性能前提下，力求经济合理；选择的设备应符合政府部门或专门机构发布的技术标准要求。

（5）工程方案

工程方案构成项目的实体。工程方案选择是在已选定项目建设规模、技术方案和设备方案的基础上，研究论证主要建筑物、构筑物的建造方案。工程方案选择应满足的基本要求包括：满足生产使用功能要求；适应已选定的场址（线路走向）；符合工程标准规范要求；力求经济合理。

（6）环境保护措施

建设项目一般会引起项目所在地自然环境、社会环境和生态环境的变化，对环境状况、环境质量产生不同程度的影响。因此，需要在确定场址方案和技术方案中，调查研究环境条件，识别和分析拟建项目影响环境的因素，研究提出治理和保护环境的措施，比选和优化环境保护方案。

（二）建设项目设计阶段工程造价的计价

1. 设计阶段影响工程造价的因素

设计阶段影响工程造价的因素主要包括在总平面设计、建筑设计和工艺设计三个阶段中。

（1）总平面设计

总平面设计中影响工程造价的因素包括占地面积、功能分区、运输方式选择。

（2）建筑设计

在建筑设计阶段影响工程造价的因素主要有平面形状、流通空间、建筑层高、建筑物层数、柱网布置、建筑物的体积与面积、建筑结构等。

（3）工艺设计

这主要涉及生产型建设项目中的工艺流程和生产技术设计。主要包括建设规模、标准和产品方案；工艺流程和主要设备的选择；主要原材料、燃料供应；"三废"治理及环保措施；生产组织及生产过程中的劳动定员等。

2. 设计方案评价

（1）设计方案评价原则

1）经济合理性与技术先进性相结合的原则

从经济合理性角度看，工程造价应该尽可能低。但是如果一味追求低造价，势必造成功能低下，甚至无法满足人们对建筑的要求；技术先进是要求项目应该尽善尽美，功能水平先进，但可能会造成造价高昂。一般来说，这个原则就是要在满足使用者需求的前提下尽可能降低造价。

2）考虑项目全寿命费用的原则

项目全寿命费用，是指项目从投资开始直到项目产品不能再继续利用为止所发生的一切费用。项目全寿命包括项目建设过程和使用过程两部分。项目全寿命费用包括建设过程的投资成本以及项目建成后使用过程发生的使用成本。坚持考虑项目全寿命费用的原则，就是要求在设计过程中要兼顾建设过程和使用过程，力求项目全寿命费用最低。

3) 近期与远期效益相结合的原则

建设项目设计要求不仅要满足眼前或者短时间内的要求，还应该满足项目的未来需要。如果一味追求高标准，如对未来功能要求过高，就会出现成本过高而出现闲置的资源；如果一味追求造价节省，会出现功能过低，可能很早就出现功能落后。所以设计者要兼顾近期和远期要求，选择合适的功能水平。

(2) 设计方案评价指标

不同的建筑设计，评价内容重点有很大区别。下面分别就工业建设项目设计、民用建设项目设计评价指标进行介绍。

1) 工业建设项目设计评价指标

工业建设项目设计是由总平面设计、工艺设计和建筑设计三个相互联系又相互制约的部分组成。各部分设计方案侧重点不同，评价内容也略有差异。

① 总平面设计评价指标

有关面积的指标：厂区占地面积、建筑物和构筑物占地面积、永久性堆场占地面积、建筑占地面积（建筑物和构筑物占地面积＋永久性堆场占地面积）、厂区道路占地面积、工程管网占地面积、绿化面积等。

比率指标：建筑密度（厂区内建筑物、构筑物和各类堆场、操作场地的占地面积与整个厂区建设用地面积之比）、土地利用系数（厂区内建筑物、构筑物和各类堆场、操作场地、铁路、道路、广场、排水设施以及地上地下管线所占土地面积与整个厂区建设用地面积之比）、绿化系数（厂区内绿化面积与厂区占地面积之比）。

工程量指标：场地平整土石方量、地上及地下管线工程量、防洪设施工程量等。

功能指标：生产流程短便捷、流畅、连续程度；场内运输便捷程度；安全生产满足程度等。

经济指标：每吨货物运输费用、经营费用等。

② 工艺设计评价指标

在工业建筑设计中，工艺设计是工程设计的核心，其评价指标包括净现值、净年值、内部收益率、差额内部收益率、投资回收期等。

③ 建筑设计评价指标

建筑设计评价指标包括单位面积造价、建筑物周长与建筑面积比、厂房展开面积、厂房有效面积与建筑面积比和工程全寿命成本。

2）民用建设项目设计评价指标

民用建设项目设计是根据建筑物的使用功能要求，确定建筑标准、结构形式、建筑物空间与平面布置以及建筑群体的配置等。民用建筑设计包括住宅设计、公共建筑设计以及居住区设计。其中住宅设计的评价指标主要包括：平面系数、建筑周长指标、建筑体积指标、平均每户建筑面积、户型比。公共建筑由于种类繁多，具有共性的公共建筑设计的评价指标有占地面积、建筑面积、使用面积、辅助面积、有效面积、平面系数、建筑体积、单位指标（m^2/人、m^2/座、m^2/床等）。

居住区设计的评价指标主要包括建筑毛密度、居住建筑净密度、居住面积密度、居住建筑面积密度、人口毛密度、人口净密度、绿化比率等。

3. 限额设计

所谓限额设计就是按照设计任务书批准的投资估算进行初步设计，按照初步设计概算造价进行施工图设计，按照施工图预算造价对施工图设计的各个专业设计文件做出决策。限额设计是建设项目投资控制的重要环节和关键措施。

（三）建设项目施工阶段工程造价的计价

1. 工程变更

（1）工程变更的概念

由于工程建设周期长，受自然条件和客观因素影响大，涉及的各种经济关系和法律关系复杂，往往会导致项目的实际与招标投标时的情况发生一些变化。工程变更就是工程的实际施工情况与招标投标时的工程情况发生的变化。工程变更包括工程量变更、工程项目变更、进度计划的变更和施工条件的变更等。按照变更的起因，工程变更包括发包人的变更指令；由于设计错误对设计图纸必要的调整修改；工程环境变化；新技术和新知识的出现对原设计、施工方案或施工计划的必要改变发生的变更；以及法律、法规或者政府对建设项目的新的要求发生的变更等。

（2）工程变更的范围和内容

在履行合同中发生以下情形之一的，经发包人同意，监理人可按合同约定的变更程序向承包人发出变更指示：

1）取消合同中任何一项工作，但被取消的工作不能转由发包人或其他人实施。

2）改变合同中任何一项工作的质量或其他特性。

3）改变合同工程的基线、标高、位置或尺寸。

4）改变合同中任何一项工作的施工时间或改变已批准的施工工艺或顺序。

5) 为完成工作需要施加的额外工作。

没有监理人的变更指示，承包人不得擅自变更。

（3）工程变更程序

1) 监理人认为可能要发生变更情形。在合同履行过程中，可能发生上述变更情形的，监理人可向承包人发出变更意向书。发包人同意承包人根据变更意向书要求提交的变更实施方案的，由监理人发出变更指示。若承包人收到监理人的变更意向书后认为难以实施此项变更的，应立即通知监理人，说明原因并附详细依据。监理人与承包人、发包人协商后确定撤销、改变或不改变原变更意向书。

2) 监理人认为发生了变更的情形。在合同履行过程中，发生合同约定的变更情形的，监理人应向承包人发出变更指示。

3) 承包人认为可能要发生变更的情形。承包人收到监理人按合同约定发出的图纸和文件，经检查认为其中存在变更情形的，可向监理人提出书面变更建议。监理人收到承包人书面建议后，应与发包人共同研究，确认存在变更的，应在收到承包人书面建议后的 14 天内作出变更指示。经研究后不同意作为变更的，应由监理人书面答复承包人。

工程施工发生变更，相应会引起施工材料耗用、人工数量、施工措施改变和施工管理投入的变化，由此必然引起工程造价的变化。承包人应在收到变更指示或变更意向书后的 14 天内，向监理人提交变更报价书。监理人收到承包人变更报价书后的 14 天内，根据变更估价原则，确定变更内容和商定变更价格。

（4）工程变更估价原则

因变更引起的价格调整按照下列原则处理：

1) 已标价工程量清单中有适用于变更工作子目的，采用该子目的单价。

2) 已标价工程量清单中无适用于变更工作子目的但有类似子目的，可在合适范围内参照类似子目的单价，由发、承包双方商定或确定变更工作的单价。

3) 已标价工程量清单中无适用或类似子目的单价，可按照成本加利润的原则，由发、承包双方商定或确定变更工作的单价。

4) 因分部分项工程量清单漏项或非承包人原因的工程变更，引起措施项目发生变化，造成施工组织设计或施工方案变更的，原措施费中已有的措施项目，按原措施费的组价方法调整；原措施费中没有的措施项目，由承包人根据措施项目变更情况，提出适当的措施费变更，经发包人确认后调整。

2. 工程索赔

（1）工程索赔的概念

工程索赔是指在工程承包合同履行中，当事人一方由于另外一方未履行合同所规定的义务或出现了由对方承担的风险而遭受损失时，向另外一方提出赔偿要求的行为。工程索赔包括承包人向发包人的索赔和发包人向承包人的索赔，所以工程索赔是双向的。

（2）工程索赔的原因

发生工程索赔的原因包括当事人违约、不可抗力或不利的物质条件、合同缺陷、合同变更、监理人指令、其他第三方原因等。

（3）工程索赔的分类

按照索赔的合同依据可以将工程索赔分为合同中明示的索赔和合同中默示的索赔。

按照索赔的目的可以将工程索赔分为工期索赔和费用索赔。

按照索赔事件的性质可以将工程索赔分为工程延误索赔、工程变更索赔、合同被迫终止的索赔、工程加速索赔、意外事件和不可预见因素索赔以及其他如货币贬值、汇率变化、物价变化、工资上涨、政策法令变化等索赔。

3. 工程价款结算

根据财政部、建设部《建设工程价款结算暂行办法》（财建〔2004〕369号）的规定，所谓工程价款结算是指对建设工程的发承包合同价款进行约定和依据合同约定进行工程预付款、工程进度款、工程竣工价款结算的活动。

（1）工程价款结算的方式

工程价款的结算方式主要有以下两种：

1）按月结算与支付

即实行按月支付进度款，竣工后清算的办法。合同工期在两个年度以上的工程，在年终进行工程盘点，办理年度结算。

2）分段结算与支付

即当年开工、当年不能竣工的工程按照工程形象进度，划分不同阶段支付工程进度款。工程不同阶段的具体划分应在合同中明确。

（2）工程价款结算的主要内容

根据《建设项目工程结算编审规程》中的有关规定，工程价款结算主要包括竣工结算、分阶段结算、专业分包结算和合同中止结算。

1）竣工结算。建设项目完工并经验收合格后，对所完成的建设项目进行的全面的工程结算。工程竣工结算的编制内容包括：工程量增减调整（设计变更和漏项、现场工程更改、施工图预算错误）、价差调整、费用调整等。

2）分阶段结算。在签订的施工承发包合同中，按工程特征划分为不同阶段实施和编制的结算。

3）专业分包结算。在签订的施工承发包合同或由发包人直接签订的分包工程合同中，按工程专业特征分类实施分包和结算，如±0.000以下土石方工程结算、给水排水工程结算、消防工程结算、电梯工程结算、外门窗工程结算等。

4）合同中止结算。工程实施过程中合同中止，对工程承发包合同中已完成且经验收合格的工程内容，经发包人、总包人或有关机构点交后，由承包人按原合同价格或合同约定的定价条款，参照有关计价规定编制合同中止价格，提交发包人或总包人审核后签认的合同中止结算的工程价格。

复习思考题

1. 工程造价的概念是什么？

2. 什么是建设项目、工程项目、单位工程、分部工程和分项工程？

3. 工程造价各由哪几部分构成？

4. 什么是设备购置费？国产设备和进口设备原价各由哪几个部分构成？

5. 按费用构成要素划分，建筑安装工程费用由哪几部分构成？

6. 按工程造价形成划分，建筑安装工程费用由哪几部分构成？

7. 我国现行规定预备费包括哪几个部分？如何计算？

8. 计算工程量的依据有哪些？

9. 什么是工程建设定额？工程建设定额有哪些类别？

10. 工程建设定额计价的基本程序和方法是怎样的？

11. 工程量清单计价的基本程序和方法是怎样的？

12. 定额计价与工程量清单计价有哪些区别？

13. 什么是价值工程？提高价值的途径有哪些？

14. 什么是建设项目决策？建设项目决策阶段影响工程造价的主要因素有哪些？

15. 设计阶段影响工程造价的因素有哪些？

16. 什么是限额设计？什么是设计概算？

17. 什么是工程变更？工程变更包括哪些内容？

18. 什么是工程索赔？工程索赔的原因有哪些？

19. 什么是工程价款结算？工程价款结算的方式有哪些？

20. 按工程专业特征分类，常见的专业分包结算有哪些种类？

第五章　房地产测绘知识

房地产测绘是为城乡建设、房地产权籍管理、土地资源管理等多种活动提供基础数据，主要涉及土地、建筑物、构筑物等的权属界址测量，城乡建设中的工程测量，以及与房地产产权产籍相关的房屋与土地面积测量等活动。本章主要介绍了房地产测绘的内涵、特点、精度要求等，同时介绍了地形图、不动产权籍图、地籍图、宗地图、房产分户图以及土地和房屋面积测算等内容。

第一节　房地产测绘概述

一、房地产测绘的内涵

（一）测绘学

测绘学是指以空间、电子、信息、地球科学等理论和技术为支撑，对自然地理要素或者地表人工设施的形状、大小、空间位置及其属性等数据、信息、成果的测定、采集、处理、分析、表述、管理与应用的基本原理与方法进行研究的一门学科。测绘学有许多分类，按照专业可分为大地测绘、航空摄影测量与遥感、地图制图、界限测绘、地籍测绘、房产测绘、工程测绘、海洋测绘等。其中，大地测绘、航空摄影测量与遥感、地图制图属于基础测绘。

就局部区域而言，可将地球视作圆球，当测量区域的半径小于10km时，可将地面视作水平面。此时，地面点的空间位置可用该点在水平面上的平面位置（坐标）及该点的高程来表示。

图 5-1 为测量中所采用的平面直角坐标系。纵轴为 x 轴，北方向；横轴为 y 轴，东方向。

海洋或湖泊的水面在自由静止时的表面，称为水准面。与水准面相切的平面称为水平面。点到大地水准面的铅垂距离，称为绝对高程，也称"海拔"。世界各国或地区，均选择某个平均海水面来代替大地水准面。我国采用黄海平均海水面作为高程基准，"1985 国家高程基准"是采用青

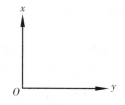

图 5-1　平面直角坐标系

岛验潮站 1952 年至 1979 年验潮资料计算确定的。所测国家水准原点（青岛原点）高程为 72.260m。

（二）房地产测绘

2007 年颁布施行的《物权法》确立了国家对不动产统一登记的制度。2015 年 3 月 1 日起施行的《不动产登记暂行条例》及 2016 年 1 月国土资源部公布的《不动产登记暂行条例实施细则》，不动产登记制度自 2016 年在全国实行。不动产测绘作为不动产统一登记中的重要组成部分，是确认不动产界址、范围以及相互关系等不可或缺的重要依据，是行使自然资源及其资产所有权和监督权的重要基础。不动产测绘分为地籍测绘、房产测绘、海籍测绘、行政区域界线测绘、不动产测绘监理五大子项。房地产测绘属于不动产测绘的重要组成部分，包括房地产测绘和房地产测设。房地产测绘是用测量手段测定地面上局部区域内的土地、建筑物及构筑物的特征点位，获得反映现状的图或图形信息。房地产测设是根据设计图纸将一系列点位在实地上标定。

根据《不动产权籍调查技术方案（试行）》，不动产测量工作的主要内容包括控制测量、界址测量、宗地（海）图和分户房产图的测绘、面积测算、不动产测量报告的撰写等。不动产权籍调查的技术路线是以地（海）籍调查为基础，以宗地（海）为依托，以满足不动产登记要求为出发点，充分利用已有不动产权籍调查、登记以及前期审批、交易、竣工验收等成果资料，采用已有集体土地所有权地籍图、城镇地籍图、村庄地籍图、海籍图、地形图、影像图等图件做工作底图，通过内外业核实、实地调查测量的方法，完成不动产权属调查和不动产测量等工作。

地籍是指记载土地的权属、位置、数量、质量、价值、利用等基本状况的图簿册和数据。地籍图是指按特定的投影方法、比例关系，采用专用符号，突出表示地籍要素的地图。地籍测绘是指通过获取和表述不动产的权属、位置、形状、数量等有关信息，为不动产产权管理、规划、市政、环境保护、统计等多种用途提供定位系统和基础资料。

不动产统一登记后房产测绘主要指房产项目测绘。房产项目测绘分为预测绘和实测绘（竣工后测绘）。房产预测绘主要用于在房屋交易与产权管理信息平台中建立楼盘表，并按照房屋基本单元建立房屋唯一代码，通过楼盘表对房屋交易与产权各项业务进行管理，主要用于办理商品房预售许可，可以对商品房合同的网签备案、在建工程和预购商品房抵押管理、商品房预售资金监管进行有效的管理。实测绘（竣工测绘）是房地产开发建设项目完工后，在交付使用前，由有资质的测绘单位进行实地测量，采集和表述房屋的有关信息，生成房产实测绘报告，由房产管理部门与不动产登记机构将预测绘数据和实测绘数据对接，并将房产面积、结构、用途等有关信息更新到楼盘表中，形成的房产分户平面图及相关的图、表、册、簿、数据等为不动产产权、产籍管理、房地产开发利用、交易、征收税费和城镇规划建设等提供数据和资料。

二、房地产测绘的特点

（一）测图比例尺大

房地产测绘一般在城市和城镇内进行，图上表示的内容较多，有关权属界限等房地产要素都必须清晰准确地注记，因此房地产分幅图的比例尺都比较大。分丘图和分层分户平面图的比例尺更大，一般为 1：200，有的更大。

（二）测绘内容较多

地形测量测绘的主要对象是地貌和地物，而房地产测绘的主要对象是房屋和房屋用地的位置、权属、质量、数量、用途等状况，以及与房地产权属有关的地形要素。房地产测绘对房屋及其用地必须定位、定性、定界、定量，即测定房地产位置，调查其所有权或使用权的性质，测定其范围和界线，还要测算其面积等。

（三）精度要求高

房地产测绘精度要求较高，例如界址点的坐标、房屋建筑面积的量算精度要求都比较高，一般不能直接从图上量取，而必须进行实测和计算。

（四）修测、补测及时

城市基本地形图的复测周期一般 5～10 年，而房地产测绘的复测周期不能按几年来测算，城市的扩大要求及时对房屋、土地进行补测，对房屋和用地特别是权属发生变化时应及时修测，对房屋和用地的非权属变化也要及时变更，以保持房地产测绘成果的现实性、准确性，保持图、卡、表、册与实地情况一致。所以房地产测绘修测、补测工作量较大。

三、房地产测绘的技术规范

测量规范是测量工作所依据的法规性技术文件，各种测量工作都必须严格遵循。测量规范的主要内容包括测量控制网布设方案、技术设计、仪器检验、作业方法、成果记录整理、检查验收等技术工作的具体规定。房地产测绘工作是具有很强技术性的专业工作。为确保测绘工作获得高精度的成果和高质量的图，国家颁布了统一的规范。房产测量主要执行国家标准《房产测量规范》GB/T 17986—2000。《房产测量规范》包括前言、范围、引用标准、总则、房产平面控制测量、房产调查、房产要素测量、房产图绘制、房产面积测算、变更测量、成果资料的检查与验收；房屋、房屋用地调查表与分类、成套房屋的建筑面积和共有共用面积分摊两个附录。房产测量的成果包括房产簿籍、房产数据和房产图集。地籍测绘主要执行行业标准《地籍测绘规范》CH 5002—1994、《地籍图图式》CH 5003—1994。《地籍测绘规范》包括主要内容与使用范围、引用标准、总则、平面控制测量、地籍要素调查、地籍图绘制、面积量算、地籍修测、成果资料的检查与验收；附录包括地籍册（补充件）、城镇土地利用分类标准（补充件）、建筑物结构分类标准（补充件）、界址点坐标成果表（补充件）、地籍控制点点之记（参考件）、城镇地籍要素调查表（参考件）、界址点标志类型（参考件）、面积量算表（参考件）。

四、房地产测绘的工作程序

（一）房地产测绘由房地产的权利申请人或利害关系人申请

房地产测绘部门接受申请的，应查验提交的各种资料是否齐全，并与其签订房地产测绘合同。

（二）总体技术设计

按照房地产测绘合同的要求，进行平面控制测量，界址测量，地籍图、宗地图、房产分户图的测绘、面积计算，或组织变更测量。

（三）房地产测绘产品二级检查一级验收制

一级检查是在全面自查、互检的基础上，由测绘作业组的专职或兼职检查人员对产品质量实行过程检查。二级检查是在一级检查的基础上，由施测单位质量检查机构和专职检查人员对产品质量实行的最终检查。产品成果的最终验收工作由任务的委托单位组织实施，即一级验收。在二级检查和一级验收的基础上向客户提交测绘报告。不动产测绘报告主要反映技术标准执行、技术方法、程序、测量成果、成果质量和主要问题的处理等情况，是长期保存的重要技术档案。测绘报告包括概述、测量技术依据、控制测量、界址测量、其他要素测量、图件的测制、房屋面积测算、质量评价、成果目录、成果附件。

五、房地产测绘的精度要求

精度是指误差分布的密集或离散程度。测量工作是由观测者使用测量仪器、工具按照一定的方法，在一定的外界条件下进行的。由于测量所使用的仪器和工具不可能绝对精确，进行测量时的外界条件也随时发生变化，还要受到观测者感官和生理条件的限制。因此，无论何种测量，无论运用何种精密仪器，无论观测多么仔细，均无法求得测量的真值。例如，往返丈量某一段距离，或反复观测某一角度，每次观测结果都不可能完全一致，这就是因为观测结果中存在测量误差的缘故。

（一）产生测量误差的原因

1. 仪器误差

各种测量仪器都不是完美无缺的，即使最精密的仪器，也会有一定的误差。例如，丈量长度的钢尺、皮尺，它们的分划就含有误差，由于热胀冷缩，它们的长度会随着温度改变。所以，尺子标记的长度，量得的长度，均不是真长，还有仪器轴系之间的公差导致度盘偏心，几何关系不真正垂直或不真正水平等，都会给观测值带来误差。

2. 观测者的影响

由于观测者的感觉器官的鉴别能力有着一定的局限性，所以不论在仪器的安置、照准、读数等方面，都会使观测值产生误差。自动化仪器虽然是自动进行接收处理，但设备的安置、目标和时间的选择，仍由人来掌握，也会受到操作者的影响。

3. 周围环境的影响

观测时的自然界，如温度、湿度、风力、大气折光等因素，都会使观测值产生误差。如温度不仅给丈量长度带来误差，也会给水准测量和角度测量带来误差。大气的水平折光给水平角观测带来误差，大气的垂直折光给垂直观测和水准测量带来误差，自然界影响观测值的因素很多，且复杂多变，难于准确掌握其规律，但仍可采取适当措施，减弱或消除其影响。

（二）房产面积测量的精度要求

房产测量中以中误差作为评定精度的标准，以两倍中误差作为限差。房产面积的测量精度分为三级，各级的限差和中误差不得超过表 5-1 计算的结果。

房产面积的精度要求（单位：m^2）　　　　　**表 5-1**

房产面积的精度等级	限　差	中　误　差
一	$0.02\sqrt{S}+0.0006S$	$0.01\sqrt{S}+0.0003S$
二	$0.04\sqrt{S}+0.002S$	$0.02\sqrt{S}+0.001S$
三	$0.08\sqrt{S}+0.006S$	$0.04\sqrt{S}+0.003S$

注：S 为房产面积（单位：m^2）。

第二节　房　地　产　图

一、地形图

(一) 地形图

地形图是按一定比例绘制的地物和地貌的正射投影图。地物指地球表面上人造的或天然的固定性物体，如房屋、道路、河流等；地貌指地表面自然起伏的形态，如山地、丘陵、平原等。地物和地貌总称为地形。通常地形图是经过实地测绘，或根据实测并结合有关调查资料编制而成。地物按图式符号加注记表示，地貌一般用等高线表示。在城市规划和房地产开发项目的设计和施工中要用到多种比例尺的地形图，地形图比例尺的选用见表 5-2 所示。

地形图比例尺的选用

表 5-2

比 例 尺	用　　　途
1∶10 000；1∶5 000	城市总体规划、区域布置、方案比较、评价地形
1∶2 000	城市详细规划及开发项目初步设计
1∶1 000	城市详细规划、工程施工设计、地下管线和人防工程
1∶500	竣工图、地籍图、地形图等

(二) 地形图的阅读

在阅读地形图时，要注意以下几点：一是需了解该地形图所采用的坐标系统和高程系统。城市地形图多使用城市坐标系，工程项目总平面图多采用施工坐标系。高程系统有"1956 年黄海高程系统"和"1985 国家高程基准"。地形图采用的高程系统通常用文字在图的左下角处注明；二是应熟悉图例，了解各符号和注记的确切含义；三是能根据等高线判别和分析地貌。

(三) 地形图的应用

地形图具有现实性和可量测性的特点，决定了它可以作为其他各种专题图的底图，因此应用十分广泛。下面简要介绍地形图在城市规划、建筑设计以及工程施工中的应用。

城市规划离不开对城市土地地形的基本特征（长度、高度、线段和地段坡度等）进行分析。例如：以大比例尺的地形图为基础，根据统计出的地形垂直分割深度（2×2km² 内的相对高差）和断面平均坡度（1×1km² 网格）两项指标，对城市用地进行结构与功能的划分，如表 5-3 所示。

城市土地地形对城市规划的影响内容　　　　表 5-3

地形复杂程度	分割深度	断面平均坡度	主要影响内容
不很复杂	20～100m	＜5％	城市结构划分
较复杂	100～200m	＞5％	含上述内容，交通网布置，城市功能划分
非常复杂	＞200m	5％	含上述内容，城市用地发展方向

建筑设计时，除考虑平面位置的布局外，还需充分考虑地形的特点，从而进行合理的竖向布置。地形对建筑物布置的影响表现在很多方面，如排水、防潮、自然通风、采光及日照等。

此外，地形条件对人行、车行交通网的设计往往起决定作用。

工程施工时，土石方调配与场地平整的施工方案一般依据地形图进行设计。通常先设计出几种方案，然后利用地形图对各种方案的土石方工程量进行计算和比较，从中选出最佳的土石方开挖、运输、回填施工方案，达到节约投资和缩短工期的目的。

二、不动产权籍图

不动产权籍图包括地籍图、海籍图及不动产单元图等，其中不动产单元图主要包括宗地图、宗海图和房产分户图（房产平面图）等。不动产单元是指权属界线固定封闭，且具有独立使用价值的空间。按照每个不动产单元应具有唯一代码的基本要求，依据《信息分类和编码的基本原则与方法》GB/T 7027—2002 规定的信息分类原则和方法，不动产单元代码采用七层 28 位层次码结构，由宗地（宗海）代码与定着物代码构成。

宗地（宗海）代码为五层 19 位层次码，采用《地籍调查规程》TD/T 1001—2012 规定的编码规则，按层次分别表示县级行政区划、地籍区、地籍子区、宗地（宗海）特征码、宗地（宗海）顺序号，其中宗地（宗海）特征码和宗地（宗海）顺序号组成宗地（宗海）号。定着物代码为二层 9 位层次码，按层次分别表示定着物特征码、定着物单元编号。分述如下：

（1）第一层次为县级行政区划，代码为 6 位，采用《中华人民共和国行政区划代码》GB/T 2260—2007 规定的行政区划代码。

（2）第二层次为地籍区，代码为3位，码值为000～999；其中，海籍调查时，地籍区可用"000"表示。

（3）第三层次为地籍子区，代码为3位，码值为000～999；其中，海籍调查时，地籍子区可用"000"表示。

（4）第四层次为宗地（宗海）特征码，代码为2位。其中：①第1位用G、J、Z表示。"G"表示国家土地（海域）所有权，"J"表示集体土地所有权，"Z"表示土地（海域）所有权未确定或有争议。②第2位用A、B、S、X、C、D、E、F、G、H、W、Y表示。"A"表示集体土地所有权宗地，"B"表示建设用地使用权宗地（地表），"S"表示建设用地使用权宗地（地上），"X"表示建设用地使用权宗地（地下），"C"表示宅基地使用权宗地，"D"表示土地承包经营权宗地（耕地），"E"表示土地承包经营权宗地（林地），"F"表示土地承包经营权宗地（草地），"H"表示海域使用权宗海，"G"表示使用权无居民海岛，"W"表示使用权未确定或有争议的土地（海域），"Y"表示其他使用权土地（海域），用于宗地（宗海）特征扩展。

（5）第五层次为宗地（宗海）顺序号，代码为5位，码值为00001～99999，在相应的宗地（宗海）特征码后顺序编号。

（6）第六层次为定着物特征码，代码为1位，用F、L、Q、W表示。"F"表示房屋等建筑物、构筑物，"L"表示森林或林木，"Q"表示其他类型的定着物，"W"表示无定着物。

（7）第七层次为定着物单元编号，代码为8位。①定着物为房屋的，定着物单元在使用权宗地（宗海）内应具有唯一编号。前4位表示房屋的幢号，房屋幢号在使用权宗地（或地籍子区）内统一编号，码值为0001～9999；后4位表示房屋的户号，房屋户号在每幢房屋内统一编号，码值为0001～9999。②定着物为森林、林木的，定着物单元在使用权宗地（宗海）内应具有唯一的编号，码值为00000001～99999999。③其他的定着物，定着物单元在使用权宗地（宗海）内应具有唯一的编号，码值为00000001～99999999。④使用权宗地（宗海）内无定着物的，定着物单元编号用"00000000"表示。

不动产权籍图过渡期间，在同一县级行政区域内，宜采用地籍图的坐标系统和投影方法，并适时建立与2000国家大地坐标系和1985国家高程基准的转换关系，最终测量成果须转换到2000国家大地坐标系和1985国家高程基准。

（一）地籍图

地籍图是指不动产地籍的图形部分。地籍图应能与不动产登记簿、地籍数据集一起为不动产产权管理、税收、规划等提供基础资料。

集体土地所有权调查，其地籍图基本比例尺为 1∶10 000，有条件的地区或城镇周边区域，可采用 1∶500、1∶1 000、1∶2 000、1∶5 000 比例尺，在人口密度很低的荒漠、沙漠、高原、牧区等地区可采用 1∶50 000 比例尺。土地使用权调查，其基本比例尺为 1∶500，对村庄用地、采矿用地、风景名胜设施用地、特殊用地、铁路用地、公路用地等等区域可采用 1∶1 000、1∶2 000 比例尺。地籍图采用分幅图形式。地籍图幅面规格采用 50cm×50cm。地籍图的图廓以高斯—克吕格坐标格网线为界。1∶2 000 图幅以整公里格网线为图廓线。图幅编号按照图廓西南角坐标公里数编号，X 坐标在前，Y 坐标在后，中间用短横线连接。1∶1 000、1∶500 地籍图分幅在 1∶2 000 地籍图中划分。

地籍图应标示的基本内容包括：土地权属界址点、界址线；宗地代码；地籍区、地籍子区编号及地籍区名称；土地利用类别；永久性建筑物和构筑物；地籍区和地籍子区界；行政区域界；平面控制点；有关地理名称及重要单位名称；道路和水域。根据需要，在考虑图面清晰的前提下，可择要表示一些其他要素。

（二）宗地图

宗地是土地权属界址线封闭的地块或空间。在地籍子区内，按照以下情形划分宗地：

（1）依据宗地的权属来源，划分国有土地使用权宗地和集体土地所有权宗地。在集体土地所有权宗地内，划分集体建设用地使用权宗地、宅基地使用权宗地、土地承包经营权宗地和其他使用权宗地等。

（2）两个或两个以上农民集体共同所有的地块，且土地所有权界线难以划清的，应设为共有宗。

（3）两个或两个以上权利人共同使用的地块，且土地使用权界线难以划清的，应设为共用宗。

（4）土地权属未确定或有争议的地块可设为一宗地。

宗地图是描述一宗地位置、界址点线和与相邻宗地关系等要素的不动产权籍图，是不动产权证书和宗地档案的附图。以地籍图为基础编绘宗地图。宗地图比例尺和幅面应根据宗地的大小和形状确定，比例尺分母以整百数为宜，一般为 1∶500。宗地图主要内容包括：

（1）宗地代码、所在图幅号、土地权利人、宗地面积。

（2）地类号、房屋的幢号。其中幢号用"（1）、（2）、（3）、……"表示，并标注在房屋轮廓线内的左下角。

（3）本宗地界址点、界址点号、界址线、界址边长、门牌号码。其中门牌号码标注在宗地的大门处。

（4）用加粗黑线表示建筑物区分所有权专有部分所在房屋的轮廓线。如果宗地内的建筑物，不存在区分所有权专有部分，则不表示。

（5）宗地内的地类界线、建筑物、构筑物及宗地外紧靠界址点线的定着物、邻宗地的宗地号及相邻宗地间的界址分隔线。

（6）相邻宗地权利人名称、道路、街巷名称。

（7）指北方向、比例尺、界址点测量方法、制图者、制图日期、审核者、审核日期、不动产登记机构等。

（三）房产分户图

作为定着物单元的房屋指独立成栋、有固定界线的封闭空间，以及区分幢、层、套、间等可以独立使用、有固定界线的封闭空间。房屋等建筑物、构筑物定着物单元按以下情形划分：

（1）同一权利人拥有的独幢房屋宜划分为一个定着物单元。

（2）具有多个权利人的一幢房屋，应按照界线固定，且具有独立使用价值的幢、层、套、间等封闭空间划分定着物单元。

（3）同一权利人拥有多套（层、间等）界线固定且具有独立使用价值的房屋，每套（层、间等）房屋宜各自划分定着物单元。

（4）同一权利人（如行政机关、企事业单位等）拥有的两幢或两幢以上的房屋可共同组成一个定着物单元。

房产分户图，以地籍图、宗地图（分宗房产图）等为基础编绘房产分户图，也是不动产权证书和房产档案的附图。可根据房屋的大小设计分户图的比例尺，比例尺分母以整百数为宜；分户图的幅面规格，宜采用 32 开或 16 开两种尺寸；分户图的方位应使房屋的主要边线与轮廓线平行，按房屋的朝向横放或竖放，分户图的方向应尽可能与分幅地籍图一致，如果不一致，需在适当位置加绘指北方向。

房产分户图主要内容：

（1）宗地代码、幢号、户号、坐落、房屋结构、所在层次、总层数、专有建筑面积、分摊建筑面积、建筑面积。

（2）房屋轮廓线、房屋边长、分户专有房屋权属界线、比例尺、指北针等。

（3）电梯、楼梯等共有部分应标注"电梯共有""楼梯共有"等字样。

（4）不动产登记机构、绘制日期。

第三节　房地产面积测算

一、房地产面积测算的概念

房地产面积测算是指水平面积测算，包括土地面积测算和房屋面积测算。其中房屋面积测算包括房屋建筑面积、共有建筑面积、产权面积、使用面积等的测算。

房屋的建筑面积是指房屋外墙（柱）勒脚以上各层的外围水平投影面积，包括阳台、挑廊、地下室、室外楼梯等，且具备上盖，结构牢固，层高 2.20m 以上（含 2.20m）的永久性建筑。房屋使用面积是指房屋户内全部可供使用的空间面积，按房屋的内墙面水平投影计算。房屋的产权面积系指产权主依法拥有房屋所有权的房屋建筑面积。房屋产权面积由直辖市、市、县不动产登记机构登记确权认定。房屋专有建筑面积是指区分所有的建筑物权利人专有部分建筑面积。房屋共有建筑面积是指各产权主共同占有或共同使用的建筑面积。房屋分摊建筑面积是指区分所有的建筑物权利人分摊的共有部分建筑面积。成套房屋的建筑面积由房屋专有建筑面积和房屋分摊建筑面积组成。房屋专有建筑面积具体是指成套房屋的套内建筑面积，由套内房屋的使用面积、套内墙体面积、套内阳台建筑面积三部分组成。

土地所有权面积、土地使用权面积是指土地权利人在一宗地内所有、使用的土地面积。土地独有独用面积是指土地权利人在一宗地内独自所有、使用的土地面积。土地分摊面积是指土地权利人在共有、共用面积内分摊到的土地面积。共有、共用宗的土地所有权、土地使用权面积为土地独有、独用面积和土地分摊面积之和。土地面积测算以宗单位进行。

二、土地面积测算

土地面积测算是地籍测量的重要内容，通过土地面积测算各级行政单位土地面积、宗地面积和地类图斑土地面积、建筑占地面积等数据资料。土地面积测算在地籍调查和地籍测量的基础上进行，依据界址点坐标、界址边长等解析法数据或图解法数据选择解析法面积计算或图解法面积计算。地籍数据宜进行面积的控制与测算，并进行"整体＝Σ部分"的面积逻辑检验。面积的控制与测算的原则为"从整体到局部，层层控制，分级量算、块块检核"。

面积变更采用高精度代替低精度的原则，即用高精度面积值取代低精度面积值。变更前为图解法测算的宗地面积，变更后为解析法测算的宗地面积，用解析法测算的宗地面积取代原宗地面积。

（一）解析法面积计算

利用解析法实测数据获取的界址点坐标或界址点间距计算面积称为解析法面积计算。面积的计算方法主要有坐标法和几何要素法。

1. 坐标法

根据界址点坐标成果表上数据，按下式计算面积。

$$S = \frac{1}{2} \sum_{i=1}^{n} X_i (Y_{i+1} - Y_{i-1})$$

或

$$S = \frac{1}{2} \sum_{i=1}^{n} Y_i (X_{i-1} - X_{i+1})$$

式中　S——面积，单位为 m^2；

　　　X_i——第 i 个界址点的纵坐标，单位为 m；

　　　Y_i——第 i 个界址点的横坐标，单位为 m；

　　　n——界址点个数；

　　　i——界址点序号，按顺时针方向排序。

2. 几何要素法

所谓几何要素法是指将多边形地块划分成若干简单规则的几何图形，如三角形、梯形、矩形等，利用地籍图界址点坐标数据先计算出几何图形的边长，再用简单规则的几何图形面积计算公式计算出各简单几何图形的面积，最终汇总出多边形地块总面积的方法。

（二）图解法面积计算

在地籍图上量取界址点坐标或界址点间距用图解坐标法或几何要素法计算土地面积，或直接在地籍图上用光电面积量测仪法、求积仪法、方格网法及网点法等方法量取土地面积的方法，称为图解法面积计算。图解法计算的宗地面积应在地籍调查表、土地登记卡、产权证书说明栏注明"本宗地面积为图解面积。条件许可时应采用解析法计算的面积代替图解法计算的面积。"

采用图解法面积量算时，两次独立量算的较差应满足下式规定：

$$\Delta S \leqslant 0.0003 \times M \times \sqrt{S}$$

式中　ΔS——面积中误差，单位为 m^2；

M——地籍图比例尺的分母；

S——量算面积，单位为 m^2。

此外，使用图解法量算面积时，图形面积不应小于 $5cm^2$，图上量距应量至 $0.2mm$。

三、房屋面积测算

房屋面积测算方法在商品房销售和不动产登记中按照《房产测量规范 第 1 单元：房产测量规定》GB/T 17986.1—2000 执行。各类面积测算必须独立测算两次，其较差应在规定的限差以内，取中数作为最后结果。量距应使用经检定合格的卷尺或其他能达到相应精度的仪器和工具。面积以平方米为单位，取至 $0.01m^2$。

房屋建筑面积测算的有关规定如下：

1. 计算全部建筑面积的范围

（1）永久性结构的单层房屋，按一层计算建筑面积；多层房屋按各层建筑面积的总和计算。

（2）房屋内的夹层、插层、技术层及楼梯间、电梯间等其高度在 $2.20m$ 以上部位计算建筑面积。

（3）穿过房屋的通道，房屋内的门厅、大厅，均按一层计算面积。门厅、大厅内的回廊部分，层高在 $2.20m$ 以上的，按其水平投影面积计算。

（4）楼梯间、电梯（观光梯）井、提物井、垃圾道、管道井等均按房屋自然层计算面积。

（5）在房屋天面上属永久性建筑的组成部分，且层高在 $2.20m$ 以上的楼梯间、水箱间、电梯机房及斜面结构屋顶高度在 $2.20m$ 以上的部位，按其外围水平投影面积计算。

（6）挑楼、全封闭的阳台按其外围水平投影面积计算。

（7）属永久性结构有上盖的室外楼梯，按各层水平投影面积计算。

（8）与房屋相连的有柱走廊，两房屋间有上盖和柱的走廊，均按其柱的外围水平投影面积计算。

（9）房屋间永久性的封闭的架空通廊，按外围水平投影面积计算。

（10）地下室、半地下室及其相应出入口，层高在 $2.20m$ 以上的，按其外墙（不包括采光井、防潮层及保护墙）外围水平投影面积计算。

（11）有柱或有围护结构的门廊、门斗，按其柱或围护结构的外围水平投影面积计算。

（12）玻璃幕墙等作为房屋外墙的，按其外围水平投影面积计算。

（13）属永久性建筑有柱的车棚、货棚等按柱的外围水平投影面积计算。

（14）依坡地建筑的房屋，利用吊脚做架空层，有围护结构的，按其高度在 2.20m 以上部位的外围水平面积计算。

（15）有伸缩缝的房屋，若其与室内相通的，伸缩缝计算建筑面积。

2．计算一半建筑面积的范围

（1）与房屋相连有上盖无柱的走廊、檐廊，按其围护结构外围水平投影面积的一半计算。

（2）独立柱、单排柱的门廊、车棚、货棚等属永久性建筑的，按其上盖水平投影面积的一半计算。

（3）未封闭的阳台、挑廊，按其围护结构外围水平投影面积的一半计算。

（4）无顶盖的室外楼梯按各层水平投影面积的一半计算。

（5）有顶盖不封闭的永久性的架空通廊，按外围水平投影面积的一半计算。

3．不计算建筑面积的范围

（1）层高小于 2.20m 以下的夹层、插层、技术层和层高小于 2.20m 的地下室和半地下室。

（2）突出房屋墙面的构件、配件、装饰柱、装饰性的玻璃幕墙、垛、勒脚、台阶、无柱雨篷等。

（3）房屋之间无上盖的架空通廊。

（4）房屋的天面、挑台、天面上的花园、泳池。

（5）建筑物内的操作平台、上料平台及利用建筑物的空间安置箱、罐的平台。

（6）骑楼、过街楼的底层用作道路街巷通行的部分。

（7）利用引桥、高架路、高架桥、路面作为顶盖建造的房屋。

（8）活动房屋、临时房屋、简易房屋。

（9）独立烟囱、亭、塔、罐、池、地下人防干、支线。

（10）与房屋室内不相通的房屋间伸缩缝。

复 习 思 考 题

1．房地产测绘工作包括哪些内容？

2．房地产测绘分为哪几种？

3．什么是地籍测绘？

4．房地产测绘有哪些特点？

5. 房地产测绘产生误差的原因是什么？

6. 什么是地形图？什么是地籍图？什么是宗地图？什么是房产分户图？这四种图分别有何作用？各包括哪些内容？

7. 不动产权籍图主要包括哪几种？

8. 土地面积的测算方法有哪几种？

9. 不动产登记中，房屋计算全部建筑面积的范围、计算一半建筑面积的范围、不计算建筑面积的范围分别有哪些？

第六章 经济学知识

需要无限性与资源有限性始终是人类社会矛盾。由于资源的稀缺性和资源之间的可替代性，资源配置构成了经济学的永恒主题和核心论题。经济学分为微观经济学和宏观经济学。微观经济学是以经济个体（厂商、消费者等）为研究对象，通过研究经济个体的经济行为来说明价格机制如何解决资源配置问题的经济学分支。宏观经济学是以整个国民经济总体（一国、一地区、一城市）为研究对象，分析经济总量（总产量、总收入、价格总水平等）的决定，研究政府为达到一定目标应如何制定宏观经济政策的经济学分支。

第一节 供求与价格

一、需求及其变动

（一）需求、需求表与需求曲线

需求是指消费者在某特定时期内和一定市场上，在每一价格水平上愿意并且能够购买的某种商品或劳务的数量。需求是与商品销售价格所对应的消费者购买欲望和购买能力的统一。

需求表是指反映某种商品价格与该商品需求量之间关系的表格，如表6-1所示。把需求表的有关数据描绘在以需求量为横坐标、价格为纵坐标的平面坐标系上，就可以得出某种商品价格与该商品需求量之间关系的曲线，即为需求曲线，如图6-1所示。

某商品的市场需求表 表6-1

价　格	1	2	3	4	5
需求量	81	64	47	30	13

（二）影响商品需求的因素与需求函数

一般来说，影响商品需求的因素有：

（1）消费者的偏好。反映了消费者心理上对商品喜好程度的排序，从而影响其对该商品的需求。在同一时期，不同消费者对商品有不同偏好，同一消费者在不同时期偏好也存在很大差异。

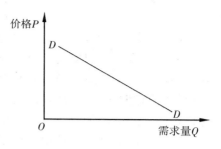

图 6-1　需求曲线

（2）消费者的收入水平。一般而言，当其他情况不变时，人们收入水平越高，对商品的需求也越多。因此，消费者的收入水平和社会收入分配情况，对市场需求有重要影响。

（3）该商品本身的价格。在其他情况不变的条件下，商品本身的价格与其需求量之间存在相当稳定的负相关关系，即两者之间存在反向变动的关系。

（4）相关商品的价格。商品之间关系有两种：一种为互补关系；另一种为替代关系。前者是指两种商品共同满足一种欲望，如车库和商品住宅，汽车和汽油；后者是指两种商品可以相互代替来满足同一种欲望，如普通商品住宅与经济适用住房，大米和面粉。两种互补商品之间，一种商品的需求与另一种商品的价格呈反向变动，如汽油价格上涨将导致人们使用汽车的费用增加，从而引起人们对汽车的需求减少。而两种替代商品之间价格与需求则呈同向变动。如小麦价格上涨，人们将减少对面粉的需求而增加对其替代商品大米的需求。

（5）消费者对商品未来价格的预期。消费者预期某种商品价格将上涨时，会增加当期对该商品的购买量。消费者预期某种商品价格上涨时，也会增加对其替代品的需求。

（6）其他因素。其他因素也会影响商品的市场需求，如城市化、人口因素、政府产业政策、消费政策等。一般来说，随着城市化水平的提高、家庭人口规模的减少、降低房地产交易税费等政策出台可以增加所在地区的房地产市场需求；反之则会有相反的结果。

将影响商品需求的各种因素作为自变量，需求量作为因变量，反映需求与各种影响因素关系的数学表达式即为需求函数，表示为：

$$D = f(x_1, x_2, x_3, \cdots\cdots, x_n) \tag{6-1}$$

式中　　　　　　　　D——需求量；

x_1，x_2，x_3，$\cdots\cdots$，x_n——影响需求的因素；

f——函数关系的记号。

设 Q_d 为人们对某商品的需求量，P 表示该商品的价格，若除 P 之外，其他影响需求的因素都不变，需求函数可表示为：

$$Q_d = f(P) \qquad\qquad (6-2)$$

（三）需求规律

需求规律是人们从大量经验资料中所观察到的商品需求量与其价格变化依存关系的规律。一般来说，在其他条件不变的情况下，某商品的需求量与该商品价格之间呈反方向变动，即需求量随商品本身价格的上升而减少，随商品本身价格的下降而增加。在需求曲线图上，需求曲线是一条自左上方向右下方倾斜的曲线。需求规律在理论上可用替代效应和收入效应的综合作用——价格效应来解释。价格效应是指当某商品的价格发生变动时，消费者需求量发生变动的现象。

替代效应是指一种商品价格发生变动，从而商品的相对价格发生变化，消费者在维持原有效用水平不变条件下对商品需求量做出的调整；收入效应是指由于商品价格变化引起消费者的收入相对变化而引起商品的购买量发生变化的现象。三者的关系为：

价格效应＝替代效应＋收入效应

一般而言，商品价格变动所产生的替代效应总是使得该商品的需求量与价格呈反方向变动，即价格下降，该商品的需求量增加；价格上升，则该商品的需求量下降。收入效应则根据商品的特点，需求量既可与收入同方向变动，也可与收入反方向变动。对于正常品而言，随着价格下降，使得消费者的收入相对增加，从而会增加该商品的需求量，因而与替代效应方向相同；而对于低档品而言，随着消费者收入的相对增加，会改用其他品质较高的商品，减少对低档品的需求，因而与替代效应方向相反，此时价格效应的方向取决于替代效应与收入效应的强度大小。例如，某商品价格下降后，由于收入效应相当大，消费者收入相对提高引起对该商品需求减少的数量超过替代效应所引起的需求增加的数量，导致事实上对该商品的需求量在其价格降低时反而减少，这类商品为不满足需求规律的"吉芬商品"。还有一些商品，由于消费者出于追逐"高雅"的心理选择消费，产生了所谓的"炫耀效应"，以至出现商品的价格越高，需求量反而越大的现象，如消费群体对品牌高档商品的追求、高收入阶层对高档住宅房地产的需求等。这些特殊商品都是不满足需求规律的例外。

（四）需求量的变化与需求的变化

需求量的变化是指在影响需求的其他因素不变的条件下，需求量在同一条需求曲线上随商品本身价格变化而发生的反方向变化，如图 6-2，价格从 P_1 下降到 P_2，需求量从 Q_1 上升到 Q_2。

需求的变化是指在商品本身价格不变的条件下，由于其他因素变化所引起的需求状况的变化。需求的变化表现为需求曲线的移动，见图 6-2，当收入增加后，需求曲线从 D_1 移动到 D_2。

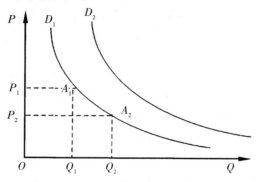

图 6-2　需求变动与需求量变动

二、供给及其变动

（一）供给、供给表与供给曲线

供给是指厂商在一定市场上和某一特定时期内，在每一价格水平上，愿意并且能够提供的商品数量。

供给表是以列表形式反映某种商品价格与该商品供给量之间关系的表格，见表 6-2。把供给表的有关数据描绘在以商品供给量为横坐标、价格为纵坐标的平面坐标系上，得出表示某种商品供给量与该商品价格之间关系的曲线，即为供给曲线，如图 6-3 所示。

某种商品的供给表　　　　　　　　　　　　　表 6-2

价格	1	2	3	4	5
供给量	4	16	28	40	52

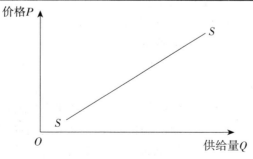

图 6-3　供给曲线

（二）影响商品供给的因素与供给函数

影响商品供给的主要因素有：

（1）商品本身的价格。在影响某种商品供给的其他因素既定不变的条件下，该商品的价格与其供给量之间存在正相关关系，即两者之间存在同向变动的关系。

（2）其他商品的价格。当某种商品价格不变，而另一种商品价格上涨，则厂商将减少对该种商品的供给，增加对另一种商品的生产。

（3）生产技术的变动和生产要素的价格。由于技术进步，或由于任何原因引起生产要素价格下降，都将使单位产品的生产成本下降，从而使得与任一价格对应的供给量增加。

（4）政府的政策。政府主要通过计划、管制、税收、转移支付、货币政策等对国家经济发展进行宏观调控，并影响厂商的生产决策和消费者选择。如政府增加对某种产品的课税将使该产品售价提高，在一定条件下会通过需求的减少使供给减少；反之，如政府为刺激消费，降低商品税负或给予补贴，使商品价格降低而增加需求，从而使供给增加。

（5）厂商对未来的预期。厂商预料商品价格将上涨时会增加对该商品的供给量，反之则减少对该商品的供给量。

将影响供给的各种因素作为自变量，将供给量作为因变量，那么反映供给随这些影响因素变化而变化对应关系的数学表达式即为供给函数，它可表示为：

$$S = \Psi(x_1, x_2, x_3, \cdots\cdots, x_n) \tag{6-3}$$

式中　　　　　　　　S——供给量；

x_1，x_2，$\cdots\cdots$，x_n——影响供给的因素；

Ψ——函数关系的记号。

设 Q_s 为某种商品的供给量，P 表示该商品的价格，若除 P 之外，其他影响供给的因素都不变，则供给函数可表示为：

$$Q_s = \Psi(P) \tag{6-4}$$

（三）供给规律

供给规律反映了商品本身价格与其供给量之间变化的依存关系。一般情况下在其他条件不变的情况下，商品的供给量与价格之间同向变动，即供给量随商品本身价格的上升而增加，随商品本身价格的下降而减少。在供给曲线图上，供给曲线是一条自左下方向右上方倾斜的曲线。

（四）供给量的变化与供给的变化

供给量的变化是指在影响供给的其他因素不变的条件下，供给量在同一条供给曲线上随商品本身价格变化而发生的同方向变化。供给的变化是指在商品本身价格不变的条件下，由于其他因素变化所引起的供给状况的变化。供给的变化表现为供给曲线的移动。

三、弹性理论

（一）需求弹性

需求弹性是指由于影响需求的诸因素发生变化后，需求量作出反应的程度。通常考察的是需求的价格弹性、需求的交叉弹性和需求的收入弹性。需求的价格弹性是指商品的需求量对商品本身价格变动的反应程度；需求的交叉弹性是指一种商品的需求量对于另外一种商品价格变动的反应程度；需求的收入弹性是指商品的需求量对于消费者收入变动的反应程度。这里，我们以需求的价格弹性为主进行讨论，而且在没有确指的情况下，需求弹性是指需求的价格弹性。

通常用需求价格弹性系数来表示需求弹性的大小。需求价格弹性系数是需求量变动率与价格变动率的比值。以 E_d 表示需求价格弹性系数，以 $\Delta Q/Q$ 表示需求量变动率，以 $\Delta P/P$ 表示价格变动率，则需求价格弹性系数的一般公式为：

$$E_d = \frac{\Delta Q/Q}{\Delta P/P} = \frac{\Delta Q}{\Delta P} \cdot \frac{P}{Q} \qquad (6-5)$$

1. 理解需求价格弹性和需求价格弹性系数的要点

（1）需求价格弹性是指价格变动所引起的需求量变动的程度，即需求量变动对价格变动的反应程度。价格是自变量，需求量是因变量。

（2）需求价格弹性系数是需求量变动率与价格变动率的比值，而不是需求量变动绝对量与价格变动绝对量的比值，这样可以排除计量单位的影响。

（3）需求价格弹性系数的数值可以是正值，也可以是负值，这取决于有关两个变量的变动方向。若它们同方向变动，则 E_d 为正值；反之，E_d 为负值。实际运用时，为方便一般都取其计算值的绝对值，E_d 的绝对值表示变动程度的大小。

（4）同一条需求曲线上不同点的需求价格弹性系数大小并不一定相同。

2. 需求价格弹性的分类范围

各种商品需求的价格弹性不同，为了揭示某种商品及其在某一价格的弹性高低，通常根据需求弹性系数绝对值的大小进行分类。

（1）$|E_d|=0$，表明无论价格如何变动，需求量都固定不变，始终有 $\Delta Q=0$。如以价格为纵坐标，需求量为横坐标（以下同），则需求曲线是一条垂直于横轴的直线。此时称需求完全无弹性，或称需求价格弹性为零。

（2）$|E_d|=\infty$，表明在价格既定的条件下，需求量可任意变动，需求曲线为一条平行于横轴的直线。此时称需求有完全价格弹性。

（3）$|E_d|=1$，表明价格每提高（或降低）一定比率，则需求量相应减少（或增加）相同的比率，其特征为 PQ 的乘积为定值，需求曲线为一条正双曲线，此时称需求为单一价格弹性。

（4）$|E_d|>1$，表明价格每提高（或降低）一定比率，则需求量相应减少（或增加）更大的比率，需求曲线比较平坦，此时称需求富有价格弹性。

（5）$1>|E_d|>0$，表明需求量变动比率的绝对值小于价格变动比率的绝对值，需求曲线比较陡峭，此时称需求缺乏价格弹性。

3. 影响需求价格弹性的因素

（1）商品的替代品数目和可替代程度。一般而言，如果商品的替代品数目越多，则该商品的需求越富有弹性。若该商品价格上涨（或下降），消费者就会减少（或增加）对该商品的购买量，而增加（或减少）对该商品替代品的购买量。因此，把一种商品的范围限定得越窄，它的替代品越多，其需求弹性也越大。如某开发商新开发的多层砖混结构商品住宅，它的替代品则包括其他开发商新开发的各种各样的商品住宅（其他结构的多层、低层或高层商品住宅等），以及市场上流通的各种商品住宅；但若所指的商品是开发商新开发的商品住宅，则其替代品为市场上流通的其他非新开发的商品住宅，所以前者的需求弹性大于后者。另一方面，如果某种商品有完全相近的替代品，则该商品的需求可能有完全弹性。如某开发商在某地段新开发的商品住宅，而其他多个开发商在该地段也有足够多的新开发的类似商品住宅，则该开发商只能按既定价格卖出他所愿意出售的商品住宅，若他试图提高价格出售其商品住宅，则消费者会选择购买其他开发商新开发的完全替代品。这从另一个角度阐述了房地产估价中的替代原理。

（2）消费者对某种商品的需求程度以及商品在消费者家庭预算中所占的比例。若商品是家庭生活的必需品，如柴、米、油、盐等，则它们的需求弹性通常很小，因为无论这些商品是否涨价，消费者都必须购买，而且它们在家庭开支中所占的比例也不大，因此它们价格的涨跌对每个家庭需求的影响都很小。若商品为奢侈品，则通常可有可无，因此需求弹性相对较大。同时，商品在消费者家庭预算支出中占的比例也影响到它们的需求弹性。对于那些占家庭支出比例较大的商品，如果它们的价格上涨，则对消费者的生活影响较大，因而需求量必然减少很多，所以它们的需求弹性也较大；反之则需求弹性相对较小。

（3）商品本身用途的多样性。某种商品的用途越多，其需求弹性越大。因为用途多的商品，当其价格发生变化时，会从多种途径影响到对它的需求。

（4）商品的耐用程度。商品越是耐用，需求弹性越小。因为消费者一旦购买耐用品，即使它们的价格下降，消费者也不会在短期内重新购置。

（5）时间的长短。需求弹性是时间的函数，会随时间的变化而变化。一般而言，时间越长，消费者和厂商越容易找到新的替代品，因而需求也越有弹性。

4. 需求的点弹性系数

前面定义的需求价格弹性系数是根据需求曲线两个点所代表的价格及其相应需求量的变化计算得出的，它代表的是需求曲线上两个点之间的一段弧弹性。而需求的点弹性系数（用 E 表示）是指需求曲线上任一点的弹性系数，它可以根据求弧弹性系数的方法再求极限得出：

$$E_d = \lim_{\Delta P \to 0} \frac{\Delta Q}{\Delta P} \cdot \frac{P}{Q} = \frac{dQ}{dP} \cdot \frac{P}{Q} \tag{6-6}$$

需要说明的是，一般来说一条需求曲线上的不同点的需求弹性是不一样的。如某房地产的需求曲线为 $Q = 80 - 5P$，市场价格 P 为 4 时，则市场需求量 $Q = 60$，此时需求的点弹性系数为：

$$E_d = \frac{dQ}{dP} \cdot \frac{4}{60} = -0.33$$

由于 E_d 为 -0.33 小于 1，说明房地产需求量与价格负相关。由于 E_d 的绝对值为 0.33，说明此时该房地产缺乏弹性；同理，当 $P = 8$ 时，$E_d = -1$，E_d 的绝对值为 1，此时该房地产具有单一价格弹性；如果继续提高房地产的价格，如 $P = 10$，则 $E_d = -1.67$，E_d 的绝对值为 1.67，此时该房地产富有弹性。

5. 需求的交叉弹性和需求的收入弹性

商品 X 对商品 Y 的交叉弹性系数计算公式为：

$$E_{XY} = \frac{\Delta Q_X / Q_X}{\Delta P_Y / P_Y} = \frac{\Delta Q_X}{\Delta P_Y} \cdot \frac{P_Y}{Q_X} \tag{6-7}$$

若 E_{XY} 大于 0，表示 X 的需求与 Y 价格同方向变动，两种商品互为替代品；E_{XY} 小于 0，表明 X 的需求与 Y 价格反方向变动，两种商品为互补品；E_{XY} 等于 0，则表明 X、Y 两种商品为不相关商品。

商品的收入弹性系数计算公式为：

$$E_1 = \frac{\Delta Q/Q}{\Delta I/I} = \frac{\Delta Q}{\Delta I} \cdot \frac{I}{Q} \qquad (6-8)$$

若 E_1 大于 0，表示商品为正常品；E_1 小于 0，表明商品为低档品；E_1 大于 1，则表明商品为奢侈品。

（二）供给弹性

供给弹性是指由于影响供给的诸因素发生变化后，供给量作出反应的程度。一般考察的是供给的价格弹性，通常用供给价格弹性系数来表示价格变动引起供给量变动的程度。供给价格弹性系数是供给量变动率与价格变动率的比值，以 E_s 表示。若以 $\Delta Q/Q$ 表示供给量变动率，以 $\Delta P/P$ 表示价格变动率，则供给价格弹性系数的一般公式为：

$$E_s = \frac{\Delta Q/Q}{\Delta P/P} = \frac{\Delta Q}{\Delta P} \cdot \frac{P}{Q} \qquad (6-9)$$

或

$$E_s = \lim_{\Delta P \to 0} \frac{\Delta Q}{\Delta P} \cdot \frac{P}{Q} = \frac{\mathrm{d}Q}{\mathrm{d}P} \cdot \frac{P}{Q} \qquad (6-10)$$

1. 理解商品的供给价格弹性和供给价格弹性系数的要点

（1）供给价格弹性是指价格变动所引起的供给量变动的程度，即供给量变动对价格变动的反应程度。价格是自变量，供给量是因变量。

（2）供给价格弹性系数是供给量变动率与价格变动率的比值，而不是供给量变动绝对量与价格变动绝对量的比值。

（3）供给价格弹性系数的数值一般都为正值，反映了供给量与价格同方向变动的供给规律，E_s 的值表示变动程度的大小。

（4）同一条供给曲线上不同点的供给价格弹性系数大小并不一定相同。

2. 供给价格弹性的分类

各种商品的供给价格弹性不同，为了揭示某种商品及其在某一价格的弹性高低，通常根据供给价格弹性系数值的大小进行分类。

（1）$E_s = 0$，这表明无论价格如何变动，供给量都固定不变，始终有 $\Delta Q = 0$。如以价格为纵坐标，供给量为横坐标（以下同），则供给曲线是一条垂直于横轴的直线。此时称供给完全无弹性，或称供给价格弹性为零。

（2）$E_s = \infty$，表明在价格既定的条件下，供给量可任意变动，供给曲线为一条平行于横轴的直线。此时称供给价格弹性无穷大，或称供给有完全弹性。

（3）$E_s = 1$，表明价格每提高（或降低）一定比率，则供给量相应增加（或减少）相同比率，此时称供给为单一弹性。对于点弹性而言，则表明过该点作供给曲线的切线必通过坐标原点。若供给曲线是以坐标原点为起始点的一条直线，则该供给曲线上任一点的价格弹性系数都是1。

（4）$E_s>1$，这表明价格每提高（或降低）一定比率，则供给量相应增加（或减少）更大的比率，供给曲线比较平坦，此时称供给富有弹性。

（5）$1>E_s>0$，在表明供给量变动率的绝对值小于价格变动比率的绝对值，供给曲线比较陡峭，此时称供给缺乏弹性。

3. 影响供给价格弹性的主要因素

与需求弹性有所不同，影响供给价格弹性大小的因素主要表现在两个方面：一是从厂商供应能力和产品生产周期方面考虑，时期长短是决定供给价格弹性大小的主要因素；二是从厂商生产产品的成本方面考虑，由于厂商供给一定量产品所要求的售价取决于产品的成本，所以产品的成本状况决定供给价格弹性的大小。

在极短的时间内，厂商能够提供给市场的产品量，仅限于已生产的产品存量，供给量无法随价格变动而变动，因此供给价格弹性为零。同样，对于生产周期较长的产品，即使价格上涨，在极短时期内也无法形成现实供给，因而影响供给价格弹性。如房地产建设周期一般较长，所以通常采用预售的办法形成现实供给，从而增加供给价格弹性。在短期内，厂商可通过利用现有固定资产而增加可变生产要素来扩大产量。在长期，各厂商则通过调整生产能力来扩大生产规模，同时，价格信号引导资源流向的作用，将使供给价格弹性增加，从而形成极短时期、短期、长期三种不同的供给曲线。

四、市场均衡

（一）市场均衡的概念

假定某种商品的需求状况和供给状况是已知和既定不变的，由于需求和供给在市场竞争中的共同作用，使消费者愿意购买的数量与厂商愿意供给的数量恰好相等，价格也不再有变动的趋势，此时称市场达到均衡，需求等于供给的数量为该商品的均衡数量，所对应的价格（需求价格等于供给价格）为该商品的均衡价格。如图6-4所示，E点所对应的P^*为均衡价格，Q^*为均衡数量。应当注意的是，均衡价格的形成即价格的决定，是在市场竞争的条件下由供求双方共同作用的结果。

（二）需求、供给的变化对均衡数量和均衡价格的影响

若供给不变，需求变化是由于价格以外其他因素变化引起的。当需求增加时，表现为需求曲线从原来位置向右上方移动，从而引起均衡数量增加、均衡价格上升；反之，当需求减少时，表现为需求曲线从原来位置向左下方移动，从而引起均衡数量减少、均衡价格下降。

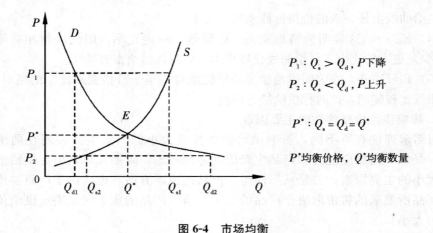

图 6-4　市场均衡

　　若需求不变，供给变化是由于价格以外其他因素变化引起的。当供给增加时，表现为供给曲线从原来位置向右下方移动，从而引起均衡数量增加、均衡价格下降；反之，当供给减少时，表现为供给曲线从原来位置向左上方移动，从而引起均衡数量减少、均衡价格上升。

　　当需求和供给同时变化时，均衡数量和均衡价格的变化视具体情况而定。假定需求曲线和供给曲线均为直线，当需求增加且供给也增加时，表现为需求曲线向右上方移动，供给曲线向右下方移动，均衡数量增加，而均衡价格可能上升，可能不升不降，也可能下降；当需求增加且供给减少时，表现为需求曲线向右上方移动，供给曲线向左上方移动，均衡价格上升，而均衡数量则可能增加，可能不增不减，也可能减少；当需求减少且供给增加时，表现为需求曲线向左下方移动，供给曲线向右下方移动，均衡价格下降，而均衡数量则可能增加，可能不增不减，也可能减少；当需求减少且供给也减少时，表现为需求曲线向左下方移动，供给曲线向左上方移动，均衡数量减少，而均衡价格则可能上升，可能不升不降，也可能下降。

第二节　消费者行为理论

一、效用

　　消费者决策是消费者行为理论的基本内容。所谓消费者决策是指消费者在既定的预算约束条件下，为使自己获得最大满足而作出的消费选择。消费者在消费某种商品时所获得的心理满足程度称为效用。效用取决于两种因素：一是由商品的自然属性所决定、具有满足人们某种需要的能力；二是人们在消费某种商品时对需要满足程度的主观感受。

效用的度量理论有基数效用论和序数效用论。

以基数形式研究消费者效用最大化的理论，称为基数效用论。该理论假设消费者能够用数字表示消费单个物品的效用大小，即以效用单位对消费者消费某一物品所获得的满足程度加以衡量；对于物品组合的消费，则假设每种物品的效用各自独立；效用可以比较、可以加总得到总效用。基数效用论采用的分析方法是边际效用分析法。

由于效用是人们的一种心理感受，不同消费者对消费同一物品所带来的满足程度不同，物品效用的大小缺乏客观标准，也不存在统一的判断尺度，完全取决于消费者本身的偏好。为了弥补基数效用论的不足，经济学家提出了序数效用论，即以序数形式研究消费者效用最大化的理论。该理论认为，尽管不能用效用单位去计算效用，但效用的大小是可以比较的。比如，消费者面对 A、B、C 三种商品，虽然不能具体说出 A、B、C 三种商品各有多少效用，但他却能明确表示出对三种商品不同喜好的排序。

二、边际效用分析

（一）总效用与边际效用

总效用（TU）是指消费一定数量商品所获得的总的满足程度。

边际效用（MU）是指消费某种商品每增加一个单位所获得的总效用的增加。设效用函数为：

$$TU=U（X_1，X_2，X_3，\cdots\cdots，X_m）\tag{6-11}$$

式中　　　　　　　　TU——总效用；

$X_1，X_2，X_3，\cdots\cdots，X_m$——消费者购买 m 种商品各自的数量；

U——效用函数记号。

则商品 X_i 的边际效用为：

$$MUX_i=\lim_{\Delta X_i \to 0}\frac{\Delta U}{\Delta X_i}=\frac{\partial U}{\partial X_i}\tag{6-12}$$

若消费者消费其他物品的数量不变，只考虑消费一种物品的变化所引起的效用变化，则式（6-11）可简化为：

$$TU=U（X）\tag{6-13}$$

此时有：

$$MU= \lim_{\Delta X \to 0} \frac{\Delta U}{\Delta X} = \frac{dU}{dX} \tag{6-14}$$

（二）边际效用递减规律

随着消费者在一定时间内对某种商品消费量的增加，他从每增加一单位商品的消费中所获得的效用增量呈逐渐递减的趋势，即消费者消费后一单位商品所获得的效用增量小于他消费前一单位商品所获得的效用增量。总效用有可能达到一个极大值，此时边际效用为零；若继续增加该商品的消费量，则会使边际效用为负值，从而减少总效用。这种在人们日常生活中普遍存在的现象，被称为边际效用递减规律。实际上，这也是经济学家通过考察和总结而提出的边际效用随消费某种物品数量而变化的理论命题。

边际效用递减规律可从两个方面解释。一是生理或心理的原因：随着消费某种物品的数量增多，人们在生理上得到的满足或在心理上产生反应的强烈程度逐渐减少。二是由于物品本身用途具有多样性，消费者往往会根据自己的主观偏好对不同用途按重要性进行分级，并根据其所能支配的物品数量按满足需要的重要性顺序进行消费，所以边际效用递减。

三、无差异曲线分析

（一）无差异曲线

无差异曲线是指消费者在消费多种商品（为简明直观起见，一般假定为两种商品）的不同数量组合时，能获得相同效用的曲线。无差异曲线上任一点所代表的两种商品的数量组合，给消费者带来的效用完全相同，因此无差异曲线又称为等效用曲线。图 6-5 为消费者消费 X_1 和 X_2 两种商品的无差异曲线（等效用曲线）。

无差异曲线主要有以下特点：

（1）无差异曲线是一条从左上方向右下方倾斜的曲线，斜率为负值。这说明在收入和商品价格既定的条件下，如果消费者要获得同等总效用，那么当他增加一种商品的消费时，必须同时减少另一种商品的消费。只是由于两种商品的价格不一定相同，因而一种商品增加而另一种商品减少的量不一定相同，但两种商品不能同时增加或减少。

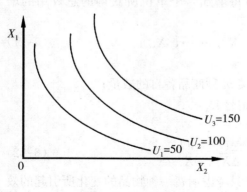

图 6-5   无差异曲线

（2）无差异曲线图的众多无差异曲线中，同一曲线上的各点代表相同的总效用，不同曲线代表不同的总效用。离原点越近的无差异曲线所代表的总效用越小；离原点越远的无差异曲线所代表的总效用越大。

（3）无差异曲线图上的任意两条无差异曲线不能相交。否则因为相交点上代表的总效用相同，从而与两条无差异曲线总是代表不同的总效用特征发生矛盾。

（4）无差异曲线凸向原点。

（二）边际替代率

边际替代率是指在保持消费者效用不变的前提下，增加某种商品（如 X）一单位的消费量所要减少的另一种商品（如 Y）的数量，称为商品 X 替代商品 Y 的边际替代率，记为 MRS_{XY}。

设效用函数为：

$$TU=U（X，Y）\tag{6-15}$$

由于在无差异曲线上总效用不随 X 与 Y 的变动而变动，因此有：

$$dTU=\frac{\partial U}{\partial X}dX+\frac{\partial U}{\partial Y}dY=0\tag{6-16}$$

从边际替代率本身的含义看，它可以用无差异曲线上任一点切线的斜率来描述，而该曲线上各点切线的斜率并不相同，因此无差异曲线上各点的边际替代率也不相同。由于无差异曲线斜率为负值，经济学中通常将无差异曲线斜率的负数值定义为商品 X 替代商品 Y 的边际替代率，它等于 X 的边际效用与 Y 的边际效用的比率。即：

$$MRS_{XY}=-\frac{dY}{dX}=\frac{\frac{\partial U}{\partial X}}{\frac{\partial U}{\partial Y}}=\frac{MU_X}{MU_Y}\tag{6-17}$$

根据边际效用递减规律，当增加商品 X 的消费时，X 的边际效用逐渐减少；而商品 Y 的消费量因商品 X 的增加而减少，故 Y 的边际效用增加，所以 X 替代 Y 的边际替代率（绝对值）呈逐渐递减的趋势，因而无差异曲线是一条凸向原点的曲线。

（三）预算线

无差异曲线与边际替代率只是反映消费者对两种商品不同数量组合的效用的评价，不能反映消费者实际能购买的商品数量以及从中能获得的效用，因为这些还与商品价格和消费者收入（通常假定它为全部用于购买商品的预期支出，这是实现效用最大化的必要条件）密切相关。假定商品的价格和消费者预期用于购买商品的支出是既定的，则消费者能购买到的商品的所有可能数量组合的集合，即为消费者预算线，也称为消费可能线或家庭预算线。在两种商品消费选择的条件下，预算线为商品 X 和 Y 所组成的坐标平面内的一条直线。

令 $X=0$，则 Y 等于消费者预期支出（M）与商品 Y 的价格（P_Y）的比值；设此点为 A 点，则 A 点的坐标为（0，M/P_Y），M/P_Y 表示消费者用其全部预算支出消费 Y 商品的数量。再令 $Y=0$，则 X 等于消费者预期支出（M）与商品 X 的价格（P_X）的比值；设此点为 B 点，则 B 点的坐标为（M/P_X，0），M/P_X 为消费者用其全部预算支出消费 X 商品的数量；连结 A、B 两点的直线即为消费者预算线。预算线可用下式表示：

$$M=P_X X + P_Y Y \tag{6-18}$$

或

$$Y=\frac{M}{P_Y}-\frac{P_X}{P_Y}X \tag{6-19}$$

即当消费者收入为 M 时，消费者选择两种商品 X 和 Y 的预算线为图 6-6。

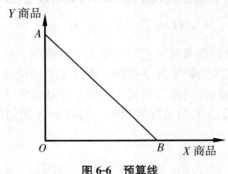

图 6-6　预算线

四、消费者均衡

（一）消费者均衡的概念

消费者均衡是指消费者在既定的收入状况下，将货币合理花费于各种消费品的组合，使消费者获得了最大的效用总量，此时消费者不再改变其购买各种消费品的数量，即消费者的决策行为已达到均衡状态。

研究消费者均衡的假设条件是：①消费者的嗜好与偏好是既定的；②消费者的收入是既定的，且假定消费者的收入全部用来购买消费品；③消费者拟购买的商品价格是既定的。在以上假设条件下，可分别采用边际效用分析法和无差异曲线分析法，得出相同的消费者均衡条件。

（二）边际效用分析法

实现消费者均衡的条件可通过在家庭预算支出约束条件下求解效用函数的极大值得出。即求解：

$$\mathrm{Max} U(X_1, X_2, X_3, \cdots\cdots, X_m)$$

$$s.t. \sum_{j=1}^{m} P_j X_j = M \qquad (6\text{-}20)$$

式中　P_j——第 j 种商品 X_j 的价格；

　　　m——商品种类的数目；

　　　M——消费者的既定总收入。

用拉格朗日乘数法求解可解得：

$$\frac{MUx_1}{P_1} = \frac{MUx_2}{P_2} = \cdots\cdots = \frac{MUx_m}{P_m} \qquad (6\text{-}21)$$

（三）无差异曲线分析法

在上述假设条件下，将无差异曲线图与预算线图合在同一坐标平面图中综合考虑。可以证明，一条预算线可以与多条无差异曲线相交，但能且只能与一条无差异曲线相切。如图6-7中既定的预算线 AB 与其中一条无差异曲线 U_2 相切于 E 点，E 点就是在既定收入约束条件下消费者能够获得最大效用水平的均衡点。在切点 E 上，无差异曲线 U_2 和预算线 AB 的斜率相等，由于无差异曲线斜率的绝对值可以用商品边际替代率 MRS_{XY} 来表示，预算线斜率的绝对值可用两种商品的价格之比 P_X/P_Y 来表示，所以有：

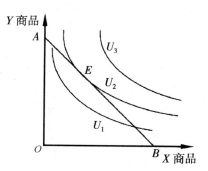

图6-7　消费者均衡

$$MRS_{XY} = MU_X / MU_Y = P_X / P_Y \qquad (6\text{-}22)$$

即：

$$\frac{MUx}{P_X} = \frac{MU_Y}{P_Y} \qquad (6\text{-}23)$$

若将商品数量扩展到 m 个，其价格分别是 P_1、P_2、$\cdots\cdots$、P_m，则可以得出式（6-21）相同的结论，即在消费者收入即定、商品价格不变条件下，消费者用全部收入购买的各种物品所带来的边际效用，与为购买这些物品所支付价格比例相等，或者说每单位货币所得到的边际效用都相等。

第三节 供 给 理 论

作为产品的生产者和商品的供给者，厂商是指在市场经济条件下为获取利润而从事生产的某个经济单位。供给理论是研究厂商行为的理论，包括从实物形态研究的生产理论和从货币形态研究的成本理论。

一、生产理论

生产理论主要是研究生产要素投入量与产出量之间关系的理论。

（一）生产与生产函数

生产是指厂商把各种生产要素作为投入品进行组合并转化成产品的过程。一般将生产中各种资源投入概括为劳动、土地、资本以及管理者才能等，统称为生产要素。生产函数是指在既定的生产技术条件下，对各种生产要素一定数量的组合与产品总产出量之间依存关系的数学描述。它的一般表达式为：

$$TP = P (Q_1, Q_2, \cdots\cdots, Q_n) = F (X_1, X_2, \cdots\cdots, X_m) \qquad (6\text{-}24)$$

式中：TP 为某个生产过程所生产的产品总产量；Q_1，Q_2，$\cdots\cdots$，Q_n 分别为 n 种产品各自的产量；X_1，X_2，$\cdots\cdots$，X_m 分别为 m 种生产要素各自的投入量。不妨假定投入的生产要素为劳动（L）和资本（K）两种，产出品为一种，则式（6-24）可表示为：

$$TP = Q = f (L, K) \qquad (6\text{-}25)$$

若再假定 K 固定不变，上式可进一步简化为：

$$Q = f (L) \qquad (6\text{-}26)$$

（二）可变比例与边际收益递减规律

在不同行业的生产中，各种生产要素的配合比例是不同的。若生产某种产品所需要的各种生产要素的比例不可改变，则该生产函数称为固定比例生产函数；若生产某种产品所需要的各种生产要素的比例可以改变，则该生产函数称为可变比例生产函数。

1. 总产量、平均产量、边际产量

假定生产中所投入的各种生产要素除一种为可变要素外，其他要素的投入固定不变，这种可变比例生产函数，反映的是产量与可变要素投入之间的关系。在上述假定条件下，总产量是指一定的可变要素投入与固定要素投入组合所生产的全部产量。平均产量指每单位可变要素平均生产的产量。边际产量指可变生产要素每增加一个单位所增加的产量。它们可用公式表示为：

$$TP = AP \cdot X \tag{6-27}$$

$$AP = TP/X \tag{6-28}$$

$$MP = \Delta TP/\Delta X \tag{6-29}$$

式中　TP——总产量；

　　　AP——平均产量；

　　　MP——边际产量；

　　　X　——某种可变要素的投入量。

2. 边际收益递减规律

边际收益递减规律是指在技术水平不变的条件下，若其他要素固定不变，而不断增加某种可变要素的投入，开始会使总产量增加，并且边际产量递增；当可变要素增加到一定限度后，虽然总产量继续增加，但边际产量递减；超过了一定界限继续增加可变要素的投入，将使总产量减少。即可变生产要素投入增加所引起的产量（或收益）的变化可以分为边际产量递增、边际产量递减、总产量减少三个阶段。因此，生产要素存在合理的投入界限。

设资本等要素投入固定不变，随着劳动量投入的增加，最初总产量、平均产量和边际产量都是递增的，但各自增加到一定程度之后就分别递减。总产量曲线、平均产量曲线和边际产量曲线均表现出先升后降的特征。

当劳动要素的投入增加到一定量时，边际产量将达到最大值。此前，边际产量曲线的斜率为正，边际产量递增；超过此点，边际产量曲线的斜率变为负，边际产量递减；而在该点的对应处，总产量曲线上的点为该曲线由向上凸转为向下凹的拐点。

继续增加劳动要素的投入，边际产量曲线将在平均产量曲线的最高点与之相交，此时边际产量等于平均产量（$MP = AP$），平均产量达到最大值。此前，平均产量递增，边际产量大于平均产量（$MP > AP$）；超过此点后，平均产量递减，边际产量小于平均产量（$MP < AP$）。

当劳动投入增加到使边际产量为零时，总产量达到最大值。此后边际产量为负，总产量将绝对减少。

作为理性的厂商，其决策选择既不会考虑第Ⅰ阶段（$MP > AP$），也不会考虑第Ⅲ阶段（$MP < 0$），而会在第Ⅱ阶段（$0 \leqslant MP \leqslant AP$）进行选择。在第Ⅰ阶段，增加劳动投入会增加平均产量，若要素和产品价格不变且产品总可以销售出去时，增加平均产量则会增加厂商利润，厂商至少会将可变要素（劳动量）增加到使边际产量等于平均产量时为止。而在第Ⅲ阶段，由于边际产量为负，总产量绝对减少，因而厂商也不会选择，见图6-8。

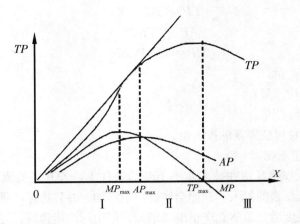

图 6-8   总产量、平均产量与边际产量曲线图

（三）等产量曲线分析与投入量的最优组合

1. 等产量曲线

现考虑式（6-27）所表示的生产函数，生产产品 Q 所需投入的生产要素为劳动（L）和资本（K）两种，这两种要素都可以变动，而且可以相互替代。在上述假定条件下，等产量曲线是指这两种生产要素投入的不同数量组合所能获得相同产量的生产函数曲线，如图 6-9 所示。

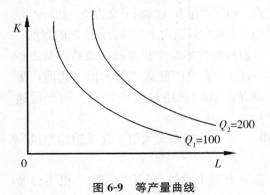

图 6-9   等产量曲线

等产量曲线与消费者均衡分析中的无差异曲线具有类似的几何特征，所不同之处在于：无差异曲线表达的是消费者对两种消费品效用的主观评价；等产量曲线表达的是要素投入组合与产出量之间的纯技术关系，每条等产量曲线代表一定数量的产品，等产量曲线上每一点所代表的两种要素数量组合都是有效率的。

等产量曲线主要有以下特点：

（1）等产量曲线是一条从左上方向右下方倾斜的曲线，斜率为负值。这说明如果厂商要生产出一定数量的产品，那么当增加一种要素的投入时，必须减少另一种要素的投入。只是一种要素增加而另一种要素减少的量不一定相同，但两种要素不能同时增加或者一种要素固定不变而另一种要素增加，这不符合两种要素数量组合有效率的要求。而两种生产要素同时减少，则不能保持相等的产量水平。

（2）等产量曲线图的众多等产量曲线中，同一曲线上的各点代表相同的产量，不同曲线代表不同的产量。等产量曲线按产量大小顺序排列，离原点越近的等产量曲线所代表的产量越小；离原点越远的等产量曲线所代表的产量越大。

（3）等产量曲线图中的任意两条等产量曲线不能相交。否则因为相交点上代表的产量相同，从而与两条等产量曲线总是代表不同产量的特征相矛盾。

（4）等产量曲线凸向原点，它表示随着一种生产要素投入的增加，每增加一单位，所能替代的另一种生产要素的数量将逐渐减少。这是由边际技术替代率递减规律所决定的。

2. 边际技术替代率

边际技术替代率是指在等产量曲线上两种生产要素相互替代的比率。它表示增加一单位某种生产要素（如 L）的投入量所能替代的另一种生产要素（如 K）的数量，称为要素 L 替代要素 K 的边际技术替代率，记为 $MRTS_{LK}$。

设生产函数为：

$$Q = f(L, K) \qquad (6\text{-}30)$$

由于在等产量曲线上产量不随 L 与 K 的变动而变动，因此有：

$$dQ = \frac{\partial f}{\partial L} dL + \frac{\partial f}{\partial K} dK = 0 \qquad (6\text{-}31)$$

边际技术替代率可以用等产量曲线上任一点切线的斜率来描述，而该曲线上各点切线的斜率并不相同，因此等产量曲线上各点的边际替代率也不相同。由于等产量曲线斜率为负数，经济学中通常将等产量曲线斜率的负数值定义为一种要素替代另一种要素的边际技术替代率，它等于两种要素的边际产量的比率。即：

$$MRTS_{LK} = -\frac{dK}{dL} = \frac{\dfrac{\partial f}{\partial L}}{\dfrac{\partial f}{\partial K}} = \frac{MP_L}{MP_K} \qquad (6\text{-}32)$$

当增加要素 L 的投入，L 的边际产量呈递减趋势；同时随着要素 K 投入量的减少，K 的边际产量逐渐增加，要素 L 替代 K 的边际技术替代率（绝对值）呈逐渐递减趋势，故等产量曲线是一条凸向原点的曲线。

3. 等成本线

等产量曲线反映生产一定量的产品可以选择的两种生产要素可能的数量组合，但同一条等产量曲线上的不同要素组合，可能会有不同的成本支出。生产者

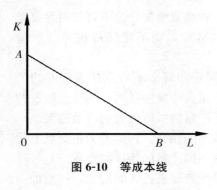

图 6-10　等成本线

在一定时期内能够用于生产某一产品的成本支出是有限的，因此生产要素的组合受成本因素的约束。等成本线又称企业预算线，它是指在生产要素价格既定的条件下，生产者以一定量的费用支出所能购买到的两种生产要素所有可能数量组合的集合。在 L 和 K 两种生产要素选择的条件下，等成本线为要素投入量 L 和 K 所组成的坐标平面内的一条直线，如图 6-10 所示。

令劳动投入量 $L=0$，则资本量投入量 K 等于厂商预期总支出（C）与要素 K 的价格（P_K）的比值。设此点为 A 点，则 A 点的坐标为（0，C/P_K）。再令 $K=0$，则劳动投入量 L 等于厂商预期总支出与要素 L 的价格（P_L）的比值。设此点为 B 点，则 B 点的坐标为（C/P_L，0）。连接 AB 两点的直线即为等成本。等成本线可用下式表示：

$$C = P_L \times L + P_K \times K \tag{6-33}$$

或

$$K = \frac{C}{P_K} - \frac{P_L}{P_K} L \tag{6-34}$$

4. 投入量的最优组合

由于等产量曲线和等成本线分别与无差异曲线和预算线的几何特征类似，因此可用与消费者均衡相同的分析方法，将等产量曲线图和等成本线合并在同一坐标平面图内进行综合考虑。在要素价格既定的条件下，等产量曲线与等成本线的切点为成本一定时产量最大（或者产量一定时成本最小）的要素投入量最优组合，即该切点 E 为满足厂商均衡条件的点，如图 6-11 所示。该切点既是等产量曲线上的点，又是等成本线上的点，同时满足式（6-34）和式（6-32），所以有：

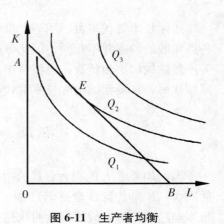

图 6-11　生产者均衡

$$MRTS_{LK} = -\frac{dK}{dL} = \frac{MP_L}{MP_K} = \frac{P_L}{P_K} \tag{6-35}$$

或

$$\frac{MP_{\text{L}}}{P_{\text{L}}} = \frac{MP_{\text{K}}}{P_{\text{K}}} \tag{6-36}$$

由此可知，厂商均衡条件为：花费单位货币购买的生产要素所得的边际产量均相等，此时厂商的成本支出一定时可获得最大产量，或者产量一定时成本支出最少。同样，以生产函数式（6-32）为目标函数，成本函数式（6-35）为约束条件，用拉格朗日乘数法求目标函数的极值，可以得出与式（6-36）相同的厂商均衡条件。

（四）生产规模与规模报酬

生产规模是指一定量生产要素投入所能获取的最大产出量。当只有一种生产要素为可变生产要素，其他生产要素为固定投入要素时，生产规模由固定投入要素的规模所决定。而当所有生产要素都增加或减少时，生产规模则发生扩大或缩小的相应变化。

规模报酬是指在技术水平不变的条件下，当各种生产要素按相同比例增加，即生产规模扩大时产量变化的情况。规模报酬存在递增、不变和递减三个阶段。即随着生产规模的扩大，最初会使产量增加的倍数大于生产规模扩大的倍数；当规模扩大使生产达到规模经济后，规模报酬保持不变；继续扩大生产规模并超过一定限度后，则会使产量的增加倍数小于生产规模的扩大倍数，规模报酬出现递减。

设生产函数为齐次函数：

$$Q = f(X_1, X_2, \cdots\cdots, X_m) \tag{6-37}$$

同时假定生产出特定产量所需的要素也是确定的，即满足：

$$Q^* = f(X_1^*, X_2^*, \cdots\cdots, X_m^*) \tag{6-38}$$

则将每个要素变量都乘以正实数 t 时有：

$$t^k Q^* = f(tX_1^*, tX_2^*, \cdots\cdots, tX_m^*) \tag{6-39}$$

若 t^k 大于 t，则规模报酬递增；若 t^k 等于 t，则规模报酬不变；若 t^k 小于 t，则规模报酬递减。当生产要素价格固定不变时，规模报酬递增、不变、和递减分别对应于平均成本递减、不变和递增。

（五）生产可能性曲线与最大收益产量组合

1. 生产可能性曲线和边际转换率

生产可能性曲线是指在技术水平既定的条件下，投入的资源都能得到充分利用时所生产的各种商品最大可能的数量组合。为分析简便，不妨设 X、Y 分别为一定量的资源投入所生产的两种商品，则生产可能性曲线为由商品 X、Y 的产量

X、Y 所组成的平面中一条从左上方向右下方倾斜、并凹向原点的曲线。这表示每增加一单位 X 商品的产量所要减少的 Y 商品的产量（绝对值）是随 X 商品的增加而递增的，其原因在于增加 X 商品的产量，必然要将原来用于生产 Y 商品的一部分资源转而用于 X 商品的生产，因此使 X 商品生产的边际产量递减，而 Y 商品生产的边际产量递增，从而使 X 商品增产的机会成本（或称 Y 转产为 X 的边际转换率，记为 MRT_{XY}）增加。

从边际转换率的含义看，它可以用生产可能性曲线上任一点切线的斜率来描述，经济学中通常将生产可能性曲线斜率的负数值定义为边际转换率，用公式表示为：

$$MRT_{XY} = -\frac{dY}{dX} \qquad\qquad (6\text{-}40)$$

2. 等收益线与最大收益产量组合

等收益线是指在 X、Y 两种商品的价格既定时，能获得相同销售收入的两种商品的各种数量组合。设商品 X、Y 的价格分别为 P_X 和 P_Y，销售收入为 R，则等收益线可用公式表示为：

$$R = XP_X + YP_Y \qquad\qquad (6\text{-}41)$$

显然，当 P_X、P_Y、R 均为常数时，等收益线为 X、Y 平面内一条由左上方向右下方倾斜的直线，其斜率的负值等于商品 X、Y 两种商品价格的比率。即：

$$-\frac{dY}{dX} = \frac{P_X}{P_Y} \qquad\qquad (6\text{-}42)$$

不难得知，只有在生产可能性曲线与等收益线相切的切点上，边际转换率与等收益线的斜率相等。因此，在该点上的两种商品的数量组合是生产可能性曲线上可以获得最大销售收入的产量组合。

二、成本理论

（一）经济学中的成本概念

人们在日常生活中所说的成本往往是"会计成本"，即厂商在生产经营过程中作为成本项目计入会计账目的各项费用支出总和，包括工资、原材料、动力、运输等所支付的费用，以及固定资产折旧和借入资本所支付的利息等。

经济学中的成本概念不同于会计成本，是指厂商生产经营活动中所使用的各种生产要素的支出总和，称为"经济成本"。经济成本除了会计成本，还包括未计入会计成本中的厂商自有生产要素的报酬。这种报酬通常以企业"正常利润"的形式出现，主要补偿企业主自有资本投入应获的利息、企业主为企业提供劳务应得的薪金等。在经济分析中，正常利润被作为成本项目计入产品的经济成本之内，又被称为"隐成本"。它是组织生产所必须付出的代价，也可理解为生产经营过程中使用自有生产要素的机会成本。与此相应，会计成本也被称作"显成本"。经济成本等于显成本与隐成本之和。本章以下若无特别指明，成本的概念均指经济成本。当商品的销售收入正好能补偿经济成本时，厂商获得了正常利润。若销售收入超过经济成本，则厂商可获得超过正常利润的经济利润，即超额利润。以上各种含义的成本及利润的相互关系可用以下关系式表示：

$$经济成本 = 会计成本（显成本） + 隐成本 \tag{6-43}$$

$$经济利润 = 销售收入 - 会计成本 - 隐成本 \tag{6-44}$$

（二）成本分析

在成本分析中，主要是区分总成本、平均成本和边际成本，明确它们之间的关系，同时还要分清短期成本和长期成本。

1. 总成本、平均成本和边际成本

总成本（TC）是指厂商在一定时期内生产一定量产品所需的成本总和，它随产量的增加而增加。在短期，即在生产规模既定的条件下，厂商不能根据它所要达到的产量调整其全部生产要素，因此短期总成本（STC）可分为固定成本（FC）与可变成本（VC），计算公式为：

$$STC = FC + VC \tag{6-45}$$

其中固定成本是指厂商在短期内必须支付厂房、设备等不能调整的生产要素的费用。固定成本不随产量变动而变动，即使不生产也必须承担这些费用。可变成本是指厂商在短期内所需支付的原材料、燃料、劳动投入等可调整生产要素的费用。可变成本是随产量变动的成本。而在长期，厂商可以根据其预期的产销量对生产规模进行调整，即包括固定成本在内的一切成本项目都可以变动，因而长期成本中不存在固定成本与可变成本的区别。

平均成本（AC）是指生产单位产品平均所需的成本。平均成本有短期平均成本（SAC）和长期平均成本（LAC）。

边际成本（MC）是指厂商每增加一单位产量所增加的总成本。边际成本也有短期边际成本（SMC）和长期边际成本（LMC）。

2. 短期成本的变动规律及其相互关系

（1）固定成本、可变成本与总成本

固定成本在以产量为横坐标、成本为纵坐标的坐标平面中为一条与横坐标平行的直线。

可变成本的变动规律是：随着可变要素投入量的增加，产量逐渐增加，但由于最初固定生产要素与可变生产要素未得到充分利用，因此可变成本的增加率大于产量的增加率；以后随着固定生产要素与可变生产要素逐渐得到充分利用，从而使可变成本的增加率小于产量的增加率；当可变要素和产量增加到一定数量后，由于边际收益递减规律的作用，因而使可变成本的增加率又大于产量的增加率。

总成本变动规律与可变成本相同，将可变成本曲线向上平移一段等于固定成本的垂直距离即为总成本曲线。

（2）平均固定成本、平均可变成本与平均成本

由于固定成本与产量变化无关，因此平均固定成本（AFC）随产量增加而持续递减。它的变动规律是开始减少的幅度很大，以后减少的幅度越来越小。

平均可变成本（AVC）变动的规律是，随着可变要素投入和产量的增加，生产要素的效率逐渐得到充分发挥，因而平均可变成本减少；但当产量增加到一定程度后，平均可变成本由于边际收益递减规律的作用而增加；因此平均可变成本曲线呈"U"形。

平均成本（SAC）变动的规律是由平均固定成本和平均可变成本共同决定的。当产量增加时，平均固定成本迅速下降，且平均可变成本也在下降，因此平均成本迅速下降；随着产量进一步增加，平均固定成本越来越小，它对平均成本变动的影响已不重要，所以此后平均成本与平均可变成本的变动规律接近，即平均成本随产量增加而下降的幅度趋缓；当产量增加到一定程度之后，平均成本随产量的增加而增加；因此平均成本曲线也呈"U"形。

（3）边际成本、平均成本与平均可变成本

边际成本（SMC）的变动规律是：边际成本最初随产量的增加而减少，当产量增加到一定程度时则随产量的增加而增加，因此，边际成本曲线也是一条先下降而后上升的"U"形曲线（见图6-12）。

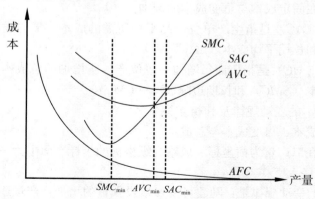

图6-12   成本项目的关系

当边际成本曲线 SMC 位于平均成本曲线 SAC 下方时，SAC 曲线处于递减阶段；当 SMC 曲线位于 SAC 曲线上方时，SAC 曲线处于递增阶段；当 SMC 曲线与 SAC 曲线相交时，交点为 SAC 曲线的最低点，此时所对应的产量为平均成本最低时的产量。在总成本曲线 STC 上与该点所对应点的切线，正好通过原点。进一步的分析可得知，该点又称收支相抵点，此时价格与平均成本和边际成本相等，即 $P=SMC=SAC$，厂商的成本等于收益。

需要指出的是，边际成本从递减转入递增恰好与边际产量从递增转入递减相对应，边际成本曲线的最低点正好对应于边际产量由递增转为递减的转折点，也对应于总成本曲线或可变成本曲线由向下凹转为向上凸的转折点。

3. 长期成本分析

（1）长期总成本

长期总成本（LTC）是长期中生产一定量产品所需要的成本总和。长期总成本随产量的增加而增加。在开始生产时，需要投入大量生产要素，而这些生产要素最初无法得到充分利用，因此成本增加的比率大于产量增加的比率；当产量增加到一定程度后，生产要素开始得到充分利用，因而成本增加的比率小于产量增加的比率；最后，由于规模收益递减规律的作用，又使成本增加的比率大于产量增加的比率。

（2）长期平均成本

长期平均成本（LAC）是长期中生产每单位产品的平均成本。在长期中，生产者可根据它所要达到的产量选择合适的生产规模，即根据既定规模的平均成本曲线（SAC）进行选择，从而使平均成本达到最低。假设可供厂商选择的生产规模的数目非常多，即短期平均成本曲线也非常多，因此由相邻两条 SAC 曲线的交点下面部分所形成的长期平均成本曲线弧的距离越来越短。若设想规模可无限细分，则短期平均成本曲线有无数条，因而长期平均成本曲线就是一条与这无数条短期平均成本曲线相切的曲线，即短期平均成本曲线的包络曲线。长期平均成本曲线一般也呈"U"形，但该曲线无论在下降还是在上升时都比较平坦，这说明长期平均成本无论是减少还是增加的变动都比较缓慢。

（3）长期边际成本

长期边际成本（LMC）是在长期中每增加一单位产品所增加的成本。长期边际成本也是随着产量的增加先减少而后增加的，因此，长期边际成本曲线也呈"U"形，只是它比短期边际成本曲线平坦一些。LMC 与 LAC 的关系和 SMC 与 SAC 的关系一样，当 LMC 曲线位于 LAC 下方时，LAC 曲线处于递减阶段；当 LMC 曲线位于 LAC 曲线上方时，LAC 曲线处于递增阶段；当 LMC 曲线与 LAC

曲线相交时，交点为 LAC 曲线的最低点，此时有 LMC 等于 LAC。

4. 利润最大化原则

（1）总收益、平均收益与边际收益

总收益（TR）是指厂商销售一定量产品所得到的全部收入，总收益等于产品价格与销售量的乘积。

平均收益（AR）是厂商销售一定量产品时平均每一单位产品所得到的收入。

边际收益（MR）是指每增加一个单位的产品销售量所增加的总收益。

在完全竞争的市场中，有平均收益＝边际收益＝产品的价格。但在其他市场结构中，价格与产量的变动有关，因此收益变动的规律有所不同。

（2）利润最大化原则

经济学中的利润是指经济利润（π），它是总收益与总成本（经济成本）的差额。用公式表示为：

$$\pi = TR - TC \tag{6-46}$$

当 π 为正值时，表示厂商不仅获得正常利润，而且还获得超额利润；当 π 为负值时，表示厂商出现亏损，投入的生产要素不能全部获得补偿；当 π 为零时，表示收支相抵，厂商可获得正常利润。由于总收益和总成本都是产量 Q 的函数，故利润也是 Q 的函数，所以 π 对 Q 的一阶导数为零，是厂商实现利润最大化的必要条件。此时有：

$$MR = MC \tag{6-47}$$

即边际收益等于边际成本是厂商经营决策的利润最大化原则（或亏损最小条件）。

第四节　市　场　理　论

在消费者行为理论中，我们假定消费者收入与消费品价格已知和既定，分析了消费者在既定收入的约束条件下，如何选择购买各种消费品的组合以获得最大的效用。而在供给理论中，我们假定生产技术和生产要素的价格已知和既定，分析了厂商如何选择各种要素的最优组合，使花费既定成本时能获得最大的产出量（或产量既定时能花费的成本最少）。在以上理论中厂商提供给消费者购买的商品价格被假定为已知和既定的，那么，作为商品的价格和产量是如何决定的呢？本节将以上理论结合起来并根据不同的市场结构进行分析，研究消费者和厂商之间的交易行为如何共同决定产品市场的价格和产量，统称为市场理论。

一般地市场结构分为四种类型：完全竞争市场、完全垄断市场、垄断竞争市场和寡头垄断市场，不同的市场结构对产品价格和产量的决定有不同的影响。

一、完全竞争市场上价格与产量的决定

（一）完全竞争市场的含义

同时具备以下四个条件的市场结构称为完全竞争市场：

（1）市场上有足够多的生产者和消费者。满足这一条件，则单个生产者（或消费者）增减其供给（或需求）对市场价格的形成难以产生影响，市场价格由众多生产者和消费者的行为共同决定。任何一个生产者（或消费者）都是价格的接受者，而不是价格的决定者。

（2）市场上的产品是同质的。即对消费者而言，所有生产者的产品具有相互完全替代的性质，因此如果某个生产者哪怕稍微提高其产品的售价，所有消费者则不会购买他的产品而转向购买他的竞争者的产品。当所有生产者的产品售价都相同时，消费者随机购买不同生产者的产品。

（3）资源完全自由流动。完全竞争市场意味着资源可自由进入和流出，不存在任何障碍阻止资源的流动，不存在行业堡垒，生产要素可以根据市场需求的变化在不同行业间自由流动。

（4）信息是完全的。即生产者和消费者对有关市场的信息具有完全的知识，双方关于市场的信息是对称的，他们都可以迅速获取完整的市场信息并作出正确决策，因此在交易中不存在欺诈和不公平。

（二）完全竞争市场上的需求曲线、平均收益和边际收益

在完全竞争市场上，一个行业产品的市场价格由该行业产品的供给与需求状况所决定。对单个厂商而言，当行业产品的市场价格决定之后，这一价格是既定的，与他改变产量的个别行为无关。因此单个厂商所面对的需求曲线，是一条与横轴（产量）平行且距离等于产品市场价格的平行线，市场对单个厂商产品的需求有完全弹性。

对单个厂商而言，由于产品的市场价格既定不变，因此平均收益、边际收益和产品市场价格均相等，所以平均收益曲线、边际收益曲线和需求曲线相互重合，表现为同一条曲线。

（三）完全竞争市场上的短期均衡

在短期，由于生产规模既定，厂商不能根据市场需求调整其全部生产要素，整个行业的厂商个数也相对稳定，因此整个行业中的产品可能出现供不应求或供过于求的状况。

对单个厂商而言，按利润最大化原则决定产品的产量，厂商均衡条件是边际收益等于边际成本。当整个行业的产品供不应求因而市场价格高时，厂商均衡可

能实现超额利润；当整个行业的产品供需平衡时，厂商均衡可实现正常利润（超额利润为零）；当整个行业的产品供大于求因而市场价格低时，厂商可能亏损，厂商均衡可使亏损最小。当市场价格降低到使厂商产品的需求曲线（也是 MR 曲线）正好与边际成本曲线 MC 和平均可变成本曲线 AVC 的交点相交时，表示厂商的总收益恰好可以收回全部可变成本，而固定成本不能得到任何补偿，所以此点为厂商短期均衡的停止营业点。如市场价格更低，则厂商生产时的亏损更大，因此厂商将终止生产。

（四）完全竞争市场上的长期均衡

从长期看，各个厂商都可以根据市场价格调整资源配置和生产规模来调整产量和产品的生产成本，或者通过自由进出某个行业，从而改变整个行业的供给状况和市场价格。当整个行业的产品供不应求因而价格高时，各厂商都会扩大生产，其他厂商也会加入该行业进行生产，从而使整个行业的产品供给增加，导致价格水平降低；当整个行业的产品供过于求因而价格低时，各厂商会减少生产，一些厂商也会退出该行业，从而使整个行业的产品供给减少，导致价格水平提高。通过完全的市场竞争，将使整个行业达到供求均衡，单个厂商既不可能继续获得超额利润，也不可能继续出现亏损，厂商的产量也不再调整，从而实现了长期均衡。此时有：$MR = MC = AR = AC$。

当实现长期均衡时，长期均衡点就是收支相抵点，此时收益等于成本，各厂商只能获得正常利润。其次，在该均衡点上有平均成本等于边际成本，这表明在完全竞争的市场条件下，厂商按长期均衡点所决定的均衡产量进行生产，可以实现成本最小化。也就是说，厂商在均衡点上以最小的成本实现了最大的利润，从而使生产要素得到了最有效的利用。

二、完全垄断市场上价格与产量的决定

（一）完全垄断市场的含义

完全垄断简称垄断，是指整个行业的市场完全处于独家厂商的控制之下，是一种没有任何竞争、由一家厂商控制某种产品的市场结构。

完全垄断市场的特征是：某产品市场只有唯一的生产者，该类产品没有相近的替代品，且该生产者能够排斥竞争者进入此行业，因此他能够控制这类产品的供给，从而控制此类产品的售价。

形成完全垄断的主要原因有：一是政府对某些行业实行直接控制。通常表现为政府对关系到国民经济全局的重要行业、影响居民日常生活的公用事业等实行垄断。二是政府赋予厂商在某一行业具有特许经营权。三是具有高效生产规模的

一家厂商即能提供足以满足全部市场需求的产量，其他厂商进入只会出现亏损。四是厂商独家控制了某些特殊的自然资源或矿藏，从而对需要这些资源进行生产的产品形成垄断。五是厂商的技术创新和产品创新受到法律所赋予的专利权保护等。

（二）完全垄断市场上的需求曲线、平均收益和边际收益

在完全垄断市场上，一个行业的产品由独家厂商来供给。因此，单一厂商产品的需求曲线也就是整个行业的需求曲线，此时需求曲线是一条表明需求量与价格呈反向变动、由左上方向右下方倾斜的曲线。

在完全垄断市场上，单位产品的售价等于厂商的平均收益，因此平均收益曲线与需求曲线重合。当产品销售量增加时，价格会下降，从而引起边际收益下降，所以边际收益小于平均收益，边际收益曲线是一条在平均收益曲线之下向右下方倾斜的曲线。

（三）完全垄断市场上的短期均衡

在完全垄断市场上，虽然具有垄断地位的厂商可以通过对产量和价格的控制来实现利润最大化，但同时也受市场需求的制约，所以厂商仍按边际收益等于边际成本的原则确定产量。当产量决定之后，短期内由于生产规模既定，厂商难以按完全适应市场需求变动进行调整，因此仍可能出现供不应求或供过于求的状况，所以短期均衡时同样可能出现厂商获得超额利润、正常利润、出现亏损等三种情况。完全垄断市场上短期均衡的条件是：$MR = MC$。

（四）完全垄断市场上的长期均衡

在长期，厂商可以通过调节产量与价格实现利润最大化。厂商长期均衡的条件是边际收益与长期边际成本和短期边际成本都相等，即 $MR = LMC = SMC$。

三、垄断竞争市场上的厂商均衡

（一）垄断竞争市场的含义

完全竞争与完全垄断是两种极端的市场结构，而绝大多数行业既包含竞争因素也包含垄断因素。垄断竞争是仅与完全竞争的第二个条件不同，而与其他条件都相同的一种市场结构，即各厂商的产品不同质，存在一定的差别。这些差别主要表现在产品的质量、款式、颜色、包装、品牌以及销售条件等方面的不同，从而对消费者产生不同的心理效果，因此每一种有差别的产品都能以自身特色在一部分消费者中形成垄断地位，故每个厂商对自己的产品都享有一定排斥其竞争者的垄断权利。同时，产品差别又是指同一种产品之间的差别，因此他们之间又有很高的替代性，从而又会引起竞争。此外，垄断竞争市场具有众多的生产者和消费者，加上资

源可自由流动和信息畅通，所以垄断竞争行业十分接近于完全竞争行业。

（二）垄断竞争市场厂商的产品需求曲线

在垄断竞争市场上，厂商面临两条需求曲线。当某一厂商改变自己的产品价格，而同行业中与他竞争的厂商并不随之改变产品价格时，该厂商的销售量将大幅度变动，因此这条需求曲线比较平坦，表示该厂商的产品价格稍有变动，则需求量变化很大。这说明当其他厂商的产品价格不变而该厂商降低（或提高）其产品价格时，消费者会减少（或增加）对其他厂商产品的需求。当某一厂商改变自己产品的价格，而同行业中与他竞争的厂商也随之改变产品价格时，则该厂商的销售量将只有少量变动，此时该厂商的降价行为并不能吸引其竞争者原有的顾客，只是因为自己产品的降价而增加了需求，所以这条需求曲线相对比较陡峭。

（三）垄断竞争市场上的短期均衡

垄断竞争市场上厂商实现短期均衡的条件仍然是：$MR = MC$。为了实现利润最大（或亏损最小），完全竞争市场上的厂商需要选择的变量只是他的产（销）量；完全垄断市场上的厂商需要确定的变量是他的产量或产品价格中的任何一个。垄断竞争市场上的厂商可以选择的变量有三个：一是产品的销售价格（和相应的产量）；二是产品的质量；三是广告支出或销售费用。当实现短期均衡时，厂商获得超额利润、平均利润或出现亏损都是可能的，这取决于厂商在均衡产量下的平均成本是小于、等于、还是大于销售价格。

（四）垄断竞争市场上的长期均衡

在长期，垄断竞争行业的厂商也可以通过调整生产规模来调节产量，而且其他厂商也可以进入或退出该行业。厂商长期均衡的条件是 $MR = SMC = LMC$，$AR = SAC = LAC$。

四、寡头垄断市场上的厂商均衡

（一）寡头垄断的含义

寡头垄断是同时包含垄断因素和竞争因素而更接近于完全垄断的一种市场结构。它的显著特点是少数几家厂商垄断了某一行业的市场，这些厂商的产量占全行业总产量中很高的比例，从而控制着该行业的产品供给。同时，每家厂商的产量都占有相当大的份额，他们的产品既可同质，也可存在一定的差别，因此这些厂商之间又存在各种形式的竞争，而每家厂商的行为对整个行业的产品价格与产量的决定都有举足轻重的影响。

寡头垄断的形成首先是由某些产品的生产与技术特点所决定的，寡头垄断行业往往是生产高度集中的行业，如钢铁、汽车、石油等行业。其次，寡头厂商为保持自身地位而采取的种种排他性措施，以及政府对某些寡头厂商的扶持政策等，也可促进寡头垄断市场的形成。

（二）寡头垄断市场的特征

寡头垄断市场的明显特征是几家寡头厂商之间具有相互依存性。这种相互依存关系表现在，每家厂商在作出价格和产量的决策时，除了要考虑自身的成本与收益情况，还要考虑到该决策对市场的影响以及其他厂商可能作出的应对策略。由于寡头厂商之间存在相互依存关系，作出决策的寡头能否达到预期结果，取决于其他寡头（竞争者）对该决策的反应，而这些反应是无法预知的，使得某一寡头的某种决策会产生什么结果具有难以预见的不确定性。所以，除非对竞争者的反应作出某种假设，否则难以确定寡头垄断市场达到均衡状态时的产品价格和产量。

在寡头垄断市场上，由于相互竞争的厂商很少且互相依存，所以他们往往相互勾结或协调行动，从而减少竞争和不确定性，并排斥其他厂商进入该行业。另外，各寡头之间又存在利益矛盾，因此勾结或联手并不能完全取代竞争，相反，寡头之间的竞争往往会更加激烈。

（三）寡头垄断市场上产量的决定

在寡头垄断市场上，当不存在相互勾结时，各寡头根据其他寡头的产量决策，按利润最大化原则调整自己的产量。这种产量决定的理论最初由法国经济学家古诺提出，是一种双头垄断模型，称为古诺模型，以后出现的几种古典寡头模型，只是对古诺模型的某些假定作了一些修改。

当寡头之间存在勾结时，产量由各寡头协商确定。而确定的结果对谁有利，则取决于各寡头实力的大小。

（四）寡头垄断市场上价格的决定

寡头垄断市场上的价格，通常表现为由各寡头相互协调的行为方式所决定。这种协调可以有多种形式，例如，以卡特尔正式协议所表现的公开勾结，但大多是各寡头共同默认和遵从一些行动准则而形成的非正式勾结。前者通过建立卡特尔，达成协议来协调各寡头的行动、统一确定产品价格、并规定各寡头产品的生产和销售的限额。后者则表现为寡头垄断市场上所通行的价格领先和成本加成等定价方法。

价格领先制是指一个行业的产品价格，通常由某一寡头率先制定，其余寡头追随其后确定各自产品的售价。

价格领先制通常有三种形式：一是支配型价格领先，二是成本最低型价格领先，三是晴雨表型价格领先。支配型价格领先，是指由寡头垄断行业中占支配地位的厂商根据利润最大化原则确立产品的售价，其余规模小一些的厂商根据已确立的价格确定各自的产销量。成本最低型价格领先，是指由成本最低的寡头按利润最大化原则确定其产销量和销售价格，而其他寡头也将按同一价格销售各自的产品。若其他寡头也按利润最大化原则确定各自的产销量和销售价格，则他们会丧失一定的市场份额给成本最低的寡头。晴雨表型价格领先，是指寡头垄断行业中，某个厂商在获取信息、判断市场变化趋势等方面具有公认的特殊能力，该厂商产品价格的变动，起到了传递某种信息的作用，因此其他厂商会根据该厂商产品价格的变动而相应变动自己产品的价格。

成本加成法是寡头垄断市场上一种最常用的定价方法。该方法的主要步骤是：首先以厂商生产能力的某个百分比确定一个正常或标准的产量数字，然后根据这一产量计算出相应的平均成本，由此可以减少由于实际产量的变动而使厂商制定的价格产生频繁变动。然后在估计的平均成本基础上加上固定百分比的加成，从而制定出产品的售价。成本加成法的加成比例，在一定时期内某一行业中相对较稳定，该行业各厂商也是大体一致的，容易形成一种比较稳定的价格格局，使各厂商可根据市场变化比较一致地变动产品价格，避免价格竞争可能带来的不利后果。

第五节　分　配　理　论

以上研究的是产品市场价格的决定。在本节，我们将从产品市场转到要素市场，研究一定技术水平条件下要素价格的决定和收入分配问题。

一、生产要素的需求与供给

（一）生产要素的需求

要素市场与产品市场的一个重要区别是：要素市场对生产要素的需求是由产品市场的需求所派生或引致的，消费者对最终产品的需求会间接影响厂商对生产要素的需求。

生产要素的需求也是一种相互依存的需求，具有互补性和替代性。在技术水平不变的条件下，要扩大产量就必须相应增加资本和劳动的投入量，表现为市场对资本和劳动的需求具有互补性。但当资本要素价格比劳动要素价格增加得更快时，厂商就会增加劳动投入而减少资本投入，提高生产要素中劳动投入的比例，从而表现出对要素的需求具有替代性。

生产要素的需求决定于生产技术状况。如资本密集型的生产技术状况对资本的需求量大，而劳动密集型的生产技术状况则对劳动的需求量大。当生产技术水平提高后，生产同样数量的产品将会减少对生产要素的需求。

生产要素的需求还与产品市场结构、要素市场结构及其组合有关。单个厂商与整个行业对生产要素的需求既有联系也有区别，而且还需区分一种要素变动与多种要素变动的情况，因此生产要素的需求比产品的需求更加复杂。

（二）生产要素的供给

生产要素的供给与生产要素本身的特点有关。一般把生产要素划分为三类：第一类为自然资源，如土地、矿藏等，由于它们是自然界的产物，供给不是由价格所决定的，因此经济分析中假定这类要素的供给是固定的；第二类为劳动，劳动的供给决定于多种因素因而具有特殊性；第三类为资本品，通常假定该类要素的供给与价格同向变动，供给曲线是一条向右上方倾斜的曲线。除此之外，现代经济学将技术和管理者才能分离出来，成为生产要素的新成员。

（三）边际生产力、边际产值与边际收益产量

生产要素的边际产量又称该生产要素的边际生产力（MP），它是指在其他条件不变的情况下，增加一单位该生产要素所增加的产量（或这种产量所带来的收益）。边际生产力也是递减的。

边际产量是以实物产品数量所计量的生产要素边际生产力，若以货币方式计量，则根据计算方法不同，有边际产值（VMP）和边际收益产量（MRP）两种。

边际收益产量等于某产品生产中生产要素的边际产量与边际收益的乘积。它表示每增加一单位生产要素可以获得的收益增量。满足：$MRP = MP \cdot MR$。

如果产品市场是完全竞争的，则 $MR = P$，MRP 就转化为 VMP，即边际产值。边际产值等于某产品生产中生产要素的边际产量乘以该产品的价格。它表示每增加一单位生产要素所增加的产品价值。满足：$VMP = MP \cdot P$。

（四）平均要素成本、边际要素成本

平均要素成本（AFC）是指平均每一单位生产要素投入量的成本支出。

边际要素成本（MFC）是指每增加一单位生产要素投入所增加的成本支出。

二、完全竞争市场生产要素价格和投入量的决定

此处假定产品市场与生产要素市场都是完全竞争市场来进行分析。

（一）厂商对生产要素的需求曲线

在完全竞争的产品市场上，由于产品价格与边际收益相等（$P = MR$），所以也有 $VMP = MRP$。又因生产要素的边际产量递减，所以边际产值（或边际

收益产量）曲线是一条从左上方向右下方倾斜的曲线，表示随着生产要素投入量（X）的增加，生产要素的收益（Y）递减。这条递减的边际收益产量曲线同时又构成了厂商对生产要素的需求曲线，实际上反映了厂商购买某种生产要素所愿意支付的价格随着生产要素购买数量的增加而递减。

（二）生产要素的供给曲线

在完全竞争的要素市场上，生产要素的市场价格是由市场的供求关系所决定的，个别厂商的行为无法改变生产要素的价格，因此在以生产要素投入量为 x 轴、生产要素价格为 y 轴的平面坐标系中，厂商面临的生产要素供给曲线是一条平行于横轴的不变价格线。该曲线也决定了厂商的投入要素成本。此时有：生产要素价格 $= AFC = MFC$。

（三）生产要素投入量的决定

根据厂商利润最大化原则不难推知，在完全竞争的产品市场和生产要素市场，实现生产要素投入量的最大利润条件，是生产要素的边际收益产量等于边际要素成本。即在上述需求曲线与供给曲线的交点上，有：$MRP = MFC$。该点决定了生产要素的投入量。

三、工资、利息、地租和利润

（一）工资理论

1. 工资的性质与种类

工资是劳动力所提供的劳务的报酬，是劳动这种生产要素的价格。从计算方式分，可以分为计时工资和计件工资；从支付手段分，可以分为货币工资和实物工资；从购买力来分，可以分为名义工资和实际工资。

2. 完全竞争市场上工资的决定

在完全竞争市场上，厂商对劳动的需求主要取决于劳动的边际生产力。劳动的边际生产力曲线，表示厂商雇佣一定量劳动所愿支付的工资必须与劳动的边际收益产量相等，该曲线为一条从左上方向右下方倾斜的曲线。而所有厂商的劳动需求曲线相加，即为劳动的市场需求曲线。

劳动的供给主要取决于劳动的成本。这种成本包含两方面：一是劳动者养活自己和家庭所必需的生活资料费用，以及劳动者所需的教育等费用；二是劳动者提供劳动所牺牲的闲暇时间的代价，称为劳动的负效用。劳动力再生产所需生活资料费用越高，付出同样劳动时间所要求得到的工资越高；劳动时间越多，劳动的负效用则越大，因而就会要求更多的工资予以补偿。在一般情况下，工资与劳动供给同向变化，劳动供给随工资的提高而增加。但当工资增加到相当高的程度，由于增加工资提供的边际效用减少，人们利用闲暇时间所获得的效用增加，因此使得劳动的供给反而随工资的增加而减少。

劳动的供给和需求共同决定完全竞争市场上的工资水平。

（二）利息理论

利息是使用资本的代价，即资本这种生产要素的价格。市场利息率由资本的供给与需求来调节。

1. 对资本的需求

人们对资本的需求来自于资本的净生产力。所谓资本的净生产力，是指使用资本财货进行生产所得的收益补偿所消耗的资本财货后的余额，采用按年计的百分率表示，通常又称为投资收益率，以区别借贷资本的利息率。而资本财货则是指将劳动与自然资源这两种原始生产要素结合生产出作为生产资料的劳动产品，表现为实物资本。

资本的净生产力受报酬递减规律的支配，因此，与每一资本存量相应最后一个单位的资本的净生产力，随投资的增加而递减，即投资的边际效率递减。所以投资的边际效率曲线为一条从左上方向右下方倾斜的曲线。同时，由于投资者在考虑是否进行投资时，需要将投资的边际效率与借贷资本的利息率进行比较，因此投资的边际效率曲线也是投资者对投资资金的需求曲线，它表达了与每一借贷利率相应的投资者对投资资金的需求量。

2. 资本的供给

资本（资本财货）或投资资金的供给，依存于人们愿意提供的资本。而人们放弃现期消费进行储蓄的目的是为了获得利息，所以利息是对人们放弃现期消费的补偿。若利息率越高，人们越愿意增加储蓄从而增加资本的供给；而利息率越低，人们则会增加现期消费而减少储蓄，从而减少资本的供给。即资本的供给与利息率同向变动，供给曲线为一条从左下方向右上方倾斜的曲线。

3. 市场利息率的决定

市场利息率由资本的供给与需求共同决定。即资本的需求曲线与供给曲线的交点是资本供求相等的均衡点，该点决定了均衡利息率和均衡资本量。

均衡利息率是指在理想的资本市场上没有任何风险的利息率。而且当资本财货的需求与供给采取货币资本借贷形式时，采用了两个假设：一是假定货币只是单纯的流通媒介，不对实物资本供求与利率的决定产生任何作用；二是假定国民收入水平是既定的。但在现实资本市场上，存在诸如通货膨胀、偿还能力、汇率等各种风险，其中货币供应量的变化不仅对利率，而且对国民收入、投资和储蓄等都会产生影响，因此实际上利息率的决定更加复杂。

（三）地租理论

地租是使用土地的代价，即土地这种生产要素的价格。地租的产生首先来源于土地本身具有的生产力。其次，土地作为一种数量有限、位置不变、不能再生的自然资源，决定了土地所有者能够凭借其所有权取得地租，而对使用土地的厂商来说，地租则构成厂商的生产成本。

地租由土地的需求与供给所决定。土地的需求是由土地产品的需求所派生或引致的。它取决于土地的边际收益产量。当其他生产要素的投入量固定不变时，随着土地使用量的增加，边际收益产量呈递减趋势。因此土地的需求曲线也是一条向右下方倾斜的曲线。另外，由于土地是自然产物，具有本身的特点，因此在经济分析中假定土地这种生产要素的供给是固定不变的，即土地的供给弹性为零，土地的供给曲线为一条垂直于横轴的直线，表示土地的供给与地租的变动无关。

土地的需求曲线与供给曲线的交点，决定了土地的均衡价格，即地租。

（四）利润理论

在经济学中，一般将利润区分为正常利润和超额利润。

1. 正常利润

广义而言，正常利润包括企业主自有资本的利息、使用自有土地的地租、自己直接经营管理企业所应得的薪金等。正常利润是指在会计账目上并没有支出，但在经营过程中因使用自有生产要素而减少的收益，亦即自有生产要素的机会成本，是一种应在销售收入中得到补偿的隐含成本。这部分收益通常以利润形式在账面上反映，故统称为正常利润。

狭义而言，正常利润是指企业主经营管理自己的企业所应获得的薪金。通常将正常利润看作是对企业家才能的贡献所给予的报酬，可理解为厂商聘请企业家担任经理人员所应支付的薪金。因此企业家才能作为一种生产要素，价格也是由市场的需求和供给共同决定的。

在竞争激烈的商业社会中，企业家才能是实现各种生产要素合理组合，谋求利润最大化的关键，因此市场对企业家才能的需求很大，而企业家才能的供给却十分有限。这是因为具备企业家才能的要求很高，培养企业家不仅需要花费很大的代价，而且需要相当长的时间。因而企业家才能的报酬往往都是很高的。

2. 超额利润

超额利润是指超过正常利润以外的那部分利润，即本章前面所说的经济利润。超额利润有以下三种：

（1）创新利润。创新的概念是由美国经济学家熊彼特提出来的，它是指企业家对生产要素进行新的组合。主要包括以下五个方面的内容：一是引进新产品；二是开辟新市场；三是采用新的生产方法；四是获取原料的新来源；五是采用新的企业组织形式。前两方面属市场创新，可以增加消费者需求，使厂商能够增加产品销售量或提高产品的销售价格，从而获取高于其他厂商的超额利润；后三个方面属生产创新，可使厂商降低生产成本，提高生产要素的边际生产力，从而获得超额利润。虽然创新带来的超额利润在市场竞争条件下不可能长期存在，然而在动态社会中，不断有创新涌现，从而又会产生新的超额利润。创新是社会进步的动力，因此由创新所获得的超额利润，是社会对创新者的鼓励。

（2）风险利润。风险是指从事某项事业失败的可能性。在动态社会中，未来经济发展具有不确定性，人们基于对未来预测所作的决策难免失误，因而风险是普遍存在的。在生产高度分工化的社会，风险需要有人承担，从事有风险的事业应以超额利润的形式得到补偿。因此由承担风险而获取超额利润也是合理的。

（3）垄断利润。垄断利润是指由垄断产生的超额利润。垄断的形式可分为卖方垄断和买方垄断两种：前者是指对某种产品出售权的垄断；后者是指对某种产品或生产要素购买权的垄断。垄断所引起的超额利润可以看作是对消费者、生产者或生产要素供给者的剥削。

四、社会收入分配平均程度的衡量

（一）洛伦茨曲线

洛伦茨曲线是衡量社会成员之间收入分配均等化程度（或收入差距）的一种分析工具。通常将所调查的全部人员按收入高低分成若干部分，再依据每一部分人员的收入占全部收入中的比例进行排列，然后据此画出洛伦茨曲线。该曲线越是靠近四边均为 100％ 的正方形的对角线，则表示收入分配越平均；而越是远离上述对角线，则表示收入分配越不平均。

（二）基尼系数

基尼系数是根据洛伦茨曲线计算出来用以判断收入平均程度的指标。洛伦茨曲线将对角线以下的面积分割成 A、B 两块面积，A 块面积为对角线与洛伦茨曲线所包围的面积，基尼系数＝ $A／(A＋B)$。因为对角线以下的面积为定值，所以 A 越小，基尼系数也越小，这也表示洛伦茨曲线越靠近对角线，因此说明收入分配越平均；反之，基尼系数越大，则表示收入分配的两极分化越严重。

第六节　市场失灵与微观经济政策

前面几节分析了在以单个经济行为者为主体的完全竞争市场上，资源通过市场机制自发实现最有效配置。然而，完全竞争的假设前提很难与现实完全相符，市场机制本身也存在缺陷，从而无法使资源达到最有效配置，即市场失灵。为了纠正市场失灵给资源配置带来的缺陷，通常采用微观经济政策，使经济社会接近完全竞争的市场机制，在全社会实现更有效的资源配置。

一、市场失灵

市场失灵是指在现实市场条件下，市场机制经常表现出许多自身不能克服的缺陷，其作用受到阻碍，无法使资源达到最有效配置的状况。

市场失灵主要表现在：一是垄断阻碍了市场机制的作用，使资源得不到有效配置；二是市场往往无法解决伴随经济活动而产生的外部负效应的影响；三是市场无法有效地提供公共产品；四是消费者和生产者的信息不完全。

（一）垄断

对市场某种程度的垄断（如寡头）和完全垄断使得资源配置缺乏效率。厂商通过垄断索取高价格和提供较少产量而获得超额利润，使得消费者的购买量降低到有效水平之下，消费者为垄断损失了部分消费者剩余，导致资源配置的低效率。对这种情况的纠正需要依靠政府的力量，政府主要通过对市场结构和企业组织结构的干预来制约和打破垄断。

（二）外部效应

外部效应又称外部性，是指一个经济主体的行为直接对其他经济主体产生了影响，但这种影响并未通过市场交易或市场价格机制反映出来。外部效应既可能是对他人和社会有利的，称为外部正效应或正外部性；也可能是有害的，称为外部负效应或负外部性。由于外部效应没有被计入市场交易的成本，使得正外部性的受益者无需为此支付费用，负外部性的施加者也没有为此承担成本。

人们的消费和生产活动都有可能产生外部效应。如消费者在自己的住宅周围养花种树可以净化环境，从而使他的邻居受益；而消费者乱扔垃圾则会影响他人的健康，给他人带来外部负效应。生产中的外部性更加常见，如现代化的生产协作使企业彼此受益；而工业污染会给其他生产者和消费者带来极大损害。

外部效应引起私人成本与社会成本不一致，使得私人最优配置与社会最优配置偏离，而市场机制往往不能消除负外部性所带来的影响，因而破坏了市场配置资源的有效性。

（三）公共物品

经济社会中的物品包括私人物品和公共物品。私人物品是指那些在消费上具有竞争性和排他性的物品，而公共物品则是在消费上具有非竞争性和非排他性的物品。

非竞争性是指公共物品可以同时为多人消费，一个人对公共物品的消费不会减少可供别人消费的量，多增加一个人消费公共物品不会引起该物品成本的增加，即消费者人数的增加所引起的公共物品边际成本为零。例如一些公共标志和设施，一旦建起以后将为所有的使用者提供服务，增加使用者并不需要额外增加生产成本。

非排他性是指一物品为某人消费的同时，不能排斥其他人也来消费该物品。因此，采取收费方式限制对公共物品的消费是非常困难的，甚至是不可能的，消费者在很多情况下都是免费消费公共物品。例如国防就是一种公共物品，国家的国防一经设立，无论该国公民是否纳税，都不能被排斥在享受国防保护之外；同时该国任一公民享用国家安全时也不会影响其他公民也享用国家安全。

私人物品的特征显然不同于公共物品。首先，增加一个人消费私人物品就必须增加该物品的数量，从而增加该物品的生产成本；其次，一个人消费某种私人物品，其他人就不能同时消费这一物品。因此，人们对私人物品的消费由市场价格来决定，市场机制可以有效解决私人物品的生产问题。然而，由于公共物品的消费难免存在"搭便车"行为，使得市场机制不能有效解决公共物品的生产问题。

公共物品的提供对社会福利是十分重要的，但是，许多公共物品无法依靠市场而需要政府提供。此外，尽管一些公共物品可由其他社会团体提供，但也需要政府的管理和协调。

（四）信息不完全

信息不完全是指市场上各经济行为主体对所交换的商品以及供求关系等并不具有完全和充分的信息。例如，消费者并不完全清楚要购买的商品的质量；生产者也并不完全清楚市场上究竟需要多少本企业产品，也不完全知道可供他作出最有利选择的所有生产技术和所能使用的最合算的全部生产要素。由于信息不完全，使得供求双方掌握的信息不对称，具有信息优势的一方可能利用其信息优势损害对方的利益，从而破坏市场的有效性。此外，经济行为主体在信息掌握不完全条件下的最优化决策，不可能实现资源的有效配置。

二、微观经济政策

（一）针对垄断的经济政策

为了消除垄断，提高资源配置效率，政府可以通过经济立法、税收调节和价格管制等手段进行干预。

（1）反垄断。反垄断政策是通过制定反托拉斯法实现的。许多市场经济国家都不同程度地制定了反托拉斯法，主要针对限制贸易的协议、垄断或企图垄断市场、排他性规定、价格歧视、欺诈等非法行为。执法机构可以依法对上述非法行为进行惩处；政府也可依法对企业的规模进行控制，对可能导致垄断的行为进行管制。例如，两个大企业兼并需要通过政府批准，政府需核查这种兼并是否不利于行业竞争。反托拉斯法的另一个主要作用是保护消费者利益，对不正当竞争、虚假广告和商标、商业欺诈等非法行为制定相应的惩处规定。

（2）税收调节。在税收调节方面，政府为了消除垄断利润，通常可以对垄断厂商征收一次总付税。一次总付税是政府对垄断厂商征收的一次性固定税款，不随该厂商生产产量的变化而变化，相当于在厂商总成本的基础上增加了一笔固定成本，因此不影响厂商的边际成本。征收一次总付税后，可以使垄断厂商的垄断利润消失，增加了政府的税收，政府可将这部分税收投入到公共事业中去，或者增加对社会福利的投入。

（3）价格管制。政府可以对垄断厂商生产的商品实行最高限价政策。限价的目的，是消除因垄断而造成社会福利的无谓损失。根据资源配置效率的条件，政府的最高限价应该等于厂商的边际成本，促使垄断厂商的产量达到完全竞争市场的产量水平，从而基本消除社会福利的无谓损失，使资源实现最优配置。

（二）针对外部性的经济政策

（1）政府干预。指政府对产生负外部性的厂商征税或收取赔偿费，所征税款或赔偿费的数额应等于该行为施加者对社会造成损害的数额，使其私人成本和社会成本相等；而在正外部性时，政府可以采取奖励、发放津贴等措施，鼓励产生正外部性的厂商扩大生产。例如，因化工厂排污造成环境污染，政府可以向化工厂额外征税或收取赔偿费，费用数额等于治理污染所需的经费，使化工厂的私人边际成本与社会边际成本相等，因而化工厂只有减产才能实现资源的最优配置。由此可见，无论是正的还是负的外部性，只要政府采取措施使得私人成本和私人收益与相应的社会成本和社会收益相等，资源就可以实现有效配置。

（2）明晰产权。通过明晰产权解决外部性问题的思想是以科斯为代表的产权经济学派提出来的。科斯定理指出，只要产权可以自由交换，且交易成本为零，那么产权的初始配置状态对资源配置效率无关紧要。也就是说，只要明确界定产权，经济行为主体之间通过交易就可以有效地解决外部性问题，而这与最初产权界定给谁无关。然而，现实生活中的交易成本并不为零，当交易成本过大时，仍然需要政府采取措施进行调节。

（3）外部效应内部化。指通过企业合并的方式将一个企业对另一个企业造成的负外部性计入合并后新企业的私人成本中，此时新企业的私人边际成本与社会边际成本相等，由此根据利润最大化原则确定的新企业最优化生产方案能实现资源的有效配置。

（三）公共产品政策

如何有效地提供公共物品，涉及政府、社会团体的决策与选择。政府在作出提供公共物品决策时，常常运用成本—收益方法。但政府考虑的成本和收益是社会成本和社会收益，社会成本中不仅包括直接消耗的经济资源，还包括公众受到的环境污染、不安定社会秩序等各种利益的损失；社会收益中不仅包括经济上的直接收益，还包括社会经济发展、公众文化和健康水平的提高、社会秩序安定等各种因素间接带来的收益。此外，政府决策时还应考虑集体选择的意见。通过民主投票，可以反映出公众对公共物品的偏好，所以用投票方法决定公共支出方案，有助于政府更有效地为公众提供公共物品。

第七节 宏观经济学概述

一、国民收入核算体系

（一）国民收入核算基本总量

1. 国内生产总值（GDP）

国内生产总值是指一个国家以当年价格（或不变价格）计算的一年内国内生产的全部最终产品和劳务的市场价值总和。

2. 国民生产总值（GNP）

国民生产总值是指一个国家以当年价格（或不变价格）计算的一年内所生产的全部最终产品和劳务的市场价值总和。

国内生产总值 GDP 和国民生产总值 GNP 作为国民收入核算的两个指标，反映了统计上的两种原则。GDP 是与所谓国土原则联系在一起的。按照这一原则，凡是在一国领土上创造的收入，无论是否为该国国民所创造，都被计入该国的 GDP。特别地，外国公司设在某国子公司的利润应计入该子公司所在国的

GDP，而不应被计入外国公司本国的 GDP 。GNP 是与所谓国民原则联系在一起的。按照这一原则，凡是本国国民（包括本国公民以及常驻外国但未加入外国国籍的居民）所创造的收入，无论生产要素是否在国内，都被计入本国的 GNP。特别地，本国公司在国外子公司的利润收入应计入本国的 GNP，而外国公司在某国子公司的利润则不应计入该子公司所在国的 GNP。根据以上说明，以对外要素收入净额来表示本国生产要素在世界其他国家获得的收入减去本国付给外国生产要素在本国获得的收入，则 GNP 与 GDP 有如下关系：

$$GNP＝GDP＋对外要素收入净额 \tag{6-48}$$

在一个封闭经济中，由于对外要素收入净额为零，故 GDP 与 GNP 完全相等。GDP 与 GNP 都是描述总体经济活动的指标，以前美国的经济文献较多地使用 GNP 指标，而西欧各国较多地使用 GDP 指标，从 20 世纪 90 年代开始，美国也较多地使用了 GDP 指标。

3. 国内生产净值（NDP）

国内生产净值是指一个国家以当年价格（或不变价格）计算的一年内在国内新增加的产值，即国内生产总值扣除了资本设备的折旧以后的净产值。

$$NDP＝GDP－折旧 \tag{6-49}$$

尽管国内生产净值比国内生产总值更真实地反映了国民收入的实际情况，但由于折旧难以准确估计，所以我们一般仍采用 GDP（或 GNP）来核算国民收入。

4. 国民收入（NI）

此处的国民收入是狭义的国民收入，即统计意义上的国民收入，它是指一个国家以当年价格（或不变价格）计算的一年内用于生产的各种生产要素所获得的报酬总和，即工资、利息、租金和利润的总和。它与 GDP、GNP、NDP 一起都被用作国民收入的度量。广义的国民收入是指 GDP 或 GNP，国民收入核算也是指 GDP 或 GNP 的核算。

5. 个人收入（PI）

个人收入是指一个国家以当年价格（或不变价格）计算的一年内个人得到的全部收入。个人收入是表明家庭生活水平和支出情况的一个指标。国民收入（NI）中有三个主要项目不会成为个人收入，它们是公司未分配利润、公司所得税和社会保险税，而政府转移支付和公债利息支出虽然不属于生产要素的报酬，却会成为个人收入。也就是说，从国民收入（NI）中减去公司未分配利润、公司所得税和社会保险税，加上政府转移支付和公债利息支出，即可得出个人收入。

$$PI＝NI＋政府转移支付＋公债利息支出－公司未分配利润－$$

$$公司所得税－社会保险费 \qquad (6-50)$$

6. 个人可支配收入（DPI）

个人可支配收入是指一个国家以当年价格（或不变价格）计算的一年内可以由个人支配的全部收入，即从个人收入中扣除了个人所得税后留给个人支配的收入，人们可用于消费支出或者用于储蓄。

$$DPI＝PI－个人所得税 \qquad (6-51)$$

由于 GDP 是用货币计算的，而一国 GDP 的变动由两个因素造成：一是生产的物品和劳务数量的变动；二是物品和劳务价格的变动。因此，即使知道当前GDP 的数值，但与过去的 GDP 相比，人们无法确定有多少是因物品和劳务数量的变动带来的，有多少是由价格的变动引起的。

为了弄清 GDP 的变动究竟是由产量还是由价格的变动引起的，在国民收入核算中需要区分名义 GDP 和实际 GDP。名义 GDP 是指按当年价格计算的国内生产总值；实际 GDP 是指以某一年作为基期，再以该年的价格为不变价格计算的国内生产总值。

假定某年的名义 GDP 与基期相比增长了 10%，但同时该年的物价水平也比基期的物价水平增长了 10%，则该年的实际 GDP 相对于基期没有发生变动。因此，名义 GDP 与实际 GDP 的差别可以反映出这一时期与基期相比价格变动的程度。名义 GDP 与实际 GDP 的比率称为 GDP 折算指数，有：

$$GDP 折算指数＝名义 GDP/实际 GDP \qquad (6-52)$$

（二）国民收入核算基本方法

人们可以从三种角度来核算国民收入。第一种是从生产角度出发，把各个部门所提供的全部物品和劳务的价值总和扣除生产过程中所使用的中间产品的价值总和，即全部最终产品和劳务的价值总和来计算国内生产总值，这种方法称为生产法。第二种是从收入角度出发，将各种生产要素所得到的收入相加起来计算国民收入，再推算出国内生产总值，这种方法称为收入法。第三种是从支出的角度出发，将市场需求者所购买的各项最终产品和劳务的支出进行加总来计算国内生产总值，这种方法称为支出法。国民收入核算常用收入法和支出法。

1. 用收入法核算 GDP

用收入法核算的 GDP 应包括以下一些项目：工资、利息、租金、利润、企业转移支付及间接税、资本折旧等。即：

$$GDP＝工资＋利息＋利润＋租金＋间接税＋企业转移支付＋折旧 \qquad (6-53)$$

2. 用支出法核算 GDP

在现实生活中，最终产品和劳务的使用，除了居民个人消费支出，还有私人国内投资支出、政府购买产品和劳务的支出以及净出口支出。因此，用支出法核算 GDP，就是核算一个国家或一个地区一年内消费、投资、政府购买以及出口几方面支出的总和。即：

$$GDP=消费支出＋投资支出＋政府购买＋净出口 \tag{6-54}$$

以上核算方法得出的 GDP 值在理论上应该完全相等，但在实际核算中常有误差。

二、总需求与总供给

整个社会经济的运行包括总需求和总供给两大部分。总需求是指国民经济中所有部门和个人对商品和劳务有支付能力的需求总量；总供给是指国民经济中所有部门和个人实际提供的各种生产要素总量。当经济处于总体均衡状态时，社会总供给等于社会总需求。

（一）总需求（AD）

在封闭经济中，总需求由居民消费 C、投资 I、政府支出 G 构成：

$$AD = C ＋ I ＋ G \tag{6-55}$$

在开放经济中，总需求等于封闭经济的总需求加上净出口（X－I）：

$$AD = C ＋ I ＋ G ＋ （X－I） \tag{6-56}$$

在封闭和开放经济中，总需求曲线总是向下倾斜的。

（二）总供给（AS）

总供给是价格水平的函数，它取决于资源利用情况。在不同的资源利用情况下，总供给与价格水平之间关系的曲线，即总供给曲线是不同的。一是当资源还未得到充分利用时，可以在不提高价格水平的情况下增加总供给，所以此时总供给曲线是一条与横轴平行的线；二是当资源接近充分利用的情况下，产量增加会使生产要素的价格上升，从而使成本上升，所以此时总供给曲线是一条向右上方倾斜的线，因这是一种短期中存在的情况，故称为"短期总供给曲线"；三是资源已经得到了充分利用，即经济中实现了充分就业，总供给已无法增加，所以此时总供给曲线是一条位于充分就业产量水平上与横轴垂直的线，也称为"长期总供给曲线"。

（三）供给与需求的均衡

产品市场的均衡由总需求曲线和总供给曲线的交点得出。由于供给曲线不一样，总需求和总供给的变化对价格、产量的影响也不一样。

三、消费、投资与乘数理论

(一) 消费函数

简单国民收入决定的条件可表示为：投资等于储蓄。即投资与储蓄相等是整个经济体系实现总的供求相等、国民收入保持均衡稳定状态的重要条件。

实现一国国民经济的均衡，必须使总需求等于总供给。从需求方面看，一国国民收入是一定时期内用于消费支出 C 与投资支出 I 的总和，亦称总支出，即 Y＝C＋I；从供给方面看，一国国民收入是各个生产要素得到的收入总和，亦称总收入，用于消费部分的除外，剩余部分构成储蓄 S，即 Y＝C＋S。于是，经济处于均衡的条件是 C＋I＝C＋S，即 I＝S。

当投资等于储蓄时，投资加上消费的数量等于储蓄加上消费的数量。前者代表购买产品的货币量，后者代表产品的价值，二者相等意味着生产出来的产品正好全部都卖掉，因此下一年社会还将以原有的规模进行生产，从而使国民收入保持不变。如果投资小于储蓄，则企业的产品不能全卖出去，因此企业会减少生产，从而使国民收入下降；反之，如果投资大于储蓄，产品的价格会上扬，企业就会增加生产，从而使国民收入增加。总之，当投资与储蓄相等，即市场上总的供求相等，国民收入才会处于均衡状态，由此决定均衡的国民收入。

社会总消费是社会各成员消费支出量的总和，是社会总需求的重要构成部分。一定时期内的社会消费量受很多因素的影响，如收入、价格、利率、消费者的资产、消费信贷、风俗习惯等。其中收入是最重要的因素，收入的变化决定消费的变化。消费同收入之间存在相对稳定的依存关系，在其他条件保持不变的情况下，一般来说，消费数量随着收入的增加而增加，但消费增加的幅度不及收入增加的幅度大。

将消费与收入之间的关系用函数表示就是消费函数。消费函数可以表示为：

$$C＝C（Y） \tag{6-57}$$

式中　C——消费；

　　　Y——收入。

以横轴表示收入 Y，纵轴表示消费 C，则过原点的 45°线上的任何一点表示收入与支出相等，即收入全部用于消费。

消费与收入之间的关系也可通过消费倾向的分析来说明。消费倾向是指人们用于消费的支出在实际收入中所占的比重，它分为平均消费倾向与边际消费倾向。平均消费倾向是指平均每单位可支配收入中消费所占的比重。若以 Y 表示收入，C 表示消费，APC 代表平均消费倾向，则平均消费倾向可表示为：

$$APC = C/Y \tag{6-58}$$

　　边际消费倾向是考察收入变动而引起的消费变动，若以 dC 表示消费增量，dY 表示收入增量，MPC 表示边际消费倾向，则边际消费倾向可表示为：

$$MPC = dC/dY \tag{6-59}$$

　　显然，边际消费倾向是消费曲线的斜率，它的数值通常是大于 0 而小于 1 的正数，这表明，消费是随收入增加而相应增加的，但消费增加的幅度低于收入增加的幅度。此外，平均消费倾向一般大于边际消费倾向。在通常情况下，即使短期内收入为零，消费者也会通过动用过去的存款或依靠社会救济而保持起码的消费水平。从长期看，边际消费倾向并不是一个常数，它会随着收入的增加而递减。如果忽略边际消费倾向递减的特征，则收入与消费之间存在着线性关系，消费函数可表示为：

$$C = A + BY \tag{6-60}$$

　　这里，A 表示收入等于零时的基本消费量，称为自主消费或基本消费；BY 表示收入引致的消费，即随收入变化而变化的消费，称为引致消费，其中 B 恰好是边际消费倾向。

　　当人们取得的收入未全部用于消费而有剩余时，便出现储蓄，所以储蓄是收入中减去消费的部分，而社会总储蓄是社会各成员储蓄量的总和。若用 S 表示储蓄，则收入 Y 等于消费 C 与储蓄 S 的和，由此可得到：

$$S = Y - C \tag{6-61}$$

　　影响储蓄的因素也有很多，但收入同样为储蓄最重要的决定因素。储蓄与收入成同方向变化，即收入越多，储蓄越多；收入越少，储蓄越少。

　　（二）投资函数

　　投资是指资本的形成，亦即社会实际资本的增加额。投资者决定是否投资时主要考虑资本边际效率（MEC）与利息率两个因素。资本边际效率是使一项资本品供给价格与资本预期收益相等的贴现率，即投资者增加一笔投资时的预期利润率。对于某个特定投资项目而言，投资者面对的资本品供给价格是一个确定的数值，而各年预期收益则来自于投资者所作的判断，投资者可以据此计算出资本边际效率或他的预期利润率。然后，投资者要将资本品的利息率和预期利润率进行比较，如果预期利润率高于利息率，则投资被认为是有利可图的，投资者会愿意投资；而如果预期利润率低于或接近利息率，则不会去投资。

　　另一方面，任何投资的资本边际效率都是随投资的增加而递减的。根据厂商决定投资的原则，对于某个特定的利息率，如果项目的资本边际效率高于该利息率时，厂商会进行该项目投资。因此，当利息率等于 R 时，所有资本边际效率超过

R 的项目都会被投资。由此可见，在资本边际效率既定的条件下，经济中投资的数量取决于利息率，利息率越高，投资越少，即投资与利息率呈反方向变动。

（三）乘数理论

乘数是用来分析经济中某一变量的增减所引起的连锁反应程度大小的一种工具。当消费函数和储蓄函数确定后，投资量的多少与国民收入的变动有密切关系。投资乘数理论就是描述投资变动与国民收入变动之间关系的一种理论。当总投资增加时，投资增量会引起国民收入成倍增加，这个倍数就是投资乘数。因而投资乘数实际上是表示投资增加会使国民收入增加到何种程度的系数。

另外，乘数既可以起正向作用，也可以起反向作用。即投资支出减少，也会引起国民收入成倍减少。

四、宏观经济目标

宏观经济目标包括充分就业、价格稳定、经济增长和国际收支平衡。宏观经济政策是为了达到这些目标而制定的政策措施。

（一）充分就业

充分就业是指凡是愿意并且有能力工作的人都有获得就业的机会。由于测量各种经济资源的就业程度非常困难，因此经济学家通常以劳动者失业情况作为衡量是否充分就业的尺度。失业一般分为三类：摩擦失业、自愿失业和非自愿失业。摩擦失业是指在生产过程中由于暂时的、局部的、或难以避免的技术性原因引起的失业，如生产技术发生变化、生产季节变化、机器故障等造成一部分工人暂时失去工作。自愿失业是指由于工人受各方面影响，不愿意接受现行工资水平或劳动条件而形成的失业。非自愿失业是指工人愿意接受现行工资及工作条件，但仍找不到工作的失业。在充分就业情形下，仍然会存在摩擦性失业和结构性失业。失业会给社会及失业者及其家庭带来损失，因此，降低失业率，实现充分就业，成为宏观经济政策的重要目标。

（二）价格稳定

价格稳定是指价格总水平的稳定。它是一个宏观经济概念，一般用价格指数来表示一般价格水平的变化。

价格稳定之所以成为宏观经济政策的目标，是由于通货膨胀对经济有不良影响。为了控制通货膨胀对经济的冲击，西方国家把价格稳定作为宏观经济政策的主要目标。值得注意的是，价格稳定不是指每种商品的价格都固定不变，而是指价格指数相对稳定，即不出现通货膨胀。实践表明，西方国家的通货膨胀已无法完全消除，因此大部分西方国家一般将轻微通货膨胀的存在，看做是基本正常的经济现象。

（三）经济增长

经济增长是指在一个特定时期内经济社会所生产的人均产量和人均收入的持续增长，通常用一定时期内实际国内生产总值的平均增长率来衡量。战后西方国家的经济增长经历了一个从高速到低速的增长过程，经济增长和失业常常是相互关联的。如何维持较高的增长率以实现充分就业，是西方国家宏观经济政策追求的目标之一。

（四）国际收支平衡

随着国际经济交往日益密切，如何平衡国际收支也成为国家宏观经济政策的重要目标之一。国际收支平衡对现代开放性经济的国家至关重要。西方经济学家认为，一国的国际收支状况不仅反映了该国对外经济交往的情况，还反映了该国经济的稳定程度。当国际收支处于失衡状态时，必然会对该国的国内经济形成冲击，从而影响该国国内的就业水平、价格水平以及经济增长。

五、宏观经济政策

财政政策和货币政策是最主要、也是最常用的两种宏观经济政策。

（一）财政政策

财政政策是指国家为实现宏观经济目标而对政府支出、税收和借债水平进行的选择，或是对政府收入和支出水平作出的决策。主要内容包括政府支出（政府购买、举办公共工程与转移支付）和税收。政府支出对国民收入是一种扩张性的力量，增加政府支出可以扩大总需求，增加国民收入；减少政府支出可以缩小总需求，减少国民收入。当然，政府支出对国民收入作用的大小还取决于政府投资乘数的大小。政府税收对国民收入是一种收缩性的力量，增加税收可以减少总需求，减少国民收入；减少税收可以扩大总需求，增加国民收入。根据上述原则，财政政策的运用应该是：在萧条时期，国民收入小于充分就业的均衡，总需求不足，因此政府应增加政府支出、减少税收以刺激总需求的扩大，消除失业。增加政府开支包括增加公共工程开支、增加政府购买、增加转移支付，这一方面直接增加了总需求，另一方面又刺激了私人消费与投资，间接增加了总需求。减少政府税收（包括免税和退税）也可以扩大总需求。因减少个人所得税可以使个人有更多的可支配收入，从而增加消费；减少公司所得税可以刺激公司进行投资；减少间接税也会刺激消费与投资。在膨胀时期，存在过度需求，会引起通货膨胀，因此政府应减少政府支出，增加税收以抑制总需求，消除通货膨胀。减少政府开支包括减少公共工程开支、减少政府购买、减少转移支付，这一方面直接减少了总需求，另一方面又抑制了私人消费与投资，间接减少了总需求。增加政府税收也可以缩小总需求。因增加个人所得税可减少个人的可支配收入，从而减少消费；增加公司所得税可以减少公司的投资；增加间接税也会抑制消费与投资。经济学家把这种政策称为"逆经济风向行事"，即在经济高涨时期对之进行抑制，使经济不会过度高涨而引起通货膨胀；在经济萧条时期对之进行刺激，使经济不会严重萧条而引起失业。这样就可以实现既无失业又无通货膨胀的稳定增长。

（二）货币政策

货币政策是指国家通过中央银行控制货币供应量来调节利率进而影响投资和整个经济以达到一定经济目标的措施。

货币政策和财政政策一样，也是调节国民收入以达到稳定物价和充分就业的目标，实现经济稳定增长的政策措施。二者不同之处在于，财政政策直接影响总需求的规模，这种直接作用是没有任何中间变量的；而货币政策则要通过利率的变动对总需求产生影响，因而是间接地发挥作用。

货币政策一般也分为扩张性的和紧缩性的。前者是通过增加货币供给来带动总需求增长。货币供给增加时，利率会降低，取得信贷更容易，因此经济萧条时多采用扩张性货币政策。反之，后者是通过削减货币供给的增长来降低总需求水平。在这种情况下，取得信贷比较困难，利率也随之提高，因此在通货膨胀严重时，多采用紧缩性货币政策。

复 习 思 考 题

1. 微观经济学研究的对象和基本内容是什么？
2. 什么是需求、需求曲线？需求规律是什么？
3. 影响需求的因素有哪些？
4. 需求量的变化与需求的变化有什么不同？
5. 什么是供给、供给曲线？供求规律是什么？
6. 影响供给的因素有哪些？
7. 供给量的变化与供给的变化有什么不同？
8. 需求弹性与需求弹性系数的概念是什么？理解要点有哪些？
9. 影响需求弹性的因素有哪些？
10. 需求弹性与消费者支出之间的关系如何？
11. 供给价格弹性与供给价格弹性系数的概念是什么？理解要点有哪些？
12. 影响供给价格弹性的主要因素有哪些？

13. 均衡的含义是什么？供需变化对均衡的影响如何？

14. 如何理解消费者行为理论和效用概念？

15. 何谓边际效用？如何理解边际效用递减规律？

16. 如何通过边际效用分析得出消费者均衡条件？

17. 无差异曲线的概念与特点是什么？

18. 如何通过无差异曲线分析得出消费者均衡条件？

19. 供给理论包括哪两个方面？

20. 生产与生产函数的含义是什么？生产函数的分类有哪些？

21. 如何理解边际收益（生产要素边际产量）递减规律？

22. 如何通过等产量曲线分析得出厂商均衡（即投入量的最优组合）条件？

23. 生产规模、规模报酬的含义是什么？规模报酬递减与边际收益递减有何不同？

24. 如何理解生产可能性曲线、边际转换率、等收益线的含义？

25. 最大收益产量组合如何确定？

26. 经济学中的成本概念与日常生活中常用的成本概念有何不同？

27. 总成本、平均成本和边际成本，短期成本和长期成本的关系如何？

28. 收益与利润最大化原则的含义是什么？厂商实现利润最大化的必要条件是什么？

29. 比较不同市场结构对产品价格和产量的决定的不同影响。

30. 生产要素的供需分析有哪些特点？

31. 边际生产力、边际产值与边际收益产量，平均要素成本和边际要素成本的含义分别是什么？

32. 完全竞争市场上生产要素价格和投入量如何决定？

33. 工资、利息、地租和利润分别是如何决定的？

34. 如何衡量社会分配的平均程度？

35. 什么是市场失灵？市场失灵表现在哪些方面？

36. 针对市场失灵有哪些常见的微观经济政策？

37. 国民收入核算中各总量的含义及其相互关系是什么？国民收入的核算方法有哪些？

38. 总需求、总供给和均衡的概念是什么？

39. 消费函数、消费边际倾向、投资函数、乘数理论的含义分别是什么？

40. 宏观经济目标及其含义是什么？

41. 财政政策与货币政策的含义及其作用的异同是什么？

第七章 金融知识

金融是信用伴随经济发展的结果，是经济发展到一定程度的产物，也随着经济的发展而不断丰富。现代经济体系中，房地产已经不再是单一的物质产品，而是成了经济社会中不可或缺的经济品，尤其是已经融入金融体系的各个组成部分，同时一国经济及其变动也成为影响房地产价格的重要因素之一。根据房地产估价专业需要，本章着重从传统的金融角度介绍金融知识。

第一节 金融概述

一、金融的概念

金融的原意指货币的发行、流通和回笼，贷款的发放和收回，存款的存入和提取，汇兑的往来等经济活动。现代意义的金融是指货币资金的融通，其中融通的主要对象是货币和货币资金，融通的方式是有借有还的信用方式，而组织融通的机构则为银行及其他金融机构。因此，金融的概念延伸到金融资产和金融市场，涉及货币、信用和银行等诸范畴以及它们之间的内在联系。

二、货币

货币是充当一般等价物的特殊商品，是商品交换的媒介，是商品交换发展到一定阶段的产物。货币具有价值尺度、流通手段、支付手段、贮藏手段和世界货币职能五个职能，其中，价值尺度、流通手段和支付手段是货币的基本职能。

货币的具体形态随着商品经济的发展不断演变。最初的形态是实物货币，如曾经充当过这一角色的牲畜、皮革、烟草等。伴随着商品经济的发展，在冶炼技术发展的基础上，出现了金属货币。在社会信用关系和银行有较大发展后，一些银行机构开始发行一种可以随时兑现为金币的银行券，以逐步取代金属货币。各国先后停止银行券兑换黄金，从而演变为现在世界各国普遍行使的不兑现信用货币。这种在信用基础上发行的信用凭证，在流通中充当货币职能，即所谓信用货币。

我国的法定货币是人民币，属于信用货币类型。人民币存在两种具体形态：

一是人民币票券，习惯上称为现金；二是银行存款。它们在流通中行使货币的各种职能。人民币的单位为元，辅币单位为角、分。

三、信用

（一）信用的概念

信用是指经济活动中的一种借贷行为，是以偿还和付息为条件的价值单方面让渡。信用是随着商品生产和货币流通的发展而产生和发展起来的。商品经济不发达时期，信用主要采取实物借贷形式；随着商品经济的发展，信用更多地采用货币借贷形式，货币成为契约上的一般商品：一方面，某些人手中积累有货币，需要寻找运用的场所；另一方面，有些人急需货币，要求通过借贷形式以调节资金的余缺。货币所有者贷出货币，处于债权人地位，有权按期索回贷出的货币，并要求对方支付使用货币的代价——利息；借入货币的一方处于债务人地位，可以暂时支配、使用借来的货币，但同时有义务按期偿还本金，并按规定加付一定的利息。

（二）信用的形式

随着商品经济的发展，为了满足各种融资的需要，出现了多种信用的形式。主要有：

1. 商业信用

商业信用是指企业之间相互提供的、与商品交易直接联系的信用形式。如企业间商品赊销和预付货款等。在发生商业信用过程中，一般要"立字为据"作为债权债务关系的证明，如商业票据。

2. 银行信用

银行信用是指银行以货币形式向企业或个人提供的信用，包括三个方面：一是银行以吸收存款、办理结算等形式，筹集社会闲散资金；二是通过贷款等形式运用所筹集的资金；三是银行为商品交易双方提供信用中介保障，如提供保函、信用证服务等。

银行信用是目前主要的信用形式，可以弥补商业信用的不足，也是国家调节经济的重要手段。例如，通过贷款的扩张和收缩，调控经济发展的速度；通过调整贷款结构，带动产业结构的调整等。此外，商业信用和国家信用等形式的发展往往依赖银行信用的支持。例如，商业票据往往要到银行办理贴现，货币结算一般要通过银行完成。

3. 国家信用

国家信用是指政府的借贷行为，主要形式是由政府发行债券以筹措资金。作为国家信用的工具是公债和国库券，以及政府对外担保等。

政府发行债券有两种情况：一是发行短期国库券，期限在一年之内，目的是解决财政先支后收的矛盾；二是发行长期公债，以筹措资金弥补当年财政收支赤字或进行长期投资。

在现代经济中，国家信用与银行信用有密切联系：或者是企业、单位和个人动用银行存款购买国家债券；或者是银行等金融机构直接购买国家债券。不论哪种情况，财政债务收支与银行资金都存在相互影响的关系。

4. 消费信用

消费信用是指企业或金融机构对消费者个人提供的信用，一般直接用于生活消费。消费信用有两种类型：一是类似商业信用，由企业以赊销或分期付款方式将消费品提供给消费者；二是属于银行信用，由银行等金融机构以抵押贷款方式向消费者提供资金。消费信用的作用主要是促进商品流通，引导居民消费。

5. 民间信用

民间信用是指个人之间相互以货币或实物提供的信用。

四、金融活动

金融活动是指货币资金的融通活动，即融资活动。金融活动中必然存在借贷双方：一方是贷出资金方，即资金供给者；另一方为借入资金方，即资金需求者。借贷双方资金融通的方式可分为直接融资和间接融资两大类。

（一）直接融资

直接融资是指资金供给者与资金需求者运用一定的金融工具直接形成债权债务关系的行为。资金供给者是直接贷款人，资金需求者是直接借款人。

直接融资的优点在于：

（1）资金供求双方直接联系，可以根据各自对融资条件，如借款期限、数量和利率水平等方面的要求，通过协商实现融资，以满足各自的需要。

（2）由于资金供求双方直接形成债权债务关系，债权人自然十分关注和支持债务人的经营活动；债务人面对直接的债权人，在资金使用上会讲求效益，经营上也会有较大压力，从而促进资金使用效益的提高。

（3）有利于筹集长期投资资金。一是发行长期债券，二是发行股票，由此筹集的资金都具有稳定和可以长期使用的特点。在证券市场较发达的条件下，一些短期性资金也可进入市场参与交易，从而促进长期融资更好地发展。

直接融资局限性的主要表现为：

（1）直接融资双方在资金数量、期限、利率等方面受到的限制比间接融资多。

（2）对资金供给者来说，直接融资比间接融资的风险大，因为在市场竞争的条件下，筹资者有经营亏损和破产的可能。

（二）间接融资

间接融资是指资金供给者与资金需求者通过金融中介机构间接实现融资的行为。其中资金供给者与资金需求者不是分别作为直接贷款人和直接借款人出现的，双方不构成直接的债权债务关系，而是分别与金融中介机构发生信用关系，成为金融中介机构的债权人或债务人。典型的间接融资是银行的存贷款业务，资金供给者将资金存入银行，然后再由银行向资金需求者发放贷款，存款人是银行的债权人，借款人是银行的债务人，而银行对于资金供求双方来说，则是金融中介。

间接融资的优点有：

（1）筹资可以积少成多。银行等金融机构的网点多，吸储起点低，能够广泛筹集社会各方面的闲散资金，形成巨额资金。

（2）安全性较高。在直接融资中，融资风险由债权人独自承担；而在间接融资中，由于金融机构的资产和负债是多样化的，某一项融资风险可由多样化的资产负债结构分散承担。

（3）作为间接融资主体的金融中介机构，一般都有相当大规模，资金也比较雄厚，他们可以雇用各种专业人员对融资活动进行分析，也有能力利用现代化工具从事金融活动，还可能在地区、国家、甚至世界范围内调动资金，因而提高了金融业的规模经济水平。

间接融资也有局限性，主要是由于资金供给者与需求者之间加入了金融中介机构，隔断了资金供求双方的直接联系，在一定程度上会减少投资者对企业生产的关注，也减少了对筹资者使用资金的压力和约束。

五、金融工具

金融工具是指金融活动中以书面形式发行和流通的各种具有法律效力的凭证，包括债权债务凭证（票据、债券等）以及所有权凭证（股票），它们是金融市场上交易的对象。

（一）金融工具的一般特征

（1）偿还性。指各种金融工具（除股票外）一般都载明偿还的义务和期限。

（2）可转让性（流动性）。指金融工具可在金融市场上买卖、转让。金融工具持有人可随时将金融工具出售以获取现金。凡能随时出售而换回现金的金融工具，一般称为流动性强。

（3）安全性。指投资于金融工具的本金能够安全收回的保障程度，或者说避免风险的程度。

（4）收益性。指投资于金融工具能给投资者带来收益的能力。

每种金融工具在上述四个方面的特征是不平衡的。一般而言，金融工具的流动性与收益性呈负相关。如银行发行的银行券流动性最强，但却不能给投资者带来什么收益；而股票等虽收益性较高，但变现的流动性相对较弱。此外，金融工具的收益性与安全性往往也呈负相关，而流动性与安全性呈正相关。因此，选择购买什么金融工具，需要从上述几方面去权衡利弊。

（二）金融工具的种类

从不同的角度划分，金融工具可以分成多种类型。

按不同的信用形式划分，金融工具可分为商业信用工具、银行信用工具、消费信用工具、国家信用工具和国际信用工具等。

按发行者的性质划分，金融工具可分为直接金融工具和间接金融工具。直接金融工具是指由非金融机构，如企业、政府或个人发行和签署的商业票据、公债和国库券、企业债券和股票以及抵押契约等。间接金融工具是指由金融机构发行的银行券、存款单、银行票据和保险单等。

按期限划分，金融工具可分为短期信用工具、长期信用工具和不定期信用工具。短期信用工具主要指票据，包括本票、汇票、支票及大额可转让存单、短期债券等。长期信用工具也称为有价证券，主要是股票和债券两类。不定期信用工具主要指银行券和纸币。

（三）几种主要的金融工具

1. 本票

本票是由出票人签发，承诺自己在见票时或在指定日期无条件支付确定的金额给收款人或者持票人的票据。本票的出票人就是付款人，根据出票人身份的不同，可分为由企业签发的商业本票和由银行签发的银行本票。

2. 汇票

汇票是由出票人签发，委托付款人在见票时或在指定日期无条件支付确定的金额给收款人或者持票人的票据。汇票包括商业汇票和银行汇票。

商业汇票是由是出票人签发，委托付款人在指定日期无条件支付确定的金额给收款人或者持票人的票据。商业汇票必须经承兑后才能生效。经过承兑的汇票，叫承兑汇票。凡由企业承兑的，称为商业承兑汇票；凡由银行承兑的，称为银行承兑汇票。

办理商业汇票应遵守下列原则和规定：①使用商业汇票的单位，必须是在银行开立账户的法人；②商业汇票在同城和异地均可使用；③签发商业汇票必须以合法的商品交易为基础；④经承兑的商业汇票，可向银行贴现；⑤商业汇票一律记名，允许背书转让；⑥商业汇票的付款期限由交易双方商定，最长不得超过6个月；⑦商业汇票经承兑后，承兑人即付款人负有到期无条件交付票款的责任；⑧商业汇票由银行印制和发售。

银行汇票是由出票银行签发，见票时按照实际结算金额无条件支付给收款人或者持票人的票据。银行汇票的签发要求单位和个人先将款项交存银行，银行据此给单位和个人签发前往异地办理转账结算或支取现金的票据，它具有票随人到、方便灵活、兑付性强的特点。

3. 支票

支票是银行活期存款人签发给收款人办理结算或委托开户银行将确定金额从其账户支付给收款人或持票人的票据。与银行本票相比，支票不由银行签发，而是由存款人签发。

支票有转账支票和现金支票两种。前者只限于通过银行划转存款，后者则可用以从银行提取现金。

支票的特点是：①在银行信用基础上产生，以存款为依据；②支票有效期短，见票即付；③签发支票金额，以存款余额为限。

4. 信用卡

信用卡是商业银行或其他金融机构发行的，具有消费支付、信用贷款、转账结算、有取现金等全部功能或部分功能的电子支付卡。

5. 银行券

银行券是由银行发行的一种票据，俗称钞票。早期各商业银行都可发行，后来集中由中央银行垄断发行。我国中国人民银行发行的人民币，实质上就是一种银行券，它表明中国人民银行对持有人的一种负债。

银行券具有以下特点：①是在银行信用的基础上产生，通过存款提现和贷款投入流通；②信誉高，具有法定支付能力，可在全国范围内流通；③是一种法定支付手段，任何人不得拒收；④不定期，可以长期流通使用。

6. 大额可转让存单

大额可转让存单是由银行发行的一种大面额定期存款凭证。它与普通定期存款单的不同之处在于：通常为不记名式，面额固定，金额较大，允许在市场上买卖转让。

7. 电子货币

电子货币是用一定金额的现金或存款从发行者兑换并获得代表相同金额的数

据或者通过银行及第三方推出的快捷支付服务，通过使用某种电子化途径将银行中的金额转移，从而能够进行交易。严格意义上讲是消费者向电子货币的发行者使用银行的网络银行服务进行储存和快捷支付，通过媒介（二维码或硬件设备），以电子形式使消费者进行交易的货币。

8. 债券和股票

在本书后面的第八章中作详细介绍。

第二节　金融机构体系

一、金融机构体系概述

（一）金融机构体系的概念

金融机构体系是指一国金融机构的组成及其相互联系的统一整体，简称金融体系。在市场经济条件下，各国金融体系一般分为银行机构和非银行金融机构两大类。其中，银行机构包括中央银行、商业银行和政策性银行；非银行金融机构包括信用合作社、储蓄贷款协会、保险公司、信托公司、证券公司、投资公司和财务公司等。基本上都是一种以中央银行为核心、商业银行为主体、其他银行和非银行金融机构并存的金融体系。

中央银行是指代表国家对金融活动进行监督管理、制定和执行货币政策的金融机构。中央银行在一国金融机构体系中居领导核心地位。

商业银行是指直接面向企业、单位和个人，以吸收存款为主要资金来源，以开展贷款和中间业务为主要业务，以盈利为目的综合性、多功能的金融企业。商业银行在一国金融机构体系中居主体地位。

政策性银行是政府出于特定目的设立，或由政府施以较大干预，以完成政府的特定任务，满足整个国家社会经济发展需要而设立的银行机构。

非银行金融机构是指银行机构以外的具体经办某一类金融业务的金融机构。

（二）我国的金融体系

目前，我国已基本建立了以国有金融机构为主体、其他各类金融机构并存的金融体系，逐步形成了银行、证券、保险、信托分业经营、分业监管的金融体制。我国现行的中央银行制度下的金融机构体系是以中国人民银行为核心，国有商业银行为主体，包括其他商业银行和政策性银行以及非银行金融机构并存和协作的金融机构体系。

　　所谓分业经营，是指对金融机构业务范围进行某种程度的"分业"管制。按照分业管制的程度不同，分业经营可以分为以下三个层次：第一层次是指金融业与非金融业的分离。第二层次是金融业中的银行、证券、保险和信托四个子行业的分离，商业银行、证券公司、保险公司、信托公司只能经营各自的银行业务、证券业务、保险业务、信托业务，一个子行业中的金融机构不能经营其他三个子行业的业务。第三层次是指银行、证券、保险、信托各子行业内部有关业务的进一步分离，比如在银行业内部，既有经营长、短期银行存贷款业务的金融机构的分离，也有经营政策性业务和商业性业务的金融机构的分离；在证券业内部，有经营证券承销业务、证券交易业务、证券经纪业务等金融机构的分离；在保险业内部，有经营财产保险业务、人身保险业务、再保险业务的金融机构的分离；在信托公司内部，则有经营财产信托业务、经营资金信托业务的金融机构的分离等。

　　通常所说的分业经营是指第二层次的银行、证券、保险、信托业之间的分离，有时特指银行业与证券业之间的分离。

　　金融包含银行、证券、保险、信托四个方面，本书将其分为金融、证券和保险等三章进行编写。

　　我国金融机构按其地位和功能可分为两大类：

　　第一类是金融监管机构。主要有中国人民银行、中国银行保险监督管理委员会，其中，中国人民银行为我国的中央银行，是在国务院领导下制定和执行货币政策、维护金融稳定、提供金融服务的宏观调控部门。中国银行保险监督管理委员会负责贯彻落实党中央关于银行业和保险业监督管理工作的决策部署，依法依规对全国银行业和保险业实行统一监督管理。

　　第二类是经营性金融机构，包括商业银行、政策性银行、非银行金融机构。

二、中央银行

（一）中央银行的性质

　　中央银行代表政府管理国家的金融事业，是国家机构的组成部分，具有国家管理机关的性质。其活动的主要特征是：第一，不以营利为目的；第二，不经营普通商业银行的业务；第三，为实现国家政策服务。

（二）中央银行的职能

　　由于世界各国社会经济条件不同，各国中央银行的类型、名称和具体职责也有所不同。但作为中央银行，一般都具有三大基本职能，即发行的银行、银行的银行和国家的银行。

1. 发行的银行

中央银行垄断银行券的发行权，是全国唯一的现金发行机构。目前世界上几乎所有国家的现金都由中央银行发行。

2. 银行的银行

中央银行只与商业银行等金融机构发生业务往来，而不直接面向企业单位和个人经办金融业务。这一职能具体表现在：①集中存款准备金；②最终贷款人。在商业银行等金融机构周转资金不足时，中央银行以再贴现、再抵押或直接贷款等形式，向这些金融机构提供资金支持，从而成为"最终贷款人"；③组织商业银行等金融机构间的清算。

3. 国家的银行

中央银行经理国库及为国家提供各种金融服务，代表国家制定和执行货币金融政策。这一职能具体表现在：①代理国库；②代理国家债券的发行；③对国家给予信贷支持；④保管国家的外汇和黄金储备；⑤制订并监督执行有关金融管理法规；⑥代表政府与外国金融机构和国际金融机构建立业务往来关系，参与国际金融活动等。

三、商业银行

（一）商业银行的性质

商业银行在一国的金融机构体系中居主体地位，是各国现代银行中最基本、最典型的银行组织形式。目前，各国商业银行除了吸收资金、发放贷款和投资等传统业务外，还开展各种国际业务、外汇业务、黄金买卖、租赁信托、咨询等多种业务。

（二）商业银行的职能

1. 充当信用中介

这是商业银行的最基本职能。商业银行一方面通过吸收存款等银行的负债业务将社会上各方面暂时闲置的货币资金聚集起来；另一方面又通过贷款等银行的资产业务将所集中的货币资金投向需要货币资金的企业和部门。商业银行充当受授信用的中介，使社会资金得到有效的运用。

2. 变货币收入为货币资本

由于商业银行具有信用中介职能，能把社会各主体的收入集中起来再运用出去，从而把非资本的货币转化为资本，扩大了社会资本总量，加速了资本的流通和扩张，有利于社会再生产的进行。

3. 充当支付中介

商业银行为顾客办理与货币收付有关的技术性业务，例如保管货币、贵重金属、证券，以及办理现金收付和存款转账等，从而成为客户的"账房"和"出纳"。

4. 创造派生存款和信用流通工具

商业银行在信用中介职能的基础上，通过存贷业务的开展，能够创造派生存款。创造派生存款是现代商品银行特有的职能。现代商业银行因其特有的信用创造职能成为国家干预经济生活的杠杆。另外，商业银行还可以通过利用支票、本票、大额定期存款单等信用工具，满足流通中对流通手段和支付手段的需要。

（三）商业银行的类型和组织

1. 商业银行的类型

从商业银行的业务经营范围划分，西方商业银行有两大类型：职能分工型和全能型。

职能分工型是指商业银行根据法律规定，主要经营短期工商信贷业务。有些国家的法律对各种金融机构的业务范围有严格的限定，如规定有的经营长期金融业务，有的经营短期金融业务，有的专营证券，有的只经营信托等，而商业银行主要经营短期工商信贷业务。采用这种类型分工的以美国、英国、日本等国家的商业银行为代表。

全能型商业银行也称为综合型商业银行，是指商业银行可以经营一切金融业务，包括各种期限和种类的存贷款，各种证券买卖以及信托、支付清算等金融业务。采用这种类型分工的国家以德国、奥地利和瑞士为代表。

2. 商业银行的外部组织形式

商业银行的外部组织形式是指商业银行在社会经济生活中的存在形式。由于各国的政治经济情况不同，它们商业银行的外部组织形式也有所不同。归纳起来，有以下几种形式。

（1）单元银行制。也称单一或独家银行制，指业务只由一个独立的银行机构经营而不设分支机构的银行组织形式。目前，只有美国采取这种形式，但随着经济发展和地区经济联系加强，加上金融业竞争加剧，美国许多州对银行开设分支机构的限制正在逐步放松。

（2）总分行制。也称分支行制，指在大城市设立总行，并在该市及国内或国外各地设立分支机构的银行组织形式。在这种形式下，分支行的业务和内部事务统一遵照总行的指示办理。目前，大多数国家均采用这种形式。

（3）集团银行制。也称持股公司制，指由一个集团成立股权公司，再由该公司控制或收购两家以上的若干银行，这些银行在法律上保持独立性，但业务经营都由同一股权公司所控制的银行组织形式。第二次世界大战之后这种形式在美国颇为流行。

（4）连锁银行制。也称联合银行制，指两家以上商业银行受控于同一人或同一集团，但又不以股权公司形式出现的银行组织形式。这种组织形式下的成员银行，在法律上是独立的，但实际上所有权由一人或一个集团控制。它与集团银行制的区别在于没有股权公司形式，不须成立控股公司。

此外，银行相互间缔签代理协议，委托对方银行代办指定业务，是国际上十分普遍的作法，称代理行制。被委托的银行为委托行的代理行，相互间的关系为代理和被代理关系。一般来说，银行代理关系是相互的，因此双方往往互为对方的代理行。

3. 商业银行的内部组织结构

商业银行的内部组织机构通常由决策机构、执行机构和监督机构组成。决策机构包括股东大会、董事会；执行机构包括总经理（行长），以及总经理（行长）领导下的各业务部门和职能部门；监督机构主要有监事会和各种检查委员会。

四、政策性银行

（一）政策性银行的特征

政策性银行是当今世界上各国普遍存在的一类金融机构。与商业银行等一般金融机构相比，政策性银行的特征主要有：

（1）经营目标是为了实现政府的政策目标。一般金融机构在经营活动中更多地考虑自身的盈利；而政策性银行隶属于政府的金融机构，需严格执行政府意图，不以盈利为主要经营目标，其经营目标是为了实现政府的政策目标。政策性银行作为金融机构，也要在经营活动中实行独立核算、自主经营和自负盈亏。

（2）资金来源主要是政府直接出资。即使有的政策性银行不完全由政府出资创办，但也是由政府参股或提供保证，实质上还是受控于政府。

（3）资金运用以发放中长期贷款为主，贷款利率一般低于同期限的一般金融机构贷款利率。

（4）贷款重点是政府产业政策、社会经济发展计划中重点扶植的项目。如重点发展的产业开发贷款、基础设施建设贷款、改善环境的建设贷款、社会福利建设项目贷款。这些贷款由于利微、期限长、风险大，其他金融机构不愿经营，故多由政策性金融机构发放。

（二）政策性银行的种类

按业务范围区分，各国政策性银行主要有如下几种类型：

（1）开发性金融机构。是专门为政府经济开发和发展提供中长期贷款的政策性金融机构。

（2）农业政策性金融机构。是经营农业和与农业有关的信贷业务，贯彻政府支持农业发展政策的金融机构。

（3）进出口政策性金融机构。是经营与进出口有关的信贷业务，推动国家进出口贸易发展的金融机构。

除上述三种类型外，世界各国的政策性银行还有住房政策性金融机构和中小企业政策性金融机构。前者专门为住房生产、经营、分配和消费各环节提供政策性融资；后者主要服务于中小企业，为支持中小企业增强市场竞争实力，开辟就业渠道，推动技术创新与进步提供政策性金融服务。

五、非银行金融机构

（一）非银行金融机构与商业银行的区别

（1）资金来源不同。商业银行以吸收存款为主要资金来源，而非银行金融机构主要依靠发行股票、债券等其他方式筹措资金。

（2）资金运用不同。商业银行的资金运用以发放贷款，特别是以短期贷款为主，而非银行金融机构的资金运用主要是以从事非贷款的某一项金融业务为主，如保险、信托、证券、租赁等金融业务。

（3）不具有信用创造功能。商业银行具有"信用创造"功能，而非银行金融机构由于不从事存款的划转即转账结算业务，因而不具备信用创造功能。

（二）主要的非银行金融机构

（1）信用合作社。是由个人集资组成、以互助为主要宗旨的合作金融组织。信用合作社在日本普遍存在，如"产业合作社"等。在美国称之为信贷协会。

信用合作社的资金来源主要是合作社社员的股金，也办理各种形式的存款；有的信用合作社有社会组织和财团的捐助；在资金运用方面，除对信用合作社社员发放贷款（如住房贷款）外，也将一部分资金用于不动产投资和购买政府债券。

（2）储蓄贷款协会。是以互助为主要宗旨的非营利性金融机构。储蓄贷款协会的资金来源主要有协会会员的股金、开办储蓄存款吸收的企业和个人存款；资金运用主要是贷款给协会会员建房和购房，而且贷款期限较长，通常在15年至20年之间。储蓄贷款协会与信用合作社的主要区别在于：一是前者会员可以退股，后者不能退股；二是前者吸收资金和运用资金都受到一定限制，后者吸收资金和运用资金的途径和范围都较广。

（3）保险公司。是办理多种保险业务的非银行金融机构。保险公司主要分为两大类：一类是人寿保险公司；另一类是财产保险公司。保险公司的保费收入可用于投资和放款，如购买政府债券、公司债券和股票，或用于不动产抵押放款和保单抵押放款。

（4）养老基金组织。是由雇主或雇员缴纳基金，为雇员退休养老提供生活保障的非银行金融机构。它一般由政府部门或企业开办，资金来源主要是雇主或者雇员定期按工资总额的一定比例缴纳退休金；资金运用主要是将这些积累的基金用于购买政府公债、债券、股票或不动产抵押放款，小部分用于短期放款或投资。当雇员退休时可获得一次性付清的退休金，或者按月获得养老金，以确保职工退休后维持正常生活所需的费用。

（5）信托公司。是以代人理财为经营内容，以受托人身份经营信托业务的非银行金融机构。现代信托业务在美国、英国、日本、加拿大等国比较发达。

（6）证券公司。证券公司是专门从事有价证券（股票和各种债券）经营及相关业务的非银行金融机构，主要业务包括有价证券的自营买卖、委托买卖、认购业务和销售等四种。

（7）投资公司。是以招股集资的方式进行投资的非银行金融机构。投资公司通过发行股票（主要是普通股）的形式，将小额投资者的资金聚集起来，然后把这些资金运用于投资，如购买政府债券、公司债券等。投资业务与信托业务结合经营时，即为信托投资公司。

（8）财务公司。财务公司是经营部分银行业务的非银行金融机构。国外财务公司的业务范围正在逐步扩大，几乎可以办理与投资银行相同的业务，如联合贷款、兼营外汇、包销和代销有价证券、不动产抵押贷款、各种金融咨询与服务等多方面的业务。

（三）我国的非银行金融机构

我国的非银行金融机构主要有保险公司、信托投资公司、专营证券业务的证券公司、专营融资租赁业务的租赁公司、为企业集团内部各成员单位提供金融服务的财务公司以及投资基金等。

六、银行保险业监督管理机构

根据十届全国人大常委会第六次会议 2003 年 12 月 27 日通过，2004 年 2 月 1 日起施行的《中华人民共和国银行业监督管理法》，国务院银行业监督管理机构负责对全国银行业金融机构及其业务活动的监督管理工作。银行业监督管理的目标是促进银行业的合法、稳健运行，维护公众对银行业的信心；保护银行业公平竞争，提高银行业竞争能力。银行业监督管理机构对银行业实施监督管理，应当遵循依法、公开、公正和效率的原则。国务院银行业监督管理机构的监督管理职责包括：依照法律、行政法规制定并发布对银行业金融机构及其业务活动监督管理的规章、规则；依照法律、行政法规规定的条件和程序，审查批准银行业金融机构的设立、变更、终止以及业务范围；对银行业金融机构的董事和高级管理人员实行任职资格管理；依照法律、行政法规制定银行业金融机构的审慎经营规则，包括风险管理、内部控制、资本充足率、资产管理、损失准备金、风险集中、关联交易、资产流动性等内容；对银行业金融机构的业务活动及其风险状况进行非现场管理和现场管理；对银行业金融机构实行并表监督管理；建立银行业突发事件的发现、报告岗位责任制度；对银行业自律组织的活动进行指导和监督；开展银行业监督管理的有关国际交流、合作活动等。

第三节　货币体系与货币政策

一、货币供给层次

货币包括现金和各种银行存款。根据货币的流动性及在流通中所起的作用，将货币供应量分为三个层次：M_0、M_1、M_2，具体分类如下：

第一层次：$M_0 =$ 现金流通量

第二层次：$M_1 = M_0 +$ 单位和个人的活期存款

第三层次：$M_2 = M_1 +$ 单位和个人的定期存款 ＋ 其他存款

在上述层次中，现金 M_0 为狭义货币，现实货币 M_1 是最活跃的货币，是作为流通手段的准备而存在，随时可以用于购买商品、劳务和其他支付。对于广义货币 M_2 来说，目的在于"储币待购"，为第二活跃的货币。

二、中国的货币体系

（一）货币的发行

货币发行是指发行银行向流通界投放的货币数量超过从流通回笼到发行库的货币数量。我国人民币的发行由中国人民银行根据国务院批准的货币发行计划，统一组织和管理。人民银行的发行库和专业银行的业务库共同组成货币发行机构。人民银行发行业务通过发行库和业务库之间的调拨往来运行。

（二）货币的流通

无论是现金流通还是转账结算领域，货币都处于不断收入和支出的运动中。为保证流通正常运行，需要一定的流通货币量。流通货币需要量取决于待销售的商品数量、单位商品价格和货币流通次数三个因素，即：

$$流通汇总货币需要量 = \frac{一定时期待售的商品数量 \times 单位商品价格}{货币流通次数} \quad (7\text{-}1)$$

这就是通常所说的货币流通规律。货币流通规律适用于一切存在商品经济的社会，是商品经济中的一项重要规律。

（三）货币流通的管理

（1）现金流通的管理。凡在银行及其他金融机构开立账户的机关、团体、部队、学校、企事业单位，都是现金管理的对象，开户单位都必须接受开户银行的监督和检查。

（2）非现金流通的管理。在转账结算的管理上必须遵守国家有关规定，遵循结算纪律，结合交易方式和资金调拨的特点，统一规定结算制度，统一进行结算管理，统一办理转账结算。

三、通货膨胀与通货紧缩

（一）通货膨胀的含义和类型

通货膨胀是指由于货币供应量过多而引起货币贬值、物价持续上涨的经济现象。

按照形成原因，可将通货膨胀分为需求拉上型、成本推动型和结构失调型三种主要类型。

（1）需求拉上型通货膨胀。是指经济运行过程中总需求过度增加，超过了既定价格水平下商品和劳务的供给，从而引起货币贬值和物价总水平上涨。形成需求拉上型通货膨胀的基本原因是投资、消费膨胀，以及政府支出大幅扩张，金融部门过分提供信用，社会总需求的扩大超过了社会商品和劳务的总供给，形成了膨胀性缺口。一旦这个缺口超过一定限度，必然牵动物价上涨，形成通货膨胀。

（2）成本推动型通货膨胀。是指在商品和劳务供给不变的情况下，因生产成本提高而引起的物价总水平上涨，而原材料价格上涨和工资增加是生产成本提高的主要原因。

（3）结构失调型通货膨胀。是指由于国民经济结构性失调造成货币流通与商品流通不相适应而引起的通货膨胀。

（二）通货膨胀的调控

通货膨胀对国民经济各方面都产生负面影响，控制通货膨胀是中央银行货币政策的重要任务。由于通货膨胀是社会总需求与社会总供给失衡的结果，所以对通货膨胀的调控一般是从控制需求和增加供给两方面进行。第一，调节和控制社会总需求。在财政政策方面，大力压缩财政支出，努力增加财政收入，坚持收支平衡。在货币政策方面，紧缩信贷，控制货币投放，减少货币供应总量。第二，增加商品有效供应。控制需求的目的是从减少社会购买力入手来实现总需求与总供给平衡；增加供给的目的是从扩大社会商品供给量入手来实现总需求与总供给平衡。此外，通货膨胀的调控还必须与调整产业和产品结构结合起来。

（三）通货紧缩的含义

通货紧缩是指由于货币供应量的减少或其增幅滞后于生产增长的幅度，致使市场上对商品和劳务的总需求小于总供给，从而出现物价总水平的持续下降。单纯的物价下降并不一定意味着出现了通货紧缩，判断经济是否陷入了通货紧缩，要看价格总水平是否持续下降，且持续期至少在半年以上。

（四）抑制通货紧缩的对策

（1）实施积极的货币政策。一是较大幅度地增加货币供应量，尤其是扩大中央银行基础货币的投放。实现的主要途径为：发行长期国债；增加对国有商业银行以外金融机构的再贷款；适当为资产管理公司运作提供再贷款，并允许资产管理公司发行债券等。二是下调法定存款准备金率和完善准备金制度。三是下调利率与加快利率市场化相结合。

（2）采取积极的财政政策，重点是进一步优化支出结构。

（3）扩大就业，刺激消费增长。

四、货币政策及货币政策工具

货币政策是一个国家为实现特定经济目标而采取的调节和控制货币供应量的金融措施。货币政策作为国家宏观经济政策的重要组成部分之一，通常具有防御性和主动性两大功能。中央银行是制定和实施货币政策的金融管理部门，货币政策是中央银行工作的核心。

（一）货币政策目标

货币政策目标是制定和实施货币政策要达到的目的，是指导政策工具具体操作的指南。货币政策目标包括终极目标和中间目标。

1. 终极目标

指中央银行实行一定货币政策在未来时期要达到的最终目的。货币政策的实质是正确处理经济发展与稳定货币的关系，各国中央银行货币政策的终极目标主要是稳定物价，促进经济增长，实现充分就业和国际收支平衡。

2. 中间目标

指中央银行为了实现其货币政策的终极目标而设置的可供观测和调控的指标。在市场经济条件下，中央银行不能通过直接干预生产和投资来实现其货币政策的终极目标，它必须选择一些中间性或传导性的金融变量，即中间目标作为观测和控制的手段。中央银行以中间目标作为操作指示器，监测货币政策的实施程度，从而促进终极目标的实现。

（二）货币政策工具

货币政策工具是指中央银行为了实现货币政策目标而采取的具体措施和手段。从调控对象和效应来看，完善的货币政策工具体系主要由一般性货币政策工具、选择性货币政策工具、补充性货币政策工具组成。

1. 一般性货币政策工具

一般性货币政策工具是指中央银行借助于对货币供应量和信贷规模实施总量调控，对国民经济施加普遍性影响所采用的工具，主要包括以下三种：

（1）法定存款准备金率。指商业银行按中央银行规定必须向中央银行交存的法定存款准备金与其存款总额的比率。中央银行可以通过提高或降低法定存款准备金率的办法控制商业银行的信用创造能力，从而影响市场利率和货币供应量。如中央银行认为市场上货币供应量过多、利率过低，有碍于物价稳定等目标实现时，就可以提高法定存款准备金率，使商业银行交存中央银行的准备金增加，用于发放贷款的资金相应减少。因此，促进商业银行收缩信贷规模，诱导货币供应量减少和利率回升，从而保证物价稳定。反之亦然。

（2）再贴现利率。指中央银行对商业银行贴现的票据办理再贴现时采用的利率。如果中央银行要实现刺激经济增长和充分就业的目标，可以降低再贴现利率。当再贴现利率低于市场上一般利率水平时，商业银行通过再贴现获得的资金成本下降，促使商业银行向中央银行借款或贴现，扩大放贷规模，从而引起货币供应量增加和市场利率降低，刺激有效需求扩大，达到经济增长和充分就业的目的。反之，中央银行可以适当提高再贴现利率，抑制信贷规模和减少货币供应量。

（3）公开市场业务。指中央银行在公开市场上买卖有价证券来调节货币供应量。中央银行的公开市场业务主要是买卖政府债券。通常，当经济停滞或衰退时，中央银行可通过在公开市场上买入有价证券，向社会上投放一笔基础货币。无论基础货币是流入社会大众手中还是流入商业银行，最终都会引起商业银行的存款准备金增多。商业银行通过准备金的运用，扩大信贷规模，增加货币供应量，使利率趋于下降，进而刺激经济向好的方向发展并提高就业率。因公开市场业务对经济不会造成大的波动而深受各国中央银行青睐，成为调节货币供应量的主要工具。

我国中央银行通过公开市场投放流动性的操作，以期增大货币的流动，其典型的做法就是实行逆回购。这是中国人民银行向一级交易商购买有价证券，并约定在未来特定日期将该有价证券卖给一级交易商的交易行为。简单解释就是主动借出资金，从而获取债券质押的交易，这种交易被称为逆回购交易，中央银行则代表投资者，是接受债券质押、借出资金的融出方。从中央银行于 2012 年 6 月 26 日—11 月 15 日共 55 次逆回购放量本身说明当时市场资金的紧缺。中央银行巨量逆回购意欲缓解短期流动性紧张，而逆回购利率则成为市场新的利率风向标。各期限逆回购交替使用，令资金投放更加精准。由此可见，逆回购已成为各类流动性工具之首选。中央银行实施的逆回购基本上体现了存款准备金率下调的意愿。而逆回购操作，能够对资金的期限及结构性失衡进行调节。中央银行对于逆回购的运用，反映出中央银行对于公开市场操作货币政策工具的偏好。中央银行不仅把逆回购放在调节银根等各种货币政策工具的第一位置，而且中央银行报告也表明公开市场操作成为中央银行管理流动性最为重要的货币政策组合。中央银行对逆回购的偏好并非一时之策。通过逆回购操作还可以将货币市场的池子进一步做大，作为银行之间的交易，为利率市场化的推进做好准备。

2. 选择性货币政策工具

选择性货币政策工具是中央银行从调控信贷结构入手，通过对某些部门、某些业务活动进行调控以达到调整经济结构目的而采用的工具，包括优惠利率、证券保证金比率、消费信用控制、贷款额度控制等四种。

（1）优惠利率。指中央银行根据一个时期国家经济发展的重点，对与国民经济关系重大的部门和行业制定的利率水平较低的贴现率和放款利率。

（2）证券保证金比率。也称法定保证金比率，指证券购买人首次支付占证券交易价款的最低比率。中央银行根据证券市场情况，可以随时调整保证金比率，从而间接控制证券市场的信贷资金流入量，控制住最高放款额度。显然，保证金比率越大，证券购买人从商业银行获得的贷款比率就越低；反之亦然。

（3）消费信用控制。指中央银行对消费信用提供的信贷规模进行控制的手段。在需求过度及通货膨胀时期，中央银行可通过提高首期付款比例、缩短分期付款期限等措施，紧缩对消费信用提供的信贷规模；反之，在需求不足及经济衰退时期，则放宽对消费信用的控制，刺激消费量增加，带动需求上升，从而达到经济增长的目的。

（4）贷款额度控制。指中央银行通过规定商业银行最高贷款限额以控制信贷规模的措施。这是一种行政干预的直接信用管制手段，曾在我国长期使用，如今已经取消。

3. 补充性货币政策工具

补充性货币政策工具是指中央银行在采用一般性和选择性货币工具对国民经济进行调控时所采用的一些辅助性调控措施，主要有道义劝告和金融检查。

第四节 金 融 业 务

一、商业银行负债业务

商业银行负债业务形成银行资金的主要来源。商业银行的资金来源包括自有资金和外来资金两部分，其中外来资金包括各项存款及借入资金是商业银行的主要负债业务。

（一）存款业务

（1）对公存款业务。主要包括单位活期存款、单位定期存款、单位通知存款、单位协定存款、单位外汇存款等，商业银行还可以对中资保险公司法人办理保险公司协议存款。

1）单位活期存款。指没有确定期限，可随时办理存取款业务的存款。每季末月 20 日为结息日，存款利率按照结息当日中国人民银行公告的单位活期存款利率计息。

2）单位定期存款。指存款单位按有关规定将其所拥有的暂时闲置不用的资金，按约定期限存入银行的整存整取存款。具体期限分为 3 个月、6 个月和 1 年，可以全部或部分提前支取，提前支取部分按支取当日人民银行公告的单位活期存款利率计息。

3）单位通知存款。指存款单位在存入款项时不约定存期，但支取时需提前书面通知银行，约定支取日期和金额方能支取的款项。分为 1 天通知存款和 7 天通知存款两种。

4）单位协定存款。指存款单位与其银行结算账户的开户银行书面约定结算账户的最低留存额度，超过协定额度的结算存款与额度内结算存款分别按人民银行公告的单位协定存款利率和单位活期存款利率计息的存款业务。

（2）储蓄存款业务。主要包括为储户提供的活期储蓄存款、定期储蓄存款、定活两便储蓄存款、教育储蓄存款、通知储蓄存款等储蓄存款业务。

1) 活期储蓄存款。指储户凭有效身份证件开立账户、可随时存取的存款。每年 6 月 30 日为结息日，按结息日中国人民银行公告的活期储蓄存款利率计息，所得利息在扣除利息所得税后转入本金。

2) 定期储蓄存款。指储户凭有效身份证件、按照约定期限和存取方式开立账户内的存款。分为整存整取、零存整取、整存零取、存本取息等几种。

（二）大额可转让定期存单

大额可转让定期存单是一种流通性较高的新型定期存款形式。其发行和认购的方式有两种，即批发式和零售式。前者由发行机构拟定发行总额、利率、面额等，预先公布供投资者认购；后者根据投资者的需要随时发行和认购，利率可以商议。可转让存单面额较大，利率高于同期存款利率，且可享受利率期限结构调整，也可随时在二级市场出售转让，具有较高的收益性和流动性特点。

（三）非存款性负债业务

是指商业银行主动通过金融市场或直接向中央银行融通资金。虽然存款业务是商业银行最主要的负债业务，但存款是银行的被动负债，存款市场属银行经营的买方市场。而借入负债是银行的主动负债，属银行经营的卖方市场，银行是否借入资金以及借入多少主要取决于银行经营者的主观决策，其借入负债比存款负债具有更大的主动性、灵活性和稳定性。

（1）短期负债。包括同业拆借和向中央银行借款两种。

1) 同业拆借。是指商业银行之间的短期资金融通，是商业银行为解决短期资金多余或短缺而相互融通资金的重要方式。由于商业银行的负债结构及余额每天都会发生变化，时而法定储蓄多余，因此商业银行力求将超额储蓄拆放出去，从而减少不必要的利息损失；有时则可能产生法定准备不足，因而需要通过拆进资金及时补足。

2) 向中央银行借款。各个国家的中央银行往往都是向商业银行提供货币的最后贷款者。商业银行向中央银行的借款方式有两种：一种为直接借款，也称再贷款；另一种为间接借款，称为再贴现。再贴现是商业银行以未到期的合格票据再向中央银行贴现。对中央银行而言，再贴现是买进票据，让渡资金；对商业银行而言，再贴现是卖出票据，获得资金。再贴现不仅是商业银行向中央银行借款的主要渠道，也是中央银行的一项主要的货币政策工具。中央银行可以通过提高或降低再贴现率来影响金融机构向中央银行借款的成本，从而影响货币供应量和其他经济变量。

（2）长期负债。指商业银行通过发行金融债券方式取得长期借款而形成的长期负债，具体包括发行资本性债券和国际金融债券。

二、商业银行资产业务

资产业务是指银行将其资金通过各种途径运用出去以获得收益的业务。商业银行资产业务主要包括贷款和投资（购买有价证券）两大类，本书仅介绍贷款类业务。

贷款是指贷款人对借款人提供的按约定利率和期限还本付息的货币资金。贷款人为金融机构，借款人为法人、个体工商户、自然人等。贷款活动遵循平等、自愿、公平和诚实信用的原则。

（一）贷款的种类

（1）按贷款发放时是否承担本息收回的责任及责任大小，可将贷款分为自营贷款、委托贷款和特定贷款。

自营贷款是指贷款人以合法方式筹集资金、自主发放的贷款，风险由贷款人承担，并由贷款人收回本金和利息。

委托贷款是指由政府部门、企事业单位及个人等委托人提供资金，由贷款人（即受托人）根据委托人确定的贷款对象、用途、金额期限、利率等代为发放、监督使用并协助收回的贷款。贷款人只收取手续费，不承担贷款风险。

特定贷款是指经国务院批准并对贷款可能造成的损失采取相应补救措施后责成国有独资商业银行发放的贷款。

（2）按贷款使用期限的长短，可将贷款分为短期贷款、中期贷款和长期贷款。

短期贷款指贷款期限在1年以内（含1年）的贷款。

中期贷款指贷款期限在1年（不含1年）以上5年以下（含5年）的贷款。

长期贷款指贷款期限在5年以上（不含5年）的贷款。

（3）按贷款发放时有无担保品，贷款分为信用贷款、担保贷款、票据贴现。

信用贷款是指以借款人的信誉发放的贷款。这种贷款的突出特点是不需要任何担保和抵押，借款人仅凭信誉就可取得贷款，因此贷款风险较大。随着市场经济的发展，为有效防范信用风险，商业银行已逐步从过去以信用贷款为主过渡到以担保贷款为主，信用贷款主要是对信誉卓著、确实有偿还能力的借款人发放。

担保贷款是指贷款人对借款人以自己或其保证人的资产作担保而发放的贷款。根据担保形式不同，可将担保贷款分为保证贷款、抵押贷款和质押贷款。保证贷款是指以一定的保证方式，第三人承诺在借款人不能偿还贷款时，按约定承担一般保证责任或者连带责任而发放的贷款。当债务人不能履行债务时，保证人要按约定履行债务或承担责任。抵押贷款是指按一定的抵押方式以借款人或第三人的财产作为抵押物发放的贷款。当债务人不能履行债务时，债权人（贷款人）

有权依照法律规定处置抵押财产并优先受偿。可以抵押的财产主要有房地产等。质押贷款是指按一定的质押方式以借款人或第三人的动产或权利作为质物而发放的贷款。当债务人不能履行债务时，债权人（贷款人）有权依照法律规定将质押动产或权利折价或者拍卖并优先受偿。可以质押的动产和权利主要有存款单、仓单、提单、债券、可转让的股份和商标权、专利权等。

票据贴现是贷款业务的一种，与其他贷款业务的区别是：①贷款是事后收取利息，票据贴现是在业务发生时即从票据面额中预扣利息；②贷款的债务人是借款人，而票据贴现的债务人不是持票据贴现的人，而是票据的出票人或承兑付款人；③贷款的期限相对较长，而票据贴现的期限一般较短。

（二）贷款的期限

贷款期限的确定应当综合考虑借款人贷款用途和综合还贷能力、银行资金状况和资产流动性等因素。自营贷款期限最长一般不得超过 10 年（对个人购买自用普通住房发放的按揭贷款最长不得超过 30 年），票据贴现的期限最长不得超过 6 个月，贴现期限为从贴现之日起到票据到期日止。

借款人到期不能按期归还贷款的，应在贷款到期之前，向贷款人申请贷款展期。申请担保贷款展期的，还应当由保证人、抵押人等出具同意的书面证明。短期贷款展期期限累计不得超过原贷款期限，中期贷款展期期限累计不得超过原贷款期限的一半，长期贷款展期期限累计不得超过 3 年。

（三）利息和利率

利息是货币资金的使用"价格"。货币所有者因贷出货币从借款人那里获得报酬，借款人因使用借入资金而支付代价。利率是在一定时期内利息与本金的比率，是决定利息水平高低的衡量标准。

计算利息的方法分为单利和复利两种。单利是指计算利息时，不论期限长短，仅按本金计算利息，所生利息不加入本金重复计算利息；复利是指计算利息时，要按一定期限（如 1 年）将所得利息加入本金再计算利息，逐期滚算，俗称"利滚利"。

利率从不同角度分类，可分为固定利率与浮动利率，市场利率与公定利率。

固定利率是指在整个借款期间利率不变，不因市场利率的波动而改变。其最大特点是简便易行，便于计算和掌握借款成本。在借款期限较短或市场利率变化不大的条件下，一般采用固定利率。

浮动利率是指随着市场利率的变化而定期调整的利率。至于调整期限和调整时依据何种市场利率为基础，由借贷双方在借款时议定。当借款期较长或市场利率变化较快时，借贷双方常愿使用浮动利率。采用浮动利率时，借款人在计算借款成本时要复杂些，利息负担有可能重些；但是，借贷双方承担的利率风险较小。因此，一般中长期贷款都选用浮动利率。

市场利率是指在资金市场上由资金供求关系自发形成的利率，受影响市场资金供给和需求的各种因素制约。

公定利率是指一国政府通过中央银行而确定的各种利率。有的则是由银行同业公会出面制定各会员银行必须遵守的利率。

市场利率与公定利率有密切联系。政府在确定公定利率时，需要考虑市场利率的动态变化以及影响市场资金供求因素的变化，并且通过调整公定利率引导市场利率的变动，从而达到调节经济的目的。

我国利率的制定及调整，由中国人民银行颁布并组织实施。我国金融机构的存贷款一般使用固定利率。国家对同一种类、同一期限的存款和贷款制定统一的利率，各金融机构据以执行。同时，中国人民银行按照国家授权，允许某些金融机构在国家规定的统一利率的基础上，实行一定幅度内利率的上下浮动。此外，在已开放金融市场上，如拆借市场、民间借贷市场上允许借贷双方在政策范围内商定。

三、商业银行中间业务

中间业务是指银行不运用或较少运用自己的资产，以中间人的身份替客户办理收付和其他委托事项，提供各类金融服务并收取手续费的业务。商业银行中间业务是商业银行在办理资产负债业务过程中衍生出来的，作为一种资产负债之外和占用银行资产较少的业务，它一般不能在商业银行的资产负债表上直接反映出来。

按照商业银行中间业务的功能和形式分类，可以分为结算类中间业务、担保型中间业务、融资型中间业务、管理型中间业务、衍生金融工具业务以及其他中间业务等六类。

（一）结算类中间业务

结算类中间业务是指由商业银行为客户办理因债权债务关系引起的，与货币收付有关的业务。此外，进口押汇、信用卡等业务的主要功能是结算，也可以归为结算类中间业务。

商业银行办理资金结算业务的主要工具有本票、汇票、支票、委托收款、汇兑、托收承付、信用卡等。上述金融工具中有的已在前面作了介绍，故在此处只作补充。

（1）委托收款。指收款人委托银行向付款人收取款项的结算方式。单位和个人凭已承兑的商业汇票、债券、存单等付款人的债务证明，均可使用委托收款结算方式。

（2）汇兑。指汇款人委托银行将其款项支付给收款人的结算方式。汇兑分为信汇和电汇两种，由汇款人自由选择使用。

（3）托收承付。指根据购销合同由收款人交货后委托银行向异地付款人收取款项，由付款人向银行承认付款的结算方式。办理托收承付结算的款项，必须是商品交易以及因商品交易产生的劳务供应的款项，收付双方必须签有合法的购销合同，并在合同上订明采用托收承付结算方式。

（二）担保型中间业务

担保型中间业务是指商业银行向客户作出某种承诺、或者为客户承担风险等引起的有关业务。如担保函、承诺、承兑、信用证业务等，都可归入担保型中间业务。这类业务通常又被称为"表外业务"。

（三）融资型中间业务

融资型中间业务是指商业银行向客户提供传统信贷以外的其他融资服务的有关业务。如租赁、信托等就属于融资型中间业务。以下主要介绍融资租赁这种融资型中间业务。

1. 融资租赁业务

融资租赁业务是指商业银行根据企业的要求，购买企业所需的设备，然后出租给企业在一定时期内有偿使用，当租赁期满后，再以一定价格出售给企业的一种经营活动。

融资租赁业务的出租人通常是商业银行的信托部，出租人一般只负责筹措购买承租人指定设备所需的资金，而不负责设备的挑选、安装及维修等业务，租赁期限通常根据出租设备的使用期限而定。

2. 融资租赁的特征

融资租赁的特征有：一是所有权与使用权分离；二是融资与融物相结合；三是以分期支付租金方式偿还本息；四是租赁双方是以合同为基础的经济关系。

3. 融资租赁的形式

（1）直接租赁。又称自营租赁，是融资租赁中常见的一种形式。一般由租赁机构根据承租人的申请，以自有或筹措的资金向设备制造单位购买承租人选定的设备，再出租给承租人。租赁期内，承租人用承租设备提取的折旧基金和新增利润等支付租金，租赁设备的维修、保养及保险由承租人负担。租赁期满，承租人向出租人支付象征性价款（产权转让费或名义价款）后取得该设备的所有权。

（2）转租赁。在转租赁业务中，租赁机构同时兼备承租人和出租人双重身份。当承租人向租赁机构提出申请时，租赁机构可先以承租人的身份向其他租赁机构或设备制造单位租入申请人所需的设备，再转租给申请人使用，租金一般比直接租赁高。租赁机构作为承租人向设备所有者支付租金，又以出租人身份向设备使用者收取租金，而设备的所有者与使用者之间没有直接的经济或法律关系。

（3）回租。指企业将自己拥有的设备按现值（净值）出售给租赁机构，再作为承租人向租赁机构租回使用的行为。这是一种满足企业资金急需的融资方式。作为租赁客体的设备未做任何移动，销售只是形式，承租人既保留了对原有设备的使用权，又能使这些设备所占用的资金转化为增加其他投资的资金，从而使企业固定资产流动化，提高了资金利用率。

（4）杠杆租赁。是由融资租赁派生的一种特殊形式。当拟购买的设备价格昂贵（如飞机、船舶、勘探和开采设备等），出租人难以单独承担时，可由出租人自筹解决购买设备所需资金的 20%～40%，再以该设备作抵押，以转让收租权利作为额外保证，从金融机构那里获得其余 60%～80% 的贷款。这种业务通常涉及多个当事人和若干个协议，情况复杂，手续烦琐。出租人购进设备后，出租给承租人使用，以租金偿还贷款。在国外，这种租赁形式可享受加速折旧或投资减税的优惠，不仅可以扩大出租人的投资能力，而且可以获得较高的投资报酬。同时，出租人把这些优惠的好处通过降低租金间接地转移给承租人，因而杠杆租赁的租赁费用低于其他租赁形式。

（5）综合租赁。是指租赁与合资经营、补偿贸易、来料加工和产品返销等方式相结合，由承租人以产品偿还租金的租赁形式。

（四）管理型中间业务

管理型中间业务是指由商业银行接受客户委托、利用自身经营管理上的职能优势，为客户提供各种服务的有关业务。如各种代保管、代理理财服务、代理清债服务、代理业务及现金管理业务等。

（五）衍生金融工具业务

衍生金融工具业务是指商业银行从事涉及衍生金融工具各种交易的有关义务，如金融期货、期权、互换业务等。

（六）其他中间业务

其他中间业务是指除上述业务以外的各种中间业务，如咨询、评估、财务顾问、计算机服务等，大多属于纯粹服务性的中间业务。

四、金融信托投资业务

金融信托投资是指财产（包括资金、动产、不动产、有价证券及债权）的所有者（法人或个人）通过签订合同将其财产委托于信托机构，由信托机构根据委托人的要求全权代为管理或处理有关经济事务的信用行为。金融信托投资业务的主要内容是受托人运用资金、买卖证券、发行或回收债券和股票以及进行财产管理等。

（一）信托的职能

信托的职能包括融通资金、财务管理和信用服务。

（二）信托的性质

（1）财产所有权的转移性。信托合同生效后，信托财产的所有权从委托人处转移到了受托人手中，受托人以自己的名义管理和处理信托财产。若信托标的是债权，则受托人成为债权人，这样有利于受托人及时、灵活、高效地运用和处理财产，同时也有利于促进受托人承担经营管理财产的责任。

（2）财产核算的他主性。信托是受托人按委托人的意愿和要求，为了受益人的利益，而不是为了自己的利益管理和处理信托财产。受托人不收取信托财产所产生的利益，但其在管理和处理信托财产中产生的亏损最终也由受益人承担，受托人只收取其提供劳务的报酬。

（3）收益分配的实绩性。信托机构按经营的实际效果计算信托收益，根据资财运用的盈利水平进行分配，因而付给受益人的盈利额并不固定。

（三）我国信托业务的范围

目前，我国信托机构开办的业务可分为以下五类。

（1）信托业务。主要有信托存款、信托贷款、信托投资、财产信托和个人特约信托。其中信托存款是信托机构吸收的存款；信托贷款是信托机构动用信托存款、自有资金和筹集到的其他资金发放的贷款；信托投资是信托机构运用信托存款、自有资金和发行债券所筹集的资金，以投资者的身份直接对生产、流通企业进行投资。

（2）委托业务。主要有委托贷款、委托投资。委托贷款也称特定资产信托，是指信托机构接受委托人的委托，在委托人存入的委托存款额度内，按其指定的对象、用途、期限、利率与金额等发放贷款，并负责到期收回贷款本息的一项信托业务；委托投资是委托人将资金事先存入信托机构作为委托投资基金，委托信托机构向其指定的联营或投资单位进行投资，并对投资使用情况、投资单位经营状况以及利润分红等进行管理和监督的一种信托业务。

（3）代理业务。主要有：①代理发行股票、债券；②代理催收欠款；③代理收付；④代保管和出租保管箱；⑤履约担保；⑥经济咨询；⑦客户介绍；⑧代办会计事务；⑨代办纳税事务；⑩代办代理保险业务。

（4）兼营业务。主要有融资租赁、证券业务、房地产开发等业务。

（5）外汇业务。主要有境外外汇信托业务、在境外发行和代理发行外币有价证券、买卖和代理买卖外币有价证券、国际融资租赁、外汇担保业务等。

第五节　金　融　市　场

一、金融市场的含义、要素和分类

（一）金融市场的含义

金融市场，即货币资金融通的市场，是指货币资金盈余部门与短缺部门通过交易金融性商品而融通货币资金的活动和关系的总称。可从广义和狭义两个层次上来认识：广义的金融市场泛指所有融资活动，包括金融机构存贷款、有价证券的发行和买卖、票据抵押和贴现、黄金买卖、外汇买卖以及信托、租赁、保险等；狭义的金融市场主要指通过买卖票据、有价证券而进行的融资活动。

金融市场在发展的最初阶段，一般都有固定的地点和工作设施，即有形市场。有形市场最主要的形式就是证券交易所。但随着商品经济、科学技术和金融活动本身的发展，金融市场突破了固定场所的限制，而是通过现代通信设施建立起来的网络进行交易活动，表现为无形市场。目前金融市场呈现出有形市场和无形市场同时发展的局面。

（二）金融市场的构成要素

金融市场的构成要素很多，概括起来主要有五个。

1. 金融市场交易的主体（即参与者）

最初，金融市场的主体（参与者）主要是货币资金盈余或短缺的企业、个人以及金融中介机构。随着商品经济和金融市场本身的发展，现代金融市场的参与者已经扩大到几乎社会经济生活的各个部门，包括企业、个人、政府机构、中央银行、商业银行、证券公司、保险公司、各种基金会等。从这些参与者本身来看，他们既是货币资金的需求者，也是供给者。

2. 金融市场交易的客体（即货币资金）

各类金融市场的交易主体参与金融市场的目的，无非是为了交易货币资金而实现自身对利润的追求。资金供给者"卖"出货币资金是为了获取利息或红利；资金需求者"买"进货币资金，是为了获取比支付利息或红利更多的利润收入；金融中介机构提供各种服务，是为了获取手续费收入或赚取差价收入。货币资金成为金融市场交易的对象。

3. 金融市场交易的媒介（即金融工具，亦称为金融性商品）

金融市场交易媒介是指各主体凭以交易货币资金的工具。金融交易是一种有偿转让资金的活动，为了可靠地确定货币资金交易双方的权利和义务，便于货币资金交易，金融交易需要借助于金融工具进行。从性质上来看，金融工具包括债权债务凭证（如票据、债券）和所有权凭证（如股票）。它们有很多种类，并各有其特点，能够满足资金交易者的不同要求。

4. 金融市场交易的价格（即利息率）

在金融市场上，利率是货币资金商品的"价格"，其高低主要由社会平均利润率和资金供求关系决定。但反过来，它又对资金供求和流向起着调节和引导作用。一般而言，当资金供不应求时利率上升，因而"买"进资金成本加大使资金需求减少，同时又因"卖"出资金收益增加而使资金供给增加。

5. 金融市场交易的管理、组织形式与交易方式

金融市场的管理主要包括管理机构的日常管理、中央银行的间接管理、国家的法律管理等。金融市场的组织形式主要有交易所和柜台交易。交易方式主要有现货交易、期货交易、信用交易等。

（三）金融市场的分类

按照不同的标准，可以对金融市场进行不同的分类。以金融市场交易活动是否有固定场所为标准，可分为有形市场和无形市场；按融资期限可分为短期金融市场和长期金融市场；按交割时间可分为现货市场和期货市场；按地理范围可分为地方性、全国性和国际性金融市场；按交易对象，可分为票据市场、证券市场、黄金市场、外汇市场等。不过，一般从融资期限和交易对象相结合的角度分类（图7-1）。

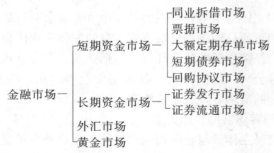

图 7-1 金融市场分类

二、短期资金市场

（一）短期资金市场的含义和特点

短期资金市场是指以短期金融工具为媒介而进行的一年期以内资金交易活

动的总称。短期资金市场的功能是调剂短期资金的余缺。其特点有：

（1）融资期限短。最短的只有半天或 1 天，最长的不超过 1 年。

（2）融资的目的是为解决短期资金周转的需要。短期资金市场的资金供给主要是资金所有者的暂时闲置资金，资金需求一般用于满足流动资金的临时不足。

（3）参与者主要是机构的投资者。由于短期资金市场的融资期限短，交易额较大，一般投资者难以涉及，所以主要是一些熟悉投资技巧，业务精通，能在巨额交易和瞬变行情中获利的机构投资者。

（4）金融工具有较强的"货币性"，即流动性。该货币交易活动所使用的金融工具期限短，具有高度的流动性，风险较小，随时可在市场上转换成现金而接近于货币，所以把短期资金市场又称为货币市场。

（二）短期资金市场的构成

短期资金市场主要由同业拆借市场、票据市场、大额定期存款单市场、短期债券市场和回购协议市场等子市场构成。

1. 同业拆借市场

同业拆借市场是指银行等金融机构相互之间进行的资金融通活动。参与者是银行等金融机构，不包括其他经济主体。银行等金融机构在业务经营过程中，往往会出现所谓时间差、空间差。某些银行今天的资金暂时有余，明日则可能不足，另外一些银行则相反，即出现时间差；或者某地银行出现多余资金，而其他地方的银行资金面临不足，即出现空间差。由于银行等金融机构的资金收支频繁，资金不足或多余的情况变化快，资金的时间差和空间差是短暂的，需要及时、经常地进行余缺调剂。由此产生了银行等金融机构同业之间的资金拆借交易。通过这种交易，一方面可以解决某些银行暂时资金不足的临时性需要，另一方面中央银行可以不必保留过多的超额款准备，从而加速资金周转，增加自身盈利。

银行间的同业拆借交易，一般没有固定的场所，主要通过电信手段成交。期限按日计算，一般不超过 1 个月，最短的只有半日，如日本的"半日拆"，从上午票据交换清算后到当日营业结束为限。若拆借期限为 24 小时，则俗称"日拆"。拆借的利率叫"拆息"，由交易双方协商自定，通常低于中央银行的再贴现率。拆借利率变动频繁，可灵敏地反映出资金供求状况。

2. 票据市场

票据市场包括票据承兑市场和票据贴现市场。

（1）票据承兑市场

票据承兑市场是指授予承兑保证，创造承兑汇票的市场。承兑是指汇票付款人承诺在汇票到期日支付汇票金额的一种票据行为。只有经过承兑后的汇票，才具有法律效力，才能作为市场上合格的金融工具流通转让。

经过银行承兑的汇票，具有付款人和承兑银行的双重保证，可随时在市场上转让流通，是银行和客户都乐于接受的金融工具。

（2）票据贴现市场

票据贴现市场是指对未到期的票据进行贴现为客户提供短期资金融通的市场。在票据贴现市场上办理贴现业务的机构主要有商业银行、贴现公司、中央银行等，可用以贴现的票据主要是经过背书的本票和经过承兑的汇票。

票据贴现市场具体又包括贴现、再贴现和转贴现。贴现是指客户将所持有的未到期票据向商业银行（或办理贴现业务的其他金融机构）兑取现款以获得短期融资的行为。再贴现是指商业银行将其贴现收进的未到期票据向中央银行再办理贴现的融资行为，也叫做重贴现。转贴现是指商业银行将贴现收进的未到期票据向其他商业银行或贴现机构进行贴现的融资行为。

票据贴现市场上的贴现、再贴现、转贴现，形式上是贴现机构买进未到期的票据，实质上是债权的转移；表面上是票据的转让与再转让，实际上是资金的买卖。

3. 大额可转让定期存款单市场

大额可转让定期存款单市场，是指发行和买卖大额可转让定期存款单活动的总称。大额可转让定期存款单，简称存单，是由银行发行，记载一定存款金额、期限、利率，并可流通转让的定期存款凭证，由美国花旗银行于1961年首创。

与其他存款相比，存单的主要特点有：①期限短，一般都在1年以内；②面额固定，起点高；③利率比同期限的定期存款高；④不记名，可自由转让；⑤不能提前提取现金。

存单的发行价格有按票面价格出售，到期支付本金和利息；也有贴现发行，以低于票面价格出售，银行到期按票面额兑付。

投资者购买存单后，若在到期前急需现金，可将存单在二级市场转让出去。在存单二级市场上，存单经销商起着重要的作用，他们既买进存单，又卖出存单，充当存单转让的中介，也可以持单到期兑取本息。决定存单转让价格的主要因素是利率、期限和本金。就利率而言，若存单原定利率高，转让价格就高，反之则低。转让时的市场利率与存单原定利率相比，若市场利率高于原定利率，转让价格就低；反之，市场利率低于原定利率，转让价格就高。

4. 短期债券市场

短期债券市场是指发行和买卖1年期以内的短期政府债券和企业债券活动的总称。在西方国家，由于1年期以内的企业债券买卖活动不多，而将偿还期1年以上的政府债券称为国债或公债，1年以内的称为国库券。所以，一般将短期债券市场理解为国库券市场。

国库券市场的活动包括国库券的发行和流通转让。

国库券的发行一般采用公募投标方式进行，期限为1年或1年以内（通常有3、6、9和12个月4种）。国库券的发行一般不记名，不附息票，不载明利率，而以低于票面金额的价格折价出售，到期按票面金额还本，贴现率即为收益率。

国库券的流通转让是将未到期的国库券卖出兑现的行为。证券商在二级市场上发挥着重要的作用。证券商在国库券发行时包销了大部分国库券，然后在二级市场上转让出去。他们还可以买进投资者转让的国库券，再卖出去，从中赚取差价。另外，证券商也可与经纪人及其他证券商进行买卖。决定国库券买卖价格的主要因素是贴现率和待偿期限。在通常情况下，贴现率越高，买卖价格越低；国库券距到期日越近，转让价格越高。其基本公式为：

$$售价＝面值×（1－贴现率×距到期日数/360） \tag{7-2}$$

$$收益率＝\frac{面值－售价}{面值}×\frac{360}{距到期日数}×100\% \tag{7-3}$$

国库券具有风险小、税负轻、期限短、利率优惠等优点，是短期资金市场最受欢迎的金融工具之一。在很多国家，国库券市场不仅成为投资者的理想场所，而且也成为政府调节财政收支和中央银行进行公开市场操作以调节货币供应量的重要基地。

我国的短期债券市场包括企业短期融资债券市场和政府短期债券市场。

企业短期融资债券，是企业为了解决季节性、临时性流动资金需要而向社会公众发行的债务凭证。它是企业在银行信用之外创造的一种金融工具和一种新的融资渠道。

政府短期债券，是指政府为解决年度内财政收支不平衡而向社会公众发行的债务凭证，主要是国库券。但我国自1981年起开始发行的国库券，期限都在1年以上，多为5年、3年、2年，甚至还有10年的。直到1994年起，才开始发行半年、1年期的国库券，从而使我国短期金融市场的业务基本齐全，并且朝着规范化、国际化的方向发展。

5. 购回协议市场

购回协议，也称回购协议，是指资金短缺者在货币市场出售证券以融通资金时，同资金盈余者即证券购入者签订协议，同意证券出售者在约定的时间按协议约定的价格购回所售证券。购回协议的期限很短，通常为1个营业日，最长也只有6个月。从资金融通的角度看，是今天借入，明天还款；从证券买卖的角度看，是今天卖出，明天购回。由此可见，购回协议实质上是一种有抵押品的短期资金融通方式，作为抵押品的就是协议项下的证券。这些证券主要是风险小的政府债券。购回协议市场属于短期资金市场的一个组成部分。

购回协议虽然表现为买卖证券的形式，但买卖价格却与真正买卖证券的价格脱离，一般稍低于市价。实际上由于按约定价格购回，不受证券价格涨落的影响，一般不会发生资本损失的风险。

最初，购回协议项下起抵押品作用的主要是政府债券。后来，大额可转让定期存单、企业债券和黄金等也可作为抵押品。由于风险不同，用存单或企业债券作为抵押品的利率要稍高于政府债券或黄金作为抵押品的利率。另外，决定利率高低的因素还有证券到期日的远近，到期日远的证券利率要高于到期日近的证券利率。

我国的购回协议市场兴起于 1994 年，作为抵押品的主要是国库券。

三、长期资金市场

长期资金市场是指以长期金融工具为媒介而进行的 1 年期以上的资金交易活动的总称。长期资金市场，也称为资本市场。

长期资金市场的功能主要是引导长期储蓄转化为长期投资，其特点有：①融资期限长，至少在 1 年以上，最长可达数十年，甚至没有期限。②融资的目的主要是为了解决长期投资性资金的需要。新筹措的长期资金主要用于补充固定资产，扩大再生产能力，如开办新企业、更新改造或扩充厂房设备、国家长期建设性项目的投资等。③资金交易量大。④作为交易工具的有价证券，与短期金融工具相比，其收益较高，但流动性较差、价格变动幅度大、有较大风险。

四、外汇市场

（一）外汇市场的含义

外汇市场是指外汇买卖活动的总称。它既包括本国货币与外国货币之间的买卖，也包括不同的外国货币之间的买卖。

具体而言，外汇市场又有广义和狭义之分。广义的外汇市场是指银行同业之间的外汇买卖和银行与客户之间外汇买卖活动的总称，其中前者称为外汇批发买卖，后者称为外汇零售买卖；狭义的外汇市场仅指银行同业之间的外汇买卖活动，即银行间外汇交易市场。

目前，除欧洲大陆某些国家（如德国、法国）的外汇市场具有固定的交易场所外，其他国家的外汇市场均无固定的交易场所，而是利用现代化的通信手段，如电话、电报、电传等方式进行交易。随着现代科技的发展，外汇市场实际上已经形成了横跨全球的世界性市场。世界各大金融中心的外汇市场通过电子通信手段，互相连接成了一个统一的外汇交易网络。各主要金融中心的外汇市场已经消除了时差上的限制，不同地区的外汇买卖在 24 小时内便可完成。

（二）外汇市场的作用

（1）为调剂外汇资金的余缺提供便利。一家银行或一个客户、甚至一个国家的外汇收支，在绝大多数情况下是不平衡的，必须进行外汇资金的融通，取有余而补不足。外汇市场将外汇资金余缺双方集中到一起，为外汇的买卖和调剂提供了有利条件。

（2）有利于避免汇率风险。对有些客户或银行，由于有远期外汇的收支活动，为了避免远期汇率变动而蒙受损失，可以通过外汇市场进行远期外汇买卖，从而避免汇率风险。

（3）有利于中央银行进行稳定汇率的操作。由于外汇资金的大量流入或流出，易造成本国货币汇价的暴涨或暴跌，需要中央银行进行干预。中央银行通过在外汇市场上大量抛出或买进汇价涨跌幅度过大的货币，使汇价趋于稳定。

（三）外汇市场的参与者

（1）外汇银行。指经过国家批准或中央银行指定的经营外汇业务的银行。

（2）外汇经纪人。指在外汇市场上专门为交易双方买卖外汇的中间人。

（3）客户。指外汇市场上各种外汇的供应和需求者，主要包括进出口商、外债本息偿还者、国际旅游者、外汇投机商等。

（4）中央银行。

（四）外汇市场上外汇交易方式

（1）外汇现货交易或称现汇交易。指外汇买卖双方在成交后的两个营业日内办理交割手续的外汇交易方式。

（2）外汇期货交易。指外汇买卖双方成交后，按合同的规定，在约定的到期日按约定的汇率进行交割的外汇交易方式。这种交易方式的交割期限一般为 1～6 个月，特殊情况可长达 1 年，但最常见的为 3 个月。之所以产生外汇远期交易，是因为在进出口贸易中通常采用远期结算，在此期间汇率的波动，容易给进出口商带来风险。为了避免和减轻这种风险，就产生了远期交易方式。当然，如同证券的期货交易，远期外汇交易也给投机者利用汇率波动的时间差获利提供了可能，通过做外汇"多头"和"空头"的投机交易，牟取汇率变动的差额。

（3）套汇交易。指利用不同的外汇市场，不同的货币种类，不同的交割期限，或某些货币在汇率上的差异而进行的外汇交易，从中赚取利润。

（五）我国的外汇市场

我国的外汇市场是伴随着我国经济体制改革的深化和对外开放的不断扩大而

产生并发展起来的。1985 年 12 月，深圳特区成立了我国第一个外汇调剂中心，正式开办留成外汇调剂业务。随后许多大中城市先后设立外汇调剂市场，外汇调剂范围逐渐放宽，交易数量激增。1994 年，我国进一步改革外汇管理体制，建立全国统一的银行间外汇交易市场——中国外汇交易中心，使我国的外汇市场发生了实质性的变化。

五、黄金市场

黄金市场是指集中进行黄金买卖和金币兑换的交易市场。目前，世界各国实行不兑现信用货币制度，黄金虽已退出货币流通领域，但由于历史原因以及稀缺性特征，黄金在经济生活中仍占有重要而特殊的地位。它不仅是国际贸易和国际其他经济往来的最后支付手段，而且是最重要的价值储藏手段，同时还是工业生产、珍贵艺术品的重要原料。因此，黄金买卖既是国家调节国际储备资产的重要手段，也是居民调整个人财富储藏形式的一种方式，黄金市场在国际金融市场中始终占有重要地位，发挥着重要作用。

黄金市场可分为国际性黄金市场和区域性黄金市场。前者指其价格形成和交易量的变化在整个黄金市场中起主导作用的黄金市场。目前属于这一类的黄金市场主要有伦敦、苏黎世、纽约和中国香港，即所谓世界四大黄金市场。区域性黄金市场是指交易量有限且多集中在本地区，对整个黄金市场影响不大的黄金市场。这类市场主要有巴黎、法兰克福、布鲁塞尔、卢森堡、贝鲁特、新加坡、东京等地的黄金市场。

黄金市场的交易方式有现货交易和期货交易两种。在世界四大黄金市场中，伦敦和苏黎世黄金市场主要办理现货交易，而纽约和中国香港黄金市场主要办理期货交易。

复 习 思 考 题

1. 什么是金融？它涉及哪些范围？
2. 分析货币与信用的区别与联系。
3. 主要信用形式以及它们各自的特点和作用有哪些？
4. 直接融资与间接融资各自的特点有哪些？
5. 金融工具的含义、特征是什么？它有哪些种类？
6. 常用的金融工具有哪些？各自的特点如何？
7. 什么是金融机构体系？我国的金融机构包括哪些机构？

8. 各金融机构的性质、职能、类型和组织形式如何？

9. 非银行金融机构与商业银行有哪些不同？

10. 货币供给层次如何划分？

11. 我国的货币体系包括哪些内容？

12. 通货膨胀的含义及调控，通货紧缩的含义及对策。

13. 什么是货币政策目标、货币政策工具，其作用分别是什么？

14. 商业银行的负债业务有哪些？利息和利率的含义如何？利率有哪些种类？

15. 商业银行的资产业务有哪些，中间业务有哪些？

16. 金融市场的含义是什么？金融市场的构成要素有哪些？

17. 金融市场如何分类？通常分为哪几类市场？

18. 短期资金市场的含义和特点如何？短期资金市场由哪些细分市场构成？

19. 长期资金市场的含义和特点如何？

20. 外汇市场和黄金市场的作用有哪些？

第八章 证券知识

证券是证明某种事实的证明，其中，所有权证券是认定持证人为某种物品或财产合法所有者这一特定事实的记名式凭证；有价证券是认定持证人有权取得收入的凭证，可以记名也可以不记名。本章中所说的证券仅指有价证券。

第一节 证 券

一、证券的分类

证券可分为商品证券、货币证券及资本证券三类。商品证券是表明对物质资料具有某种权利的有价证券，如提货单、运货单、仓库栈单等。货币证券是指可与货币相互转化的有价证券，如汇票、支票等。资本证券是表明投资的事实，表明投资者的权利和义务的有价证券，最常见的有股票、债券、投资基金等。

二、证券的一般特征

证券一般具有如下特点：票面上标有具体金额，代表一定的财产权利，能给持有者带来收益；可以依法转让，买卖时存在证券交易价格。这些基本特点表明，证券是一种商品，可以进行依法买卖；同时，证券又是一种资本，可以为持有者带来一定的收益。然而，证券与普通商品和实际的职能资本又有区别，有其自身的基本特征。

（一）证券是一种可以依法买卖的特殊商品

证券作为一种商品，与普通商品一样，都具有某种使用价值；但是它又是一种特殊商品，因而又不完全等同于普通商品。主要表现在：普通商品的使用价值是为满足人们的某种需要，证券的使用价值则是可以生息，能为持有者带来一定的利息收入；普通商品的价格由该商品的价值所决定，而证券的价格则是由货币使用中产生的收益和社会借贷资金利率的比率所决定；普通商品出售后，该商品的所有权和使用权一并转移，而证券出售后，买主即货币所有者拥有购买证券的货币所有权，而该货币的使用权则归证券发行单位拥有，所有权和使用权发生了分离。

（二）证券是一种虚拟资本

证券能够定期地给它的持有者带来收益，投入证券的资本未到期可通过出售收回，因此，证券被看成是资本。但证券不是真实资本，仅仅是资本的一种代表符号，本身不具有价值，不能直接用于生产过程，不能执行资本的职能。另外，证券的价格与其所代表的资本额往往不一致。因此，人们又把证券称作"虚拟资本"。

三、证券市场

证券市场是证券发行和交易体系的总和。证券市场分为证券的发行市场和交易流通市场两级。发行市场是证券原始发行者和原始购买者之间的市场，称为初级或一级市场；交易市场是已发行证券的再转让市场，称为二级市场。

证券市场对促进经济发展的积极作用，主要表现在以下方面：

（1）证券是直接融资的一种金融工具，具有直接融资的优点；同时发行证券能吸纳广泛的社会闲散资金，因而又具有间接融资的优点。发展证券市场有利于提高资金的使用效率，满足社会对资金融通的各种需要，有利于形成适应市场需求的融资体制。

（2）发展证券市场是建立和完善投资市场的需要。投资是拉动经济增长的重要手段，经济高速增长需要大量资金投入，完全依赖国家财政和银行解决资金问题可能引发通货膨胀，因而需要发达的证券（资本）市场予以支持。

（3）发展证券市场有利于产业结构调整和企业重组。在市场经济条件下，产业结构需根据市场进行调整，企业也会在市场的作用下发生变化。然而，无论是产业结构调整，还是企业的债权债务重组、企业兼并、拍卖和破产，都需要足够的资金支持。因此，需要完善的资本市场体系提供支持。

第二节　股　票

一、股票的含义

股票是由股份有限公司公开发行、用以证明投资者的股东身份和权益、并据以获得股息和红利的凭证。

股票持有者为发行该股票的股份公司的股东，有权分享公司的利益，同时亦要分担公司的责任和经营风险。股票可作为买卖对象和抵押品，成为金融市场上主要的、长期的信用工具。但是，股票只是代表股份资本所有权的证书，它自身没有任何价值，不是真实的资本，而是一种独立于实际资本之外的虚拟资本。股票一经认购，持有者不能以任何理由要求退本还股，但可以通过证券市场进行转让。

二、股票的基本分类

在成熟的市场体系中，股票市场上的同质股票在权利、义务方面都是均等的。这种按权利和义务为依据来划分股票种类的办法形成了以普通股和优先股为主的两大类型股票。

（一）普通股股东的权利和义务

普通股票持有者的权利和义务主要体现在有限责任原则和平等原则之内。有限责任原则是指股票所有者仅以其认购的股份数量对公司承担出资义务和债务责任；平等原则是指股票持有者之间的关系或股东的资格，在权利和义务方面是平等和无差异的。这里所说的平等，主要是指每一股份的平等，而每一股东由于其认购股份多少的不同，则体现在他们所拥有的权利和义务是不相同的。

在上述两原则下，股东权利可以按不同标准作如下分类：

（1）以行使的目的不同，股东权利可以分为共益权和自益权。共益权是指股东为自己，同时也为公司利益而行使的权利。如股东享有的出席股东大会的权利、表决权、查询公司经营状况的请求权等都属于共益权。自益权是指股东仅为自己的利益而行使的权利，如股票过户的权利、股息红利分配的请求权等。

（2）按行使的方式不同，股东权利可分为单独股东权和少数股东权。单独股东权是指股东一人就可行使的权力；少数股东权是指股东一人无法单独行使，而需由符合法定人数的股东集体行使的权利，如要求召开临时股东会，必须由代表公司10％以上股份的若干股东提出才有效即为少数股东权。

（3）按权利性质的不同，股东权可分为固有权和非固有权。固有权也称法定股东权，是指依照法律所享有的不可剥夺的权利；非固有权也称非法定股东权，是指法律允许依照公司章程或股东会议决议而加以限制或剥夺的权利。

从具体内容看，普通股股东享有的权利如下：① 参加股东大会的权利；②参加表决的权利；③股票转让权；④股息红利分配的要求权；⑤公司剩余财产的分配权；⑥对公司事务的质询权。

除上述权利以外，股东还享有公司章程规定的其他权利。

普通股持有者在享有各种法定权利的同时，也必须承担相应的义务。根据我国《公司法》的规定，普通股股东应承担下列义务：①遵守公司章程的义务；②对公司债务负有限责任；③ 承受股本的非返还性义务；④公司章程规定的其他义务。

（二）优先股股东的权利和义务

优先股是特别股的一种，其股票持有者享有比普通股持有者优先的权利。这种优先的权利往往使股东的收益变得更稳定，风险更小，但同时也对股东的其他权利进行了相应的限制。

归纳起来，优先股股东的权利主要有以下几点：

（1）分配股息的优先权。

（2）分配剩余资产的优先权。

（3）有限的表决权。优先股股东一般不参与公司经营管理，也没有重大决策的表决权。但在涉及优先股股东的权益时，则他们享有表决权。

（4）要求赎回权。优先股与公司债券的主要区别在于不退股。但很多公司章程规定了优先股股票的赎回条款，即在一定的条件下，公司可以按优先股的价格加上一定的幅度，买回发行在外的优先股股票。优先股股东可以根据有关规定，要求公司赎回其持有的优先股票。公司也经常利用赎回条款，赎回股息较高的优先股，再发行低成本的优先股。

（三）普通股票按投资主体的分类和特种股票

虽然我国股票市场上目前都是普通股票，但相同普通股票依其股份享有人的不同，按投资主体可划分为国家股、法人股、个人股和外资股等多种类型。

除国有法人股以外，其余的法人股为非国有法人股。

除此以外，我国还发行了以下三种特种股票。

（1）B股。又称人民币特种股票，是指以人民币标明面值，美元标明价格（在深圳证券交易所以港币标明价格），专供大陆以外的境外法人和自然人在境内以外汇进行买卖的记名式外资股票。

（2）H股。系指大陆境内的公司所发行的以人民币标明面值，供境外法人和自然人以外币认购，在香港联合交易所上市的股票。

（3）N股。系指大陆境内的公司所发行的以人民币标明面值，供境外法人和自然人以外币认购，获纽约股票交易所批准上市的股票。境内公司在纽约上市N股一般采取存股托管凭证的方式，即境内公司将一定数量的股票交由美国的一家银行托管，该银行以一定标准股数折合为一个存托凭证将其在纽约发行上市。

三、股票应载明的内容

股票是经过国家主管机关核准发行的，具有法定性。股票作为票式证券，表现在股票的制作程序、记载内容和记载方式都必须符合法律规定和公司章程的规定。

股票的内容应当完备。许多国家和地区的法律都对股票必须记载的内容作出了具体规定。如果股票记载的内容欠缺或不真实，则股票无效。在通常情况下，股票应记载以下内容：①发行该股票的股份有限公司的全称，并写明该公司依何法律在何处注册登记以及注册的日期、地址；②股票发行总额、股数和每股金额；③该股票的类别；④该股票的票面金额及所代表的股份数；⑤该股票的发行日期和股票编号；⑥标明是否记名，如果是记名式股票，则要写明股东的姓名；⑦该股票的发行公司的董事长签字或董事长签章，主管机关核定发行登记机构的签证；⑧印有借转让股票时所用的表格；⑨发行公司认为应载明的注意事项。

在实践中，股票所载明的内容也是影响股票交易的一个因素。因为通过股票所记载的内容，投资者可以了解该股份有限公司的设立、经营和资本额的概况，甚至可以从股票上公司负责人的签字，推断出该负责人的性格和该公司的经营风格。还可以从股票的新旧程度、背书转让户头的记载，了解该公司股票的流通情况和市场行情，从而决定是否对该公司股票进行投资以及投资多少。

四、股票的基本特征

（一）营利性

股票的盈利性特征，指的是股票持有者凭其所持有的股票，有权根据公司章程从公司取得股息和分享公司的经营红利。投资者以持股方式向股份有限公司投资，其目的是享有公司的利益，这是股份有限公司发行股票的必备条件。

股票盈利的大小，取决于股份有限公司的经营状况和盈利水平。一般情况下，股票的盈利水平要高于银行的储蓄利息，也高于债券利息。

股票的盈利性特征，还表现在股票持有者利用股票可以获取差价和保值。前者是指股票持有者通过低进高出赚取差价而获利；后者则指当货币贬值时，股票会由于公司资产的增值而升值，或以低于市价的特价或无偿取得公司配发的新股而使股票持有者获得利益。

（二）风险性

股票的风险性与股票的盈利性相对称。认购了公司股票的股份持有者就必须承担一定的风险。在现代市场经济活动中，股票的盈利不是事前就已确定的一个固定数值，而是一个事前难以确定的未知数。它随股份有限公司的经营状况和盈利水平而浮动，同时还会受到股票市场行情的影响。若某股份有限公司的经营状况越好，股票持有者获取的股息和红利就会越多，该种股票在股票市场上的价格也会上升，从而使股票持有者又会因该股票的升值而获利。相反，如果某股份有限公司经营不善，股票持有者就要少分盈利甚至无利可分，该种股票在股票市场的价格也会下跌，从而使股票持有者因该股票的贬值而蒙受损失。在极端情况下，如果公司破产，则股票持有者连本金都保不住。这说明，股票的风险性与盈利性是并存的。

（三）稳定性

股票的稳定性特征包含两方面的含义：一是指股东与股份有限公司之间稳定的经济关系；二是指通过发行股票所筹措到的资金在公司存续期间具有稳定性。

股票的有效存在是与股份有限公司的存续期间紧密相联的。对于股东来说，只要持有股票，则其股份有限公司的股东身份和权益就不可能改变。所以，它反映了股东与股份有限公司之间稳定的经济关系。同时，股票代表着股东的永久性投资，他只有将股票在股票市场上转售给他人才可能收回本金。对于股份有限公司来说，股票是筹措资金的重要手段。由于股票始终置身于股票市场而不能退出，所以，通过发行股票所筹措到的资金在公司存续期间是一笔稳定的资本。

（四）流通性

股票是一种流通性很高的证券。它可以在股票市场上，作为买卖对象或抵押品随时转让。股票的转让，意味着转让者将其出资额以股价的形式收回，同时将股票所代表的股东身份及其各种权益让渡给受让者。

流通性是股票的一个基本特征。它对社会资金的有效利用和资源的合理配置具有重要的促进作用。

（五）决策参与性

根据公司法的规定，股票的持有者就是股份有限公司的股东，有权出席股东大会，选举公司董事会，参与公司的经营决策。在通常情况下，股票持有者的投资意志和享有的经济权益，是通过其行使股东参与权而实现的。股东参与公司经营决策的权利大小，取决于其所持有的股份多少。在实践中，当股东持有的股票数额达到决策所需的实际多数时，才能真正成为股份有限公司的实际决策者。

股票所具有的决策参与性，对于调动股东的积极性，建立一个制衡性的企业经济运行机制以及决策机制，具有非常重要的实践意义。

（六）价格的波动性

股票是一种特殊的商品。同其他商品一样，它也有自己的市场行情和市场价格。股票的市场价格即交易价格的高低，不仅与股份有限公司的经营状况和盈利水平紧密相关，而且也与股票收益和市场利率的对比关系密切相联，同时，股票市场价格还会受到国内和国外经济、政治、社会以及投资者心理等诸多因素的影响。所以股票市场价格的变动，与其他一般性商品市场价格的变动有所不同，大起大落是它的基本特征。

股票在交易价格上所表现出的波动性，是股份有限公司改善经营管理、提高经济效益和加强公司市场竞争力的一个重要外部因素，同时也是吸引社会公众积极进行股票投资的重要原因。

五、股票与相关概念的比较

（一）股票与股份、股份制

1. 股票与股份

这两个概念既有联系，又有区别。股份有狭义和广义之分。狭义的股份概念，仅指股份制企业均分其资本的基本计量单位。广义的股份概念，则包含三层含义：一是股份制企业一定量资本额的代表；二是股东的出资份额及其股东权的体现；三是计算股份制企业资本的最小单位。

股份的表现形式是股份证书。在不同的股份制企业类型中，股份证书的具体形式是有差别的。其中，股份有限公司用以表现公司股份的形式才是股票。股票根据股份所代表的资本额，将股东的出资份额和股东权予以记载，以供社会公众认购和交易转让。持有股票则意味着占有了股份有限公司的股份，取得了股东资格，可以行使股东权。由此可见，股票与股份是一种形式与内容的关系。

2. 股票与股份制

股票是股份制经济的组成要素，对股份制的存在和发展具有重要作用。但是，股票不等于股份制。具体而言，股份制是指通过按股份筹集资本和确认投资者参与经营、享有分配权利的一种企业组织和财产组织形式，是社会化大生产和商品经济不断发展的产物。在西方资本主义国家，它有近 400 年的历史，从最初的无限责任制，逐步发展成为现在的有限责任制。股份制包括无限公司、有限公司、两合公司和股份有限公司等企业组织形式，但以股份有限责任制最为典型。从历史上看，股份制为人类社会的文明和经济发展起了重要的作用。

然而，并不是任何形式的股份制企业都可以发行股票。按照《公司法》的规定，只有股份有限公司才可以发行股票。股票是一种只适用于股份有限公司的证券。

（二）股票与认股权证、股单

1. 股票与认股权证

股票和认股权证出现在股份有限公司的股票发行过程中。股票是确认股东地位和股东权的凭证。认股权证是购买股票的权利凭证。持有认股权证，意味着持有者享有在规定时间内，按一定价格购买一定数量某股份有限公司新发行的股票的权利。

从期限上看，股票在股份有限公司的存续期间有效，无预先确定的具体期限；而认股权证一般是有确定期限的，通常以 1～2 年为限。在实践中也有少数股份有限公司发行的认股权证是永久性的。

2. 股票与股单

股票和股单都是在股份制企业中运用的概念。它们的作用都是用于证明股东的出资和股东的股份证书，同属于证据证券，但两者的区别是根本性的。

（1）适用范围不同。股票是由股份有限公司公开发行，用以确认投资者的出资份额和股东地位的法律凭证；而股单则是有限责任公司发给股东的出资凭证和确立股东地位的凭证。它们的适用范围非常明确，不能混淆。

（2）性质不同。股票属于证券，除了可以用以证明股东地位和股东权以外，法律允许它自由流通，并有它自身的市场价格。股票持有者不仅可以获得股息、红利等收益，还可通过在股票市场上转让其持有的股票而获得交易差价收益。而股单仅仅是一种证据证券，只是证明股东出资份额和股东权利，具有很强的人身依附性。股单本身没有价格，不是有价证券，所以不能在市场上自由流通，而只能依法定条件和手续转让出资。相应地，股单持有者只能根据其出资，从有限责任公司获取股息、红利，一般情况下，不能获取交易差价。

（3）表现形式不同。在通常情况下，股票体现与金额相等的股份，股东依据股票享有平等的股东权。同时，股票还有普通股与优先股、记名股与不记名股、有面额股与无面额股、有表决权股和无表决权股之分。股单则不一样。每份股单所代表的金额可以不相等，每名股东通常只持有一份股单。并且，股单必须是记名的，也不存在普通股与优先股、有表决权与无表决权之分。

第三节　债　券

一、债券的概念和特征

（一）债券的概念

债券是一种有价证券，是社会各类经济主体为筹措资金而向债券投资者出具的、承诺按一定利率定期支付利息、并到期偿还本金的债权债务凭证。

作为一种债权债务凭证，债券包含以下基本要素。

1. 债券的票面价值

这包括两方面的内容：①票面价值的币种，即以何种货币作为债券价值的计量单位。币种的选择主要依其发行对象和实际需要来确定。一般而言，若发行对象是国内有关经济主体，则选择国内货币作为债券价值的计量单位；若向国外发行，则选择债券发行地国家的货币或国际通用货币如美元作为债券价值的计量单位。②债券的票面金额。票面金额不同，对于债券的发行成本、发行数额和持有者的分布，具有不同的影响。若票面金额较小，则有利于小额投资者购买从而有利于债券发行，但可能加大发行工作量和增加发行费用；若票面金额较大，则会减轻工作量和降低发行费用，但可能减少债券发行量。

2. 债券的价格

债券的票面价值，是债券价格形成的主要依据。一般地说，债券的发行价格与债券的票面价值是一致的，即平价发行。在实践中，发行者出于种种考虑或者由于市场供求关系的影响，也可能折价发行或溢价发行。折价发行或溢价发行，都是债券价格对债券票面价值一定程度的背离。债券一旦进入证券交易市场，其交易价格则常常与票面价值不一致。

若市场利率低于债券利率，则溢价发行；若市场利率等于债券利率，则平价发行；若市场利率高于债券利率，则折价发行。

3. 债券的利率

指债券持有人每年获取的利息与债券票面价值的比率。债券利率的高低，主要受银行利率、发行者的资信级别、偿还期限、利率计算方式和资本市场资金供求关系等因素的影响。

4. 债券的偿还期限

指从债券发行日起到本息偿清之日止的时间。债券偿还期限的确定，主要受发行者未来一定期限内可调配的资金规模、未来市场利率的发展趋势、证券交易市场的发达程度、投资者的投资意向、心理状态和行为偏好等因素的影响。债券的偿还期限，一般分为短期、中期和长期。偿还期在 1 年以内的为短期；1 年以上、10 年以下的为中期；10 年以上的为长期。

5. 其他

主要包括发行主体的名称、发行时间、债券类别以及批准单位及批准文号等。

（二）债券的特征

与其他有价证券一样，债券也是一种虚拟资本而非真实资本，是在经济运行中实际运用的真实资本的证书。一般来说，债券具有以下特征：①偿还性。即必须规定债券的偿还期限，债务人必须如期向债权人支付利息，偿还本金。②收益性。这表现在两方面：一是投资者根据固定利率，可取得稳定的、一般高于银行存款利率的利息收入；二是在证券市场上通过较低价买进、较高价卖出获得价差收入（交易性收入）。③流动性。即变现力，是指在偿还期届满前能在市场上转让变为货币，以满足投资者对货币的需求；或到银行等金融机构进行抵押，以取得相应数额的抵押贷款。④安全性。债券与股票相比，投资风险较小。这主要是因为：债券利率在发行时就已固定，不受市场利率变动的影响；债券本息的偿还和支付有法律保障，有相应的单位作担保；法律对发行人条件有严格规定，且发行量也有相应限制。

债券的偿还性、收益性、流动性和安全性之间具有相逆性关系，一般情况下很难同时兼顾。如安全性高、风险小、流动性强的债券，投资者必然积极购买，因此，该种债券的价格必然上涨，收益率也就较低。反之，安全性差、风险较大、流动性差的债券，通常价格相对较低，收益率也就较高。对投资者来说，可以根据自己的投资目的、财务状况和对市场的分析预测，选择自己所需的重点，以形成最佳的投资组合。

二、债券的分类

债券种类繁多，各具特色。根据不同的分类标准，可对债券进行不同的分类。通常情况下，可作如下分类。

（一）按发行主体分类

按发行主体的不同，债券可分为公债券、金融债券、公司债券等几大类。

（1）公债券。也称政府债券，是指中央政府和地方政府发行公债时发给公债购买人的一种格式化的债权债务凭证。公债券通常分为中央政府债券和地方政府债券。

（2）金融债券。是指银行或其他非银行性金融机构发行的债权债务凭证。发行这种债券的金融机构，一般都具有雄厚的资金实力，资信度较高，利率也比同期存款利率高。我国的金融债券一般可分为普通金融债券、累进利息金融债券和贴现金融债券等。

（3）公司债券。也称企业债券，从规范意义上说，公司债券是指由股份公司发行并承诺在一定时期内还本付息的债权债务凭证。我国目前有关部门把公司或企业发行的债券统称为"企业债券"，并且明文规定，发行的主体仅限于我国境内的全民所有制企业（参见国务院颁发的《企业债券管理条例》第二条之规定）。公司债券的分类标准很多，我国的公司债券（企业债券）包括重点企业债券、地方企业债券、企业短期融资债券和企业内部债券等。

（二）按期限长短分类

根据偿还期限的长短，债券可分短期债券、中期债券、长期债券和永久债券。

各国对短、中、长期债券的年限划分不完全一样，一般的划分标准是：期限在 1 年以下的为短期债券，如美国、英国的国库券，日本的短期国债等；期限在 1 年以上、10 年以下的为中期债券，如美国的中期国家债券、日本的中期附息票国债及贴现国债、我国的国库券等；期限在 10 年以上的为长期债券，如美国的长期国家债券、日本的长期附息票国债等。永久债券也称无期债券，指的是不规定到期期限，债权人也不能要求清偿但可按期取得利息的一种债券。通常情况下，永久债券只限于公债。在历史上，只有英国、法国等少数西方国家在战争时期为筹措军费而采用过。现在，这种不规定偿还期的永久公债，在西方国家已不再发行。我国从未发行过这种债券。

（三）按利息支付方式分类

根据利息的不同支付方式，债券一般可分为附息债券和贴现债券。

（1）附息债券。指债券券面上附有各种息票的债券。息票上标明利息额、支付利息的期限和债券号码等内容，息票一般以 6 个月为一期。息票到期时，从债券上剪下来凭此领取本期利息。附息债券一般限于中长期债券。

（2）贴现债券，也称贴水债券。指券面上不附息票，发行时按规定的折扣率（贴水率）以低于券面价值的价格发行，到期时按券面价值偿还本金的债券。其发行价格与券面价值的差价即为利息。

（四）按发行方式分类

根据债券的发行是否采用公开发行方式进行分类，可分为公募债券和私募债券。

（1）公募债券。指按法定程序，经证券主管机构批准在市场上公开发行的债券。公募债券的最大特点是募集对象不特定，而是通过证券公司向社会所有投资者募集资金。由于募集对象不特定，因而要求发行主体必须遵守信息公开制度，向投资者提供必要的财务报表和有关资料，以保护投资者的利益，防止欺诈行骗。

（2）私募债券。指向少数与发行者有特定关系的投资者发行的债券。私募债券的最大特点是募集对象特定。由于私募债券的发行范围很窄，一般不实行公开呈报制度，债券的转让也受到一定的限制，流通性较公募债券差，但利率一般要高于公募债券。私募债券的投资者，大多数是银行或非银行性的金融机构。

（五）按有无抵押担保分类

根据有无抵押担保，债券可分为信用债券、抵押债券和担保债券等。

（1）信用债券。也称无抵押担保债券。指仅凭债券发行者的信用而发行，既没有抵押品作担保，也没有担保人的债券。这类债券，一般包括公债券（国债和地方政府债）和金融债券。少数信用良好、资本雄厚的公司也可发行信用债券，但在发行债券时必须签订信托契约，对发行者的有关行为加以约束限制，以保障投资者的利益。

（2）抵押债券。指以发行者的不动产或有价证券作为抵押品而发行的债券。其中抵押不动产债券，是以土地、房屋等不动产为抵押品而发行的债券。在西方国家，存在以同一不动产为抵押品而多次发行债券（公司债券）的情况，因此按发行次序又可分为第一抵押债券和第二抵押债券。第一抵押债券对抵押品有第一留置权，第二抵押债券对抵押品有第二留置权，即在第一抵押清偿后以其余额偿付本息。第一抵押又称优先抵押，第二抵押称一般抵押。

（3）担保债券。指由第三者担保偿还本息的债券。这种债券的担保人，一般为银行或非银行金融机构或公司主管部门，个别的由政府担保。

（六）按是否记名分类

根据券面上是否记名，债券可分为记名债券和不记名债券。

（1）记名债券。指在券面上标明债权人姓名，同时在发行公司的名册上进行债权人登记的债券。转让此种债券时，除要交付票券外，还要在债券上背书并在公司名册上更换债权人姓名。此外，债券持有人必须凭印鉴领取本息。记名债券的优点是比较安全，缺点是流动性较差，转让时手续复杂。

（2）不记名债券。指券面上不标明债权人姓名，发行公司的名册上也不登记姓名的债券。转让此种债券，不需背书和去公司更换债权人姓名，随即具有法律效力。不记名债券的优点是流动性强，转让手续简便，缺点是遗失毁损时，不能挂失和补发，因而安全性较差。

此外，按收益方式不同，可分为固定利率债券、浮动利率债券、分红公司债券、参加公司债券、免税债券、附新股认购权债券等；按面值币种不同，可分为本币债券和外币债券；按发行地点不同，可分为国内债券和国际债券。国际债券还可分为外国债券和欧洲债券等。

三、股票与公司债券

股票和公司债券都属于有价证券，且同属于资本证券。它们既有相同之处，又有质的区别。

它们的相同之处主要表现在：两者都是投资手段，都是融资工具，体现着资本信用关系，它们既可以为投资者带来收益，又能使公司筹集到从事生产经营活动所需要的资金；两者都是流通证券，可以在证券市场上进行转让和买卖，并且，它们的市场价格都在不同程度上受到银行利率的影响。

它们质的区别主要表现在以下几方面：

（1）投资性质和各自所包含的权利不同。股票投资是一种长期投资，股票投资者即成为公司的股东，与公司之间形成的是一种股东权与公司生产经营权的关系；而公司债券投资则是一种短期投资，公司债券持有人是公司的债权人，与公司之间形成的是一种借贷性质的债权债务关系。股票持有者享有的是一种综合性股东权，有权从公司经营利润中获得收益，有权参与公司的经营决策；公司债券持有者享有的是债权，其内容包括到期收取利息和本金的权利、债务人破产时优先分取财产的权利以及在证券市场转让债权的权利。

（2）收益和风险责任不同。股票持有者依法获取的是股息和红利，股息和红利完全依赖于股份有限公司的经营状况，数额事先难以确定。公司经营状况好的，股东可获得大大高于公司债券利息的收益；经营状况不好的，则可低于公司债券利息，甚至分文不取。公司债券持有人依法获取的收益是公司债券利息，并且数额事先已经确定，不受公司经营状况的影响。在风险方面，股票持有者承担公司经营风险责任，而公司债券持有人则不承担公司经营风险责任。

（3）投资风险程度不等。由于股票投资是一种长期投资，股东不能退股，也不能获取事先确定的股息和红利，因而，投资风险是很大的。相比之下，公司债券则是一种风险程度相对低得多的投资。

第四节　投资基金证券

一、投资基金与投资基金证券概念

投资基金，是指一种集合投资制度。它是由基金发起人以发行受益证券或发行股票的形式，汇集相当数量但不限定人数且有共同投资目的的投资者的资金，委托由投资专家组成的专门投资机构进行各类分散的组合投资，投资者按出资的比例分享投资利益，并共同承担相应的风险。

投资基金是一种信托投资，即由社会大众汇集分散的资金，委托给专门的投资机构从事约定领域的投资或分散组合投资。投资基金的创立和运行涉及四方：投资人、发起人、管理人和托管人。投资人是出资人也是受益人，可以是法人也可以是自然人，大的投资者往往也是发起人。发起人根据政府主管部门批准的基金章程或基金证券发行办法筹集资金而创立基金，将基金委托管理人管理和运营，委托托管人保管和财务核算，发起人与管理人、托管人之间的权利和义务通过信托契约加以规定。

投资基金证券，是指由基金发起人向社会公开发行的，表示持有人按其所持份额享有资产所有权、收益分配权和剩余资产分配权的凭证。按基金的发起和建立方式的不同，基金证券有基金受益证券和基金股票两种形式。

二、投资基金证券与股票、债券的区别

投资基金证券也是一种有价证券，与股票、债券具有共同的一些特征。但是，投资基金证券与股票、债券之间也是有区别的，主要表现在以下几个方面。

（一）发行的主体不同，体现的权利关系不同

股票是股份公司发行的，持有人是股份公司的股东，有权参与公司管理，是一种股权关系。债券是分别由政府、银行和企业发行的，体现的是债权债务关系。投资基金证券是由基金发起人发行的，基金的创立以契约为基础，证券持有人与发起人之间是契约关系。按公司形式发起的基金，通常组成基金公司，并由发起人（大股东）组成董事会，决定基金的发起、设立、中止以及择定管理人和托管人等事项。证券持有者成为公司股东的一员，但不参与基金的运用。发起人与管理人、托管人之间则完全是一种信托契约关系。

（二）运行机制不同，投资人的经营管理权不同

通过股票筹集的资金，完全由股份公司运用，股票持有人有权参与公司管理。通过债券筹集的资金，由债务人自主支配。而投资基金的运行机制则有所不同。不论哪种类型的投资基金，投资人和发起人都不直接从事基金的运用，而是委托管理人进行运营。同时，投资基金信托又不同于个人信托。个人信托是单个投资者委托证券公司从事买卖业务，这种委托业务完全体现投资者个人的意志，即按投资者的指示买进或卖出。投资基金信托是一种集中信托，受托的管理人本着"受人之托，代人理财，忠实服务，科学运用"的精神，按基金章程规定的投资限制，对该基金自主运用，保证投资人有丰厚的收益。投资人只分享基金的盈利和分红，而不干预基金的管理和操作。

（三）风险和收益不同

由于投资基金是委托专门的投资机构进行分散组合投资，可以分散和降低风险，所以风险小于股票投资，大于债券投资。投资基金证券的收益是不固定的，这一点不同于债券而类似于股票；但收益一般小于股票投资而大于债券。因而一

般认为基金证券是一种风险低于股票、收益高于债券的证券品种。

（四）存续时间不同

每一种投资基金都规定有一定的存续时间，期满即终止。这一点类似于债券投资。不同于债券投资之处在于，投资基金经持有人大会或基金公司董事会会议可以提前终止，也可期满再延续。封闭式基金在存续期间内不得随意增减基金证券，持有人只能通过证券交易所买卖证券，这一点又类似于股票投资。与股票投资不同处在于，开放式基金可随时增减，持有人可按基金的资产净值要求申购或赎回其所持有的单位或股份。

三、投资基金类别

（一）契约型和公司型

（1）契约型。又称信托型，指基金发起人将受益权证券化，然后通过发行受益证券的形式，由有关证券机构和金融机构认购包销以及向社会公开发行。投资人购买受益证券即成为该基金的受益人，在约定的存续时间内凭所持证券分享红利。

（2）公司型。基金发起人通过组织投资公司（或称基金公司）的形式，发行投资基金股份（即基金股票），投资人购买基金股份即成为基金公司股东，享有议决权、利益分配权和剩余财产分配权。基金公司如同股份制企业一样，基金由股份构成，但它不能像股份制企业那样在运行中还有其他债权债务，如发行债券、贷款以及结算中的债权债务等。一个基金公司只能发行一种基金，并以该基金作为唯一的全部运行资本。在公司型投资基金中，投资人虽为股东，并可经由董事会选出董事长对公司事务有形式上的控制权。但事实上，通常由作为发起人的大股东组成董事会，而基金公司并不实际经营，因而不仅股东，甚至连董事长也没有实际的经营权。

从当前世界各国和地区投资基金的实践看，欧美国家一般为公司型，以美国最为典型；亚洲国家和地区一般为契约型，如日本、韩国和中国台湾地区等。

（二）封闭型和开放型

依据基金证券能否赎回，可分为封闭型和开放型。

（1）封闭型。不允许证券持有人向发行人请求赎回证券，如持有人不满意该基金的经营和收益时，可在公开市场上将其持有的证券卖出，收回投资。

（2）开放型。允许持有人申购或赎回所持有的单位或股份。当基金发行新证券时，应持净资产价值加上经销手续费售出，赎回时则按净资产价值减除一定比例的手续费计算。

　　封闭型基金与开放型基金二者在运作上有以下区别：①封闭型基金证券只能在交易市场上买卖，价格受供求关系的影响，波动较大；开放型基金证券中按基准价格由基金公司买回的部分，价格变动的幅度较小，在交易市场上买卖的部分则存在较大的价格波动。②封闭型基金证券由于不允许持有人赎回，故资产比较稳定，便于经营；而开放型基金证券由于允许赎回，故资产经常处于变动之中，要求有较高的操作艺术和较强的变现能力。一般情况下，只有投资变现能力极好的证券的基金才适于采用开放型，如上市的债券投资和股票投资。此外，开放型基金的核算手续比较复杂，几乎每天营业终了都要核算并公告其资产净值。③公司型的封闭型基金，经营业绩的好坏对股东来说是至关重要的。当业绩好时，股东可通过超过净资产价值的证券价格而受益，但风险也大，一旦有亏损当然由投资人承担；开放型基金作为可随时兑现的证券，上述风险则较小。④开放型基金公司通常只发行一种股票，资产结构中不允许有负债；而封闭型基金公司则没有这种限制，它可以采取和一般股份公司相同的法律形态。

　　（三）固定型和管理型

　　依据基金的运用方式，可分为固定型和管理型。

　　（1）固定型。指将信托基金投资于预先确定的证券，而在整个信托期间，原则上不允许变动，即不允许转卖或重买。

　　（2）管理型。指经营者可以根据市场变化，对购进的证券自由买卖，不断调整组合结构，所以管理型基金又称自由型和融通型。

　　（四）单位型和追加型

　　按基金是否可以追加，可分为单位型和追加型。

　　（1）单位型。在契约型基金中，有的规定每次新募集创设的基金，分别作为一个单元信托财产加以运用和管理，在规定的信托期满之前不得追加新的基金单位，故称为单位型基金。信托期间分别为 3 年、5 年、7 年、10 年、15 年、20 年不等。单位型基金在信托期内有的可以解约，即为单位开放型；有的不可解约，即为单位封闭型；有的则规定经过一段时间方可解约。一般情况下，单位型基金多属于封闭型和半封闭型，或属于固定型和半固定型。

　　（2）追加型。指基金设立后，可视基金单位的售出情况，随时以当时的市场价格追加新的基金单位。追加型大都没有期限，中途可以解约，即可以要求赎回。所以这种追加型又属于开放型，但也有中途不允许解约的。

　　（五）股权式基金和有价证券基金

　　依据投资的对象，可分为股权式基金和有价证券基金。

（1）股权式基金。以参股或合资的方式，投向实际产业中未公开发行或未上市的股份或股票，以获取投资收益为主要目的，可以参与企业经营，但又不起控制支配作用。

（2）有价证券基金。以投资于公开发行和上市的股票和债券为主。

两种类型基金的区别在于：①股权式基金直接投入实业，着眼于股权或股票的未来公开转让和上市；有价证券基金着眼于二级市场，通过购买上市股票、债券间接投资。②股权式基金侧重于投资分红和资本的增值，较少投机成分；有价证券基金既重视分红，更重视证券买卖的差价收入，具有较多的投机成分。③有价证券基金是以较发达的二级市场为前提，而股权式基金则对股份制企业的组织形式有较高的要求。④股权式基金由于转让性能差，流动性和变现能力弱，一般要求是封闭型和固定型，以便于稳定运作；而有价证券基金则可以是开放型和追加型。

（六）本币基金和外币基金

依据募集资金的币种，可分为本币基金和外币基金。

（1）本币基金。以本国货币募集资金，运用范围也限于国内。

（2）外币基金。以国际上可自由兑换的任何一种外币募集和运用资金，但资金来源和运用方向可以有所不同：一是从国外中小投资者募集资金，用于国内投资；二是从国内中小投资者募集外币资金，用于国内投资；三是从国内中小投资者募集外币资金，向海外投资。

四、投资基金的特点

近年来国际上投资基金得以迅速发展的原因在于它具有一些独特的优点。

（1）化零为整、凑小钱成大钱。基金可以迅速筹集巨额资本，进行大规模、多方面的投资。对于基金股份的持有人来说，不需要有很多资金，就可以享受到市场上资金大户的功能和好处。

（2）降低和分散投资风险、提高投资效率。投资基金的运用是通过专门的投资机构，聘请专业证券投资人员操作，拥有灵活和先进的信息获取与处理手段，运用雄厚资金实力进行不同证券的组合投资，从而可以降低和分散投资风险，提高投资效率。

（3）弥补中小投资者投资管理缺陷。对于一般中小额投资者来说，由于缺乏专门的证券投资知识和时间精力，他们很难获得证券市场全面、准确的信息，同时也缺乏各种证券组合投资的资本。因此，投资风险很大，交易成本高。但如果他们投资于共同基金，就等于请了专家，可以借助于基金的实力、管理者的专业知识和技术力量降低投资成本，减少投资风险，从而获得较稳定的投资收益。此外，基金作为一个投资公司，在税收上可以享受免征公司所得税的好处；在交易费用上，拥有讨价还价的条件。

（4）避免国外投资者直接控制国内企业股权。利用国家基金方式吸引外资，可以更广泛地吸收国外小额资本，因而，可以避免国外投资者直接控制国内企业股权。

第五节　资产证券化与房地产信托投资资金

一、资产证券化

（一）资产证券化的概念

资产证券化是以特定资产组合或特定现金流为支持，发行可交易证券的一种融资形式。与传统的证券发行不同，资产证券化不是以企业为基础发行证券，而是以特定的资产池为基础发行证券。

资产证券化中的资产池是一个规模相当大的，且具有一定特征的资产组合。以资产池为基础发行的证券称为证券化产品。资产则是指任何公司、机构和个人拥有的任何具有商业或交换价值的东西。资产的分类很多，如流动资产、固定资产、有形资产、无形资产、不动产等。

广义的资产证券化是指某一资产或资产组合采取证券资产这一价值形态的资产运营方式，它包括以下四类。

（1）实体资产证券化。即实体资产向证券资产的转换，是以实物资产和无形资产为基础发行证券并上市的过程。

（2）信贷资产证券化。就是将一组流动性较差的信贷资产，如银行贷款、企业应收账款等，经过重组形成资产池，使这组资产所产生的现金流收益比较稳定并且预计今后仍将稳定，再配以相应的信用担保，在此基础上把这组资产所产生的未来现金流的收益权转变为可以在金融市场上流动、信用等级较高的债券型证券进行发行的过程。

（3）证券资产证券化。即证券资产的再证券化过程，就是将证券或证券组合作为基础资产，再以其产生的现金流或与现金流相关的变量为基础发行证券。

（4）现金资产证券化。是指现金的持有者通过投资将现金转化成证券的过程。

狭义的资产证券化是指信贷资产证券化。按照被证券化资产种类的不同，信贷资产证券化可分为住房抵押贷款支持的证券化（Mortgage-Backed Securitization，MBS）和资产支持的证券化（Asset-Backed Securitization，ABS）。

根据资产证券化发起人、发行人和投资者所属地域不同，可把资产证券化分为境内资产证券化和离岸资产证券化。其中国内融资方通过在国外的特殊目的机构（Special Purpose Vehicle，SPV）或结构化投资机构（Structured Investment Vehicles，SIVs）在国际市场上以资产证券化的方式向国外投资者融资称为离岸资产证券化；而融资方通过境内 SPV 在境内市场融资则称为境内资产证券化。

根据证券化产品的金融属性不同，可以分为股权型证券化、债券型证券化和混合型证券化。

（二）资产证券化的理论基础

资产证券化以基础资产的现金流分析原理、资产重组原理、破产隔离原理、信用增级原理为其理论基础。资产证券化实际上就是基础资产现金流的证券化，其中，基础资产的现金流分析是最核心的原理，其他三个基本原理是这一原理的深化和衍生。

1. 基础资产的现金流分析

资产证券化表面上是以资产作为发行证券的支撑，实质上是以资产所能产生的现金流作为支撑，这是资产证券化的本质。因此，基础资产的现金流分析是资产证券化的核心原理，其主要内容是资产的估价与风险收益分析。

资产价值是由资产未来产生的现金流决定的，资产估价的基本要点是根据资产未来现金流的现值来确定资产的价值。在此基础之上，对资产的估价方法主要有三种：①贴现现金流估价法，即通过估算资产的未来现金流现值与资产价值相联系；②相对估价法，即通过观察各种可比资产相对于共同变量的定价，如盈利、现金流、账面价值或销售额等，对资产的价值进行估计；③运用期权定价模型对各种享有期权特征的资产价值进行测算。一般而言，部分证券的资产证券化、信贷资产证券化可以采取第一种估价法；实体资产证券化运用相对估价法比较普遍；而证券资产证券化中很多衍生品的估价常常适用于期权估价法。当然，每种估价方法都有自己的独到之处，而且在对某一个资产进行估价时，这几种方法可能同时都会用到。

资产的风险收益模型在现金流分析中的作用主要是确定证券化资产未来现金流的贴现率，主要用在贴现现金流估价法中，且对其他两种估价法也能起到一定的参考作用。

2. 资产重组原理

资产证券化运作中的核心问题是如何对被证券化资产的风险和收益进行分离

和重组，使之对其定价和重新配置更为有效。该作用是通过运用资产重组原理来实现的。

资产重组原理是根据大数定律，将具有共同特征的资产汇集成一个"资产池"，虽然这并不能消除单个资产的个性特征，但资产池所提供的资产的多样性可抵消一些单个资产的风险，从而可以达到整合整体资产总收益的目的。一般来说，单笔贷款的现金流具有一些不确定因素，如提前还款、延迟付款，以及没有现金流产生的情况都是可能发生的。但是由于大数定律，一组贷款的现金流则会呈现出一定的规律性。

3. 风险隔离原理

在构造资产证券化的交易结构时，证券化的结构安排应该能够保证发起人的破产不会对 SPV 的正常运行产生影响，这样才不会影响对资产支持证券持有人的按时偿付，这就是资产证券化的风险隔离原理。为了达到这个目的，证券化资产从发起人到 SPV 的转移必须是真实销售。该原理主要从下列两方面的运作来实现。首先，通过风险隔离，把资产原始权益人（基础资产的持有者）不愿承担的风险转移到愿意而且能够承担的投资主体那里；其次，证券的投资者只承担自己愿意承担的部分风险，而不必承担资产原始权益人所面临的所有风险。

4. 信用增级原理

信用增级是通过额外信用的引入，来分散证券化资产的整体风险，继而相应分散投资者的风险，提高证券化资产的信用级别的多种金融手段的总称。信用增级的手段主要可以分为外部增级和内部增级两大类。外部增级的方式主要包括金融保险、企业担保、信用证和现金抵押账户；内部信用增级的方式有建立优先和次级结构、超额抵押以及利差账户。

资产证券化的本质是将证券化资产的风险状况真实反映给交易双方。这种风险的真实化本身会带来较高的信用。但这种信用的真实显现只是提供了一个基础，通过额外信用的引入，能增加信用级别，从而可以吸引更多的投资者，达到降低融资成本的目的。所以，信用增级原理是资产证券化交易结构成功的一个重要条件。通过信用增级原理的运用，资产证券化的整体风险会得到分散，使风险被分散给能够承受的经济主体去承担，并通过科学的测算，使收益定价更为合理公平，从而使得整个社会资源得到合理的配置。

（三）资产证券化的流程

完整的证券化融资的基本流程是：发起人将证券化资产出售给一家特殊目的机构（SPV），或者由 SPV 主动购买可证券化的资产，然后 SPV 将这些资产汇集成资产池（assets pool），再以该资产池所产生的现金流为支撑在金融市场上发行有价证券融资，最后用资产池产生的现金流来清偿所发行的有价证券。

在证券化过程中，往往涉及多个经济主体，正是这些主体相互作用，紧密联结，才促成资产证券化的顺利完成。

1. 参与主体

（1）发起人。是指拥有可证券化资产原始产权的经济主体，它是可证券化资产的原始所有者，也是资产证券化的融资需求者，它的主要职能就是选择准备进行证券化的资产，将其出售给特殊目的机构（SPV）或者作为资产证券化的担保品进行融资。银行、汽车生产厂商的财务公司、保险公司、航空公司等都可作为资产证券化的发起人。但在实践中的多数情况下，资产证券化的发起人都是一些实力比较雄厚的大企业或者金融机构。

（2）发行人。一般称为特殊目的机构，用 SPV 来表示。SPV 是指通过购买若干发起人的基础资产，并以此为基础进行集成，从而发行资产支持证券的一个机构。如果发起人直接将资产转让给投资者，可能受到条件限制，使得融资成本过高；因此资产的转让往往需要通过某个金融中介，借助证券化的工具来实现，才能节约成本。而标准的资产证券化过程需要有一个专门机构来充当证券化工具的载体，SPV 由此而来。

（3）投资者。资产证券化的投资者是指在资本市场上购买资产支持证券的市场交易者。由于资产证券化的运作过程比较复杂、专业性要求较高，一般个人投资者很少参与。同时由于资产证券化具有信用级别高、利率水平低等独特优势，对机构投资者的吸引力很大。所以，资产证券化的主要投资者是机构投资者。

除了以上三个必不可少的重要参与主体之外，资产证券化的融资过程中还有其他多个主体参与，这些主体一般被称为延伸主体。

2. 延伸主体

（1）信用增级机构。信用增级是指通过引入衍生信用，分散或转移证券化运作过程中产生的风险，从而减少投资者的投资风险、降低融资成本，达到提高信用级别目标的多种金融手段的总称。而提供这种额外信用的机构就是信用增级机构。

（2）资信评级机构。是指在资产证券化过程中为资产支持证券提供信用评级服务的机构。在证券化过程中，资信评级的作用非常重要。资产证券化的发行必须经过两次评级，第一次是对交易机构和资产支持证券作出内部评级；第二次则是发行评级，发行评级的结果要向公众公告。资信评级机构出具的评级结果会影响投资者的选择，所以资信评级对于资产证券化的整个过程来说是一个非常关键的步骤。

（3）服务人。是负责资产证券化运行管理的一个专门机构。它的主要职责如下：第一，管理证券化资产的日常运作；第二，负责向受托管理人和投资者提供资产组合的月份或年度报告，主要反映本期内资产池产生的现金流量等必要信息；第三，负责定期采集资产产生的现金流收益，并交付给受托管理人。服务人通常由发起人或者发起人的附属机构来充当。

（4）受托管理人（简称受托人）。在资产证券化的流程中，受托管理人既是服务人和投资者之间的中介，也是信用增级机构和投资者之间的中介。受托管理人一般由 SPV 指定，是负责管理资产组合产生的现金流、进行证券登记、向投资者发放资产现金流收益、监督服务人等工作的一个服务机构。受托管理人的主要职责包括：代表 SPV 从发起人那里购买资产、向投资者发行证书、代为管理服务人交付的资产收益、定期将资产收益转交给投资者等。受托管理人也可以将收到的资金进行再投资，其投资收益在 SPV、投资者和受托管理人三方之间分配。此外，受托管理人负责审核服务人提供给投资者各种报告的真实性，并把这些报告转交给投资者；同时，受托管理人还要负责监督和激励服务人的工作，如果服务人没有履行其应尽的职责，受托人应该并且有能力取代服务人并且履行服务人的职责。

（5）投资银行。在资产证券化过程中承担证券的发行和承销工作，与 SPV 的关系比较密切。同时，资产证券化是投资银行业务多元化趋势中的重要业务，也是投资银行重要的收入来源之一。投资银行的主要职责有两点：一是和 SPV 一起策划、组织证券化交易的整个运作过程，以确保证券化的结构设计符合法律、税收等方面的相关规定。在资产证券化进行结构设计时，投资银行通常起到融资顾问的作用。二是为 SPV 提供证券的发行服务。

下面简单介绍资产证券化的运作过程。

设 A 为在未来能够产生现金流的资产，B 为上述资产的原始所有者，信用等级低，没有更好的融资途径，C 为枢纽（特殊目的机构）SPV，D 为投资者。

资产原始所有者 B 把未来能够产生现金流的资产 A 转移给特殊目的机构 C，C 以证券的方式销售给投资者 D。

资产原始所有者 B 以低成本（不用付息）得到现金；投资者 D 在购买证券后可能会获得投资回报；C 获得了能产生可见现金流的优质资产。

投资者 D 之所以可能获得收益，是因为资产 A 在未来能够产生现金流。

SPV 是个中枢，主要是负责持有 A 并实现 A 与破产等相隔离，为投资者谋取利益。

SPV 进行资产组合，不同的 A 在信用评级或增级的基础上进行改良、组合、调整，从而吸引投资者，为其发行证券。

SPV 选定承销商，根据市场情况与证券承销商确定证券的收益率、发行价格、发行时间等发行条件，然后由承销商组织安排证券发行的宣传和推介活动，向投资者销售资产支持证券。证券发行结束后，证券承销商按照包销或者代销的方式将证券发行收入支付给 SPV，SPV 根据出售协议所规定的交易价格向资产原始所有者支付对价，同时向聘用的各类服务机构支付专业服务费。投资者通过购买证券后既可保留证券获得资产现金流收益，也可在证券二级市场上转让交易。通常以私募方式发行的证券，投资者大多为机构投资者，他们对证券的流动性要求较低，并不热衷于转让证券；而以公募方式发行的证券，投资者多为个人投资者，他们对证券的流动性要求较高，往往希望能在二级市场上随时变现。

服务人负责收取、记录由资产池产生的现金流量收益，并将这些款项全部存入受托人的收款账户。在资产池积累的资金没有偿付给投资者之前，进行资金的再投资管理，以确保定期对投资者支付证券收益。

如发行的证券为债券，则在证券规定的每一个本息偿付日，由受托人将资金存入付款账户，向投资者支付本金和利息。证券期满时，由资产池产生的现金流量在扣除还本付息、支付各项服务费后若有剩余，这些剩余资金将按协议在发起人和 SPV 之间进行分配。

二、房地产信托投资基金

（一）房地产信托投资基金概述

1. 基本概念

关于房地产信托投资基金，有一些略有不同的表述。

房地产信托投资基金（Real Estate Investment Trusts，REITs），是以公司、商业信托投资计划或者契约的组织形式，通过发行收益凭证（股票、商业票据或债券），募集不特定的多个投资者的资金，委托专业投资机构投资于房地产的开发、经营、销售等价值链的不同环节以及不同的房地产项目，并将绝大部分投资综合收益按比例分配给投资者。

房地产信托投资基金是从事房地产买卖、开发、管理等经营活动的信托投资基金。由房地产信托投资基金公司公开发行收益凭证（如基金单位、基金股份等），将投资者拥有的不同额度的出资汇集成一定规模的信托资产，交由专门的投资管理机构加以管理，获得收益由基金份额持有人按出资比例分享、风险共担的一种融资模式。

从国际上看，房地产投资信托基金是一种以发行收益凭证的方式，汇集多个投资者的资金，由专门投资机构进行房地产投资经营管理，并将投资综合收益按比例分配给投资者的一种信托基金。与我国信托产品纯属私募所不同的是，国际意义上的 REITs 在性质上等同于基金，少数属于私募，绝大多数属于公募。REITs 既可以封闭运行，也可以上市交易流通，类似于我国的开放式基金与封闭式基金。

显然，房地产投资信托基金 REITs 具有多层含义：第一，它是一种投资方式，即投资者（委托人）基于 REITs 合同，将其货币资金或房地产作为信托财产转移至 REITs 的发起人（受托人），由受托人向委托人或其指定的受益人交付资产受益凭证，受托人依据 REITs 合同对信托财产进行管理和处置，由此产生的收益由资产受益凭证的持有者享有；第二，REITs 是进行房地产信托投资的金融机构，是房地产信托投资产品的生产者和销售者，也是投资者（委托人）所交付信托财产的支配者；第三，REITs 是房地产信托投资产品，这个产品可满足投资者的需求。金融产品就是金融机构根据公众需求在法律许可的范围内，将某种投融资方式标准化、制度化。公众的投资其实就是购买或出售特定金融产品的过程。

2. 房地产信托投资基金的类型

（1）根据组织形式不同，REITs 可分为契约型、公司型和有限合伙型

所谓契约型 REITs，是指依据信托契约，通过发行受益凭证而设立的 REITs。这类 REITs 一般由基金管理公司、基金托管人及投资者三方当事人订立信托契约，其权利和义务依法由信托契约约定。契约型基金的三方当事人存在的关系如下：受托人依照契约运用信托财产进行投资；委托人依照契约负责保管信托财产；投资者依照契约享受投资收益。

公司型 REITs 是指按照公司法成立的具有独立法人资格，并以盈利为目的的公司。公司以发行股份的形式募集资金，投资者购买 REITs 以后成为房地产信托投资公司的股东，凭其持有比例依法享有的收益权、剩余物索取权、经营管理权和表决权。

有限合伙型 REITs 由普通合伙人和有限合伙人组成。普通合伙人由房地产投资管理人担任，负责合伙企业资金的运营，并对企业的运营风险承担无限责任；有限合伙人是投资者，根据投资额大小承担有限责任。

（2）根据投资对象不同，REITs 可分为权益型、抵押型和混合型

权益型 REITs 是指直接或间接投资并拥有房地产，其收入主要来源于属下房地产的经营收入，主要包括租金收入和房地产的增值收益。权益型 REITs 的投资组合视其经营战略的差异有很大不同，但通常主要持有购物中心、公寓、办

公楼、医疗中心、仓库等收益型房地产。对于权益型 REITs 而言，最主要的经营风险为项目选择不当的风险，但是由于不同的投资项目之间大多为不相关或存在一定程度的负相关，因此可以通过建立有效的投资组合来分散风险。

抵押型 REITs 主要是扮演金融中介的角色，将所募集的资金向房地产开发项目或已有的房地产物业提供房地产抵押贷款和参与型抵押贷款，以及购买房地产贷款支持证券。因此，它的收益来源于房地产抵押贷款利息、参与抵押贷款所获抵押的房地产部分租金与增值收益，以及房地产抵押支持证券的利息和房地产抵押支持证券的处置收益。通常抵押型 REITs 股息收益率较权益类 REITs 高，但收益高也就意味着风险高。对于抵押 REITs 而言，最主要的风险是系统性风险——利率风险，收益率水平直接受到利率变动的影响。

混合型 REITs 是介于权益型和抵押型之间的一种，综合采用上述两类基金形态的投资策略。因此，它兼具权益类 REITs 和抵押类 REITs 的双重特点，即在提供房地产抵押贷款服务的同时，自身也拥有部分物业产权。在理论上，混合类 REITs 在向股东提供该物业持续增值机会的同时，也向其提供稳定的贷款利息。因此，它集中了两者的优势：收益比抵押型 REITs 稳定，风险小于权益型 REITs。

（3）根据股份是否可以追加发行，分为封闭型和开放型 REITs

封闭型 REITs 在发行之初就已经确定了发行量，除基金扩募外，在基金合同期内不得任意发行新的股份，投资者不能随时要求申购和赎回，为保障投资者的权益不被稀释，此种 REITs 成立后不得再募集资金。封闭型 REITs 可以较好地规避外部环境的不利影响，在安排资金投向时更有主动权。

开放型 REITs 基金份额总数不确定，可以根据基金合同的约定发行新的股份，也可以根据投资者的要求赎回基金份额。开放型 REITs 容易受到房地产市场和证券市场波动的影响，需要保持一定的流动性应付投资者随时提出的赎回要求，而且在发行新股时必须对现存资产进行评估以确定股价。由于开放型 REITs 的资本总额可以随时追加，因此又被称为追加型 REITs。

（4）根据资金募集方式可以分为公募 REITs 和私募 REITs

公募 REITs 可以面向社会大众公开发行销售。一般而言，公募 REITs 募集对象不固定，对投资金额的要求较低，资金的投向广泛，风险容易分散，适合普通中小投资者参与，而且基金规模大，有利于降低运作成本，但运作机制比较僵硬。

私募 REITs 只能采取非公开的方式面向特定的投资者募集资金。私募 REITs 针对特定的募集对象，一般是机构投资者，投资金额要求很高，其运作机制比较灵活。

（5）根据持续期限可以分为固定期限和不固定期限

固定期限型的 REITs 到期可以赎回收益凭证；无固定期限型的 REITs 则不能赎回，只能在二级市场上进行流通转让。

（6）根据投资标的可以分为特定型和不特定型

REITs 的投资标的可以是商场、超市、写字楼、酒店、厂房、仓储、医疗保健用房、游乐场所、公寓等物业类型，也可以根据不同的投资策略选择不同地域的物业进行投资。如果其投资策略显示出倾向于同一物业类型、同一地域或同一相似的投资特征，则可将其称为特定型 REITs；反之，如果其投资策略中没有针对同一特征倾向的投资标的，则可将其称为不特定型 REITs。

3. REITs 的组织形态

从组织形态来看，我国的房地产投资信托都是契约型的，即信托投资公司推出信托计划，然后由投资者与信托公司签订信托合同，每份合同都有最低的认购金额要求。这是因为公司型具有基金经理和公司股东信息不对称、股东权益难以得到保护、双重税收负担（公司所得税和股东分红个人所得税）等缺点；而契约型因所有权与收益权的分离使得信托财产具有相对独立性，基金收益可得到法律保护；而且契约型只需纳税一次，可提高基金收益。此外，我国目前处于 REITs 的初期发展阶段，应以稳定为主，减少风险发生的可能性，宜采用契约型模式，虽然这不利于基金的扩张，但可以保证基金的相对稳定性，不会因投资者的退出而使基金解散或削弱。

4. REITs 的优势

REITs 具有其他投资产品所不具有的独特优势：①REITs 的长期收益由其所投资的房地产价值决定，与其他金融资产的相关度较低，有相对较低的波动性，且在通货膨胀时期具有保值功能；②可免双重征税并且无最低投资资金要求；③REITs 按规定必须将 90% 的收入作为红利分配，投资者可以获得比较稳定的即期收入；④一般中小投资者可以用少量资金参与房地产业的投资；⑤由于 REITs 股份基本上都在各大证券交易所上市，与传统的房地产所有权投资相比，具有相当高的流动性；⑥上市交易的 REITs 信息不对称程度低，经营情况受独立董事、专业人员，以及商业和金融媒体的直接监督。

从本质上看，REITs 属于资产证券化的一种方式。REITs 典型的运作方式有两种，其一是特殊目的载体公司（SPV）向投资者发行收益凭证，将所募集的资金集中投资于写字楼、商场等商业地产，并将这些经营性物业所产生的现金流支付给投资者；其二是房地产开发商将旗下部分或全部经营性物业资产打包设立专门的 REITs，以其收益作为标的，均等地分割成若干份出售给投资者，然后定期派发红利，实际上是给投资者提供一种类似债券的投资方式。相比之下，写字楼、商场等商业地产的现金流远较传统住宅地产的现金流稳定，因此，REITs一般只适用于商业地产。另外，从 REITs 的国际发展经验看，几乎所有 REITs的经营模式都是收购已有商业地产并出租，靠租金回报投资者，极少有进行开发性投资的 REITs 存在。因此，REITs 并不同于一般意义上的房地产项目融资。

（二）房地产信托投资基金的相关分析

1. 相似概念的比较

国内有把 REITs 分别解释为"房地产信托""房地产投资信托""房地产信托基金"的，但实际上 REITs 和它们是不同的概念。

房地产信托是指信托机构代办房地产的买卖、租赁、收租、保险等代管代营业务以及房地产的登记、过户、纳税等事项，有些还以投资者的身份参与房地产的开发经营，也有的还受理其他代理业务。

房地产投资信托是目前我国信托公司的一项主要业务，是指有房地产开发经营权的信托投资公司运用自有资金和稳定的长期信托资金，以投资者的身份直接参与房地产投资。

房地产信托基金是房地产信托机构为经营房地产信托投资业务及其他信托业务而设置的营运资金。我国的房地产信托基金主要来源于财政拨款以及所吸收的房地产信托存款和自身留利。

2. 与其他房地产投资产品的区别

（1）REITs 与国内现有房地产信托计划的区别。国内现有的房地产信托计划是指房地产法律上或契约上的拥有者将该房地产委托给信托公司，由信托公司提供资金，监管资金的使用安全，部分参与项目公司运作以获取回报；对比 REITs 的含义可以发现两者有明显的区别。

（2）REITs 与房地产抵押支持债券（MBS）的区别。房地产抵押支持债券是对能产生稳定现金流的住房抵押贷款的证券化，是以房地产组合作为抵押担保，由贷款利息偿还的债券。显然，两者之间的区别在于：第一，REITs 的发起人一般是拥有收益类房地产的业主，MBS 的发起人一般是发放房地产抵押贷款的银行或房贷机构。第二，REITs 的投资标的是能产生稳定现金流的商业地产权益、租金收入和管理收入，其绝大部分以股息的形式分配给投资者；而MBS 的投资标的是具有很高同质性（期限、利率等）的抵押贷款。第三，房地产开发商将旗下资产通过 REITs 上市，可将部分资产变现以回笼资金，又可通过合同安排 REITs 持续购买旗下其他资产或成立新的 REITs，实现经营规模扩张和资金循环增值；而抵押贷款银行通过 MBS 将资产剔除出资产负债表，可以改善银行的资产负债结构，缓解银行流动性风险。第四，REITs 属于股权类投资产品，风险主要来自于房地产市场波动和证券市场波动；MBS 则是一种固定收益证券，以按揭利息为标的，其最大的风险是提前还款风险和利率风险。如果房地产市场走低，或利率进入上升通道，都会引发贷款人提前还贷，MBS 持续稳定的利息收入就可能会中断，而且利率升高还会引发 MBS 的价格下跌，使投资者的资产缩水。

（3）REITs 与房地产股票的区别。REITs 与房地产股票最相似特征就是都把房地产作为投资标的，都可以上市交易，所以 REITs 实际上可以说是特殊的房地产上市公司。但它与普通的房地产上市公司之间又存在区别。第一，在投融资政策方面。一般规定 REITs 募集的 75% 以上的资金和 75% 以上的收入必须来自房地产，可以进行外部融资，但有最高负债比例的限制；房地产上市公司在投融资方面则没有这么严格的限制。第二，REITs 往往收购已经产生稳定现金流的成熟物业，然后通过委托专业的资产管理机构进行长期的经营管理获取收益，在短期内不能转让物业，所以 REITs 只涉及了房地产利润链条上的投资和运营环节；而我国的房地产上市公司则统揽了房地产开发经营的所有环节，专业化程度不高，财务风险较大，收益方面虽然可能获得"暴利"但不稳定，因而总的投资风险都较 REITs 更高。

（4）房地产信托投资基金与证券投资基金的区别。房地产信托投资基金与证券投资基金都属于投资基金的范畴，都具有集合资金、专家理财、组合投资、分散风险的优势，两者的主要区别在于投资标的不同。房地产信托投资基金的投资标的是房地产；而证券投资基金则是投资股票、债券、金融衍生品等有价证券。

（三）房地产信托投资基金的流程

1. 相关当事人及其作用

房地产信托投资基金的运作过程中一般包括投资者、信托投资基金管理公司、信托基金托管公司和资产管理公司四个主要的当事人。

投资者购买信托投资基金公司发行的收益凭证，并有权参与信托投资基金收益的分配。

信托投资基金管理公司由基金发起人组建，是基金组织结构中的核心，接受投资者的投资并负责管理基金的资产和债务，挑选委任基金托管公司和资产管理公司，同时向它们支付管理费用，并把基金产生的收益扣除相关费用支出后向投资者派息。

信托基金托管公司一般为银行或者银行的附属机构，是基金资产的保管人和名义持有人，负责基金资产保管、基金投资运用项目的资金往来结算等，并根据托管资产的价值按一定标准收取托管费。

资产管理公司可以分为项目管理公司和物业管理公司，负责基金持有的房地产的经营、出租、管理和维护等相关事务，并收取管理费用。

为了保证信托基金的资金安全，信托基金托管公司和管理公司作为信托基金的托管人和管理人必须保持独立性。

2. 运作流程

（1）房地产信托投资基金管理公司与资产管理公司签订房地产信托投资基金的基本协议和房地产管理契约，和房地产信托基金托管公司（银行）签订房地产信托投资基金托管契约，成立房地产信托投资基金专户收受募集得来的资金。

（2）房地产信托投资基金管理公司选定投资标的物，并且进行开发计划的研究。

（3）房地产信托投资基金管理公司准备投资计划书、房地产投资契约、公开说明书、收益凭证发行计划、收益凭证样本等文件，送交证券监督管理委员会和政府主管机关审核。开发计划审核通过之后，才能发行首次的收益凭证，而收益凭证的发放必须委托证券承销商来营销。

（4）募集得来的资金必须存入房地产信托投资基金的专户之下，投资标的物的产权登记及所产生的投资收益也必须登记在该基金专户的名下。若必须运用资金时，则由资产管理公司向房地产信托投资基金管理公司做出建议，然后房地产信托投资基金管理公司向基金保管银行做出信托基金的运用指示，用银行的专户来支付资产管理公司对投资标的物的开发和管理经营的支出。资产管理公司负责房地产投资标的物的经营管理并收取资产管理费。为筹措房地产开发所需资金，房地产信托投资基金管理公司还可在成立之后，依据相关法规规定，发行或运用各种融资工具以为资金融通之用。

（5）由房地产信托基金托管公司（银行）依照房地产信托投资基金托管契约的规定，在扣除税收、管理费、信托费等相关支出后，将至少90%的基金收益分配给投资人。投资人如果投资的是上市的房地产信托投资基金，则还可以通过在证券市场上低买高卖获得额外的资本利得。

复习思考题

1. 证券的种类及一般特征有哪些？
2. 证券市场的作用有哪些？

3. 股票的含义是什么？

4. 普通股股东的权利和义务有哪些？

5. 优先股股东的权利和义务与普通股股东有什么不同？

6. 普通股按投资主体分为哪几类？

7. 国家股和国有法人股如何界定？

8. 我国发行了哪几种特种股票？

9. 股票应载明哪些内容？

10. 股票的基本特征有哪些？

11. 股票与股份，股票与股份制的区别是什么？

12. 股票与认股权证，股票与股单的区别与联系有哪些？

13. 股票与公司债券的主要区别是什么？

14. 债券包括哪些基本要素？

15. 债券有哪些特征，如何分类？

16. 投资基金和投资基金证券的概念是什么？

17. 投资基金与股票、债券的区别有哪些？

18. 投资基金有哪几种类型？

19. 投资基金的特点有哪些？

20. 什么是资产证券化？资产证券化的理论基础有哪些？

21. 资产证券化的流程如何？

22. 什么是房地产信托投资基金？它有哪些类型？

23. 房地产信托投资基金与其他房地产投资产品有何区别？

24. 房地产信托投资基金的流程如何？

第九章 保 险 知 识

保险是一种针对危险发生后果的补救办法。在经济社会中承担其特有的职能，也是一国金融体系的重要组成部分。保险公司的经营主体管理需要接受保险监督管理部门的监管，又自成体系。本章结合房地产估价工作需要，着重介绍了保险的基本理念及其职能、保险原则、保险种类、保险合同和房地产相关保险种类等。

第一节 保 险 概 述

一、保险的概念

保险是集合同类危险聚资建立基金，对各类特定危险的后果提供经济补偿的一种财产转移机制。从这个定义可以看出：①保险是一种通过聚资建立基金的机制。任何保险，都离不开通过法律认可的形式集中保费建立保险基金，这是保险正常运行的基础。如商业保险采用合同的形式，运用概率论和大数法则，根据保险的具体情况确定保费及交付期限；而社会保险的保费及支付期限则是由国家通过有关法律法规予以确定的。②保险是对特定危险的后果提供经济补偿的一种机制。保险的形成是有条件的，不能对所有危险都提供保险。③保险是一种财产转移的机制。无论何种保险，只要特定的危险事故发生，保险人都将赔付保险金。

从本质上说，保险体现一定的经济关系。这种关系是保险人（即保险公司）与被保险人之间的一种商品交易关系，即被保险人以缴纳保险费为条件，将风险转嫁给保险人；而保险人则以收取保险费为条件，对被保险人的风险损失承担经济补偿责任。被保险人之间体现的是互助合作关系，表现在一定时期内少数被保险人遭受的损失实际上由全体被保险人来分担。

保险作为一种经济补偿制度，是以保险人经过科学计算收取保险费的方式建立起保险基金，对被保险人因所保危险的发生而造成的财产损失予以补偿，或者对人身损失给予物质保障的制度。保险这种经济补偿制度，是通过保险人与投保人订立保险合同，形成一种权利和义务的法律关系来实现的。

二、保险形成的条件

作为经济补偿制度的保险，必须具备如下条件方可形成。

（一）可保危险的存在

危险的存在是保险产生的必要条件。但并非任何性质的危险都可成为保险的对象，只有具备一定条件的危险，才能成为保险的要素。此所谓"具备一定条件的危险"，称为可保危险。可保危险一般必须具备两个条件：一是危险的发生与否、发生时间、发生地点、造成危害的程度，都必须具有偶然性；二是危险对于保险技术和保险经营，具有承担的可能性和必要性。

某些特定危险虽然一定会发生，如人的患病和死亡，但何时、何地发生都无法预知，因此这些危险也是可保危险。

（二）多个经济单位的结合

为了广泛分散危险，需要结合有共同危险顾虑的个人或单位，形成集体的力量来分担损失。因此，保险一般都是多个经济单位的共同行为，而非单个人的活动。多个经济单位的结合必须具备一定的条件，即共同缴付的保险费，能够抵补保险人因承担保险补偿而需支付的保险金以及经营保险业务的管理费开支。因此，很多国家的保险法一般都规定保险人应达到一定资金数量和规模方可营业。

（三）随机事件的科学化

大数法则和概率论，是现代保险事业经营和发展的科学基础。大数法则也叫大数定律，其含义是：个别事件的发生，可能是不规则的，但若集合众多的事件来观察，就可以发现随着随机事件的增加，实际结果同预期的结果在比例上的偏差会越来越小。概率论作为数学的一个分支，就是研究随机事件的规律性的。保险业经营中的概率，是从数量角度来研究偶然事件内部所包含的必然性。保险人将大数法则和概率论的原理结合起来，用于保险经营，可以将个别危险单位遭遇损失的不确定性，变成多数危险单位可以预知的损失，从而使保险费的计算有比较准确的方法。

三、保险的职能

保险的职能是由保险的本质决定的，具体可以分为基本职能和派生职能。保险的基本职能是指保险在一切经济条件下均具有的职能，包括分散风险职能、组织经济补偿职能。保险的派生职能是指随着社会生产力的发展而逐渐具有的职能，包括融通资金职能、防灾防损职能和分配职能。

（一）保险的基本职能

1. 分散危险

分散危险是指保险人在最大范围内，通过向各个相互独立的经济单位或个人收取保险费的形式，将这些经济单位或个人可能遇到的危险损失化为必然，由保险人把"必然"的损失集中承担下来，并且当某些被保险人一旦遭遇到危险损失时，使全体被保险人共同承担。

各种自然灾害和意外事故，对社会生产过程和人们正常生活所造成的损失，具有很大的偶然性。这种偶然性的危险损失，是人类无法避免的。对此，人们可以运用已经掌握的社会科学和自然科学知识，将各种可能预料到的偶然性危险固定化，将偶然性危险视同必然性危险，事先进行危险损失的经济支出。这种经济支出是在有共同危险损失顾虑的经济单位和个人之间进行的。人们根据所掌握的这种共同危险造成损失的范围、频度，在危险发生之前就聚集资金，危险发生后将这笔资金用于遭受损失的经济单位和个人，将损失分散给众人，由有共同危险顾虑的经济单位或个人分摊。

2. 组织经济补偿

组织经济补偿是指保险人把有共同危险顾虑的经济单位或个人所缴付的保险费集中起来，对遭受危险损失的经济单位或个人实行经济补偿，以对抗危险，保障社会经济活动正常进行和人民生活安定。

保险的上述两个基本职能相辅相成，缺一不可。分散危险作为处理偶然性灾害事故的良策，是保险经济活动所特有的内在功能。而组织经济补偿作为体现保险行为内在功能的表现形式，是保险经济活动的外部功能。通过保险人积极而有效的工作，把社会上相互独立的各个经济单位或个人的一部分剩余资金集中起来，由保险人负责组织对危险损失进行经济补偿。

（二）保险的派生职能

1. 融通资金

融通资金是指保险人利用集聚起来的保险基金而实现的货币资金融通。这是保险在基本职能的基础上派生出来的特殊职能。如果说保险的基本职能是通过保险人的负债业务实现的，那么，保险的融通资金职能则是通过保险人的资产业务实现的。

保险人在收取保险费、建立保险基金的过程中，除了及时对因各种自然灾害和意外事故所造成的各类保险标的的损失进行补偿外，通常还有相当一部分保险基金处于闲置状态。这部分资金如果不及时运用出去，就会形成浪费，因而要求保险人采取金融型经营模式，运用部分保险基金，参与社会资金在社会再生产过程中的运转。目前，世界上许多发达国家的保险公司已经成为最主要的非银行金融机构，在金融市场上占有举足轻重的地位。而保险融通资金职能的形成和完善，使保险业充满了生机和活力，同时也加剧了保险市场的竞争。每个保险公司都面临着如何在发挥分散危险、组织经济补偿职能的同时，有效地运用融通资金的职能，提高自身发展和竞争力的问题。

2. 防灾防损

防灾防损是指保险人参与防灾防损活动，提高了社会的防灾防损能力。保险公司作为一个营利性的组织，从自身利益出发，主动参与防灾防损宣传，组织防灾防损研究，能减少因危险事故发生造成的损失。同时保险公司经常与危险事故打交道，通过对承保费率的计算以及对保险事故的处理，积累了大量资料和经验，因此也有能力参与防灾防损。保险公司从科学角度出发参与防灾防损，有利于社会防灾防损能力的提高。此外，参加保险可以增强被保险人的防灾防损意识，从而提高整个社会的防灾防损能力。

3. 分配

分配职能是指保险实际上参与了国民收入的再分配。也就是说，保险通过向投保人收取保费建立保险基金，在事故发生后对少数被保险人进行经济赔偿，从而以赔付形式参与对这些资金的再分配。在各种保险中，社会保险最能体现分配职能。

四、保险的种类

按照不同的标准，可以将保险作以下各种不同的分类。

（一）商业保险、社会保险与政策保险

以保险基金来源的不同为标准，可将保险分为商业保险、社会保险与政策保险。

1. 商业保险

商业保险是指根据合同约定，投保人向保险人支付保险费，保险人对于合同约定可能发生的保险事故发生时造成的财产损失承担赔偿保险金责任；或者当被保险人死亡、伤残、疾病，或者达到合同约定的年龄、期限时，保险人承担给付保险金责任的保险。商业保险既是一种经济行为，也是一种合同行为。前者体现在投保人和保险人双方都是从成本收益角度考虑是否建立保险关系，后者体现在投保人和保险人通过签订合同明确各自的权利和义务，从而建立起保险关系。可见，商业保险是一种自愿保险。

2. 社会保险

社会保险是指国家根据立法对社会劳动者暂时或者永久丧失劳动能力提供一

定物质帮助，以保障其基本生活的保险。与商业保险不同，社会保险是一种强制保险，任何符合国家规定条件的都必须参加。目前我国的社会保险主要有统筹医疗保险、社会养老保险、劳动工伤保险和失业保险等。

3. 政策保险

政策保险是指政府为了特定目的，运用普通保险技术开办的保险。政策性保险在缴纳保险费和给付保险金方面，不遵循利益对等原则，而是向被扶持对象倾斜。一般可分为四类：一是农业保险（养殖业保险、种植业保险等）；二是信用保险（无担保保险、预防公害保险等）；三是输出保险（出口信用保险、外汇变动保险、存款保险等）；四是巨灾保险。

（二）财产保险、责任保险、信用保证保险与人身保险

以保险标的的不同性质为标准，可将商业保险分为财产保险、责任保险、信用保证保险与人身保险四大类。保险标的是指保险合同中所载明的投保对象。

1. 财产保险

财产保险是指以各种有形财产以及与其相关的利益为保险标的，保险人根据保险合同承担承保责任范围内的自然灾害、意外事故等风险，并因其发生对所造成的损失承担赔偿责任的一种保险。

财产保险种类繁多，主要有海上保险、运输货物保险、运输工具保险、火灾保险、工程保险、贵重物品意外损害以及失窃保险等。

2. 责任保险

责任保险是指以被保险人对第三者依法应负的民事损害赔偿责任或经过特别约定的合同责任为保险标的的保险。在责任保险中，凡根据法律或合同规定，由于被保险人疏忽、过失等原因造成他人财产损失和人身伤害的，其应负的民事损害赔偿责任由保险人全部或部分赔偿。如在产品设计和生产过程中，由于相关人员或单位的责任，使得产品设计存在缺陷、质量存在问题，从而给用户造成财产损失和人身伤害的，相关人员或单位负有损害赔偿责任；又如房地产中介从业人员在房地产估价、交易代理等方面由于疏忽、过失等造成他人的经济损失，也应负有损害赔偿责任。为了减少赔偿责任风险，当事人往往事先向保险人投保责任保险，由保险人承担损害发生时相应的赔偿责任。常见的责任保险包括公众责任保险、顾主责任保险、职业责任保险、产品责任保险和第三者责任保险等，其中职业责任保险是指对各类专业技术人员（如律师、会计师、工程师、医师、估价师等），因在从事本职工作中的疏忽或过失，造成合同对方或他人财产损失、或人身伤害而应负损害赔偿责任的保险。

3. 信用保证保险

　　信用保证保险是指以合同双方约定的经济信用为标的，保险人因债务人不能履约而对债权人损失承担赔偿责任的保险。信用保证保险是担保性质的保险，在形式上可分为信用保险和保证保险。

　　（1）信用保险。是指债权人就债务人的信用向保险人投保的保险。当债务人不履行或不能履行清偿债务的义务时，由保险人负责对债权人进行赔偿，保险人则取得对债务人的求偿权。信用保险包括国内商业信用保险、出口信用保险和投资保险。

　　（2）保证保险。是指债务人就自己的信用向保险人投保，由保险人为被保险人（债务人）向债权人提供担保的保险。当债务人不能履约偿付时，保险人按照合同约定负责赔偿债权人的损失。保证保险包括合同保证保险、房地产贷款保证保险等。信用保险与保证保险的主要区别在于投保人不同：债权人投保债务人的信用风险的，为信用保险；债务人为自己的信用投保的，是保证保险。

　　4. 人身保险

　　人身保险是指以人的生命或身体为保险标的，以被保险人的死亡、疾病、伤害等人身危险为保险事故的一种保险。被保险人在保险期间因保险事故发生或生存到保险期满，保险人对受益人或被保险人依照合同约定给付保险金。人身保险主要包括人寿保险、健康保险和意外伤害保险。

　　人身保险和财产保险存在本质区别，即财产保险属损失保险，其标的为有形或无形的物，可以用货币来衡量；但人身保险标的是人的寿命或身体健康，不能用货币来衡量，因此人身保险的实质不是赔偿，而是按约定予以给付。

　　（三）自愿保险与强制保险

　　以保险的实施形式为标准，可将保险分为自愿保险与强制保险。

　　1. 自愿保险

　　自愿保险是投保人和保险人双方在平等互利、协商一致的基础上，通过签订保险合同而形成的保险。在自愿保险中，投保人可以根据自身需要和可能条件自主选择投保险种和承保人，保险人也可根据自己的业务经营范围和承包能力选择保险客户。任何保险合同的订立都是保险当事人双方就保险内容和条款通过协商或认可而达成一致的结果。自愿保险是商业保险的基本形式。

　　2. 强制保险

　　强制保险也称法定保险，是指依据国家有关保险法律制度规定而强行实施的保险。这类保险带有强制性，对于法定保险规定范围内的任何法人和自然人，都必须向保险人投保。

（四）定值保险与不定值保险

以保险标的的价值确定与否为标准，可将保险分为定值保险与不定值保险。

1. 定值保险

定值保险是指保险当事人双方在订立保险合同时即已确定保险标的的保险价值，并将其在保险合同中载明的保险。由于保险合同订立与保险事故发生通常存在时间差异，因此保险合同中所载明的保险标的的实际价值可能随时间发生变化。然而对于定值保险而言，一旦发生保险事故，无论保险标的的实际价值是否随时间发生了变化，保险人给付保险赔偿金的计算依据均为保险合同双方事先约定的保险价值。如果保险事故造成保险标的灭失或者价值全部损失，则无论该保险标的的实际损失如何，保险人都应按保险合同约定的保险金额全额支付，不必重新估价。如果保险事故仅造成保险标的的部分损失，则只需确定损失的比例，该比例与保险合同约定的保险金额的乘积，即为保险人应支付的赔偿金额。

2. 不定值保险

不定值保险是指保险当事人双方在订立保险合同时不预先确定保险标的的保险价值，仅载明须至事故发生后再估价和确定损失与赔偿的保险。对于不定值保险而言，保险当事人双方事先仅约定了保险人最高赔偿限额的保险金额，而将保险标的实际价值的估算留待保险事故发生后，需要确定赔偿金额时进行。一般财产保险，尤其是火灾保险，都采用不定值保险的形式。不定值保险的特点在于，保险标的的损失额以保险事故发生时保险标的的实际价值为计算依据，而保险标的的实际价值通常根据保险事故发生时当地同类财产的市场价格来确定。但是，无论保险标的的实际价值如何变化，保险人应支付的赔偿金额都不得超过保险合同约定的保险金额。如果实际损失小于保险金额，保险人仅赔偿实际损失；如果实际损失大于保险金额，保险人的赔偿额以保险金额为限。例如，某保险标的因保险事故造成了全部损失，若该标的发生保险事故前的市场价格已低于订立保险时约定的保险金额，则保险人有权按该标的的全部实际损失（即该标的发生事故前的实际价值，低于保险金额）支付赔偿；若该标的当时的市场价格高于约定的保险金额，则保险人按约定的保险金额支付赔偿。

（五）单一危险保险与综合危险保险

以保险人承保危险的数量为标准，可将保险分为单一危险保险与综合危险保险。

1. 单一危险保险

单一危险保险是指对某一种危险所造成的损失给予经济赔偿的保险。

2. 综合危险保险

综合危险保险是指对数种危险均承担赔偿责任的保险，通常分为基本险（主险）和附加险。

五、保险的基本原则

保险的基本原则是指在保险形成过程中逐渐形成的公认准则，包括诚实信用原则、保险利益原则、近因原则和损失补偿原则。

（一）诚实信用原则

诚实信用原则是指保险合同当事人双方订立保险合同时，应依法向对方提供影响对方是否缔约及缔约条件的全部实质性重要事实；一旦合同订立，则双方在合同的有效期间应绝对信守合同约定和承诺的原则。投保人故意或者因重大过失未履行依法规定的告知义务，足以影响保险人决定是否承保或提高保险费率的，保险人有权解除合同。此合同解除权，自保险人知道有解除事由之日起，超过三十日不行使而消灭，自合同成立之日起超过二年的，保险人不得解除合同，发生保险事故的，保险人应当承担赔偿或者给付保险金的责任。投保人故意不履行如实告知义务，保险人对合同解除前发生的保险事故，不承担赔偿或者给付保险金的责任，并不退还保险费；保险人因重大过失未履行如实告知义务，对保险事故有严重影响的，保险人对保险前发生的保险事故，不承担赔偿或者给付保险金的责任，但应当退还保险费。保险人在合同订立时已经知道投保人未如实告知的情况的，保险人不得解除合同；发生保险事故的，保险人应当承担赔偿或者给付保险金的责任。诚实信用原则的内容主要包括告知、保证、弃权和禁止反言。

告知在保险中称为如实告知，是指在保险合同订立前、订立时以及合同有效期内，投保人对已知或应知的危险和与保险标的有关的实质性重要事实据实向保险人作口头或书面申报；保险人也应将与投保人利害相关的实质性重要事实据实通知投保人。

保证是指保险人要求投保人或被保险人在保险期间对某一事项的作为与不作为，某种事态的存在或不存在作出的许诺，是最大诚信原则的重要内容。保证是保险合同成立的基本条件，是从属于主要合同的承诺。按照保证形式的不同，可以将保证分为明示保证和默示保证。以文字或书面形式载明于保险合同中，成为合同条款内容的保证是明示保证；而并未在保险单中载明，但签约双方在订约时都清楚的保证为默示保证。

弃权是指保险合同当事人一方放弃在保险合同中可以主张的权利，通常是指保险人放弃合同解除权与抗辩权。

禁止反言是指保险合同当事人一方如果放弃合同中可以主张的某项权利，日后不得再行主张该权利，也可以叫做禁止抗辩，在保险合同中主要约束保险人。

对保险人而言，在从事保险业务中不得有如下行为：

（1）欺骗投保人、被保险人或者受益人；

（2）对投保人隐瞒与合同有关的重要情况；

（3）阻碍投保人、被保险人履行告知义务，或者诱骗投保人不履行告知义务；

（4）承诺向投保人、被保险人或者受益人给予保险合同规定以外的保险费回扣或者其他利益。

（二）保险利益原则

保险利益是指投保人或被保险人对保险标的具有的法律上承认的利益。构成保险利益必须具备三个条件：第一，保险利益必须是合法的，是法律承认并且可以主张的利益；第二，保险利益必须是确定的，是可以实现的利益；第三，保险利益是经济上的利益。保险利益原则是指投保人以自己或被保险人具有保险利益的标的进行投保，若保险事故发生，被保险人只能获得保险利益之内的补偿；若保险利益消失，保险合同随之失效的原则。无论何种保险合同，都必须以保险利益的存在为前提，而保险标的又是产生保险利益的前提。

保险利益是保险法律关系的基本要素，因此保险合同的成立以保险标的及其相关联的利益为要件。其目的在于：一是避免产生赌博行为；二是防止诱发道德风险；三是限制损失保险的补偿程度，即无论保险标的损失的价值有多大，被保险人所能获得的补偿程度要受保险利益的限制；四是人寿保险率是给付保险金的唯一标准。

（三）近因原则

近因原则是指根据保险事故与保险标的损失之间因果关系的判定，从而确定保险赔偿责任的原则。所谓近因，是指引起保险标的损失最直接、最有效和起决定性作用的因素。在空间和时间上，近因不一定是最接近损失结果的原因。近因原则的具体含义是：如果引起保险事故发生，造成保险标的损失的近因属于保险责任，则保险人承担赔偿责任；如果近因属于除外责任，则保险人不负赔偿责任。

（四）损失补偿原则

经济补偿是保险的最基本职能，也是保险产生和发展的最初目的和最终目标。因此，保险的损失补偿原则是保险的重要原则。损失补偿原则是指当保险标的发生保险责任范围内的损失时，保险人应按保险合同的约定，对被保险人给予弥补损失的经济赔偿，但被保险人不能因损失获得额外利益的原则。损失赔偿应该以保险责任范围内的损失发生为前提，即有损失发生则有损失补偿，无损失则无补偿。损失补偿金额受到实际损失、保险合同和保险利益的限制。损失补偿原则进一步派生出权益转让原则和分摊原则。

权益转让原则仅适用于财产保险，而不适用于人身保险。在财产保险中，权益转让原则是指由于保险事故发生，保险人在向被保险人支付赔偿金后，取得相关保险标的的所有权或向第三人的索赔权。

分摊原则与财产保险业务中发生的重复保险密切相关，不适用于人身保险。重复保险是指投保人对同一保险标的、同一保险利益、同一保险事故分别向两个以上的保险人订立合同的保险。原则上重复投保是不允许的，但事实上存在。在重复保险的情况下，若发生保险事故，则由各保险人分摊保险标的所受的损失。如果保险金额总和超过保险价值的，各保险人承担的赔偿金额总和不得超过保险价值。

六、保险合同

（一）保险合同的概念

保险合同又称保险契约，是投保人与保险人约定保险权利和义务关系的协议。具体而言，保险合同是根据有关法律规定以书面形式订立，并遵循公平原则确定各方的权利和义务。其中，人身保险的投保人在保险合同订立时，对被保险人应当具有保险利益；财产保险的被保险人在保险事故发生时，对保险标的应当具有保险利益。

保险合同一般采用书面形式。保险单是保险合同的主要体现形式和证明。此外，投保单、暂保单、保险凭证、批单等也在不同程度上构成保险合同的一部分。

投保单又称保单，是投保人向保险人申请订立保险合同的书面文件，投保单本身不是保险合同，但保险合同成立后，投保单是保险合同的重要组成部分。

保险单是保险合同的正式书面文件，一般由保险人签发；保险单上载明了双方当事人的具体权利和义务，主要包括保险条款、投保人和被保险人、保险标的、保险期限等以及其他一些特别约定内容；保险单是保险合同双方确定权利义务关系和索赔理赔的主要依据。

保险凭证是保险人签发给投保人的证明保险合同已经订立的书面文件，一般不记载保险条款，实质上是一种简化的保险单，具有与保险单同等的法律效力。

暂保单是在某些情况下，正式出具保险单或保险凭据之前，保险人签发给投保人的临时保障凭证，其作用是证明保险人已经同意承保，暂保单一般都有一个有效期限，待保险单出具后自动失效。

批单是保险人应投保人或被保险人的要求出具的修订或更改保险合同内容的书面文件，其实质是对保险合同内容的变更，一经签发，就成为保险合同的重要组成部分。

投保人提出保险要求，经保险人同意，保险合同成立。先后成立的保险合同，自成立时生效。

（二）保险合同的内容

（1）保险人的名称和住所。

（2）投保人、被保险人的姓名或者名称、住所，以及人身保险的受益人的姓名或者名称、住所。

（3）保险标的。

（4）保险责任和责任免除。

（5）保险期间和保险责任开始时间。

（6）保险金额。保险金额是保险人承担赔付或给付保险金责任的最高限额，也是投保人对保险标的的实际投保金额。在人身保险中，我国通常由保险人根据其设置的险种，单方面制定格式合同直接确定每份保险的保险金额，投保人可根据自己支付保险费的能力决定购买保险的份数；在财产保险中，投保人与保险人在订立保险合同时，通常以保险标的的价值即保险价值为基础确定保险金额。但保险金额不得超过保险价值；超过保险价值的，超过部分无效。

（7）保险费以及支付方法。保险费是投保人按照保险合同的规定必须缴纳的费用，缴纳保险费是保险合同成立的必要条件之一，是投保人必须履行的义务。保险费等于保险金额与保险费率的乘积，它与保险价值大小、保险费缴纳方式（趸交或按年缴纳等）、期限长短、银行利率水平等多种因素有关。

（8）保险金赔偿或者给付办法。

（9）违约责任和争议处理。

（10）订立合同的年、月、日。

（三）保险合同的主体

保险合同的主体包括当事人、关系人和辅助人。其中，保险合同的当事人有保险人和投保人；保险合同的关系人有被保险人、受益人；有些保险合同的订立与履行涉及当事人与关系人授权的第三者，这些被授权与保险合同发生关系的人被称为保险合同的辅助人，包括保险代理人、保险经纪人和保险公估人。

1. 保险合同的当事人

保险人又称承保人，是指在保险关系中，依保险合同的约定，享有收取保险费的权利，并向被保险人承担赔偿损失或者给付保险金义务的一方。在我国，保险人专指保险公司。

投保人是指与保险人订立保险合同，并按照保险合同承担缴付保险费等义务的一方。投保人可以是法人或自然人，也可以是被保险人本人或者是法律许可的他人。但投保人与被保险人为同一人时，只限于为自己利益投保，而且两者在保险合同中的主体位置是有区别的：投保人是保险合同的当事人，负有支付保险费的义务，在保险合同订立后即成为被保险人；被保险人是保险合同的关系人，在保险责任形成时享有保险金的请求权利。

2. 保险合同的关系人

被保险人俗称"保户"，是指其财产或人身受保险合同保障，享有向保险人要求保险损失赔偿或给付保险金的法人或自然人。

受益人是指保险事故发生后，由于各种原因造成被保险人不能行使保险金请求权时，有权获得保险金给付的法人或自然人。

受益人的要件为：第一，受益人是由被保险人或投保人所指定的人，被保险人或投保人应在保险合同中明确受益人；第二，受益人是独立享有保险金请求权的人，受益人在保险合同中不承担交付保险费的义务，也不必具有保险利益，保险人不得向受益人追索保险费；第三，受益人的赔偿请求权并非自保险合同生效时开始，而只有在被保险人死亡时才产生，在被保险人生存期间，受益人的赔偿要求只是一种期待权。受益人的受益权是直接根据保险合同产生的，可因下列原因消失：受益人先于被保险人死亡或破产或解散；受益人放弃受益权；受益人有故意危害被保险人生命安全的行为，其受益权依法取消。

在保险合同期间，受益人可以变更，但必须经过被保险人同意。受益人的变更无需保险人同意，但应当将受益人的变更事宜及时通知保险人，否则变更受益人的法律效率不得对抗保险人。

3. 保险合同的辅助人

保险合同的辅助人是指介于保险人之间，或者保险人与保险客户之间专门从事保险业务咨询与招揽、危险管理与安排、价值衡量与评估、损失鉴定与理赔等中介服务活动，并从中依法获取佣金或手续费的企业或个人，主要包括保险代理人、保险经纪人、保险公估人等。

保险代理人是指根据保险人的委托，在保险人授权范围内代为办理保险业务，并依法向保险人收取代理手续费的企业或者个人。保险代理人一般具有以下特征：一是必须以保险人的名义从事保险经营活动；二是保险经营活动不得超出保险人的授权范围；三是代理活动的法律后果由保险人承担；四是经营人寿保险代理业务的保险代理人，不得同时接受两个以上保险人的委托。

保险经纪人是指基于投保人的利益，为投保人与保险人订立保险合同提供中介服务，并收取服务费用的企业。

保险公估人是指受保险人或保险客户委托，办理保险标的查勘、鉴定、估损以及赔款理算等业务，出具有关报告或证明，并向委托人收取费用的企业。

（四）保险合同的客体

保险合同的客体是指保险合同当事人双方权利和义务所指向的对象，是财产及其相关利益或者人的生命或身体，即体现保险利益的保险标的。

（五）保险合同的其他事项

保险合同的其他事项主要包括：保险责任与责任免除、保险期限、保险金赔偿或给付办法、免赔率规定、违约责任和争议处理、如实告知及维护保险标的等义务方面的规定。

（六）保险合同的订立、变更与终止

保险合同当事人双方经过约定和承诺两个步骤后即完成合同订立。保险合同一经订立，根据法律的规定，在当事人之间就产生法律效力，即生效。保险合同依法订立并生效后，保险活动的各当事人就必须履行各自的义务。

在保险合同的有效期内，投保人和保险人经协商同意，可以变更保险合同的有关内容。

保险合同的终止主要有以下情形：一是保险期限届满；二是保险人履行了赔偿或给付义务；三是保险标的因除外责任原因而灭失；四是当事人解除保险合同；五是保险公司因解散、破产等原因而终止。

房地产保险估价分为房地产投保时的保险价值评估和保险事故发生后的损失价值或损失程度评估。房地产投保时的保险价值评估，指对有可能因自然灾害或意外事故而遭受损失的建筑物的价值评估，根据所采用的保险形式，既可按该房地产投保时的实际价值确定，也可按保险事故发生时该房地产的实际价值确定，估价方法宜采用成本法和比较法。保险事故发生后的损失价值或损失程度评估，应把握保险标的房地产在保险事故发生前后的状态，对于其中可修复部分，宜将其修复所需的估算费用作为损失价值或损失程度。

第二节　保　险　公　司

一、保险公司的概念

所谓保险公司，是指依法设立的专门从事保险业务的公司。

（1）保险公司是依法设立的。所谓依法设立，是指保险公司是按照《中华人民共和国保险法》（以下简称《保险法》）、《中华人民共和国公司法》（以下简称《公司法》）等有关规定设立的。保险公司只有依法设立，才能从事保险业的经营活动，其经营活动才能受法律的保护，也才便于开展经营活动。

（2）保险公司是专门从事保险业务的公司。保险公司是一种特殊的公司，这种公司经营的是保险业务。对保险公司的业务，我国的《保险法》中有明确的规定。

（3）保险公司是按照公司业务范围的标准来划分的一种公司。公司有多种形式，根据不同的标准可以将公司分为多种，保险公司是一种业务范围特定的公司。

二、保险的业务范围

保险的业务范围，是指从事保险业务的主体（即保险人）所从事的法定保险活动的范围。保险的业务范围并非是由保险人自己确定的，而是由保险业主管机关进行核定。保险业务范围一经保险业主管机关核定，保险人就必须依此办理，否则，就是超范围经营，要受到法律的惩处。

我国《保险法》将保险的业务范围规定为两大类：财产保险和人身保险。

我国《保险法》规定，同一保险人不得同时兼营财产保险业务和人身保险业务。其理由主要有：第一，财产保险和人身保险的业务不完全相同，同时兼营对保险人不利。具体而言，财产保险业务和人身保险业务的承保手续、保险费计算、保险金的给付和赔偿方法等不完全相同，如果同一保险人同时从事两种业务可能会顾此失彼。第二，这是保护人身保险中被保险人利益的需要。在人身保险业务中，特别是寿险业务，周期比较长，在一定程度上还具有储蓄性质，如果允许兼营，则保险人就有可能用寿险的储蓄作为赔偿财产险的保险金。如果长此以往，可能造成大量资金被财产险占用，因而可能使寿险被保险人的保险金得不到给付。因此，必须实行两种保险业务分别经营。第三，是实际情况的需要。在目前我国保险市场还不是很发达，保险业务的水平还不是很高，经营管理技术还较欠缺的情况下，有必要将两种保险业务分开。

三、保险经营规则

所谓保险经营规则，是指保险人从事保险业务时必须遵守的强制性行为规范。保险经营规则是《保险法》为保险人设立的基本义务，保险人必须履行。

根据我国《保险法》的有关规定，在我国境内经营保险业务的保险公司，必须遵守的保险经营规则有：①必须分业经营，即同一保险公司不得同时经营财产保险和人身保险，但是，经营财产保险业务的保险公司经国务院保险监督管理机构核定，可以经营短期健康保险业务和意外伤害保险业务。其中，财产保险业务包括财产投资保险、责任保险、信用保险、保证保险等保险业务；人身保险业务包括人寿保险、健康保险、意外伤害保险等保险业务。保险公司应当承担其注册资本总额的百分之二十提取保证金。②必须依法办理再保险。③必须提取未到期责任准备金和公积金。④必须提存保险保障基金。⑤必须保证有足够的赔偿能力。⑥必须依法运用保险资金。⑦不得瞒骗有关人员。⑧必须建立保险精算制度。⑨必须妥善保管法定的资料（如会计账簿）等。

四、保险业监管

保险业监管，是指法定的主管机关代表国家对保险活动和从事保险活动的人员进行监督管理的行政行为。按照目前规定，由国务院保险监督管理机构对保险业实施监督管理。保险监督管理机构根据国务院授权履行行政管理职能，依照法律法规统一监督管理保险市场。

（一）保险业监督管理的必要性

1. 保护被保险人利益的需要

（1）保险业是一个负债性很强的行业。保险公司在保险事故发生后向被保险人赔偿或者给付的保险金，大多来自通过订立保险合同向投保人收取的保险费。订立的保险合同越多，涉及的被保险人就越多，这就要求保险公司拥有很强的赔偿或者给付能力。否则一旦出现保险事故，就有可能造成被保险人的利益得不到保护。因此，为了保证保险公司的赔偿或者给付能力，保护被保险人的利益，就要求加强对保险业的监督管理。

（2）保险合同是一种长期合同。对保险合同中规定的保险公司的义务，由于时间较长，如果仅靠保险公司自我约束来履行比较困难。因此，需要有外部力量来监督保险公司履行保险合同中规定的义务。

（3）保险业是一个专业性很强的行业。保险公司收取的保险费多少，需要有科学的依据。如果允许保险公司自行决定保险费的收取，则有可能因保险费过高而加重投保人的负担，或者因保险费过低而引起保险行业的恶性竞争，进而危及被保险人的利益。因此，需要对保险业进行监督管理，使保险费的收取适度。

2. 保险是一个特殊的行业

对于一个行业，国家需要通过监督管理的手段，保障其为国家经济建设服务。作为保险行业来讲，其经营活动涉及金融市场，影响全社会的资金运行，因此有必要对其进行监督管理。

3. 维护社会安定的需要

保险业涉及的人员多，又涉及金融市场，若保险公司在所承保的保险事故发生后，不能或无力组织补偿，则会影响到众多被保险人的利益，进而造成社会的不稳定。因此，从维护社会稳定的角度来考虑，需要对保险业实施监督管理。

4. 国际交往的需要

国际上保险业发展过程中的一个基本经验是：一个国家在开放保险市场的同时，还必须对保险市场进行规范。这一方面有利于本国保险业的发展，另一方面也有利于扩大对外交往。若不实施监督管理，使得一国的保险市场出了问题，则很容易引起国与国之间的利益纠纷，从而影响国际交往。因此，从促进国际交往的方面来讲，也需要对保险业进行监督管理。

（二）保险业监管的内容

根据《保险法》的有关规定，我国对保险业监管的主要内容有：对保险公司设立和业务范围的监管；对保险公司解散、破产等变更事项的监管；对保险公司制订商业保险主要险种的基本条款和保险费率的监管；对保险公司业务状况、财务状况及资金运用状况的监管；对保险公司从事再保险业务情况的监管；对保险公司会计报告的监管；以及对保险公司危及偿付能力时进行接管等。

第三节　房　地　产　保　险

目前，我国保险公司从事的保险业务中，还没有专门设置的房地产险种，但也存在一些涉及房地产的保险业务。根据保险标的性质的不同，与房地产相关的保险有财产保险、责任保险和人身保险。

一、财产保险

涉及房地产的财产保险主要包括企业财产保险、城乡居民房屋保险、建筑工程一切险等。

（一）企业财产保险

企业财产保险是在火灾保险的基础上演变和发展而来，它主要承保火灾以及其他意外事故造成保险财产的直接损失。企业的房产是企业固定资产的重要组成部分，存在因自然灾害和意外事故遭受损失的风险，而这种风险主要通过企业财产保险来分散。企业财产保险的主要内容包括以下几个方面。

（1）投保人。在我国境内注册的企业、团体及事业单位和国家机关。

（2）保险范围。凡属被保险人所有或与其他人共有而由被保险人负责的财产；由被保险人经营管理或替他人保管的财产；其他具有法律上承认与被保险人有经济利害关系的财产都在保险标的的范围之内。但违章建筑、危险建筑、非法占用的财产不在保险标的范围内。

（3）保险责任。企业财产保险分为基本险和综合险，保险责任因保险险种的不同而有所不同。基本险的责任包括：由于火灾、雷击、爆炸、飞行物及其他空中运行物体坠落造成保险标的的损失；在发生保险事故时为抢救保险标的或防止灾害蔓延，采取合理必要措施而造成的保险标的的损失；保险事故发生后，被保险人为防止或减少保险标的损失所支付的必要合理的费用，包括施救、抢救保护费用。但由于战争、被保险人的故意行为、地震和洪水等不可抗力因素造成的损失和因保险事故引起的间接损失、保险标的本身缺陷以及由于行政或执法行为所致的损失不属于基本险的责任范围。综合险责任范围不仅包括了基本险的保险责任，而且还把责任范围扩展到以下 12 项：崖崩、暴雨、洪水、台风、暴风、龙卷风、雪灾、雹灾、冰凌、泥石流、突发性滑坡、地面下陷下沉所造成的财产损失。

（4）保险期限。企业财产保险的保险期限一般为 1 年。保险期满后，经协商后可续保。

（5）保险金额及保险价值。房屋建筑保险金额一般可通过以下四种方式确定，即账面原值、账面原值加成数、重置价值和其他方式确定。而保险价值是按出险的房屋建筑的重置价值确定。

（6）附加险。投保人若对保险人制定的基本险、综合险的内容不满意，经双方协商可设定附加险。通常基本险的附加险可以设置暴风、暴雨、洪水保险、雪灾、冰凌等保险，综合险的附加险可以设置水管爆裂保险等。

（二）城乡居民房屋保险

城乡居民房屋保险按照交费方式分为城乡居民房屋保险（简称"房屋普通险"）和城乡居民房屋两全保险（简称"房屋两全险"）两种。房屋普通险是采取缴纳保险费的方式，保险期限为 1 年，保险期满后，所缴纳的保险费不退还，继续保险须重新办理保险手续。房屋两全险是采取缴纳保险储金的方式，无论保险期间是否得到赔款，在保险期满后都将原交的保险储金全部退还被保险人。这种保险既有储蓄性，又能获得财产的保险保障。

（1）投保人。一般为居民本人或其家庭成员。

（2）保险范围。被保险人所有的房屋；但与他人共有的房屋，代他人保管的房屋，租或借他人的房屋都须经被保险人与保险人特别约定并在保险单上注明后方可投保；而处于紧急危险状态下的房屋，政府即将征收或违章建造的房屋，或坐落在分洪区、泄洪区、洪水警戒线以下的房屋，以及简陋房屋、附属建筑物等不在保险范围之内。

（3）保险责任。通常包括火灾、爆炸、洪水、冰雹、雪灾、崖崩、冰凌、泥石流、突发性滑坡、突发性地陷；暴风、暴雨造成房屋主要结构倒塌；空中运行物坠落以及附近建筑物或其他物体倒塌等导致的房屋损失。

（4）免责条款。包括战争、军事行动或暴力行动、核辐射、地震等不可抗力因素造成的一切损失；被保险人、房屋所有人、使用人、承租人、看管人及其家庭成员的故意行为；属于不保房屋及其他不属于保险责任范围内的灾害事故损失。

（5）保险期限、保险费率、保险金额。房屋普通险的期限为1年，房屋两全险的期限分为1年、3年、5年三种；保险费率通常根据房屋结构来确定；保险金额由投保人根据房屋的实际价值自行确定。

（三）建筑工程一切险

建筑工程一切险是保险公司专门针对各种土木工程及建筑机械设备、材料的意外毁损或灭失，以及对第三者伤害、死亡或财物损害所致法定赔偿责任而设置的综合性保险。

（1）投保人。通常是对于保险标的具有法律上承认利益的法人，可以是建筑工程的所有人、承包人或其他关系人。

（2）保险范围。在工程施工工地范围内的建设项目期间发生除外责任以外的任何自然灾害或意外事故造成的不可预料的突发性的物质损失或灭失。根据保险合同内容，保险标的主要包括：建筑工程；施工机械、工具及设备、临时工房及屋内存放的物件；业主或承包人在工地的原有财产；附带安装工程项目；工地内现有建筑物和业主或承包人在工地的其他财产。

（3）保险责任。除地震、海啸、雷电、台风、龙卷风、风暴、暴雨、洪水、水灾、冻灾、冰雹、地崩、山崩、雪崩、火山爆发、地面下陷下沉及其他人力不可抗拒的破坏力强大的自然灾害导致的损失外，还包括不可预料的、被保险人无法控制并造成物质损失或人身伤亡的突发性事件，如火灾和爆炸。

（4）除外责任。包括因设计错误、铸造或原材料缺陷或工艺不善引起保险财产本身的损失以及换置、修理或矫正这些缺点错误所支付的费用；自然磨损等造成保险财产自身的损失和费用，非外力造成机械或电器装置的本身损失，或施工用机械、设备、装置失灵造成的本身损失；有关文档、账簿、票据、现金和有价证券、图表资料及包装物料的损失；货物缺短等损失。此外，因停工、罢工、战争等因素造成的损失、费用或责任；政府或任何公共部门的没收、征用、销毁或毁坏；被保险人的故意行为；核类及放射性污染；大气、土壤、水污染及其他各种污染；以及应由被保险人自行负担的免赔额等，其责任不在保险范围之内。

（5）保险金额。以建筑工程的总价值为险种的保险金额，包括设计费、建筑材料及设备费、施工费、运杂费、税款以及其他有关费用。

（6）保险期限。建筑工程保险的保险期限自投保工程动工或用于保险工程的材料、设备运抵建筑工地时开始，到工程所有人对部分或全部建筑工程签发完工验收证书或验收合格，或工程所有人实际占有或使用或接受该部分或全部工程之时终止，以先发生者为准。

（7）保险费率和扩展条款。保险费率一般按工期费率计收，即由保险公司对投保工程进行风险评估后，根据工程的危险程度确定。建筑工程一切险可根据投保人的要求，提供多种扩展条款，如分期付费条款、交叉责任扩展条款、有限责任保证扩展条款等。

二、责任保险

责任保险是以民事损失责任为保险标的的保险。它是分散房地产业务中责任风险的有效手段。目前，我国还没有专门针对房地产业务设置的责任保险，但有些责任风险还是可以通过相应的责任保险产品来分散，主要涉及产品责任保险和职业责任保险等。

（一）产品责任保险

房地产开发商销售的是房屋这种特殊产品，而房屋在使用过程中可能发生因本身缺陷造成用户或公众人身伤亡或财产损失，因此开发商存在可能承担民事法律赔偿责任的风险，而这种风险可以通过购买产品责任保险转移给保险人。

保险人所承担的产品责任风险，必须是房地产开发商销售或出租给他人使用的房屋，在使用过程中对消费者或其他人造成财产损失和人身伤亡所致的经济赔偿责任，以及由此导致的有关法律费用。但在下列情况下发生的事故除外：一是非正常状态下使用时造成的损害事故；二是被保险房屋本身的损失；三是被保险人故意违法建造、出售房屋所造成的损失；四是仍在建造，房屋所有权未转移到用户或消费者手中时所发生的责任事故；五是根据合同或协议应由被保险人承担的责任。

（二）职业责任保险

职业责任保险承保的是各种专业人员因工作疏忽或过失造成委托方或其他关系人财产损失和人身伤害的经济赔偿责任。在房地产相关业务中，目前主要有设计师、工程师、注册会计师、律师等职业责任保险。

职业责任保险的承保方式通常有两种：一是以索赔为基础的承保方式；二是以事故发生为基础的承保方式。前者指保险人仅对在保险期内受害人向被保险人提出的有效索赔负赔偿责任，而不论导致该索赔案的事故是否发生在保险有效期内。从实质上看，这种方式是把保险时间前置了，从而使职业责任保险的风险较其他责任保险风险更大。后者指保险人仅对保险期内发生的职业责任事故所引起的索赔承担责任，而不论受害方是否在保险期内提出索赔。这种方式的优点是保险人实际支付的赔款与其保险期限内应承担的责任相适应，缺点是保险人实际承担的责任往往要经过很长时间才能确定。由于货币贬值等因素，受害人最终索赔的金额往往可能高出事故发生时的水平或标准，所以保险人通常要规定赔偿责任限额，超过限额的部分由被保险人自己承担。

保险人在受理职业责任保险业务时只接受团体投保，并要求投保人如实告知其职业性质、从业人数、技术和设备情况、主要风险及历史损失情况、投保要求等，根据需要进行职业技术风险的调查和评估，并结合职业种类、工作场所、工作单位性质、投保数量、被保险人及其雇员的职业技术水平与工作责任心、其他承保条件等，明确赔偿限额、免赔额、保险前置期等。

三、人身保险

涉及房地产的人身保险主要包括建筑工程团体人身意外伤害保险和安居定期保险。

（一）建筑工程团体人身意外伤害保险

该保险承保的是在建筑施工现场从事管理和作业、并与施工企业建立劳动关系的人员，在从事建筑施工及与建筑施工相关的工作、或在施工现场或施工期限指定的生活区域内因遭受意外伤害导致死亡或身残时，保险人依合同约定给付保险金。

该保险的投保人为被保险人所在的施工企业或对被保险人具有保险利益的团体，被保险人为在建筑施工现场从事管理和作业并与施工企业建立劳动关系的人员。

保险期限分为 1 年或根据施工项目期限的长短确定两种。

保险金额由合同双方约定，但同一保险合同所承保的团体中每个被保险人的保险金额应一致。保险费可以按被保险人的人数或按建筑工程项目总造价或建筑施工总面积计算，并一次缴清。

（二）安居定期保险

该保险是以贷款购房者为被保险人，以其死亡作为给付保险金条件的一种定期寿险。在合同有效期内，被保险人身故，保险人按保险事故发生时的保险金额给付保险金，保险合同终止。

年龄在 18～55 周岁，身体健康，符合中国人民银行《个人住房贷款管理办法》规定的贷款条件，贷款期限届满后年龄不超过 70 周岁者，均可作为被保险人；被保险人本人或对其具有保险利益的人都可作为投保人。

该保险的保险期限与被保险人和贷款人签订的个人住房贷款合同期限相同。

保险金额采取变额方式确定，从使保险金额始终与尚未偿还的贷款额相等。即第一年的保险金额为贷款人提供给被保险人的贷款本金，随着贷款逐年偿还，保险金额逐年降低。保险费的缴付可以选择趸缴或年均缴的方式，在年均缴费的方式下，缴费期限与保险期限相同。

复习思考题

1. 保险的本质是什么？
2. 保险体现了当事人之间哪些关系？
3. 保险制度依据什么来实现？
4. 保险形成的条件有哪些？
5. 保险的职能有哪些？它们各自的含义是什么？
6. 保险的种类有哪些？它们各自的含义是什么？
7. 保险的基本原则有哪些？
8. 保险合同包括哪些内容？
9. 保险合同的主体及其相互关系如何？
10. 保险合同的客体是什么？保险金额和保险费的含义是什么？
11. 房地产保险如何估价？

12. 保险的业务范围是什么？保险经营规则主要有哪些？

13. 为什么需要对保险业进行监管？对保险业监管的主要内容有哪些？

14. 房地产保险的主要类型有哪些？

15. 城市居民房屋保险有几种类型？区别是什么？

第十章 统计知识

统计学是研究数据的收集、整理、分析和解释等的科学，其研究对象是各种社会经济现象的数量表现，以及社会经济现象变化的数量关系和数量界限。统计分析数据所采用的方法大体可分为描述统计和推断统计。描述统计是研究数据收集、处理和描述的统计学方法。推断统计是研究利用样本数据来推断总体特征的统计学方法。为提升调查数据的分析和利用能力，促进房地产估价师做好专业服务，本章介绍了统计数据的收集与整理、综合数量性质和特征的统计指标、相关回归与分析、时间序列的分析与测定等。

第一节 统 计 概 述

一、统计的基本概念

（一）统计总体与总体单位

统计总体，简称总体，是指所要研究的事物或现象的全体。总体单位是构成总体的个体单位。构成总体的所有单位至少有一个主要属性相同，这是组成总体的前提条件。因此，总体必然为同质性总体，同质性是构成统计总体的基础。总体和总体单位是相对而言的，随着研究目的的改变，总体和总体单位可以相互转化。

（二）标志、变量和指标

1. 标志

反映总体单位的属性或特征的统计术语称为标志。按标志是否可以用数量表现进行划分，分为品质标志和数量标志。品质标志是指不能用数量表现而只能用文字、符号或代码进行说明的标志，如性别、文化程度、工种等；数量标志是指能用数量表现的标志，如年龄、工资、产值等。

2. 变量

将可变的数量标志抽象化就称为变量，变量的观测结果就是数据。变量分为确定性变量和随机变量。确定性变量是指受必然性因素的作用，各变量值呈现出上升或下降唯一方向性变动的变量；随机变量是指受偶然性因素的作用，变量值呈现出随机的混沌状态变动的变量。

根据观测结果的特征，变量可以分为类别变量和数值变量两种。

类别变量的取值为事物属性或类别以及区间值的变量，也称为分类变量或定性变量，比如，观察人的性别的结果是"男"或"女"，对住宅环境的评价为"很好""好""一般""差""很差"。

类别变量根据取值是否有序通常分为两种：名义值类别变量（也称为无序类别变量）和顺序值类别变量。比如，"性别"，取值不存在顺序关系。前面住宅环境评价的 5 个值之间是有顺序关系的。

数值变量是取值为数字的变量，比如人的身高、收入等，其观察结果称为数值数据或定量数据。

数值变量根据其取值的不同，可以分为连续变量和离散变量。连续型变量是指在一个取值区间内可取无穷多个值。连续型变量值要用测量或计算的方法取得；离散型变量是指在一个取值区间内变量仅可取有限个可列值。离散型变量值只能用计数的方法取得。

区分数据的类型是必要的，因为不同类型的数据，需要采用不同的统计方法来处理和分析。比如，对类别数据通常进行比例和比率分析、列联表分析和 χ^2 检验等；对数值数据可以用更多的方法分析，如计算各种统计量、进行参数估计和检验等。

3. 指标

指标反映总体数量特征及其范畴。按指标所反映的数量性质不同划分，分为数量指标和质量指标。数量指标是指反映总体绝对规模和水平，体现事物广度的外延指标。质量指标是指反映总体相对程度，体现事物深度的内涵指标。

二、统计数据的收集

（一）收集数据的方法

收集数据的方法有直接观察法、采访法和报告法。

（1）直接观察法是指调查人员亲自到现场对调查对象进行观察和计量，以取得统计资料的调查方法。

（2）采访法是指由调查人员向被调查者询问，由被询问者答复的调查方法。这种方法可以采用几种具体形式进行，如个别口头询问、开调查会、被调查者填表等。

（3）报告法是指报告单位根据原始记录和台账核算有关资料，并以统计报表的形式逐级上报的调查方法。

（二）收集数据的形式

收集数据的形式是指采集信息资源的统计调查的组织形式，主要包括统计报表、普查、重点调查、典型调查和抽样调查。

（1）统计报表是指按照国家统一规定，以报表的形式定期逐级上报统计资料的制度化调查方式。按报送统计报表的周期划分，有日报、旬报、月报、季报、半年报和年报。除年报之外，其余都称为定期报表。按报送统计表的方式划分，有邮寄上报、电信上报和网络上报。

（2）普查是指专门组织的、对一定时点上的国情国力所作的一次性全面调查。普查组织实施时应当遵循这样两项原则：一是规定统一的标准时点；二是确定统一的普查期限。

（3）重点调查是指从调查对象的全部单位中选择一部分客观存在的重点单位进行调查。所谓重点单位，是指对总体单位数而言，这些单位的数目所占比重小；对总体各单位标志总值而言，这些单位的标志总值所占比重大。观察和登记重点单位可以了解总体的基本情况。重点调查是一种判断抽样。

（4）典型调查是指在研究对象中有意识地选取若干主观认为表现突出的典型单位进行调查。所谓典型单位，是指在总体所有单位中最能体现总体共性的单位。典型调查也是一种判断抽样。

（5）抽样调查全称为随机抽样调查，是指按照随机原则从总体中抽取部分单位构成样本，以样本数量信息推断总体数量特征的调查。按随机抽选的方式划分，有纯随机抽样调查、机械抽样调查、类型抽样调查和整群抽样调查。

相对于抽样调查，重点调查和典型调查属于非随机抽样调查。

三、统计资料的整理

（一）统计资料的审核

审核技术包括：①逻辑审查，即检查资料是否合乎逻辑；②计算审查，即检查调查表中各栏数字的计算方法和口径，验算合计数与各项数据之间是否平衡。

（二）统计整理的方法

统计整理的方法包括分组、汇总和编表。

1. 分组

统计分组是指总体中各单位按照某种标志划分成若干组的统计整理方法。根据分组标志要求形式的不同，分为品质标志分组和数量标志分组。

（1）按品质标志分组是指选择反映总体单位属性差异的品质标志作为分组标

志，依据此标志将总体划分成若干性质不同的组。

（2）按数量标志分组是指选择反映总体单位数量差异的数量标志作为分组标志，依据此标志将总体划分成若干数量各异的组。

2. 汇总

汇总是继分组之后的一个重要步骤，也是统计整理的中心内容，尤其是大规模的统计调查，汇总是一项繁重的任务。汇总技术主要有手工汇总和计算机汇总。随着计算机的普及，利用计算机技术进行统计汇总和计算，是统计汇总技术的大趋势，也是统计现代化的重要标志。

3. 编表

经过汇总，得出表明现象总体和各个组单位数和一系列标志总量的资料，把这些资料按一定的规则在表格上表现出来，这种表格叫统计表。从计算机汇总的过程来看，编表已在计算机内完成。

四、统计与计算机

实际统计分析的数据量通常非常大，有些统计方法的计算也十分复杂，靠手工处理很难想象。随着计算机的普及，统计方法的学习和应用变得容易许多。对多数学习统计的人来说，重点是理解统计方法的思想和原理，把繁杂计算交给计算机来完成。多数统计方法都有现成的软件来处理，学会使用统计软件就可以做数据分析。

例如，在房地产批量评估中，经常利用多元回归分析建立评估模型。为了评判模型拟合好坏需要进行参数检验。如需要对回归模型进行显著性检验和方差分析，要求判定系数 R^2 尽可能接近 1，方差分析值 $\leqslant 0.001$。同时，还需要检验误差项是否满足假设前提（即满足独立性、正态性、方差齐性）。这些检验的指标值都可以通过统计软件计算完成。

目前主要的一些统计软件有 SAS、SPSS、EViews、R、Excel 等。Excel 虽然不是统计软件，但提供了一些常用的统计函数，以及数据分析工具，其中包含了一些基本的统计方法，可供非专业人士做简单的数据分析。

第二节 综 合 指 标

综合指标是反映具体时空状态下社会经济现象的综合数量性质和特征的统计指标，可以分为绝对指标（或称总量指标）、相对指标、平均指标和变异指标。

一、绝对指标

绝对指标是反映在一定时空条件下的社会经济现象总规模或绝对水平的统计指标，其表现形式是一定计量单位的绝对数。它是统计中最常用的基本指标，是计算相对指标、平均指标和变异指标的基础。按反应的时间状态不同，绝对指标可以分为时期指标和时点指标。

时期指标是反映社会经济现象总体在一段时期内发展过程的总量，如国内生产总值、基本建设投资额、工资总额、人口出生数等。

时点指标是反映社会经济现象总体在某一时点上的状况总量，如土地面积、固定资产原值、黄金储备量、银行存款余额等。

二、相对指标

相对指标是社会经济现象的两个有联系的指标之比。它能反映现象总体在时间、空间、结构、比例以及发展状况等方面的对比关系。相对指标是绝对指标的派生指标，它把对比的总量指标的绝对水平及其差异进行抽象化。

将现象总体经过分组后由各组有关数值与总体相应总值对比的综合指标叫做结构相对指标。如男性人数或女性人数与总人口数对比，得到人口的性别结构。

将两个不同性质的总体但又有一定联系的总量指标对比，可以得到强度相对指标。如人口数与住房面积相比得到人均住房面积。

将同一现象总体相互联系的各指标之间对比称为比例相对指标。如总人口中男性人口与女性人口对比，得出人口的性别比例。

还可以进行其他对比，得到各种内容的相对指标。如将社会经济现象在计划期内实际完成数与计划任务数之比称为计划完成相对指标。将不同国家、不同地区、单位之间同类指标对比得到比较相对指标。将同一现象在不同时期的两个指标值对比得到动态相对指标。

三、平均指标

平均指标又称统计平均数，是指用来测定静态分布数列中各单位的标志值集中趋势的指标。平均指标主要有以下几种。

（一）算术平均数

算术平均数（$\bar{x}$）又称平均值、均值，是全部变量值的算术平均，有简单算术平均数和加权算术平均数两种。

1. 简单算术平均数

它适用于未分组的分布数列，其计算公式为：

$$\overline{x} = \frac{\sum\limits_{i=1}^{n} x_i}{n} \tag{10-1}$$

式中　x_i——单位标志值；

　　　n——单位数。

【例 10-1】　某楼盘 2017 年 5 月份共销售 10 套住宅，每套销售单价依次为 3 500 元/m²、3 600 元/m²、3 450 元/m²、3 200 元/m²、3 700 元/m²、3 300 元/m²、3 550 元/m²、3 650 元/m²、3 350 元/m²、3 400 元/m²，则：

该楼盘 2017 年 5 月份平均销售单价
=（3 500＋3 600＋3 450＋3 200＋3 700＋3 300＋3 550＋3 650＋3 350＋3 400）/10
=3 470（元/m²）

2. 加权算术平均数

它适用于已分组的分布数列，其计算公式为：

$$\overline{x} = \frac{\sum\limits_{i=1}^{n} x_i f_i}{\sum\limits_{i=1}^{n} f_i} \tag{10-2}$$

式中　x_i——单位标志值（或组中值）；

　　　f_i——组单位数。

【例 10-2】　某城市 44 个在售楼盘，平均销售单价计算详见表 10-1。

某城市在售楼盘平均销售单价计算表　　　　表 10-1

按价格分组 （元/m²）	楼盘个数		组中值 x_i	$x_i f_i$	$x_i \dfrac{f_i}{\Sigma f_i}$
	f_i	$\dfrac{f_i}{\Sigma f_i}$			
2 000～3 000	2	0.045	2 500	5 000	114
3 000～4 000	6	0.136	3 500	21 000	477
4 000～5 000	16	0.364	4 500	72 000	1 636
5 000～6 000	12	0.273	5 500	66 000	1 500
6 000～7 000	5	0.114	6 500	32 500	739
7 000～8 000	3	0.068	7 500	22 500	511
合计Σ	44	1.000	30 000	219 000	4 977

该市在售楼盘平均销售单价为 4 977 元$/\text{m}^2$。

（二）几何平均数

几何平均数（$\overline{x}_G$）是指分布数列中 n 个标志值的连乘积的 n 次方根。

简单几何平均数，它适用于未分组的分布数列，其计算公式为：

$$\overline{x}_G = \sqrt[n]{x_1 \cdot x_2 \cdots x_i \cdots x_n} \tag{10-3}$$

式中　x_i——第 i 组单位标志值；

　　　n——总体单位数。

（三）中位数

中位数（M_e）是指分布数列中总体各单位标志值按大小顺序排列，处在数列中间位置的标志值。

1. 未分组资料确定中位数的方法

先将数据按照从小到大顺序排列。若 n 为奇数，则处于 $\dfrac{n+1}{2}$ 的变量值就是中位数；若 n 为偶数，则处于 $\dfrac{n}{2}$ 和 $\dfrac{n}{2}+1$ 两个变量值的算术平均数即为中位数。

2. 分组资料确定中位数的方法

（1）单项式分配数列。先用 $\dfrac{\sum f}{2}$ 确定中位数的位置（$\sum f$ 为总体单位总量，下同），然后按照累计频数或累计频率确定中位数所在的组，中位数所在组的变量值就是中位数。

【例 10-3】　某楼盘共有 16 个销售人员，2013 年一季度每个销售人员销售套数资料见表 10-2：

某楼盘销售人员销售业绩汇总表　　　　　　　　表 10-2

销售套数	销售人员数	频率/%	向上累计		向下累计	
			频数	频率/%	频数	频率/%
3	2	12.5	2	12.5	16	100
4	4	25	6	37.5	14	87.5
5	7	43.75	13	81.25	10	62.5
6	2	12.5	15	93.75	3	18.75
7	1	6.25	16	100	1	6.25
合计	16	100	—	—	—	—

$\dfrac{\sum f}{2}=8$，或者频率=50%所在组的销售套数为 5，所以中位数为 5 套。

（2）组距式分配数列

先用 $\dfrac{\sum f}{2}$ 确定中位数的位置，然后按照累计频数或累计频率确定中位数所在的组，再用公式计算中位数的具体值。其计算公式为：

$$M_e = x_L + \dfrac{\dfrac{\sum f}{2} - F_{m-1}}{f_m} \times d \qquad (10\text{-}4)$$

式中　x_L——中位数所在组的下限；

　　　f_m——中位数所在组的频数；

　　F_{m-1}——中位数所在组下限以下各组累计频数；

　　　d——中位数所在组的组距。

【例 10-4】　现有某区域房地产价格的统计资料如表 10-3 所示，试求房地产价格的中位数。

某区域房地产价格资料　　　　　　　　　　　　　表 10-3

单价（元/m²）	居住区数量（个）	累计居住区数量（个）
5 000~6 000	10	10
6 000~7 000	18	28
7 000~8 000	25	53
8 000~9 000	28	81
9 000~10 000	31	112
10 000~11 000	39	151
11 000~12 000	20	171
12 000~13 000	15	186
13 000~14 000	8	194
14 000~15 000	6	200

解　调查的居住区总数 200 个。中位数应近似在全部资料依序排列的第 100 个，属于第五组，第五组下限为 9 000 元/m²，居住区数量为 31 个，组距为 1 000 元/m²，累积至第四组有 81 个，则有中位数：

$$M_e = x_L + \dfrac{\dfrac{\sum f}{2} - F_{m-1}}{f_m} \times d$$

$$= 9\,000 + \dfrac{100 - 81}{31} \times 1\,000$$

$$= 9\,612.9（元/m²）$$

（四）众数

众数（M_0）是分布数列中出现频率最高的标志值。

1. 根据单项式分组数列的资料确定众数，找出出现次数最多的标志值即可。如例 10-4 中，众数就是 5 套，因为这个标志值所对应的频数最多。

2. 对于组距式分组资料，在确定众数所在组后，还要进行具体计算，以求得近似的众数值。其计算公式为：

$$M_0 = x_L + \frac{f_m - f_{m-1}}{(f_m - f_{m-1}) + (f_m - f_{m+1})} \times d \qquad (10\text{-}5)$$

式中　x_L——众数所在组的下限；

f_m——众数所在组的频数；

f_{m-1}——众数组前一组的频数；

f_{m+1}——众数组后面一组的频数；

d——众数所在组的组距。

四、变异指标

变异指标又称标志变动度，是反映总体单位标志值差异程度的综合指标，表明总体各单位标志值的离散程度和离中趋势。包括全距、平均差、标准差、变异系数等。

（一）全距

全距（R）又称极差，是指分布数列中最大标志值与最小标志值之差，反映现象的实际变动范围。

（二）平均差

平均差（AD）是指分布数列中各单位标志值与其平均数的差异绝对值的算术平均数，反映各单位标志值对其平均数的平均变异程度。

（三）标准差

标准差（σ）是指分布数列中各单位标志值与其平均数的离差的平方的算术平均数的平方根。其计算公式为：

$$\sigma = \sqrt{\frac{\sum (x_i - \bar{x})^2 f_i}{\sum f_i}} \qquad (10\text{-}6)$$

（四）变异系数

变异系数是以相对形式表现的变异指标。变异系数通过全距、平均差、标准差分别与平均数的比得到，而常用的是标准差系数。

第三节　相关与回归分析

一、相关分析

相关分析是研究两个或两个以上变量之间相互关系的统计分析方法，它是研究二元总体和多元总体的重要方法。

变量的相关关系按不同的标志加以区分：①按相关的程度分为完全相关、不完全相关和不相关；②按相关的方向分为正相关和负相关；③按相关的形式分为线性相关和非线性相关；④按影响因素的多少分为单相关和复相关。

1. 相关系数

相关系数是反映变量之间关系密切程度的统计指标，取值在 1 到 −1 之间，计算公式如下：

$$r = \frac{\sum(x - \overline{x})(y - \overline{y})}{\sqrt{\sum(x - \overline{x})^2 \cdot \sum(y - \overline{y})^2}} \tag{10-7}$$

当 $|r| = 1$ 时，x 和 y 变量为完全线性相关，x 和 y 之间存在确定的函数关系。

当 $0 < |r| < 1$ 时，表示 x 和 y 存在着一定的线性相关，$|r| < 0.3$ 称为弱相关，$0.3 \leqslant |r| < 0.5$ 称为低度相关，$0.5 \leqslant |r| < 0.8$ 称为显著相关，$0.8 \leqslant |r| < 0.1$ 称为高度相关。

当 $r > 0$，表示 x 和 y 为正相关，反之，$r < 0$ 时，称为负相关。

当 $|r| = 0$，表示 y 的变化与 x 无关，即表示 x 与 y 完全没有线性关系。

2. 相关系数的显著性检验

相关系数会受到抽样波动的影响。相关系数的显著性检验就是检验两列变量之间是否有真正的相关。如果显著则标明相关的确存在，不是抽查误差导致的。相关关系的显著性检验通常采用 Fisher 提出的 t 分布检验，即可以用于小样本，也可以用于大样本。

$$t = \frac{r\sqrt{n - 2}}{\sqrt{1 - r^2}} \tag{10-8}$$

相关性系数检验步骤：

（1）提出假设，$H_0 : \rho = 0$；$H_1 : \rho \neq 0$。

（2）计算检验的统计量 t。

（3）进行决策。根据给定的显著性水平 a 和自由度 $d_f = n - 2$ 查 t 分布表，查出 $t_{a/2}(n - 2)$ 的临界值。若 $|t| > t_{a/2}$，则拒绝原假设 H_0，表明总体的两个变

量之间存在显著的相关关系。

二、回归分析

（一）回归分析的意义

一般意义而言，相关分析包括回归和相关两个方面，两者都是研究两个变量相互关系程度的分析方法。两者也有比较明显的区别，相关系数能确定两个变量之间的相关方向和相关的密切程度。但不能指出两个变量相互关系的具体形式。回归分析就是对具有相关关系的两个或两个以上变量之间数量变化的一般关系进行测定，确定一个相应的数学表达式，可以从一个已知量来推测另一个未知量。

回归有不同的种类。按自变量的个数分，有一元回归和多元回归。只有一个自变量的称为一元回归，又称简单回归。有两个或两个以上自变量的称为多元回归，或称复回归。按回归线的形状分，有线性回归（直线回归）和非线性回归（曲线回归）。本节主要介绍一元线性回归。

（二）一元线性回归模型

1. 回归模型

回归分析中，被预测或被解释的变量称为因变量，用 y 表示。用来预测或用来解释因变量的变量称为自变量，用 x 表示。

$$y = a + bx + e_i \tag{10-9}$$

式中，a 和 b 称为模型的参数。e_i 称为误差项的随机变量，它是除了 x 和 y 之间的线性关系以外的随机因素对 y 的影响。

对于误差项 e_i 需要作出三点假定：①正态性，②方差齐，③独立性。

2. 估计的回归方程

回归模型中的参数 a 和 b 是未知数，需要利用样本数据去估计。当用样本统计量 $\hat{a}$ 和 $\hat{b}$ 估计模型中的参数 a 和 b 时，就得到了估计的回归方程，它是根据样本数据求出的回归方程的估计。对于一元线性回归，估计的回归方程为：

$$\hat{y} = \hat{a} + \hat{b}x \tag{10-10}$$

式中，$\hat{a}$ 是估计的回归直线在 y 轴上的截距；$\hat{b}$ 是直线的斜率，也称回归系数。

3. 参数的估计常用最小二乘法，详见长期趋势法。

（三）回归模型的检验

1. 拟合优度

如何判断是否较好的解释 y 的变化，需要有合理的度量方法。回归分析中用判定系数来说明拟合的优度。

（1）判定系数

判定系数是对估计的回归方程拟合优度的度量。因变量 y 的取值是不同的，这种取值的波动称为变差。变差的产生来自两个方面：一是由于自变量 x 的取值不同造成的；二是 x 以外的其他随机因素的影响。对一个具体的观测值来说，变差的大小可以用实际观测值 y 与其均值 $\overline{y}$ 之差 $(y - \overline{y})$ 来表示，n 次观测值的总变差可以由这些变差的平方和来表示，称为总变差平方（SST），即 $SST = \Sigma(y_i - \widehat{y_i})^2$。

总平方和 SST 可以被分解为两部分。一部分是回归估计值或预测值与均值的离差 $(\widehat{y_i} - \overline{y})$，它可以看作是 y 的总变差中由于 x 与 y 的线性关系引起的 y 的变化的那部分，其变动可以由回归线解释；另一部分是观测值 y_i 与回归估计值之间的离差 $(y_i - \widehat{y_i})$，即残差 e_i，它是除了 x 对 y 的线性影响之外的其他因素对 y 的变差作用，这部分变差回归线无法解释。

令 $SSR = \Sigma(\widehat{y_i} - \overline{y})^2$，$SSE = \Sigma(y_i - \widehat{y_i})^2$。

可以证明，$SST = SSR + SSE$。SSR 越大，SSR 占 SST 的比例越大，通过这一比例来反映直线对观测值的拟合程度，称为判定系数，记为 R^2，其计算公式为：

$$R^2 = \frac{SSR}{SST} = 1 - \frac{SSE}{SST} \tag{10-11}$$

（2）估计标准误差

估计标准误差是残差平方和的均方根，即残差的标准差，用 S_e 来表示，其计算公式为

$$S_e = \sqrt{\frac{SSE}{n-2}} \tag{10-12}$$

S_e 是度量各观测点在直线周围分散程度的一个统计量，它反映了实际观测值 y_i 与回归估计值 $\widehat{y_i}$ 之间的差异程度。S_e 也是对误差项 e_i 的标准差 的估计，反映了用估计的回归方程预测因变量 y 时预测误差的大小。各观测点越靠近直线，回归直线对各观测点的代表性越好，S_e 就会越小，根据回归方程进行预测也就越准确，S_e 也从另一个角度说明了模型的拟合程度。

2. 显著性检验

回归分析中，因变量 y 和自变量 x 是否有真正的关系，需要对总体参数 b 作出某种假设，以便利用样本估计量来判断这种假设能否接受，从而判断 y 和 x 之间是否存在正在的关系。

（1）线性关系检验

线性关系检验简称为 F 检验，线性回归方程的显著性检验，它用于检验自变量 x 和因变量 y 之间的线性关系是否显著。其计算公式为：

$$F = \frac{SSR/1}{SSE/(n-2)} = \frac{MSR}{MSE} \sim F(1, n-2) \tag{10-13}$$

即，比值 $\frac{MSR}{MSE}$ 的抽样分布服从于分子自由度为 1，分母自由度为 $n-2$ 的 F 分布。

（2）回归系数的检验和推断

回归系数检验简称 t 检验，它用于检验自变量对因变量的影响是否显著。

$$t = \frac{\hat{b} - b}{\sqrt{\dfrac{\hat{\delta}^2}{\sum_i x_i^2}}} \sim t(n-2) \tag{10-14}$$

回归系数显著性的 t 检验、回归方程显著性的 F 检验、相关系数显著性的 t 检验这三种检验存在一定的关系。对一元线性回归这三种检验的结果是完全一致的。因而对一元线性回归实际只需要作其中的一种检验即可。然而对多元线性回归这三种检验所考虑的问题已有不同，所以不再等价，是三种不同的检验。

第四节　时间序列的分解与测定

一、时间序列的分解

时间序列的总变动（Y）一般可以分解为四种动态趋势，即长期趋势、季节变动、循环波动和不规则波动。

（一）长期趋势

长期趋势（T）是指在一个长时期内居支配地位、起决定性作用的基本因素使得现象总体呈现出大致逐渐上升或下降的发展变动态势。

（二）季节变动

季节变动（S）是指现象由于受社会条件、自然条件等因素的影响，在一个年度内随着季节的更替而引起的比较有规则的变动。例如，冷饮通常在夏季销量大，在春季和秋季销量一般，在冬季销售量最小。

（三）循环波动

循环波动（C）是指现象在较长时期内发生的周期性波动。现象波动周期短则三年、五年，长则十年、甚至数十年。例如，资本主义市场经济所呈现的：……—危机—萧条—复苏—高涨—危机……，这种周而复始地以数年为一个周期的变动就属于循环波动。

（四）不规则波动

不规则波动（I）是指由于受到意外的、偶然性的因素作用而使现象产生非周期性的随机波动。不过，在一个较长时期内，这种不规则波动的随机因素往往可以相互抵消。

二、时间序列的分解模型

（一）乘法模型

当四种变动因素存在相互影响的关系时，则时间序列的各项观察值都是四种因素乘积的结果，乘法结构模型为：

$$Y = T \cdot S \cdot C \cdot I \tag{10-15}$$

式中　Y——现象发展到某一时候的实际值；

　　　T——现象发展到上述同一时候的趋势值（即预测值）；

　　　S——当时的季节变动指数；

　　　C——当时的循环波动指数；

　　　I——当时的不规则波动指数。

由于在一年内会出现现象随季节更迭而发生波动的情况，所以若以年为时间单位，则时间序列并不直接受季节波动的影响，这样，以上模型可以变为：

$$Y = T \cdot C \cdot I \tag{10-16}$$

（二）加法模型

当四种变动因素表现为相互独立的关系时，则时间序列的各项观察值都是四种因素的总和，加法结构模型为：

$$Y = T + S + C + I \tag{10-17}$$

式中，Y，T 含义同上；S，C，I 均不是波动指数，而是循环波动、季节波动与不规则波动等因素对趋势值所产生的偏差。

若以年为时间单位，则动态序列也不直接受季节波动的影响，因而加法结构模型可以变为：

$$Y = T + C + I \tag{10-18}$$

三、长期趋势的测定

受众多因素影响的动态序列，经过修匀后可以剔除季节波动、循环波动和不规则波动等因素的作用，从而使现象在长期内呈现出逐渐上升或下降的基本变动趋势。长期趋势的测定主要是求趋势值，而测定长期趋势值的方法主要有扩大时距法、移动平均法和最小二乘法。

（一）扩大时距法

扩大时距法是指通过扩大动态序列各项指标所属的时间，从而消除因时距短而使各指标值受偶然性因素影响所引起的波动，以便使经修匀过的动态序列能够显著地反映现象发展变动总趋势的方法。下面通过一个例子介绍这种方法的应用。

【例 10-5】　某城市 2016 年的房地产投资额资料如表 10-4 所示。试判断该城市房地产投资额的变化趋势。

某市 2016 年各月份房地产投资额　（单位：万元）　表 10-4

月　份	1	2	3	4	5	6	7	8	9	10	11	12
房地产投资额	513	472	480	497	601	470	359	812	555	660	721	763

【解】　从表 10-4 中可以看出，各月份的房地产投资额因受多种因素影响而呈上下起伏跌宕不均匀地发展状态，不能反映出明显的递增或递减的变化趋势。为此，将由各月指标值形成的动态序列，通过求和修匀为由各季指标总值形成的动态序列，如表 10-5 所示。

时距扩大后的时间序列　（单位：万元）　表 10-5

季　别	1	2	3	4
房地产投资额	1 465	1 568	1 726	2 144

表 10-5 反映了时距扩大后的动态序列，揭示出该城市房地产投资额呈逐季递增的发展趋势。

由此可见，以天、月、季为时距的动态序列，通过扩大时距合并为以年为时距的动态序列，可以消除季节波动的影响。

（二）移动平均法

移动平均法是指对动态序列进行逐期移动以扩大时距，同时对时距已扩大了的新动态序列的各项指标值分别计算序时平均数，从而由移动平均数形成一列派生动态序列的方法。而通过移动平均得到的一系列移动序时平均数分别就是各自对应时期的趋势值。

【例 10-6】　某市 2014～2016 年商品房销售量资料如表 10-6 所示，试计算三项移动平均数。

【解】　计算过程为：

$$\bar{a}_2 = \frac{a_1 + a_2 + a_3}{3} = \frac{100 + 150 + 120}{3} = 123 \ (\text{hm}^2)$$

$$\bar{a}_3 = \frac{a_2 + a_3 + a_4}{3} = \frac{150 + 120 + 150}{3} = 140 \ (\text{hm}^2)$$

$$\cdots \quad \cdots \quad \cdots \quad \cdots$$

$$\bar{a}_{11} = \frac{a_{10} + a_{11} + a_{12}}{3} = \frac{170 + 180 + 190}{3} = 180 \ (\text{hm}^2)$$

计算结果见表 10-6 第四列。

某市 2014～2016 年商品房销售量　　　　（单位：hm²）　　表 10-6

季节顺序	销售量 a_i	三项移动总数	三项移动平均数 $\bar{a}_i$
1	100	—	—
2	150	370	123
3	120	420	140
4	150	410	137
5	140	460	153
6	170	440	147
7	130	480	160
8	180	470	157
9	160	510	170
10	170	510	170
11	180	540	180
12	190	—	—

（三）最小二乘法

最小二乘法，又称最小平方法，是估计回归模型参数的常用方法。其基本原理是：要求实际值与趋势值的离差平方和为最小，以此拟合出优良的趋势模型，从而测定长期趋势。

设 $$e_i = y_i - \hat{y}_i$$

式中 e_i——表示偏差，亦称残差；

   y_i——表示实际值；

再设估计值 $\hat{y}_i$ 满足： $$\hat{y}_i = a + bx_i$$

则因 $$\sum e_i^2 = \sum (y_i - \hat{y}_i)^2 = \sum (y_i - a - bx_i)^2$$

所以通过求解 $\text{Min} \sum (y_i - a - bx_i)^2$ 可得出参数 a、b 的值，根据微积分极值原理，将上式分别对 a、b 求偏导数，并分别令这两个偏导数为 0，即可求解。

经过整理后，得到正规方程组：

$$\begin{cases} \sum y = na + b \sum x \\ \sum xy = a \sum x + b \sum x^2 \end{cases} \tag{10-19}$$

将该方程组联立求解，得：

$$b = \frac{n \sum xy - \sum x \sum y}{n \sum x^2 - (\sum x)^2} \tag{10-20}$$

而 $$a = \bar{y} - b\bar{x}$$

$$= \frac{\sum y}{n} - b \frac{\sum x}{n} \tag{10-21}$$

解得参数 a、b 后，便可拟合出趋势方程：

$$\hat{y} = a + bx \tag{10-22}$$

【例 10-7】   某地 2004～2016 年住房开发面积如表 10-7 所示，试利用最小二乘法拟合长期趋势方程，并求该地 2014 年住房开发面积的估计值和 2017 年的趋势值。

【解】   将表 10-6 中的有关数值代入下列公式中，得：

$$b = \frac{n \sum xy - \sum x \sum y}{n \sum x^2 - (\sum x)^2}$$

$$= \frac{13 \times 6\,823.2 - 91 \times 907.3}{13 \times 819 - 91^2} = 2.59$$

$$a = \frac{\sum y}{n} - b \frac{\sum x}{n}$$

$$= \frac{907.3}{13} - 2.59 \times \frac{91}{13} = 51.66$$

$$\hat{y} = 51.66 + 2.59x$$

则

$$\hat{y}_{2014} = 51.66 + 2.59 \times 11 = 80.15 \text{（万 m}^2\text{）}$$

$$\hat{y}_{2017} = 51.66 + 2.59 \times 14 = 87.92 \text{（万 m}^2\text{）}$$

某地历年住房开发面积　　　　　表 **10-7**

年　份	时间顺序 x	住房开发面积 y（万 m^2）	xy	x^2
2004	1	50.0	50.0	1
2005	2	58.4	116.8	4
2006	3	60.9	182.7	9
2007	4	60.0	240.0	16
2008	5	65.0	325.0	25
2009	6	69.1	414.6	36
2010	7	72.8	509.6	49
2011	8	74.6	596.8	64
2012	9	76.7	690.3	81
2013	10	77.3	773.0	100
2014	11	79.9	878.9	121
2015	12	81.3	975.6	144
2016	13	82.3	1 069.9	169
Σ	91	907.3	6 823.2	819

四、时间序列的动态分析指标

时间序列又称时间数列式动态数列，是指同类现象指标值按时间顺序排列而形成的数列。

（一）水平指标

1. 发展水平

发展水平是指时间序列中的各项指标值。

设时间序列各项为：

$$a_0，a_1，a_2，\cdots\cdots，a_{n-1}，a_n$$

其中，a_0 表示期初水平；a_n 表示最末水平。

相对指标为：$a_j/a_i(i<j)$

其中，a_i 表示基期水平；a_j 表示报告期水平。

2. 序时平均数

序时平均数，又称平均发展水平或动态平均数，它是根据时间序列中各个时期或时点的发展水平即指标值加以平均所得到的平均数。

（1）绝对指标的序时平均数

1）时期数列序时平均数

$$\bar{a} = \frac{a_1 + a_2 + \cdots\cdots + a_n}{n} = \frac{\sum a}{n} \qquad (10\text{-}23)$$

2）时点数列序时平均数

如果时点间隔相等，则可用首末折半法求序时平均数，计算公式为

$$\bar{a} = \frac{\dfrac{a_1}{2} + a_2 + \cdots\cdots + \dfrac{a_n}{2}}{n-1} \qquad (10\text{-}24)$$

如果时点间隔不相等，这时需要以间隔长度为权数加权来计算序时平均数。计算公式为

$$\bar{a} = \frac{\dfrac{a_1 + a_2}{2} f_1 + \dfrac{a_2 + a_3}{2} f_2 + \cdots\cdots + \dfrac{a_{n-1} + a_n}{2} f_n}{f_1 + f_2 + \cdots\cdots f_{n-1}} \qquad (10\text{-}25)$$

式中，$f_t (t = 1, 2, \cdots\cdots, n-1)$ 代表两个时点指标值 a_{t-1} 和 a_t 之间的时间间隔长度。

（2）相对指标的序时平均数

相对指标动态数列是由具有互相联系的二个总量指标动态数列对比构成。分别计算出这两个总量指标动态数列的序时平均数，然后进行对比，求得相对指标动态数列序时平均数。计算公式为

$$\bar{c} = \frac{\bar{a}}{\bar{b}} \qquad (10\text{-}26)$$

式中 $\bar{c}$ 代表相对指标动态数列序时平均数。

$\bar{a}$ 代表作为分子的动态数列序时平均数。

$\bar{b}$ 代表作为分母的动态数列序时平均数。

（二）速度指标

1. 发展速度

发展速度是表明现象在一定时期内的发展方向和程度的动态相对指标。

（1）定基发展速度

$$定基发基发展 = \frac{计算期发发展水}{固定基期发定基期} \times 100\% \qquad (10\text{-}27)$$

（2）环比发展速度

$$环比发展速度 = \frac{计算期发展水平}{前一期发一期发} \times 100\% \qquad (10\text{-}28)$$

2. 增长速度

增长速度是反映现象增长程度的相对指标，由增长量与发展水平的比求得。

与发展速度相对应，增长速度分为定基增长速度和环比增长速度。其中定基增长速度加上 1（或 100%）等于定基发展速度；而环比增长速度加上 1（或 100%）等于环比发展速度。

（三）平均发展速度

通常，计算平均发展速度采用几何平均法，其公式如下：

$$
\begin{aligned}
\overline{x}_G &= \sqrt[n]{x_1 \cdot x_2 \cdots x_n} \\
&= \sqrt[n]{\frac{a_1}{a_0} \cdot \frac{a_2}{a_1} \cdot \frac{a_3}{a_2} \cdots \frac{a_n}{a_{n-1}}} \\
&= \sqrt[n]{\frac{a_n}{a_0}}
\end{aligned}
\tag{10-29}
$$

复 习 思 考 题

1. 统计总体、总体单位的含义及其相互关系是什么？

2. 什么是标志？标志如何划分，各自有何特征？

3. 什么是变量？如何划分？

4. 什么是指标？如何划分？

5. 收集资料的方法和形式有哪些？

6. 如何整理统计资料？

7. 什么是统计中的绝对指标？它分为哪几种？

8. 什么是统计中的相对指标？它分为哪几种？

9. 什么是相关分析？

10. 什么是回归分析？

11. 相关分析与回归分析的区别和联系有哪些？

12. 什么是统计中的平均指标？具体有哪些，如何计算？

13. 什么是统计中的变异指标？如何计算？

14. 统计中时间序列的指标有哪些？他们如何计算？

15. 什么是动态趋势与波动的经典模式？

16. 时间序列的结构模型有哪些？

17. 测定长期趋势的方法主要有哪些？如何测定长期趋势？

第十一章 会 计 知 识

财务数据是特定单位或组织经营状况的表现，是进行经济分析与评价的基础，也是房地产估价中估价参数分析、选择、判断的依据之一。企业财务数据的主要载体是企业财务会计报告，运用财务会计报告进行财务状况分析是房地产估价从业人员需要熟悉或掌握的内容。本章主要介绍了房地产估价专业人员需要熟悉或掌握的会计法规体系、会计基本假设、会计记账基础、会计信息质量要求、会计要素、会计处理程序与基本核算方法、财务会计报告、基本财务分析等。

第一节 会 计 概 述

一、会计的含义、目标及基本职能

（一）会计的含义

会计是以货币为主要计量单位，反映和监督单位经济活动的一种经济管理工作。企业会计主要反映该企业的财务状况、经营成果和现金流量，并对其经营活动和财务收支进行监督。

（二）会计的目标

会计的目标是向国家、企业内部、企业外部提供有助于实行宏观调控，优化社会经济资源配置，合理地进行投资和信贷决策及加强内部经营管理所必需的，以财务信息为主的经济信息。

（三）会计的基本职能

会计的基本职能为会计核算与会计监督。

二、我国会计法规体系

会计法规是国家权力机关和行政机关制定的各种有关会计工作的规范性文件的总称。会计法规是调整各种会计关系的法律规范，是从事会计工作，办理会计事务必须遵循的行为准则，我国会计法规体系包括：会计法律、会计行政法规、国家统一的会计制度和地方性会计法规。

会计法律是指由全国人民代表大会及其常务委员会通过立法程序制定的会计法律规范。在会计领域中，属于国家法律层次的有《中华人民共和国会计法》（以下简称《会计法》），是会计法规体系中最具权威、最具法律效力的法律规范，是调整我国经济生活中会计关系的法律规范总规范。

会计行政法规是指由国务院制定发布或由国务院有关部门拟定，经国务院批准发布的，调整经济生活中某些会计方面的法律规范。如国务院颁布的《总会计师条例》《企业财务会计报告条例》。

国家统一的会计制度是指由国务院财政部根据《会计法》制定的关于会计核算、会计监督、会计机构、会计人员以及会计工作管理的制度，包括规章和会计规范性文件。

地方性会计法规是指由省、自治区、直辖市人民代表大会及其常务委员会在与会计法律、会计行政法规不相抵触的假设下，制定的地方性法规。

目前我国已基本形成了以《会计法》为中心、国家统一会计制度为基础的法规体系。

（一）会计法

《会计法》于1985年1月21日发布，同年5月开始实施，2017年11月4日进行了第二次修正，在发布之日实施。《会计法》是从事会计工作、制定其他会计法规的依据。它规定了会计工作的基本目的、会计管理权限、会计责任主体、会计核算和会计监督的基本要求、会计人员和会计机构的职责权限，并对会计法律责任作了详细规定。

（二）企业会计准则体系

企业会计准则体系主要由基本准则和具体准则构成，并辅以相关解释和应用指南。

1. 基本准则。它是制订会计核算制度以及具体会计准则的依据。该准则规定了会计核算的假设、会计信息质量要求、会计对象要素的确认和计量、财务会计报告等方面的具体要求。

2. 具体准则。具体准则是在基准准则指导下，对企业各项资产、负债、所有者权益、收入、费用、利润及相关交易或事项的确认、计量和报告进行规范的会计准则。2006年2月财政部正式发布了38项具体准则，2014年修订部分准则并新增部分准则，共41项具体准则，如表11-1所示。

41项具体准则　　　　　　　　　　　　　　表11-1

序号	准则名称	序号	准则名称
1	存货	2	长期股权投资

续表

序号	准则名称	序号	准则名称
3	投资性房地产	23	金融资产转移
4	固定资产	24	套期保值
5	生物资产	25	原保险合同
6	无形资产	26	再保险合同
7	非货币性资产交换	27	石油天然气开采
8	资产减值	28	会计政策、会计估计变更和差错更正
9	职工薪酬	29	资产负债表日后事项
10	企业年金基金	30	财务报表列报
11	股份支付	31	现金流量表
12	债务重组	32	中期财务报告
13	或有事项	33	合并财务报表
14	收入	34	每股收益
15	建造合同	35	分部报告
16	政府补助	36	关联方披露
17	借款费用	37	金融工具列报
18	所得税	38	首次执行会计准则
19	外币折算	39	公允价值计量
20	企业合并	40	合营安排
21	租赁	41	在其他主体中权益的披露
22	金融工具确认和计量		

（三）企业会计核算制度

会计核算制度是国家统一的会计制度的重要组成部分。其作用在于保证正常的会计工作秩序，保证会计信息的真实性、可靠性。财政部于 2000 年 12 月发布实施了《企业会计制度》。小型企业的会计处理应该以《小企业会计制度》作为处理会计业务的具体规范。

第二节　会计假设与会计基础

一、会计假设

会计假设，又叫会计核算基本前提，是在特定的社会环境和条件下，对会计核算所处的时间、空间环境所作的合理设定。由于会计核算是在一定的经济环境下进行的，而特定的经济环境中必然存在各种不确定性，会计假设就是对这些不确定性做出较为合理的设定。会计假设包括会计主体假设、持续经营假设、会计分期假设和货币计量假设。

（一）会计主体

会计主体也称为会计实体、会计个体，是指有独立资金、进行独立的经营活动、实行独立核算的特定单位或组织。这一假定的主要意义在于界定从事会计工作和提供会计信息的空间范围，体现了会计信息系统为微观经济服务的属性。会计仅反映、监督其提供服务的单位的经济活动，而不反映其他单位的经济活动，更不反映投资者和职工个人的活动。

会计主体不同于法律主体。一般来说，法律主体肯定是会计主体，会计主体不一定是法律主体。比如，一个企业作为一个法律主体，应当建立会计核算体系，独立地反映其财务状况、经营成果和现金流量。但是，会计主体不一定是法律主体，比如在企业集团的情况下，一个母公司拥有若干个子公司，企业集团在母公司的统一领导下开展经营活动，为了全面反映这个企业集团的财务状况和经营成果，就有必要将这个企业集团作为一个会计实体，通过编制合并会计报表，反映企业集团整体的财务状况、经营成果和现金流量。有时，为了内部管理的需要，对企业内部的部门也单独加以核算，并编制出内部会计报表，企业内部划出核算单位也可以视为一个会计主体。

（二）持续经营

持续经营是指会计主体在可以预见的将来，将根据企业既定的经营方针和目标不断地经营下去，即在可以预见的未来，企业不会被宣告破产或进行清算，持有的资产将正常运营，负债将继续进行清偿。

持续经营假设的主要意义在于使会计核算与监督建立在非清算的基础上，从而解决了资产计价、负债清偿和收益确认等问题。如果企业在经营过程中被宣告破产或者进行清算，持续经营的假设将被清算的规则替代。

（三）会计分期

会计分期是指将一个企业持续经营的生产活动划分为若干个连续的、长短相同的期间，又称会计期间。

会计分期假设的主要意义在于界定会计核算的时间范围。会计分期为分期计算盈亏奠定了基础。

最常见的会计期间是一年，以一年确定的会计期间称为会计年度，按年度编制的财务会计报表也称为年报。根据《会计法》的规定，我国会计年度和财政年度一致，按公历年度计算，每年的起止日期为 1 月 1 日起至 12 月 31 日止。为满足人们对会计信息的需要，也要求企业按短于一年的期间编制财务会计报告，如半年度、季度和月度，均按公历起讫日期确定，称为会计中期报告。

（四）货币计量

货币计量是指采用货币作为计量单位、记录和反映企业的生产经营活动。货币计量假设的主要意义在于，通过一般等价物的货币，以数量形式综合反映企业的财务状况和经营成果。企业应该以人民币作为记账本位币，如果企业的经营活动涉及外币，也可以选择一种外币作为记账本位币，但在境内提供财务报表时，要求将外币报表折算为以人民币列报的会计报表。

会计核算的四个假设，相互依存，相互补充。会计主体确定了会计核算的空间范围；持续经营和会计分期确立了会计核算的时间范围；货币计量为会计核算提供了必要的手段。没有会计主体，就没有持续经营和会计分期；没有货币计量，也就没有现代会计。

二、会计基础

企业会计的确认、计量和报告都应该以权责发生制为基础。权责发生制是指，凡是当期已经实现的收入和已经发生或应负担的费用，无论是否收付，都应该作为当期的收入和费用，计入利润表；凡是不属于当期的收入和费用，即使款项已在当期收付，也不应该作为当期的收入和费用。与权责发生制对应的是收付实现制，即以收到或支付货币作为确认收入和费用的依据。目前我国行政事业单位是以收付实现制为会计基础的。

第三节　会计信息质量要求

会计信息质量要求是对企业财务报告中所提供会计信息质量的基本要求，是使财务报告中所提供会计信息对投资者等使用者决策有用应具备的基本特征。具体包括两个方面：即会计信息的首要质量要求和会计信息的次要质量要求。

一、会计信息的首要质量要求

根据会计基本准则规定，可靠性、相关性、可理解性和可比性是会计信息的首要质量要求，是企业财务报告中所提供会计信息应具备的基本质量特征。

（一）可靠性

可靠性要求企业应当以实际发生的交易或者事项为依据进行确认、计量和报告，如实反映符合确认和计量要求的各项会计要素及其他相关信息，保证会计信息真实可靠、内容完整。会计信息要有用，且可靠。如果财务报告所提供的会计信息是不可靠的，就会给投资者等使用者的决策产生误导甚至损失。为了贯彻可靠性要求，企业应当做到：

（1）以实际发生的交易或者事项为依据进行确认、计量，将符合会计要素定义及其确认条件的资产、负债、所有者权益、收入、费用和利润等如实反映在财务报表中，不得根据虚构的、没有发生的或者尚未发生的交易或事项进行确认、计量和报告。

（2）在符合重要性和成本效益原则的前提下，保证会计信息的完整性，其中包括编报的报表及其附注内容等保持完整，不能随意遗漏或者减少应予披露的信息，与使用者决策相关的有用信息都应当充分披露。

（3）包括在财务报告中的会计信息应当是中立的、无偏的。如果企业在财务报告中为了达到事先设定的结果或效果，通过选择或列示有关会计信息以影响决策和判断，这样的财务报告信息就不是中立的。

（二）相关性

相关性要求企业提供的会计信息应当与投资者等财务报告使用者的经济决策需要相关，有助于投资者等财务报告使用者对企业过去、现在或者未来的情况作出评价或者预测。

相关的会计信息应当能够有助于使用者评价企业过去的决策，证实或者修正过去的有关预测，因而具有反馈价值。相关的会计信息还应当具有预测价值，有助于使用者根据财务报告所提供的会计信息预测企业未来的财务状况、经营成果和现金流量。

会计信息质量的相关性要求，需要企业在确认、计量和报告会计信息的过程中，充分考虑使用者的决策模式和信息需要。但是，相关性是以可靠性为基础的，两者之间并不矛盾，不应将两者对立起来。

（三）可理解性

可理解性要求企业提供的会计信息应当清晰明了，便于像投资者等财务报告的使用者理解和使用。

企业编制财务报告、提供会计信息的目的在于使用，而要让使用者有效使用会计信息，了解会计信息的内涵，弄懂会计信息的内容，就要求财务报告所提供的会计信息应当清晰明了，易于理解。只有这样，才能提高会计信息的有用性，实现财务报告的目标，满足向投资者等财务报告使用者提供决策有用信息的要求。

对于某些复杂的信息，如交易本身较为复杂或者会计处理较为复杂，但其对使用者的经济决策相关的，企业就应当在财务报告中予以充分披露。

（四）可比性

可比性要求企业提供的会计信息应当相互可比。这主要包括两层含义：

（1）同一企业不同时期可比。为了便于投资者等财务报告使用者了解企业财务状况、经营成果和现金流量的变化趋势，比较企业在不同时期的财务报告信息，全面、客观地评价过去、预测未来，从而做出决策。会计信息质量的可比性要求同一企业不同时期发生的相同或者相似的交易或者事项，应当采用一致的会计政策，不得随意变更。如果按照规定或者在会计政策变更后可以提供更可靠、更相关的会计信息，可以变更会计政策。应当在附注中予以说明。

（2）不同企业相同会计期间可比。为了便于投资者等财务报告使用者评价不同企业的财务状况、经营成果和现金流量及其变动情况，会计信息质量的可比性要求不同企业同一会计期间发生的相同或者相似的交易或者事项，应当采用规定的会计政策，确保会计信息口径一致、相互可比，以使不同企业按照一致的确认、计量和报告要求提供有关会计信息。

二、会计信息的次要质量要求

会计基本准则规定，实质重于形式、重要性、谨慎性和及时性是会计信息的次级质量要求，是对会计信息首要质量要求的补充和完善。尤其是在对某些特殊交易或者事项进行处理时，需要根据这些质量要求来把握其会计处理原则。另外，及时性还是会计信息相关性和可靠性的制约因素，企业需要在相关性和可靠性之间寻求一种平衡，以确定信息及时披露的时间。

（一）实质重于形式

实质重于形式要求企业应当按照交易或者事项的经济实质进行会计确认、计量和报告，不应仅以交易或者事项的法律形式为依据。企业发生的交易或事项在多数情况下，其经济实质和法律形式是一致的。但在有些情况下，会出现不一致。例如，以融资租赁方式租入的资产虽然从法律形式来讲企业并不拥有其所有权，但是由于租赁合同中规定的租赁期相当长，接近于该资产的使用寿命；租赁期结束时承租企业有优先购买该资产的选择权；在租赁期内承租企业有权支配资产并从中受益等，因此，从其经济实质来看，企业能够控制融资租入资产所创造的未来经济利益，在会计确认、计量和报告上就应当将以融资租赁方式租入的资产视为企业的资产，列入企业的资产负债表。又如，企业按照销售合同销售商品但又签订了售后回购协议，虽然从法律形式上实现了收入，但如果企业没有将商品所有权上的主要风险和报酬转移给购货方，没有满足收入确认的各项条件，即使签订了商品销售合同或者已将商品交付给购货方，也不应当确认销售收入。

（二）重要性

重要性要求企业提供的会计信息应当反映与企业财务状况、经营成果和现金流量有关的所有重要交易或者事项。

在实务中，如果会计信息的省略或者错报会影响投资者等财务报告使用者据此作出决策的，该信息就具有重要性。重要性需要依赖职业判断，企业应当根据其所处环境和实际情况，从项目的性质和金额大小两方面加以判断。

（三）谨慎性

谨慎性要求企业对交易或者事项进行会计确认、计量和报告时应当保持应有的谨慎，不应高估资产或者收益、低估负债或者费用。

会计信息质量的谨慎性要求企业在面临不确定性因素的情况下作出职业判断时，应当保持应有的谨慎，充分估计到各种风险和损失，既不高估资产或者收益，也不低估负债或者费用。

但是，谨慎性的应用并不允许企业设置秘密准备，如果企业故意低估资产或者收益，或者故意高估负债或者费用，将不符合会计信息的可靠性和相关性要求，损害会计信息质量，扭曲企业实际的财务状况和经营成果，从而对使用者的决策产生误导，这是会计准则所不允许的。

（四）及时性

及时性要求企业对于已经发生的交易或者事项，应当及时进行确认、计量和报告，不得提前或者延后。

会计信息的价值在于帮助所有者或者其他方面作出经济决策，具有时效性。即使是可靠、相关的会计信息，如果不及时提供，就失去了时效性，对于使用者的效用就大大降低甚至不再具有实际意义。在会计确认、计量和报告过程中贯彻及时性，一是要求及时收集会计信息，即在经济交易或者事项发生后，及时收集整理各种原始单据或者凭证；二是要求及时处理会计信息，即按照会计准则的规定，及时对经济交易或者事项进行确认或者计量，并编制出财务报告；三是要求及时传递会计信息，即按照国家规定的有关时限，及时地将编制的财务报告传递给财务报告使用者，便于其及时使用和决策。

第四节　会计要素与会计恒等式

会计要素是会计核算对象的基本分类，是设定会计报表结构和内容的依据，也是进行确认和计量的依据。对会计要素加以严格定义，就能为会计核算奠定坚实的基础。会计要素主要包括资产、负债、所有者权益、收入、费用和利润六大类。

一、资产

资产是指过去的交易或事项形成的，由企业拥有或者控制的，预期会给企业带来经济利益的资源。企业过去的交易或者事项包括购买、生产、建造行为或其他交易或者事项。预期在未来发生的交易或者事项不形成资产。由企业拥有或者控制，是指企业享有某项资源的所有权，或者虽然不享有某项资源的所有权，但该资源能被企业所控制。预期会给企业带来经济利益，是指直接或者间接导致现金和现金等价物流入企业的潜力。

将一项资源确认为资产，需要符合资产的定义，并同时满足以下条件：①与该资源有关的经济利益很可能流入企业；②该资源的成本或者价值能够可靠地计量。

二、负债

负债是指企业过去的交易或者事项形成的，预期会导致经济利益流出企业的现时义务。现时义务是指企业在现行条件下已承担的义务。未来发生的交易或者事项形成的义务，不属于现时义务，不应当确认为负债。

将一项义务确认为负债，需要符合负债的定义，还需要同时满足以下两个条件：

（1）与该义务有关的经济利益很可能流出企业。

（2）未来流出的经济利益的金额能够可靠地计量。

三、所有者权益

所有者权益是指企业资产扣除负债后由所有者享有的剩余权益。公司的所有者权益又称为股东权益。所有者权益的来源包括所有者投入的资本、直接计入所有者权益的利得和损失、留存收益等。所有者权益金额取决于资产和负债的计量。

直接计入所有者权益的利得和损失，是指不应计入当期损益、会导致所有者权益发生增减变动的、与所有者投入资本或者向所有者分配利润无关的利得或者损失。利得是指由企业非日常活动所形成的、会导致所有者权益增加的、与所有者投入资本无关的经济利益的流入。损失是指由企业非日常活动所发生的、会导致所有者权益减少的、与向所有者分配利润无关的经济利益的流出。

四、收入

收入是指企业在日常活动中形成的、会导致所有者权益增加的、与所有者投入资本无关的经济利益的总流入。

将一项经济利益的流入确认为收入，除了应当符合收入定义外，还至少应当符合以下条件：

（1）与收入相关的经济利益很可能流入企业；

（2）经济利益流入企业的结果会导致企业资产的增加或者负债的减少；

（3）经济利益的流入额能够可靠地计量。

五、费用

费用是指企业在日常活动中发生的、会导致所有者权益减少的、与向所有者分配利润无关的经济利益的总流出。费用只有在经济利益很可能流出从而导致企业资产减少或者负债增加、且经济利益的流出额能够可靠计量时才能予以确认。

企业为生产产品、提供劳务等发生的可归属于产品成本、劳务成本等的费用，应当在确认产品销售收入、劳务收入等时，将已销售产品、已提供劳务的成本等计入当期损益。企业发生的支出不产生经济利益的，或者即使能够产生经济利益但不符合或者不再符合资产确认条件的，应当在发生时确认为费用，计入当期损益。

企业发生的交易或者事项导致其承担了一项负债而又不确认为一项资产的，应当在发生时确认为费用，计入当期损益。

六、利润

利润是指企业在一定会计期间的经营成果，利润包括收入减去费用后的净额、直接计入当期利润的利得和损失等。直接计入当期利润的利得和损失，是指应当计入当期损益、会导致所有者权益发生增减变动的、与所有者投入资本或者向所有者分配利润无关的利得或者损失。利润金额取决于收入和费用、直接计入当期利润的利得和损失金额的计量。

七、会计恒等式

（一）资产、负债与所有者权益的数量关系

资产＝权益＝债权人权益＋所有者权益

资产＝负债＋所有者权益

所有者权益＝资产－负债

（二）收入、费用与利润的数量关系

收入－费用＝利润

第五节　会计处理程序和基本核算方法

会计核算是指会计信息系统如何将初始的会计数据资料经过确认、计量、记录与报告等环节（程序）加工成会计信息产品提供给会计信息使用者。我国通常将会计核算概括为设置账户、复式记账、填制和审核凭证、登记账簿、成本计算、财产清查以及编制报表。

一、会计信息处理程序

财务会计是将单位发生的经济活动加工成会计信息，会计信息处理程序包括确认、计量、记录和报告四个环节。企业应当对其本身发生的交易或者事项进行会计确认、计量和报告。企业应当以权责发生制为基础进行会计确认、计量和报告。

（一）会计确认

会计确认是按照一定的标准将发生的经济信息进行分析后做的判断。符合会计标准的经济信息，确定为其归属的会计对象，并纳入会计核算体系。会计确认分为初次确认和再次确认两个方面。初次确认的目的是排除不属于会计核算范围的经济信息，将属于会计核算标准的信息纳入会计信息处理程序中。再次确认的目的是对已经纳入会计信息处理程序的信息进行整理、分析，最终对外提供会计信息。经过初次确认和再次确认，可以确保会计信息的真实性与可靠性。

（二）会计计量

会计计量是根据会计对象的计量属性，选择一定的计量基础和计量单位，确定应计量项目金额的会计处理过程。会计计量包括计量单位和计量属性两个方面。计量单位是指计量尺度的度量单位。会计主要以货币为主要的计量单位，有时也会采用实物量和劳动量单位。计量基础是指所用的度量的经济属性。

会计计量属性主要包括：

（1）历史成本。在历史成本计量下，资产按照购置时支付的现金或者现金等价物的金额，或者按照购置资产时所付出的对价的公允价值计量。负债按照因承担现时义务而实际收到的款项或者资产的金额，或者承担现时义务的合同金额，或者按照日常活动中为偿还负债预期需要支付的现金或者现金等价物的金额计量。

（2）重置成本。在重置成本计量下，资产按照现在购买相同或者相似资产所需支付的现金或者现金等价物的金额计量。负债按照现在偿付该项债务所需支付的现金或者现金等价物的金额计量。

（3）可变现净值。在可变现净值计量下，资产按照其正常对外销售所能收到现金或者现金等价物的金额扣减该资产至完工时估计将要发生的成本、估计的销售费用以及相关税费后的金额计量。

（4）现值。在现值计量下，资产按照预计从其持续使用和最终处置中所产生的未来净现金流入量的折现金额计量。负债按照预计期限内需要偿还的未来净现金流出量的折现金额计量。

（5）公允价值。在公允价值计量下，资产和负债按照在公平交易中，熟悉情况的交易双方自愿进行资产交换或者债务清偿的金额计量。

企业在对会计要素进行计量时，一般应当采用历史成本；采用重置成本、可变现净值、现值、公允价值计量的，应当保证所确定的会计要素金额能够取得并可靠计量。

（三）会计记录

会计记录是对会计对象所进行记录的手段。在会计核算过程中，并没有单独划分出会计确认和会计计量的环节，而是将其融合在会计核算的各方法中。通过会计核算，体现会计的确认和计量，而且通过会计记录，对会计信息进行分类、汇总、描述和量化，使会计信息成为一种有用的、共享的经济资源。

（四）会计报告

会计报告以财务报表为载体，对外提供会计信息。财务报表是在会计记录的基础上，经过再确认并进行加工和整理后形成的会计信息最终产品。会计报表分为财务报表和报表附注。

二、会计基本核算方法

(一) 会计账户与会计科目

会计要素是会计对象的基本分类，是构成会计报表的基本要素，其进一步分类便是会计科目。会计科目被赋予借贷双方的记录空间就是账户。账户是用以记录经济业务，整理、汇集会计数据资料，提供会计核算指标具体数据的手段。账户是按规定的会计科目开设的，以会计科目作为它的名称。会计科目与账户之间，既有共同点，又有不同点。它们的共同点，都是分门别类地反映某一项经济内容。它们的不同点是会计科目只表明某一项经济内容，而账户则不仅反映某一项经济内容，而且还记录经济内容的增减变化和变化后结果。会计科目按照会计要素进一步分为五类，即资产类会计科目、负债类会计科目、所有者权益类会计科目、成本类会计科目和损益类会计科目。

会计科目按其反映经济内容的详细程度及编制会计报表的具体要求，可以分为总账科目（或称一级科目）和明细科目，分别据以开设总分类账户和明细分类账户，有时在总账科目和明细科目之间还有二级科目（或称子目、细目），据以开设二级账户。

我国会计科目一般由财政部在会计制度中以会计科目表的形式加以规定。企业根据具体需要可以增补或者删减，如房地产开发企业的会计科目表（表 11-2）。

(二) 借贷记账法的原理及应用

企业应当采用借贷记账法记账。

借贷记账法是以"借"和"贷"作为记账符号的一种复式记账方法，其主要特点可以归纳如下：

（1）以"借""贷"作为记账符号。"借"表示资产（费用）的增加或负债、权益（收入、利润）的减少；"贷"表示资产（费用）的减少或负债、权益（收入、利润）的增加。

（2）以会计恒等式作为记账理论依据。即以"资产 ＝ 负债 ＋ 所有者权益"为记账依据。

（3）以"有借必有贷，借贷必相等"为其记账规则。

在借贷记账法下，是通过编制会计分录来完成记账工作的。所谓会计分录是指确定每项经济业务应借、应贷的账户及其金额的记录。各类账户记账的基本方法见表 11-3。

房地产开发企业会计科目表 表 11-2

科目名称	科目名称	科目名称
一、资产类	短期借款	——应付现金股利或利润
库存现金	交易性金融负债	——转作股本的股利
银行存款	衍生金融负债	——盈余公积补亏
其他货币资金	应付票据	**四、成本类**
交易性金融资产	应付账款	开发成本(项目核算——＊＊＊)
衍生金融资产	——应付工程款	——土地征用及征收补偿费
应收票据	预收账款	——前期工程费
应收账款	——预收售房款	——基础设施费
预付账款	——预收一次性付清款	——公共配套设施费
应收股利	——预收分期付款	——建筑安装工程费
应收利息	——预收按揭付款	——开发间接费
其他应收款	其他应付款	——借款费用
坏账准备	——其他应付单位款	开发间接费用
材料采购	——其他应付个人款	——职工薪酬
在途物资	应付职工薪酬	——折旧修理费
原材料	应交税费	——差旅交通费
材料成本差异	——应交增值税	——办公费
开发产品(项目核算——＊＊＊)	——土地增值税	——水电费
发出商品	——应交企业所得税	——劳动保护费
——分期收款发出产品	——应交个人所得税	——周转房摊销费
委托加工物资	——应交城建税	——利息支出
周转材料	——应交土地使用税	——其他费用
——周转房	——应交车船使用税	研发支出
——低值易耗品	——应交房产税	工程施工
持有至到期投资	应付利息	工程结算
持有至到期投资减值准备	应付股利	机械作业
可供出售金融资产	其他应交款	**五、损益类**
长期股权投资	——应交教育费附加	主营业务收入
长期股权投资减值准备	——应交地方教育费附加	其他业务收入
投资性房地产	递延收益	公允价值变动损益
投资性房地产累计折旧	长期借款	投资收益
长期应收款	应付债券	营业外收入
固定资产	长期应付款	主营业务成本
累计折旧	预计负债	其他业务支出
固定资产减值准备	递延所得税负债	税金及附加
在建工程	**三、所有者权益类**	销售费用
工程物资	实收资本	管理费用
固定资产清理	资本公积	财务费用
无形资产	盈余公积	资产减值损失
累计摊销	——法定盈余公积	营业外支出
无形资产减值准备	——任意盈余公积	——其他
商誉	本年利润	所得税费用
长期待摊费用	利润分配	以前年度损益调整
递延所得税资产	——未分配利润	
待处理财产损溢	——提取法定盈余公积金	
二、负债类	——提取任意盈余公积金	

各类账户的基本计账方法   表 11-3

账户类别		借方登记内容	贷方登记内容	期末余额及方向
资产类账户		增加 ＋	减少 －	借方余额
负债类账户		减少 －	增加 ＋	贷方余额
所有者权益		减少 －	增加 ＋	贷方余额
成本费用类账户		增加 ＋	减少 －	借方余额
损益类	期间收入账户	减少 －	增加 ＋	期末结转后无余额
	期间成本费用账户	增加 ＋	减少 －	期末结转后无余额

（三）会计核算的基本程序与方法

我国将会计核算的基本程序和方法概括为设置会计科目和账户、复式记账、填制和审核凭证、登记账簿、成本计算、财产清查和编制会计报表。

1. 设置会计科目

设置会计科目是对会计对象具体内容进行分类核算的方法，即根据会计对象的具体内容和会计目标的要求，规定分类核算的项目以便在账簿中据以开设账户、记录和积累所涉及的具体资金运动的信息。

2. 复式记账

复式记账就是对每一项经济业务发生时所引起的会计要素数量的增减变动，都要以相等的金额，同时在两个或两个以上相互联系的账户中进行登记的一种记账方法。复式记账法包括收付记账法和借贷记账法。目前我国采用的复式记账法是借贷记账法。

3. 填制和审核会计凭证

填制和审核凭证是指对于已经发生或已经完成的经济业务都由经办部门和有关单位填制凭证并签名盖章，所有凭证都经过会计部门和有关部门的审核，只有经过审核并确认为正确无误的凭证，才能作为记账的依据。

会计凭证是记录经济业务、明确经济责任的书面证明，是登记账簿的依据。会计凭证根据填制的程序和用途不同分为原始凭证和记账凭证。原始凭证是指在经济业务发生时取得或填制的，证明经济业务发生和完成情况的书面证明，也是编制记账凭证的依据。原始凭证根据取得的来源不同可以分为自制原始凭证和外来原始凭证。记账凭证是由会计部门依据审核后的原始凭证填制的，记账凭证上最重要的内容是作会计分录，指明经济业务所涉及账户名称、金额和记账方向。填制记账凭证的目的是作为登记会计账簿的直接依据。因此填制记账凭证是会计处理程序的第一个关键步骤。记账凭证按照经济业务是否涉及货币资金分为收款凭证、付款凭证和转账凭证三种。

4. 登记账簿

账簿是由具有一定格式、互相联系的账页所组成，并用来序时地、分类地记录和反映各项经济业务的会计簿籍。账簿包括序时账簿、分类账簿和备查账簿。

（1）序时账簿。主要有现金日记账和银行存款日记账。

（2）分类账簿。分为总分类账簿和明细分类账簿。总分类账簿是按照一级科目开设，提供总括资料，只采用货币计量单位。明细分类账簿是根据某一总分类账户设置，提供详细资料，采用货币计量单位和实物计量单位记账。

（3）备查账簿。是对不属于上述两种账簿登记范围的某些备查事项进行补充登记的一种账簿。

登记账簿就是将所发生的经济业务，序时、分类地记入有关账簿。登记账簿必须以凭证为依据，并定期进行结账、对账，为编制会计报表提供完整、系统的会计数据。

5. 成本计算

成本计算是指在生产经营过程中，按照一定的对象归集、计算发生的各种支出，并确定各对象的总成本和单位成本的一种方法。通过成本计算，可以确定材料的采购成本、产品的生产成本（或制造成本）和销售成本，考核企业经济活动中物化劳动和活劳动的耗费，正确计算盈亏。

6. 财产清查

财产清查是指通过盘点实物，核对账目，查明各种财产物资和资金是否相符的一种专门方法。

7. 编制会计报表

会计报表主要是根据账簿记录定期编制的，概括反映某一会计主体某一时点和某一时期财务状况和经营成果的报告文件。

第六节　财务会计报告

企业应当编制财务会计报告（又称财务报告，下同）。财务会计报告是指企业对外提供的反映企业某一特定日期的财务状况和某一会计期间的经营成果、现金流量等会计信息的文件。财务会计报告的目标是向财务会计报告使用者提供与企业财务状况、经营成果和现金流量等有关的会计信息，反映企业管理层受托责任履行情况，有助于财务会计报告使用者作出经济决策。财务会计报告使用者包括投资者、债权人、政府及其有关部门和社会公众等。

财务会计报告包括会计报表及其附注，和其他应当在财务会计报告中披露的相关信息和资料。会计报表至少应当包括资产负债表、利润表、现金流量表等报表。小企业编制的会计报表可以不包括现金流量表。

一、会计报表的意义和作用

会计报表是根据账簿上所记录的资料，经过整理、归类、汇总而编制的表式报告，用以概括地、系统地反映企业在一定时期内的经济活动情况和经营成果。会计核算中的报账，主要是通过编制会计报表来进行的，它是会计核算工作的一种专门方法。

企业必须正确、及时编制会计报表，定期向有关方面提供会计信息资料，包括资产负债表、损益表、现金流量表及其附表。其中，资产负债表是指反映企业在某一特定日期的财务状况的会计报表。利润表是指反映企业在一定会计期间的经营成果的会计报表。现金流量表是指反映企业在一定会计期间的现金和现金等价物流入和流出的会计报表。附注是指对在会计报表中列示项目所作的进一步说明，以及对未能在这些报表中列示项目的说明等。

会计报表的作用，主要有以下几个方面：

（1）企业的负责人通过会计报表所提供的信息，可以了解和掌握企业的财务状况，着重分析企业的资产、负债及所有者权益的结构是否合理，是否具有一定的偿债能力以及企业未来的盈利能力，为进一步改善经营管理做出决策，并为企业制订发展规则提供重要的参考资料。

（2）企业的投资者通过会计报表所提供的信息，可以作出正确的投资决策。不管是现在的投资者，还是未来的投资者都需要了解和关心企业当前和未来的盈利能力，以确定有利的投资时机，有助于投资者做出投资决策。

（3）银行及其他金融组织通过企业会计报表提供的信息，可以了解企业的偿债能力和获利能力，有助于银行及其他金融机构做出正确的贷款决策。

（4）政府主管部门，通过企业会计报表，可以了解不同行业的发展状况和趋势，为制定产业政策，做好国民经济宏观调控提供依据。对于财政、税务部门而言，可以了解企业利税的实现和缴纳情况，利税的计算是否正确，是否如期足额缴纳，会计报表提供的信息是依法征收利税的主要依据。

总之，会计报表是企业会计核算的最终结果，是为各个方面的使用而编制的，它综合地反映企业的财务状况和经营成果，每个使用者都可以根据自己的需要，通过会计报表分析，取得有用的重要信息。

二、会计报表的种类

企业所编报的各种会计报表，按照所反映的经济内容、编报时期和编报单位可分为不同的种类。

（一）按照报表所反映的经济内容分类

按所反映的经济内容可分为下列三类。

（1）反映资产、负债及所有者权益情况的会计报表，如资产负债表。

（2）反映利润情况的会计报表，如损益表、利润分配表、主营业务收支明细表、商品销售利润明细表。

（3）反映现金流量的会计报表，如现金流量表。

（二）按照报表编制和报送的时间分类

企业所编制的会计报表可分为月报、季报和年报。

月报、季报只包括最主要的会计报表，按月、季反映财务、成本的基本情况，资产负债表及损益表均属月报、季报。

年报则包括全部会计报表，以便全面地考核全年财务收支执行情况和结果。年度会计报表是总结全年经济活动和财务状况的报表，所以也称为年度决算报告。

（三）按照报表编制的单位分类

企业所编制的报表可分为基层报表、汇总报表和合并报表。

基层报表是由独立核算单位根据账簿编制的。

汇总报表是由上级单位根据所属单位上报的会计报表和汇总单位本身的会计报表进行综合汇总编制。汇总报表的编制，通常是按照隶属关系，逐级汇总，以便各级主管单位利用汇总报表，了解所属单位生产经营活动情况。

合并报表以整个企业集团作为一个会计主体，以组成企业集团的母公司的个别会计报表为基础，抵消内部会计事项对合并报表的影响后，由母公司编制，以便综合反映企业集团整体经营成果、财务状况。

必须指出，会计报表的主要特点，是以一系列数字指标来说明情况，反映问题的，它有很大的综合性和概括性。为了充分发挥会计报表的作用，在编制会计报表的同时，一般还要编制《财务状况说明书》，主要说明企业的生产经营状况、利润实现和分配情况、资金增减和周转情况、税金缴纳情况、各项财产物资变动情况；对本期或者下期财务状况发生重大影响的事项；资产负债表日后至报出财务报告前发生的对企业财务状况变动有重大影响的事项等。

三、资产负债表和损益表

（一）资产负债表

资产负债表综合地反映企业一定日期财务状况的报表，由企业的经济资源即资产、企业的债务即负债以及投资者对企业的所有权即所有者权益三个部分组成。通过资产负债表可以了解企业的经济实力、企业的偿债能力、企业的经营能力等情况，以及企业未来的财务趋向等方面的信息。这是企业的投资者和债权人最关心的重要报表之一。它对于促使企业合理使用经济资源，改善、加强经营管理，具有重要意义。

资产负债表是根据会计等式的原理设计的。它的左方反映资产类；它的右方反映负债及所有者权益类。左右两方的金额合计必定相等，保持平衡。

资产负债表中资产类所列项目，有以下几类：

（1）流动资产，包括货币资金、短期投资、应收票据、应收账款（减坏账准备）、存货、待摊费用等。

满足下列条件之一的资产，应当归类为流动资产：

1）预计在一个正常营业周期中变现、出售或耗用；

2）主要为交易目的而持有；

3）预计在资产负债表日起一年内（含一年）变现；

4）自资产负债表日起一年内，交换其他资产或清偿负债的能力不受限制的现金或现金等价物。

流动资产以外的资产应当归类为非流动资产。

（2）长期投资，反映长期投资的情况。

（3）固定资产，包括固定资产（减累计折旧）、固定资产清理、在建工程等。

（4）无形及递延资产，反映无形及递延资产及其他资产等。

资产负债表中负债及所有者权益类所列项目，有以下几类：

（1）流动负债，包括短期借款、应付票据、应付账款、应交税费、应付利润及预提费用等。

满足下列条件之一的负债，应当归类为流动负债：

1）预计在一个正常营业周期中清偿；

2）主要为交易目的而持有；

3）自资产负债表日起一年内到期应予清偿；

4）企业无权自主地将清偿推迟至资产负债表日后一年以上。

（2）长期负债，包括长期借款、应付债券等。

流动资产以外的资产应当归类为非流动资产。对于自资产负债表日起一年内到期的负债，企业预计能够自主地将清偿展期至资产负债表日后一年以上的，应当归类为非流动负债；不能自主地将清偿债务展期的，即使在资产负债表日后、财务报告批准报出日前签订了重新安排清偿计划协议，该项负债仍归类为流动负债。企业在资产负债表日或之前违反了长期借款协议，导致贷款人随时要求清偿的负债，应当归类为流动负债。贷款人在资产负债表日或之前同意提供在资产负债表日后一年以上的宽限期，企业能够在此期限内改正违约行为，且贷款人不能要求随时清偿，该项负债应当归类为非流动负债。

（3）所有者权益，包括实收资本、资本公积、盈余公积及未分配利润等。

资产负债表的编制方法，主要是根据各种账簿记录编制。有些项目直接根据总分类账各账户余额填列，如短期投资、固定资产原价、累计折旧等，有些项目是根据几个账户的期末余额合计数填列，如货币资金项目是根据现金、银行存款、其他货币资金等账户期末余额合计数填列；存货项目是根据库存商品、材料、包装物、低值易耗品、产成品、生产成本等账户期末余额合计数填列；有些项目则根据账簿上的记录进行分析、计算后填列，如未分配利润项目，应根据"利润"账户贷方余额减去"利润分配"账户借方余额后的差额填列。应收账款所属明细账户如有借方余额应列入表中预收账款；预收账款所属明细账户如有借方余额应列入表中预付账款；预付账款所属明细账户如有贷方余额应列入表中应付账款等。"待处理流动资产净损失"及"待处理固定资产净损失"项目，应根据"待处理财产损益"账户所属"待处理固定资产损益"明细账户的期末借方余额填列，如果发生贷方余额时，应以"—"号填列。资产负债表格式见表11-4。

（二）损益表

损益表是总括反映企业在某一会计期间的经营成果，提供该期间的收入、费用、成本、利润或亏损等信息的会计报表。通过损益表，可以了解企业正常经营情况下的收支状况及获利能力；企业获得的利润总额和分配情况，可供企业负责人做出经营决策、投资者做出投资决策的参考。

损益表的内容包括营业收入、营业成本、营业税金及附加、营业利润及其他业务利润，以及投资收益、营业外收入、营业外支出、所得税和净利润等项目。

损益表的格式见表11-5。

资产负债表

编制单位：　　　　　　　　　　年　　月　　日　　　　（单位：元）　　表 11-4

资　　产	年初数	年末数	负债及权益	年初数	年末数
流动资产			短期借款		1 478 000 000
货币资金		37 816 932 911.84	短期借款		1 478 000 000
交易性金融资产		—	交易性金融负债		15 054 493.43
应收票据		—	应付票据		—
应收账款		1 594 024 561.07	应付账款		16 923 777 818.98
预付账款		17 838 003 464.71	预收账款		74 405 197 318.78
应收股利		—	应付职工薪酬		1 415 758 826.87
应收利息		—	应交税费		3 165 476 401.56
其他应收款		14 938 313 217.77	应付利息		127 806 502.79
存货		133 333 458 045.93	应付股利		—
消耗性生物资产		—	其他应付款		16 814 029 349.1
待摊费用		—	预提费用		—
一年内到期的非流动资产		—	预计负债		—
其他流动资产		—	递延收益—流动负债		—
影响流动资产其他科目		0	一年内到期的非流动负债		15 305 690 786.98
流动资产合计		205 520 732 201.32	应付短期债券		
非流动资产			其他流动负债		
可供出售金融资产		404 763 600	其他流动负债		
持有至到期投资		—	影响流动负债其他科目		
投资性房地产		129 176 195.26	流动负债合计		129 650 791 498.49
长期股权投资		4 493 751 631.16	非流动负债		
长期应收款		—	长期借款		24 790 499 290.5
固定资产		1 219 581 927.47	应付债券		5 821 144 507.03
工程物资		—	长期应付款		—
在建工程		764 282 140.58	专项应付款		—
固定资产清理		—	递延所得税负债		738 993 358.99
生产性生物资产		—	递延收益—非流动负债		—
油气资产		—	其他非流动负债		8 816 121.26
无形资产		373 951 887.29	影响非流动负债其他科目		41 107 323.15
开发支出		—	非流动负债合计		31 400 560 600.93
商誉		—	负债合计		161 051 352 099.42
长期待摊费用		32 161 415.85	所有者权益		
递延所得税资产		1 643 158 028.39	实收资本（或股本）		10 995 210 218
其他非流动资产		1 055 992 714.51	资本公积金		8 789 344 008.84
影响非流动资产其他科目		0	盈余公积金		10 587 706 328.79
非流动资产合计		10 116 819 540.51	未分配利润		13 470 284 310.05
资产总计		215 637 551 741.83	库存股		—
			外币报表折算差额		390 131 925.43
			未确认的投资损失		

续表

资　产	年初数	年末数	负债及权益	年初数	年末数
			少数股东权益		—
			归属于母公司股东权益合计		44 232 676 791.11
			影响所有者权益其他科目		
			所有者权益合计		54 586 199 642.41
			负债及所有者权益总计		215 637 551 741.83
			外币报表折算差额		390 131 925.43
			未确认的投资损失		
			少数股东权益		
			归属于母公司股东权益合计		44 232 676 791.11
			影响所有者权益其他科目		—
			所有者权益合计		54 586 199 642.41
			负债及所有者权益总计		215 637 551 741.83

损益表（单位：元）

编制单位：　　　　　　　___年度　　　　　　　　　　　表 11-5

项　　目	上月报	本年累计数
一、营业总收入		50 713 851 442.63
营业收入		50 713 851 442.63
二、营业总成本		39 581 842 880.99
营业成本		30 073 495 231.18
营业税金及附加		5 624 108 804.74
销售费用		2 079 092 848.94
管理费用		1 846 369 257.59
财务费用		504 227 742.57
资产减值损失		−545 451 004.03
三、其他经营收益		6 577 300.53
公允价值变动净收益		−15 054 493.43
投资净收益		777 931 240.02
联营、合营企业投资收益		—
汇兑净收益		—
四、营业利润		11 894 885 308.23
营业外收入		71 727 162.82
营业外支出		25 859 892.03
流动资产处置净损失		1 211 776.17

项　　目	上月报	本年累计数
五、利润总额		11 940 752 579.02
所得税		3 101 142 073.98
未确认的投资损失		—
六、净利润		8 839 610 505.04
少数股东损益		1 556 483 465.89
归属于母公司股东的净利润		7 283 127 039.15

四、现金流量表

现金流量表是反映企业在一定会计期间内经营活动、投资活动和筹资活动产生的现金和现金等价物流入与流出情况的报表。现金是指企业库存现金以及随时可以用以支付的存款，包括库存现金、银行存款、其他货币资金。现金等价物是指企业持有的期限短、流动性强、易于转化为已知金额现金、价值变动风险很小的投资。期限短，一般是指从购买日起 3 个月内到期。现金等价物通常包括 3 个月内到期的债券投资等。由于权益性投资的变现金额通常不确定，因而不属于现金等价物。企业应当根据具体情况，确定现金等价物的范围，一经确定不得随意变更。现金等价物虽然不是现金，但其支付能力与现金差异不大，可视为现金。现金流量，是一定会计期间企业现金及现金等价物流入量和流出量的总称。现金净流量，是现金流入量减去现金流出量后的余额。

该表分基本部分和补充资料两个部分。

基本部分的现金流量分为三类，即经营活动产生的现金流量、投资活动产生的现金流量和筹资活动产生的现金流量。每类又分为现金流入与现金流出以及由此相互抵减后产生的现金流量净额，三类净额相加，为现金及现金等价物净增加额。

补充资料也分为三类，即不涉及现金收支的投资和筹资活动、将净利润调整为经营活动的现金流量以及现金和现金等价物的净增加情况。

基本部分的经营活动产生的现金流量净额项目，与补充资料同一项目的金额应该相等；基本部分的现金及现金等价物净增加额项目，与补充资料同一项目的金额应该相等。

现金流量表的基本格式如表 11-6 所示。

现金流量表（单位：元） 表 11-6

编制单位： ____年度

项　　目	金　额
一、经营活动产生的现金流量	
销售商品、提供劳务收到的现金	88 119 694 493.3
收到的税费返还	—
收到其他与经营活动有关的现金	2 976 047 156.82
经营活动现金流入小计	91 095 741 650.12
购买商品、接受劳务支付的现金	66 645 895 259.85
支付给职工以及为职工支付的现金	1 848 827 752.37
支付的各项税费	9 381 585 316.9
支付其他与经营活动有关的现金	0
经营活动现金流出小计	88 858 486 198.67
经营活动产生的现金流量净额	2 237 255 451.45
二、投资活动产生的现金流量	
收回投资收到的现金	282 454 288.12
取得投资收益收到的现金	367 769 277.76
处置固定资产、无形资产和其他长期资产收回的现金净额	462 241.52
处置子公司及其他营业单位收到的现金净额	17 179 172.33
收到其他与投资活动有关的现金	2 032 857 298.14
投资活动现金流入小计	2 700 722 277.87
购建固定资产、无形资产和其他长期资产支付的现金	261 938 551.22
投资支付的现金	2 183 848 057.74
取得子公司及其他营业单位支付的现金净额	1 364 056 191.97
支付其他与投资活动有关的现金	1 082 538 787.4
投资活动现金流出小计	4 892 381 588.33
投资活动产生的现金流量净额	−2 191 659 310.46
三、筹资活动产生的现金流量	
吸收投资收到的现金	1 979 021 435.08
子公司吸收少数股东投资收到的现金	—
取得借款收到的现金	27 070 090 551.02
收到其他与筹资活动有关的现金	0
发行债券收到的现金	—
筹资活动现金流入小计	29 049 111 986.1
偿还债务支付的现金	11 985 374 651.54
分配股利、利润或偿付利息支付的现金	—

续表

项　目	金　额
子公司支付给少数股东的股利	—
支付其他与筹资活动有关的现金	10 982 177 869.55
筹资活动现金流出小计	16 024 582 223.29
筹资活动产生的现金流量净额	13 024 529 762.81
四、现金及现金等价物净增加额	
汇率变动对现金的影响	24 034 574.57
现金及现金等价物净增加额	13 094 160 478.37
期初现金及现金等价物余额	22 002 774 937.38
期末现金及现金等价物余额	35 096 935 415.75
补充资料:	
1. 将净利润调节为经营活动的现金流量:	
净利润	8 839 610 505.04
加：资产减值准备	−545 451 004.03
固定资产折旧、油气资产折耗、生产性生物资产折旧	—
无形资产摊销	20 817 653.19
长期待摊费用摊销	
待摊费用减少	
预提费用增加	
处置固定资产、无形资产和其他长期资产的损失	190 379.16
固定资产报废损失	—
公允价值变动损失	15 054 493.43
财务费用	504 227 742.57
投资损失	−777 931 240.02
递延所得税资产减少	−367 647 073.96
递延所得税负债增加	−35 168 088.98
存货的减少	−35 529 232 749.19
经营性应收项目的减少	−20 484 611 050.22
经营性应付项目的增加	50 032 678 243.72
未确认的投资损失	—
其他	564 717 640.74
经营活动产生的现金流量净额	2 237 255 451.45
2. 债务转为资本	
3. 一年内到期的可转换公司债券	
4. 融资租入固定资产	—

续表

项　　目	金　　额
5. 现金及现金等价物净增加情况：	
现金的期末余额	—
减：现金的期初余额	—
现金等价物的期末余额	35 096 935 415.75
减：现金等价物的期初余额	22 002 774 937.38
现金及现金等价物净增加额	13 094 160 478.37

（一）现金流量表基本部分

1. "经营活动产生的现金流量"项目内容与填列方法

（1）"销售商品、提供劳务收到的现金"项目，指企业销售商品、提供劳务实际收到的现金（含应向购买者收取的增值税销项税额），包括本期销售商品、提供劳务收到的现金，以及前期销售商品、提供劳务本期收到的现金和本期预收的款项，减去本期退回本期销售的商品和前期销售本期退回的商品而支付的现金。企业销售材料和代购代销业务收到的现金，也在本项目反映。本项目可根据"库存现金""银行存款""应收账款""应收票据""预收账款""主营业务收入""其他业务收入"等科目的记录分析确定。其计算公式为：

销售商品、提供劳务收到的现金＝"营业务收入"项目[注1]＋销项税额[注2]－"应收票据"科目借方发生额＋"应收票据"科目贷方发生额[注3]－"应收账款"科目借方发生额＋"应收账款"科目贷方发生额[注4]－"预收账款"科目贷方发生额＋"预收账款"科目借方发生额[注5]

注1："营业收入"项目的金额来源于损益表，该项目按照权责发生制确认，包括现销和赊销，将其调整为销售商品收到的现金，需要将赊销商品调整出去。"应收票据""应收账款"科目的借方发生额为赊销，应减去"应收票据""应收账款"科目的借方发生额；"应收票据""应收账款"科目的贷方发生额反映收回的销售款，应包含在销售商品收到的现金中，需加上"应收票据""应收账款"科目的贷方发生额。

注2：营业收入不含增值税，但应收款项中含增值税，为了保证计算基础的一致性，销售商品收到的现金中，包含销售时收到的增值税销项税额。

注3："应收票据"科目的借方发生额、贷方发生额可以取自"应收票据"账户，但当企业销售量较大时，计算其借贷方发生的工作量也较大。依据账户各项金额的原理有："应收票据"科目的借方发生额－贷方发生额＝"应收票据"期末余额－期初余额，而期末余额、期初余额直接列示于资产负债表的"应收票据"项目，可取自于资产负债表"应收票据"项目的年末数和年初数。

注4：应收账款与应收票据的计算原理基本相同，不同的是资产负债表中"应收账款"项

目按照账面价值反映，即为扣除坏账准备后的价值，而销售商品收到的现金不考虑坏账准备，计算时应在报表项目金额的基础上加坏账准备。

注5：企业采取预收货款销售方式时，预收的款项也属于销售商品收到的现金，故应加"预收账款"科目的贷方发生额，提供商品时作为收入实现处理，但已经预收部分不能重复增加现金流入，应减"预收账款"科目的借方发生额。与应收票据同理，可以取自于资产负债表中"预收账款"项目的年初数和年末数，不同的是资产、负债的科目方向相反。

注6：如果企业将票据贴现，则收回的现金是扣除贴现息后的金额，公式中加"应收票据"贷方发生额，大于实际收到的现金，应冲减贴现息部分。

注7：如果发生坏账损失登记在"应收账款"科目的贷方，这部分没有现金流入，应冲减坏账损失部分。

注8：如果债务人以非现金资产清偿债务，债权人没有收到现金，应冲减非现金资产偿还债权的部分。

（2）"收到的税费返还"项目。该项目反映企业收到返还的各种税费，包括收到返还的增值税、消费税、关税、所得税、教育费附加等。本项目可以根据"库存现金""银行存款""其他应收款""营业外收入"等科目的记录分析确定。

（3）"收到的其他与经营活动有关的现金"项目。该项目反映企业除上述各项目以外所收到的其他与经营活动有关的现金流入，如罚款收入、流动资产损失中由个人赔偿的现金收入、经营租赁租金等。若某项其他与经营活动有关的现金流入较大，应单列项目反映。本项目可以根据"库存现金""银行存款""营业外收入"等科目的记录分析确定。

（4）"购买商品、接受劳务支付的现金"项目。该项目反映企业购买商品、接受劳务支付的现金，包括本期购买材料、商品、接受劳务支付的现金（包括增值税进项税额），本期支付前期购买商品、接受劳务支付的未付款项以及本期预付款项，减去本期发生的购货退回而收到的现金。企业代购代销业务支付的现金，也在本项目反映。本项目可以根据"库存现金""银行存款""应付账款""应付票据""预付账款""主营业务成本""其他业务成本"等科目的记录分析确定。其计算公式为：

购买商品、接受劳务支付的现金＝本期存货增加[注1]＋进项税额[注2]－"应付票据"科目贷方发生额＋"应付票据"科目借方发生额[注3]－"应付账款"科目贷方发生额＋"应付账款"科目借方发生额[注4]－"预付账款"科目贷方发生额＋"预付账款"科目借方发生额[注5]－生产工人及车间管理人员工资[注6]－非现金支付的制造费用[注7]－非现金偿还的债务[注8]

注1：购买商品支付的现金与存货增加有关，但存货项目较多且流动性强，难以计算本期存货增加。依据账户各项金额的原理有：存货本期增加额＝存货期末余额－存货期初余额

＋存货本期减少额。其中存货本期减少额最终转为营业成本，以营业成本代替本期减少额，"营业成本"项目的金额来源于损益表，该项目按照权责发生制确认，包括现购和赊购，将其调整为购买商品支付的现金，需要将赊购部分调整出去，"应付票据""应付账款"的贷方发生额为赊购，应减去"应付票据""应付账款"科目的贷方发生额；"应付票据""应付账款"的借方发生额反映支付的商品款，应包含在购买商品支付的现金中，故加上"应付票据""应付账款"科目的借方发生额。资产负债表中存货项目的金额为抵减存货跌价准备后的余额，取自资产负债表存货年末数和年初数时，应通过存货跌价准备对其进行调整。

注2：存货不含增值税，应付款项中含增值税，为了保证计算基础的一致性，购买商品支付的现金中，包含购进时支付的增值税进项税额。

注3："应付票据"科目的借方发生额、贷方发生额可以取自"应付票据"账户。依据账户各项金额的原理有："应付票据"科目的贷方发生额－借方发生额＝"应付票据"期末余额－期初余额，而期末余额、期初余额直接列示于资产负债表的"应付票据"项目，可取自于资产负债表"应付票据"项目的年末数和年初数。

注4：应付账款与应付票据的计算原理基本相同。

注5：企业采取预付货款购进方式时，预付的款项也属于购买商品支付的现金，应加"预付账款"科目的借方发生额，取得商品时作为购进处理，已经预付部分不能重复增加现金流出，应减"预付账款"科目的贷方发生额。与应收票据同理，可以取自于资产负债表中"预付账款"项目的年初数和年末数，不同的是资产、负债的科目方向相反。

注6：生产工人和车间管理人员的工资分别记入"生产成本""制造费用"科目，制造费用转入生产成本，生产成本最终转为"营业成本"，构成购买商品支付现金的一部分。工资部分单独设置"支付给职工以及为职工支付的现金"反映，应冲减生产工人和车间管理人员的工资。

注7：制造费用转入生产成本，生产成本最终转为"营业成本"，构成购买商品支付现金的一部分。制造费用中有一部分没有现金流出，应冲减购买商品支付现金多计部分。

注8：如果债务人以非现金资产清偿债务，没有支付现金，应冲减非现金资产偿还债权的部分。

（5）"支付给职工以及为职工支付的现金"项目。该项目反映企业实际支付职工以及为职工支付的现金，包括本期支付给职工的工资、奖金、各种津贴和补偿等，以及为职工支付的其他费用。企业代扣代缴的职工个人所得税，也在本项目反映。本项目不包括支付给离退休人员的各项费用及支付给在建工程人员的工资和其他费用。企业支付给离退休人员的各项费用（包括支付的统筹退休金以及未参加统筹的退休人员的费用），在"支付其他与经营活动有关的现金"项目中反映；支付给在建工程人员的工资和其他费用，在"购建固定资产、无形资产和其他长期资产支付的现金"项目反映。本项目可以根据"应付职工薪酬""库存现金""银行存款"等科目的记录分析确定。

企业为职工支付的养老、失业等社会保险基金、补充养老保险、住房公积金、支付给职工的住房困难补助，以及企业支付给职工或为职工支付的其他福利费用等，应按照职工的工作性质和服务对象，分别在本项目和在"购建固定资产、无形资产和其他长期资产支付的现金"项目反映。

（6）"支付的各项税费"项目。该项目反映企业按规定支付的各种税费，包括企业本期发生的并支付的税费，以及本期支付以前各期发生的税费和本期预缴的税费，包括所得税、增值税、消费税、土地增值税、房产税、车船使用税、印花税、教育费附加、矿产资源补偿费等，但不包括计入固定资产价值的、实际支付的耕地占用税，也不包括本期退回的增值税、所得税。本项目可以根据"应交税费""库存现金""银行存款"等科目的记录分析确定。

（7）"支付的其他与经营活动有关的现金"项目。该项目反映企业除上述各项外所支付的其他与经营活动有关的现金，如经营租赁支付的现金、罚款支出、支付的差旅费、业务招待费、保险费等。若其他与经营活动有关的现金流出金额较大，应单列项目反映。本项目可以根据"库存现金""银行存款""管理费用""营业外支出"等科目的记录分析确定。

2."投资活动产生的现金流量"项目内容与填列方法

（1）"收回投资所收到的现金"项目。该项目反映企业出售、转让或到期收回除现金等价物以外的对其他企业的权益工具、债务工具和合营中的权益等投资而收到的现金。收到债务工具实现的投资收益，处置子公司及其他营业单位收到的现金净额不包括在本项目内。本项目可根据"可供出售金融资产""长期股权投资""持有至到期投资""库存现金""银行存款"等科目的记录分析确定。

（2）"取得投资收益收到的现金"项目。该项目反映企业除现金等价物以外的对其他企业的权益工具、债务工具和合营中的权益投资分回的现金股利、利息等，不包括股票股利。本项目可根据"库存现金""银行存款""投资收益"等科目的记录分析确定。

（3）"处置固定资产、无形资产和其他长期资产收到的现金净额"项目。该项目反映企业处置固定资产、无形资产和其他长期资产所收到的现金，减去为处置这些资产支付的有关费用后的净额，包括因自然灾害所造成的固定资产等长期资产损失而收到的保险赔偿收入。如所收回的现金净额为负数，则应在"支付其他与投资活动有关的现金"项目反映。本项目可根据"固定资产清理""库存现金""银行存款"等科目的记录分析确定。

（4）"处置子公司及其他营业单位收到的现金净额"项目。该项目反映企业处置子公司及其他营业单位所取得的现金，减去相关处置费用以及子公司及其他营业单位持有的现金和现金等价物后的净额。本项目可根据"长期股权投资""库存现金""银行存款"等科目的记录分析确定。

（5）"收到其他与投资活动有关的现金"项目。该项目反映企业除了上述各项目以外所收到的其他与投资活动有关的现金流入。如企业收回购买股票和债券时支付的已经宣告但尚未领取的现金股利或已到付息期但尚未领取的债券利息。若其他与投资活动有关的现金数额较大，应单列项目反映，本项目可根据"应收股利""应收利息""库存现金""银行存款"等科目的记录分析确定。

（6）"购买固定资产、无形资产和其他长期资产支付的现金"项目。该项目反映企业本期购买、建造固定资产、取得无形资产和其他长期资产所实际支付的现金，以及用现金支付的应优在建工程和无形资产负担的职工薪酬，不包括为购建固定资产而发生的借款利息资本化的部分，以及融资租入固定资产支付的租赁费。企业支付的借款利息和融资租入固定资产支付的租赁费，在筹资活动的现金流量中反映。本项目可根据"固定资产""在建工程""无形资产""库存现金""银行存款"等科目的记录分析确定。

（7）"投资支付的现金"项目。该项目反映企业取得除现金等价物以外的对其他企业的权益工具、债务工具和合营中的权益投资所支付的现金，以及支付的佣金、手续费等交易费用，但取得子公司及其他营业单位支付的现金净额除外。本项目可根据"可供出售金融资产""长期股权投资""持有至到期投资""库存现金""银行存款"等科目的记录分析确定。

（8）"取得子公司及其他营业单位支付的现金净额"项目。该项目反映企业购买子公司及其他营业单位购买出价中以现金支付的部分，减去子公司及其他营业单位持有的现金和现金等价物后的净额。本项目可根据"长期股权投资""库存现金""银行存款"等科目的记录分析确定。

（9）"支付其他与投资活动有关的现金"项目。该项目反映企业除上述各项以外所支付的其他与投资活动有关的现金流出，如企业购买股票时实际支付的价款中包含的已宣告而尚未领取的现金股利，购买债券时支付的价款中所包含的已到期尚未领取的债券利息等。若某项其他与投资活动有关的现金流出金额较大，应单列项目反映。本项目可根据"应收股利""应收利息""库存现金""银行存款"等科目的记录分析确定。

3. "筹资活动产生的现金流量"项目内容与填列方法

（1）"吸收投资所收到的现金"项目。该项目反映企业以发行股票、债券等方式筹集资金实际收到的款项，减去直接支付的佣金、手续费、宣传费、咨询费、印刷费等发行费用后的净额。本项目可根据"实收资本（或股本）""库存现金""银行存款"等科目的记录分析确定。

(2)"借款所收到的现金"项目。该项目反映企业举借各种短期、长期借款实际收到的现金。本项目可根据"短期借款""长期借款""库存现金""银行存款"等科目的记录分析确定。

(3)"收到的其他与筹资活动有关的现金"项目。该项目反映企业除上述各项目外所收到的与筹资活动有关的现金流入,如接受现金捐赠等。若某项其他与筹资活动有关的现金流入金额较大,应单列项目反映。本项目可根据"库存现金""银行存款""营业外收入"等科目的记录分析确定。

(4)"偿还债务所支付的现金"项目。该项目反映企业偿还债务本金所支付的现金,包括偿还金融企业的借款本金、偿还债券本金等。企业支付的借款利息和债券利息在"分配股利、利润或偿付利息所支付的现金"项目反映,本包括在本项目内。本项目可根据"短期借款""长期借款""应付债券""库存现金""银行存款"等科目的记录分析确定。

(5)"分配股利、利润或偿付利息所支付的现金"项目。该项目反映企业实际支出的现金股利,支付给其他投资单位的利润或用现金支付的借款利息、债券利息等。本项目可根据"应付股利""应付利息""财务费用""库存现金""银行存款"等科目的记录分析确定。

(6)"支付其他与筹资活动有关现金"项目。该项目反映企业除上述各项目外所支付的其他与筹资活动有关的现金流出,如捐赠现金支出、融资租入固定资产支付的租赁费等。若某项其他与筹资活动有关的现金流出金额较大,应单列项目反映。本项目可根据"营业外支出""长期应付款""库存现金""银行存款"等科目的记录分析确定。

4. "汇率变动对现金及现金等价物的影响"项目内容与填列方法

该项目反映企业外币现金流量及境外子公司的现金流量折算为人民币时所采用的现金流量发生日的即期汇率或按照系统合理的方法确定的、与现金流量发生日即期汇率近似汇率折算的人民币金额与"现金及现金等价物净增加额"中的外币现金净增加额按期末汇率折算的人民币金额之间的差额。

在编制现金流量表时,可逐笔计算外汇业务发生的汇率变动对现金及现金等价物的影响,也可采用简化的计算方法,即通过现金流量表补充资料中"现金及现金等价物净增加额"数额与现金流量表中"经营活动产生的现金流量净额""投资活动产生的现金流量净额""筹资活动产生的现金量净额"三项之和比较,其差额即为"汇率变动对现金及现金等价物的影响"项目的金额。

（二）现金流量表补充资料部分

1. "将净利润调节为经营活动的现金流量"项目

现金流量的补充资料中应按照间接法反映经营活动现金流量的情况，以对现金流量表中按直接法反映的经营活动的现金流量相核对和补充说明。间接法是指以本期净利润为起点，通过调整不涉及现金的收入、费用、营业外收入以及经营性应收应付等项目的增减变动，据此计算并列示经营活动的现金流量的一种方法。根据下列项目对利润表中按照权责发生制确认计量的项目进行调整：①当期存货及经营活动应收和应付项目的变动；②固定资产折旧、无形资产摊销、计提资产产值准备等其他非现金项目；③属于投资活动或筹资活动现金流量的其他非现金项目。

现金流量表基本部分采用直接法反映经营活动产生的现金流量，同时，企业现金流量表补充资料部分还应采用间接法列报经营活动产生的现金流量净额。采用间接法列报经营活动产生的现金流量净额时，主要需要调整四大类项目：①实际没有支付现金的费用；②实际没有收到现金的收益；③不属于经营活动的损益；④经营性应收应付项目的增减变动。这些项目的具体内容如下：

（1）资产减值准备。该项目反映企业本期实际计提的各项资产减值准备，包括坏账准备、存货跌价准备、持有至到期投资减值准备、长期股权投资减值准备、投资性房地产减值准备、固定资产减值准备、在建工程减值准备、无形资产减值准备、商誉减值准备、生产性生物资产减值准备、油气资产减值准备等。计提减值准备时，借记"资产减值损失"科目，导致净利润减少，加各项减值准备科目，将净利润中包含的各项减值准备调整出去。通常使净利润减少的项目调整时应在净利润的基础上增加；反之，应在净利润的基础上增加调整为减少。

（2）固定资产折旧、油气资产折耗、生产性生物资产折旧。本项目反映企业本期计提的累计固定资产折旧、油气资产折耗、生产性生物资产折旧。本项目可以根据"累计折旧""累计折耗"等科目的贷方发生额分析确定。计提各项折旧时，借记折旧科目，导致净利润减少，而加各项折旧科目，将净利润中包含的各项折旧、折耗调整出去。

（3）无形资产摊销。本项目反映企业本期累计摊入成本费用的无形资产价值。本项目可以根据"累计摊销"科目的贷方发生额分析确定。计提摊销时，借记"管理费用"科目，导致净利润减少，加累计摊销科目，将净利润中包含的摊销调整出去。

（4）长期待摊销费用摊销。本项目反映企业本期累计摊入成本费用的长期待摊销费用。本项目可以根据"长期待摊销费用"科目的贷方发生额分析确定。计提摊销时，借记"管理费用"科目，导致净利润减少，加长期待摊销费用科目，不涉及现金项目，故将净利润调节为经营活动的现金流量，应在净利润的基础上进行调整。

（5）处置固定资产、无形资产和其他长期资产的损失。该项目反映企业本期处置固定资产、无形资产和其他长期资产的损失的净损失（或净收益）。如为净收益，以"－"号填列。本项目可以根据"营业外支出""营业外收入"等科目所属有关明细科目的记录分析确定。处置固定资产、无形资产和其他长期资产的损益记入"营业外支出""营业外收入"等科目，影响净利润，但不产生经营活动现金流量，应在净利润的基础上进行调整。

（6）固定资产报废损失。该项目反映企业本期发生的固定资产盘亏（减盘盈）后的净损失。本项目可以根据"营业外支出""营业外收入"科目所属有关明细科目固定资产盘亏损失减去固定资产盘盈收益后的差额确定。

（7）公允价值变动损失。该项目反映企业持有的交易性金融资产、交易性金融负债、采用公允价值模式计量的投资性房地产等公允价值变动形成的净损失。如为净收益，以"－"号填列。本项目可以根据"公允价值变动损益"等科目所属有关明细科目的记录分析确定。公允价值变动时，将其变动的差额记入公允价值变动损益，而公允价值变动损益对净利润产生影响，但不产生现金流量；且公允价值变动损益一般与经营活动无关，故将该部分对净利润的影响调节为经营活动的现金流量。通常使净利润减少的项目，调整时应在净利润的基础上增加；反之，应将净利润增加的项目调整为减少。

（8）财务费用。该项目反映企业本期发生的应属于投资活动或筹资活动的财务费用。属于投资活动或筹资活动的财务费用，在计算净利润时已经扣除，但其现金流出不属于经营活动产生的现金流量范畴，所在将净利润调节为经营活动的现金流量时，需要予以加回。本项目可以根据"财务费用"科目的本期借方发生额分析填列，如为收益，以"－"号填列。

（9）投资损失。该项目反映企业对外投资实际发生的投资损失减去投资收益后的净损失。本项目可以根据利润表"投资收益"项目的数字确定；如为投资收益，以"－"号填列。投资收益通常与投资活动有关，故将净利润调节为经营活动的现金流量，应在净利润的基础上进行调整。

（10）递延所得税资产减少。该项目反映资产负债表中"递延所得税资产"项目期初余额和期末余额的差额。本项目可以根据"递延所得税资产"科目的发生额分析确定。如为递延所得税资产增加，以"－"号填列。在对所得税采用资产负债表债务法的情况下，如果存在暂时性差异，递延所得税资产对所得税费用进行调整，而影响净利润的所得税费用并没有产生现金流量，故应在净利润的基础上调节为经营活动现金流量。

（11）递延所得税负债增加。该项目反映资产负债表中"递延所得税负债"项目期初余额和期末余额的差额。本项目可以根据"递延所得税负债"科目的发生额分析确定。如为递延所得税负债减少，以"－"号填列。

（12）存货的减少。该项目反映企业本期存货的减少。本项目可以根据资产负债表"存货"项目期初余额和期末余额的差额确定。期末数大于期初数的差额，以"－"号填列。

（13）经营应收项目的减少。该项目反映企业本期经营应收项目的减少。经营应收项目主要是指应收账款、应收票据、预付账款、长期应收款和其他应收款等经营性应收项目中与经营活动有关的部分及应收的增值税销项税额等。本项目可以根据资产负债表"应收账款""应收票据""预付账款""长期应收款"和"其他应收款"等项目期初余额和期末余额的差额确定。期末数大于期初数的差额，以"－"号填列。该项目实际上是对构成净利润的营业收入的调整。营业收入按照权责发生制确认，而经营活动现金流量按照收付实现制计算，二者的差额部分即为经营活动应收项目的变动。因此在净利润基础上调整经营性应收项目，实质是将营业收入从权责发生制调整为收付实现制。

（14）经营应付项目的增加。该项目反映企业本期经营应付项目的增加。经营应付项目主要是指应付账款、应付票据、预收账款、应付职工薪酬、应交税费和其他应付款等经营性应付项目中与经营活动有关的部分及应付的增值税进项税额等。本项目可以根据资产负债表"应付账款""应付票据""预收账款""应付职工薪酬""应交税费"和"其他应收款"等项目期初余额和期末余额的差额分析确定。期末数小于期初数的差额，以"－"号填列。该项目实际上是对构成净利润的营业成本的调整。营业成本按照权责发生制确认，而经营活动现金流量按照收付实现制计算，二者的差额部分即为经营活动应付项目和存货项目的变动。因此在净利润基础上调整经营性应付项目和存货项目，实质是将营业成本从权责发生制调整为收付实现制。

2. "不涉及现金收支的重大投资和筹资活动"项目

该项目反映企业一定会计期间内影响资产和负债但不形成该期现金收支的所有重大投资和筹资活动的信息。这些投资和筹资活动是企业的重大理财活动，对以后各期的现金流量会产生重大影响，因此，应单列项目在补充资料中反映。不涉及现金收支的投资和筹资活动项目有：

（1）"债务转为资本"项目，反映企业本期转为资本的债务金额。

（2）"一年内到期的可转换公司债券"项目，反映企业一年内到期的可转换公司债券的本息。

（3）"融资租入固定资产"项目，反映企业本期融资租入固定资产的最低租赁付款额扣除应分期计入利息费用的未确认融资费用后的净额。

3. "现金及现金等价物变动情况"项目

该项目反映企业一定会计期间内现金及现金等价物的期末余额减去期初余额后的净增加额（或净减少额），是对现金流量表中"现金及现金等价物净增加额"项目的补充说明。该项目的金额应与现金流量表中"现金及现金等价物净增加额"项目的金额核对相符。

第七节　财　务　分　析

财务分析是以企业的财务报告等会计资料为基础，对企业财务状况和经营成果进行分析和评价。通过对企业一定期间的财务活动进行总结，从而为企业下一步的财务预测和财务决策提供依据。在市场经济条件下，与企业有经济利害关系的各方（如股东、债权人、企业主管、金融分析家、政府等）通常要对企业的财务状况进行分析。

财务分析的主要内容包括偿债能力分析、盈利能力分析和营运能力分析。

一、财务分析的目的

1. 评价企业的偿债能力

通过对企业的财务报告等会计资料进行分析，可以了解企业资产的流动性、负债水平以及偿还债务的能力，从而评价企业的财务状况和经营风险，为企业经营管理者、投资者和债权人提供财务信息。

2. 评价企业的资产管理水平

资产是企业生产经营活动的经济资源，资产的管理水平直接影响到企业的收益，它体现了企业的整体素质。通过财务分析，可以了解到企业资产的保值和增值情况、企业资产的管理水平、资金周转状况、现金流量情况等，从而为评价企业的经营管理水平提供依据。

3. 评价企业的获利能力

获取利润是企业的主要经营目标之一，企业的获利能力也反映了它的综合素质。企业要生存和发展，必须争取获得较高的利润，才能在竞争中立于不败之地。

4. 评价企业的发展趋势

无论是企业的经营管理者，还是投资者、债权人，都十分关注企业的发展趋势，这关系到他们的切身利益。通过对企业进行财务分析，可以判断出企业的发展趋势，预测企业的经营前景，从而为企业经营管理者和投资者进行经营决策和投资决策提供重要的依据，避免决策失误给他们带来重大的经济损失。

二、财务分析的程序

1. 确定财务分析的范围，搜集有关的资料

财务分析的范围取决于财务分析的目的，它可以是企业经营活动的某一方面，也可以是企业经营活动的全过程。如债权人可能只关心企业偿还债务的能力，不必对企业经营活动的全过程进行分析；而企业的经营管理者则需进行全面分析。财务分析的范围决定了所要搜集的经济资料数量。

2. 选择适当的分析方法进行对比，做出评价

财务分析的目的和范围不同，所选用的分析方法也不同。常用的财务分析方法有比率分析法、比较分析法等，这些方法各有特点，在进行财务分析时可以结合使用。局部的财务分析可以选择其中的一种方法；全面的财务分析则应综合运用各种方法，以便进行对比，做出客观全面的评价。

3. 进行因素分析，抓住主要矛盾

通过财务分析，可以找出影响企业经营活动和财务状况的各个因素。在诸多因素中，有的是有利因素，有的是不利因素；有的是外部因素，有的是内部因素。在进行分析时，必须抓住主要矛盾，找出影响企业生产经营活动财务状况的主要因素，然后才能有的放矢，提出相应的方法，做出正确的决策。

4. 为做出经济决策，提供各种建议

财务分析的最终目的是为经济决策提供依据。通过上述比较分析后提出各种方案，然后权衡各种方案的利弊得失，从中选出最佳方案进行经济决策。这个过程也是一个信息反馈过程，决策者可以通过财务分析总结经验和教训，不断改进工作。

三、偿债能力分析

偿债能力是指企业偿还各种到期债务的能力。偿债能力分析主要分为短期偿债能力分析和长期偿债能力分析。

1. 短期偿债能力分析

短期偿债能力是指企业流动资产对流动负债的及时足额偿还的保证程度。一

个企业短期偿债能力的强弱，一方面看流动资产的数量和质量，另一方面要看流动负债的多少与质量。企业常见的流动资产根据变现能力由强变弱的顺序排列为：货币资金、交易性金融资产、应收账款和应收票据、存货、预付账款等。企业常见的流动负债包括：短期借款、应付账款和应付票据、预收账款、应付职工薪酬、应交税金等。短期偿债能力的衡量指标主要有：营运资金、流动比率、速动比率等。

（1）营运资金，又称营运资本，是指企业的流动资产总额减去流动负债总额后的余额，即企业为维持正常经营活动所需要的净投资额。其计算公式为：

$$营运资金＝流动资产－流动负债$$

营运资金越多意味着偿还流动负债的资金越充裕，企业的短期偿债能力越强，债权人的债权可以收回的安全性越高。在分析营运资金的时候，需要关注流动资产与流动负债数额的确定问题。流动资产数额的确定需要关注以下事项：①流动资产中的现金必须是用来偿还债务的，用于特殊用途的现金不能计入流动资产；②超出正常经营需要的存货，应该在存货这一科目中扣除，同时关注不同存货的计价方法对资产总额带来的影响；③应收账款中应该扣除那些来自于非正常业务且收账期长于一年的应收账款；④短期投资必须是短期持有的、可以可靠计价的证券资产，包括管理当局不准备长期持有的有价证券，也包括即将到期的证券投资。流动负债确定需要注意以下事项：①流动负债是在一年内准备使用流动资产或产生其他流动负债来偿还的债务，不属于这个范畴的负债应予扣除；②递延税款负债不属于流动负债。

（2）流动比率。流动比率是流动资产与流动负债的比率，是反映企业短期偿债能力的主要指标。流动比率越高，说明企业偿还流动负债的能力越强，流动负债得到偿还的保障越大，但是，过高的流动比率也并非好现象，因为流动比率过高，可能是企业滞留在流动资产上的资金过多，未能有效地加以利用，因而可能影响企业的获利能力。根据西方的经验，流动比率在 2：1 左右比较合适。

$$流动比率＝\frac{流动资产}{流动负债}\times100\%$$

上例的资产负债表中：

流动资产合计数＝205 520 732 201.32 元，

流动负债合计数＝129 650 791 498.49 元，

流动比率＝20 552 073 220 132/12 965 079 149 849＝1.585。

说明该企业的短期偿债能力一般。

（3）速动比率。速动比率是速动资产与流动负债的比率，是反映企业短期偿债能力的一个辅助指标。速动资产等于流动资产减去存货、待摊费用等的余值，主要包括现金（货币资金）、短期投资、应收票据、应收账款等。

$$速动比率 = \frac{速动资产}{流动负债} \times 100\%$$

计算速动比率时，扣除存货的主要原因是：①在流动资产中，存货的变现能力最差；②由于某种原因，部分存货可能已经损失报废还没处理；③部分存货可能已经抵押给债权人；④存货估价还存在成本和合理市价相差悬殊的问题。因此，速动比率所反映的企业短期偿债能力更加可信。

通过速动比率来判断企业短期偿债能力比用流动比率进了一步。速动比率越高，说明企业的短期偿债能力越强。根据西方经验，一般认为速动比率为 1∶1时比较合适。但在实际分析时，应根据企业性质和其他因素综合判断，不可一概而论。

上例的资产负债表中：

存货价值＝133 333 458 045.93 元，

速动资产＝流动资产－存货

$\qquad$ ＝205 520 732 201.32－133 333 458 045.93

$\qquad$ ＝72 187 274 155.39 元，

速动比率＝速动资产/流动负债＝0.557。

说明该企业在存货等资产上占用的资金量偏大，短期偿债能力一般。

2. 长期偿债能力分析

长期期偿债能力是指企业偿还长期债务的现金保障程度。企业长期债务是指偿还期在一年内或超过一年的一个营业周期以上的债务，包括长期借款、应付债券、长期应付款以及其他长期应付债券等。短期偿债能力的衡量指标主要有营运资金、流动比率、速动比率等。利用资产负债表分析长期偿债能力的主要指资本结构比率，包括资产负债率、产权比率或权益乘数、有形净债务率等。利用损益表分析长期偿债能力的指标主要利息保障倍数。

（1）资产负债率。资产负债率是企业负债总额与资产总额的比率，也称为负债比率或举债经营比率，它反映了企业的资产总额中有多少是通过举债得到的。

$$资产负债率 = \frac{负债总额}{资产总额} \times 100\%$$

资产负债率反映企业偿还债务的综合能力。该比率越高，企业偿还债务的能力越差；反之，企业偿还债务的能力越强。

上例的资产负债表中：

总资产＝215 637 551 741.83 元，

总负债＝161 051 352 099.42 元，

资产负债率＝161 051 352 099.42/215 637 551 741.83×100％＝74.7％。

说明该企业整体负债水平较高，长期偿债能力一般。

（2）产权比率或权益乘数

产权比率是负债总额与股东权益总额之间的比率。其计算公式为：

产权比率＝负债总额×100％/股东权益总额

权益乘数，又称股本乘数，是资产总额与股东权益总额的比值。其计算公式为：

权益乘数＝资产总额/股东权益总额＝1/（1－资产负债率）

产权比率不仅反映了由债权人提供的资本与股东提供的资本的相对关系，也反映了企业自有资金偿还全部债务的能力。一般情况下，产权比率越低，表明企业长期偿债能力越强，债权人权益保障程度越高，承担的风险越小。一般认为，产权比率在 100％以下时，应该是有偿债能力的。当企业的资产收益率大于负债成本率时，负债经营有利于提高资金收益率，获得额外利润，这时产权比率可以适当提高。产权比率高是高风险、高报酬的财务结构；产权比率低是低风险、低报酬的财务结构。

正常情况下，权益乘数应大于 1。权益乘数越大，表明企业投入资本占全部资本的比重越小，企业的负债程度越高。因此权益乘数与资产负债率的方向一致。产权比率与资产负债率对评价偿债能力的作用基本一致，只是资产负债率侧重于分析债务偿付安全性的物质保障程度，产权比率侧重于揭示财务结构的稳健程度以及自有资金对偿债风险的承受能力。

（3）有形净值债务率

有形净值债务率是企业负债总额与有形净值的比值。有形净值是将所有者权益扣除无形资产净值后的净值。其计算公式如下：

有形净值债务率＝负债总额×100％/（股东权益－无形资产净值）

有形净值债务率反映企业在清算时债权人投入资本受到股东权益的保护程度，主要用来衡量企业的风险程度和对债务的偿还能力。该指标越大，表明风险越大；反之，则风险越小，企业长期偿债能力越强。该指标的意义在于，一般情况下，企业的无形资产，如商标、专利权、商誉、开发支出等无法用来偿还债务，将这些无形资产从股东权益中扣除可以更好地反映企业的偿债能力。

（4）利息保障倍数

利息保障倍数是指息税前利润对利息费用的倍数，是衡量企业支付债务利息能力的指标，可以衡量债权的安全程度，反映了企业在某一时期内总资产的收益能力与该期债务利息支付的相关比值。其计算公式为：

利息保障倍数 ＝息税前利润 / 利息费用

＝（净利润＋利息费用＋所得税费用）/ 利息费用

公式中的利息费用是指本期发生的全部应付利息，不仅包括财务费用中的利息费用，还包括计入固定资产成本的资本化利息。

长期债务不需要每年还本，却需要每年付息，因此利息保障倍数是衡量企业长期偿债能力一个十分重要的指标。利息保障倍数越大，利息支付越有保障。如果利息保障倍数小于1，表明自身的经营收益不足以支付当期的利息费用，归还本金更难指望，财务风险非常高，需要引起高度重视。利息保障倍数等于1，也是很危险的，因为利息保障倍数受经营风险的影响，是不稳定的，而利息的支付确是固定数据。利息保障倍数越大，公司拥有的偿还利息的缓冲资金越多。但是，对企业和所有者来说，并不简单地认为利息保障倍数越高越好。如果一个很高的利息保障倍数不是由于高利润带来的，而是由于低利息导致的，则说明企业的财务杠杆程度很低，未能充分利用举债经营的优势。一般讲，不同行业，有不同的利息保障倍数标准界限。

四、营运能力分析

企业的营运能力反映了企业资金周转状况，对此进行分析，可以了解企业的营业状况及经营管理水平。资金周转状况好，说明企业的经营管理水平高，资金利用效率高。企业资金周转状况与供、产、销各个环节密切相关，任何一个环节出现问题，都会影响企业资金正常周转。资金只有顺利通过各个经营环节，才能完成一次循环。在供、产、销各环节中，销售有着特殊的意义。因为产品只有销售出去，才能实现其价值，从而收回最初投入的资金，顺利完成一次资金周转。因此，可以通过产品销售与企业资金占用量来分析企业的资金周转状况，评价企业的营运能力。

营运能力分析主要包括总资产周转指标、流动资产周转指标、存货周转指标和应收账款周转指标分析。

1. 总资产周转指标。主要包括总资产周转率和总资产周转天数。总资产周转率，是指企业一定时期的营业收入与企业总资产平均余额的比率，其计算公式为：

总资产周转率 ＝ 营业收入 / 总资产平均余额

总资产平均余额 ＝（年初资产总额＋年末资产总额）/2

用时间表示的总资产周转率即为周转天数，其计算公式为：

$$总资产周转天数 = 计算期天数 / 总资产周转率$$
$$= 360 / 总资产周转率$$

"计算期天数"取决于营业收入所涵盖的时期长短，为了计算方便，通常全年 360 天计算。

总资产周转率的分析要点：

（1）总资产周转率的高低取决于营业收入和总资产两个因素，营业收入的增加、总资产的减少，都可以提高总资产的周转率。

（2）总资产周转率高，说明总资产的周转天数少，企业资产周转速度快，利用全部资产经营的效率高，盈利能力强，资产的有效使用程度高，同样的资产取得的收入多。但如果该指标值过高，可能意味着公司投资不足或资产更新改造能力不足。

（3）考虑营运中的特殊情况。如企业销售收入与以往各期持平时，企业总资产周转率却大大提高，可能是企业本期处置报废了大量固定资产所致，并不能说明企业总资产利用效率提高了。因此，分析企业总资产周转率，不能简单地依赖指标数据，要进行纵横对比，与企业以前年度水平对比，同行业水平进行比较分析。

（4）该指标值的高低在某种程度上反映了行业的多重属性，如服务行业的固定资产和流动资产的占用比例都比制造业的低，从而总资产周转率比制造业高。

2. 流动资产周转指标。主要包括流动资产周转率和流动资产周转天数。流动资产周转率，是指企业一定时期的营业收入与企业流动资产平均余额的比率，是综合反映流动资产利用效率的指标，其计算公式为：

$$流动资产周转率 = 营业收入 / 流动产平均余额$$
$$流动资产平均余额 = （年初流动资产余额 + 年末流动资产余额）/2$$

用时间表示的流动资产周转率即为流动资产周转天数，其计算公式为：

$$流动资产周转天数 = 计算期天数 / 流动资产周转率$$
$$= 360 / 流动资产周转率$$

流动资产周转率的分析要点：

（1）流动资产周转率越高，说明流动资产的周转天数越少，企业流动资产周转速度越快，企业以相同的流动资产占用实现了更多的销售收入，表明企业流动资产运用效率越好。

（2）流动资产周转得过快，还要结合企业的具体情况看是否是流动资产管理不当造成的。对流动资产总体周转情况的分析应结合存货和应收账款等具体流动资产的周转情况进行，只有这样才能真正分析透彻，找到根源。

3. 存货周转指标。主要有存货周转率和存货周转天数。存货周转率，也称为存货周转次数，反映企业存货在计算期内周转的次数，它等于营业成本除以平均存货，平均存货为年初和年末存货合计的平均数。存货周转天数等于计算期天数（通常为 360 天）除以存货周转率。

$$存货周转率=\frac{营业成本}{平均存货}$$

$$平均存货=\frac{期初存货+期末存货}{2}$$

$$存货周转天数=\frac{360}{存货周转率}$$

存货周转率反映一定时期内企业存货周转的次数，可用来测定企业存货的变现速度，衡量企业的销售能力及存货是否过量，从而反映企业的销售效率和存货使用效率。

一般来讲，存货周转率越高，则流动性越强，存货转变为现金和应收账款的速度也越快。因此，提高存货周转率可以提高企业的变现能力。但是，如果存货周转率过高，也可能是企业在存货管理方面存在一些问题：如存货水平太低甚至经常缺货，或采购次数过于频繁、批量太小等。另一方面，如果存货周转率过低，则可能是企业对存货管理不力，或者是因销售状况不好而造成存货积压，也可能是由于企业调整了经营方针而增加了存货。

4. 应收账款周转指标。主要有应收账款周转率和应收账款周转天数。应收账款周转率反映计算期内企业应收账款转为现金的次数，它等于营业收入除以平均应收账款，平均应收账款为年初和年末应收账款合计数的平均数。应收账款周转天数表示企业在计算期内从获得应收账款的权利到收回款项所需要的时间，它等于计算期天数除以应收账款周转率。

$$应收账款周转率=\frac{营业收入}{平均应收账款}$$

$$平均应收账款=\frac{期初应收账款余额+期末应收账款余额}{2}$$

$$应收账款周转天数=\frac{360}{应收账款周转率}$$

理论上，相对于应收账款占用，用于衡量公司业务周转额的"营业收入"应当是营业收入总额扣除赊销收入、销售退回、现金折让与折扣后的净额。

应收账款周转率是评价应收账款流动性大小的一个重要财务比率，可用来分析企业应收账款的变现速度和管理效率。

一般来说，应收账款周转率越高，说明应收账款收回越快，可以减少坏账损失，而且资产的流动性强，企业的短期偿债能力也会增强，在一定程度上可以弥补流动比率低的不利影响。相反，应收账款周转率越低，企业的营运资金会过多地呆滞于应收账款上，影响正常的资金运转。

五、盈利能力分析

盈利能力是指企业赚取利润的能力。盈利是企业的重要经营目标，是企业生存和发展的物质基础，它不仅关系到企业所有者的利益，也是企业偿还债务的一个重要来源。因此，企业的债权人、所有者以及管理者都十分关心企业的盈利能力。

对企业盈利能力分析，一般只分析企业正常经营活动的盈利能力，不涉及非正常经营活动。因为非正常经营活动给企业带来的收益，不是经常和持久的，所以不能作为企业的盈利能力加以评价。

盈利能力分析指标主要包括资产报酬率、股东权益报酬率、销售毛利率、销售净利率和成本费用净利率。

1. 资产报酬率。也称资产收益率、资产利润率或投资报酬率，是企业在一定时期内的净利润与资产平均总额的比率。

$$资产报酬率＝\frac{净利润}{资产平均总额}×100\%$$

$$资产平均总额＝（期初总资产＋期末总资产）/2$$

资产报酬率主要用来衡量企业利用资产获取利润的能力，它反映了企业总资产的利用效率。这一比率越高，说明企业的获利能力越强。

资产报酬率是一个综合指标。企业的资产是由投资人投入或举债形成的，净利润的多少与企业的资产规模、资产结构、经营管理水平有着密切关系。为了正确评价企业经营效益的高低，挖掘提高利润水平的潜力，可以用该项指标与本企业前期、与本行业平均水平和本行业内先进企业进行对比，判断企业资产报酬率的变动趋势以及在同行业中所处的地位，分析形成差异的原因，寻找经营管理中存在的问题。影响资产报酬率高低的因素主要有：产品的价格、单位成本的高低、产品的质量和销售数量、资金占用量的大小等。

资产报酬率可以分解为销售净利率与总资产周转率。其间关系为：

$$资产报酬率＝净利润／营业收入×营业收入／总资产平均余额$$

$$＝销售净利率×总资产周转率$$

资产报酬率是一个比较综合的财务比率，它涉及了资产负债表和利润表，企业资产、收入、费用项目的任何变化都会引起资产报酬率的变化。

2. 股东权益报酬率。也称净资产收益率、净值报酬率或所有者权益报酬率，它是一定时期企业的净利润与股东权益平均总额的比率。

$$股东权益报酬率 = \frac{净利润}{股东权益平均总额} \times 100\%$$

$$股东权益平均总额 = \frac{期初股东权益 + 期末股东权益}{2}$$

股东权益报酬率是评价企业获利能力的一个重要财务比率，它反映了企业股东获取投资报酬的高低。该比率越高，说明企业的获利能力越强。

3. 销售毛利率。也称毛利率，是企业销售毛利与营业收入的比率。

$$销售毛利率 = \frac{销售毛利}{营业收入} \times 100\% = \frac{营业收入 - 营业成本}{营业收入} \times 100\%$$

销售毛利率反映了企业的销售成本与营业收入的比例关系，毛利率越大，说明在营业收入中销售成本所占比重越小，企业通过销售获取利润的能力越强。

4. 销售净利率。是企业的净利润与销售收入净额的比率。

$$销售净利率 = \frac{净利润}{营业收入} \times 100\%$$

销售净利率说明了企业净利润占营业收入的比例，它可以评价企业通过销售赚取利润的能力。

5. 成本费用净利率。是企业的净利润与成本费用总额的比率。

$$成本费用净利率 = \frac{净利润}{成本费用总额} \times 100\%$$

成本费用净利率反映了企业在生产经营过程中发生的耗费与获得的收益之间的关系。该比率越高，说明企业为获取收益付出的代价越小，企业的获利能力越强。该比率不仅可以用以评价企业获利能力的高低，也可以用以评价企业对成本费用的控制能力和经营管理水平。

六、企业财务状况的趋势分析

企业财务状况的趋势分析，主要是通过比较企业连续几个会计期间的财务报表或财务比率，了解企业财务状况变化的趋势，并以此来预测企业未来的财务状况，判断企业的发展前景。一般而言，在对企业财务状况作趋势分析时，常用的方法主要有比较财务报表、比较百分比财务报表、比较财务比率、图解法等。

1. 比较财务报表

比较财务报表就是通过比较企业连续几期财务报表的数据，分析其增减变化的幅度及变化原因，来判断企业财务状况的发展趋势。在运用这种方法时，选择的期数越多，分析结果的准确性也越高。但在进行比较分析时，必须考虑各期数据的可比性。

2. 比较百分比财务报表

百分比财务报表是将财务报表中的数据用百分比表示，因此比较百分比财务报表就是通过比较各期报表中各项目百分比的变化，来判断企业财务状况的发展趋势。

3. 比较财务比率

比较财务比率就是将企业连续几个会计期间的财务比率进行对比，从而分析企业财务状况的发展趋势。这种方法实际上是比率分析法与比较分析法的结合，与前两种方法相比，这种方法可以更加直观地反映出企业各方面财务状况的变动趋势。

4. 图解法

图解法就是将企业连续几个会计期间的财务数据或财务比率绘制成图，并根据图形走势来判断企业财务状况的变动趋势。这种方法可以比较简单和直观地反映出企业财务状况的发展趋势，使分析者能够发现一些采用比较法所不易发现的问题。

复习思考题

1. 会计假设包括哪些内容？
2. 会计信息质量要求有哪些内容？
3. 什么是会计要素？会计要素包括哪些内容？
4. 会计信息处理包括哪些程序？
5. 会计计量属性包括哪些内容？
6. 会计报表编制有哪些要求？
7. 现金流量表中基本部分和补充资料各包括哪些内容？
8. 什么是财务分析？财务分析包括哪些内容？主要财务分析指标的含义是什么？

第十二章 法 律 知 识

房地产估价涉及诸多法律问题，不但涉及对房地产自然属性的确认，还涉及对房地产权利状况及其房地产上设立的各类用益物权、担保物权的核查，如果处理不当，往往引发法律纠纷。在日常的房地产估价业务中，涉及不少法律的基本问题及合同、物权的相关法律问题。房地产估价业务与司法活动存在一定的联系，司法活动中的房地产评估是非常重要的业务。因此学习并深入理解中国现行的法律法规体系和基本的法学理论，熟悉民法的基本知识，理解民法典合同编和物权编的相关规定，对于依法规范开展房地产估价活动，维护各方当事人的合法权益，促进行业健康、规范、有序发展具有重要作用。

第一节 法 的 概 述

一、中国现行法律体系

法律体系是由国家全部现行法律构成的整体。中国现行法律体系包括宪法、法律、行政法规、地方性法规、自治条例、单行条例、规章等。

（一）宪法

中国现行宪法是 1982 年制定、后经多次修改的《中华人民共和国宪法》，简称 1982 年宪法。

宪法是国家的根本法，具有最高的法律地位、法律权威、法律效力，是国家各项制度和法律法规的总依据。全国各族人民、一切国家机关和武装力量、各政党和各社会团体、各企业事业组织，都必须以宪法为根本的活动准则。

（二）法律

法律有广义和狭义之分。广义的法律是指由立法机关或国家机关制定，并由国家政权保证执行的行为规则的总和，包括宪法、法律、行政法规、地方性法规、自治条例、单行条例、规章等规范性文件。狭义的法律是指全国人民代表大会及其常务委员会制定的法律。

如果没有特别指出，一般所称法律是指狭义的法律，又分为基本法律和其他法律。基本法律是指全国人民代表大会制定的法律，如《中华人民共和国民法典》（以下简称《民法典》）、《中华人民共和国刑法》（以下简称《刑法》）、《中华人民共和国民事诉讼法》（以下简称《民事诉讼法》）、《中华人民共和国刑事诉讼法》（以下简称《刑事诉讼法》）、《中华人民共和国行政诉讼法》（以下简称《行政诉讼法》）等。其他法律是指全国人民代表大会常务委员会制定的法律，如《中华人民共和国城市房地产管理法》（以下简称《城市房地产管理法》）、《中华人民共和国土地管理法》（以下简称《土地管理法》）、《中华人民共和国城乡规划法》、《中华人民共和国资产评估法》、《中华人民共和国契税法》等。

（三）行政法规

行政法规是指国务院根据宪法和法律，按照法定程序制定的有关行使行政权力，履行行政职责的规范性文件的总称，如《中华人民共和国城镇国有土地使用权出让和转让暂行条例》《城市房地产开发经营管理条例》《住房公积金管理条例》《物业管理条例》《不动产登记暂行条例》《中华人民共和国增值税暂行条例》等。

（四）地方性法规、自治条例和单行条例

地方性法规、自治条例和单行条例包括：

（1）省、自治区、直辖市的人民代表大会及其常务委员会制定的地方性法规。

（2）设区的市的人民代表大会及其常务委员会对城乡建设与管理、环境保护、历史文化保护等方面的事项制定的地方性法规。

（3）自治州的人民代表大会及其常务委员会制定的地方性法规。

（4）经济特区所在地的省、市的人民代表大会及其常务委员会根据全国人民代表大会的授权决定，制定的在经济特区范围内实施的法规。

（5）民族自治地方（自治区、自治州、自治县）的人民代表大会依照当地民族的政治、经济和文化的特点，制定的自治条例和单行条例。

（五）规章

规章也称为行政规章，是指国家机关制定的关于行政管理的规范性文件，分为国务院部门规章和地方政府规章。

国务院部门规章通常简称部门规章，是指国务院各部、委员会、中国人民银行、审计署和具有行政管理职能的直属机构制定的规范性文件，如住房和城乡建设部制定的《房地产估价机构管理办法》《注册房地产估价师管理办法》《城市房地产转让管理规定》《城市房地产抵押管理办法》等。

地方政府规章是指省、自治区、直辖市和设区的市、自治州的人民政府制定的规范性文件。

二、法律的适用范围

本节以及下节所称法律是指广义的法律。法律的适用范围即法律的效力范围，包括法律在时间上的适用范围、在空间上的适用范围、对人的适用范围。

（一）法律在时间上的适用范围

这是指法律在时间上所具有的效力，即法律在什么时间范围内适用，包括法律的生效和失效两个方面。一般来说，法律的效力自施行之日发生，至废止之日停止。例如，《民法典》自 2021 年 1 月 1 日起施行，即从该日起，《民法典》发生法律效力，以后发生的民事事实和行为应依照《民法典》的规定；对该日之前发生的民事事实和行为，《民法典》不发生法律效力，即没有溯及力，但这些民事事实和行为在 2021 年 1 月 1 日后仍处于延续状态的，可以适用《民法典》的规定。

法律开始生效的时间通常有两种情况：一是自法律公布之日起生效；二是法律公布后经过一段时间再生效。大多数法律开始生效的时间属于第二种情况，其原因是在公布后需留出一定的时间供人们学习、准备。例如，《城市房地产管理法》公布之日是 1994 年 7 月 5 日，自 1995 年 1 月 1 日起施行；《民法典》公布之日是 2020 年 5 月 28 日，自 2021 年 1 月 1 日起施行。

（二）法律在空间上的适用范围

这是指法律在地域上所具有的效力，即法律在什么空间领域内适用。制定法律的机关不同，法律适用的地域范围有所不同，大体上有两种情况：一是宪法、法律、行政法规、部门规章适用于全国；二是凡属地方立法机关或地方国家机关制定的地方性法规、自治条例、单行条例、地方政府规章，只在各该机关管辖的行政区域范围内发生效力。

（三）法律对人的适用范围

这是指法律对哪些人具有效力，在各国的法律实践中，一般有以下两种主要的处理原则：一是属人主义，即不论某人是身处国内还是国外，只要该人具有本国国籍即适用本国的法律；二是属地主义，即以地域为标准确定法律对人的约束力，凡是在本国领土内的人，不论其国籍是本国还是外国，均受本国法律的管辖。例如，《民法典》第十二条规定："中华人民共和国领域内的民事活动，适用中华人民共和国法律。法律另有规定的，依照其规定。"该条主要采用属地主义，即在中华人民共和国领域内的民事活动，适用中华人民共和国法律。但该条同时规定，如果法律另有规定的，则依照其规定。目前除《民法典》外，相关其他法律对法律对人的适用范围也作出了一些特殊规定，如《中华人民共和国涉外民事关系法律适用法》规定：“当事人依照法律规定可以明示选择涉外民事关系适用的法律。”

三、法律适用的基本原则

法律适用的基本原则是指不同法律之间对同一事项的规定不一致时，应当适用其中哪一法律的基本规则。根据《立法法》的有关规定，一般遵循“上位法优于下位法”“特别法优于一般法”“新法优于旧法”“法不溯及既往”等原则进行处理。

（一）上位法优于下位法原则

该原则是指不同位阶的法律之间发生冲突时，即在效力较高的法律与效力较低的法律相冲突的情况下，应适用效力较高的法律。在中国，宪法具有最高的法律效力，一切法律、行政法规、地方性法规、自治条例和单行条例、规章都不得同宪法相抵触。法律的效力高于行政法规、地方性法规、规章。行政法规的效力高于地方性法规、规章。地方性法规的效力高于本级和下级地方政府规章。省、自治区的人民政府制定的规章的效力高于本行政区域内设区的市、自治州的人民政府制定的规章。自治条例和单行条例依法对法律、行政法规、地方性法规作变通规定的，在本自治地方适用自治条例和单行条例的规定。经济特区法规根据授权对法律、行政法规、地方性法规作变通规定的，在本经济特区适用经济特区法规的规定。部门规章之间、部门规章与地方政府规章之间具有同等效力，在各自的权限范围内施行。

地方性法规与部门规章之间对同一事项的规定不一致，不能确定如何适用时，由国务院提出意见，国务院认为应当适用地方性法规的，应当决定在该地方适用地方性法规的规定；认为应当适用部门规章的，应当提请全国人民代表大会常务委员会裁决；部门规章之间、部门规章与地方政府规章之间对同一事项的规定不一致时，由国务院裁决。

（二）特别法优于一般法原则

该原则是指同一机关制定的法律、行政法规、地方性法规、自治条例、单行条例、规章，特别规定与一般规定不一致的，适用特别规定。例如，《民法典》对规范物权归属和利用作出很多规定，《城市房地产管理法》《土地管理法》《文物保护法》等许多法律的规定也涉及物权。就这些法律相对来说，《民法典》是规范物权的一般法，《城市房地产管理法》等其他规范物权的法律都是特别法，是对特定领域的物权所作的特别规定，原则上应优先适用。

（三）新法优于旧法原则

该原则是指同一事项已有新法施行时，旧法自然不再适用。具体来说，同一机关制定的法律、行政法规、地方性法规、自治条例、单行条例、规章，新的规定与旧的规定不一致的，适用新的规定。新法优于旧法原则只适用于同一位阶新旧法律、法规、规章之间的冲突适用，对于不同位阶的新旧法律、法规、规章的冲突，应适用上位法优于下位法原则。

同一机关制定的新的一般规定与旧的特别规定不一致时，由制定机关裁决。

（四）法不溯及既往原则

法是否溯及既往，是指新的法律施行后，对它生效之前发生的事实和行为是否适用。如果不适用，则没有溯及力。具体来说，法律、行政法规、地方性法规、自治条例、单行条例、规章一般不溯及既往，但为了更好地保护自然人、法人和非法人组织的权利和利益而作的特别规定时，可以溯及既往。

四、法的分类

根据不同的分类标准，法有许多分类的方法。

按法设立和适用范围，分为国内法与国际法。国内法是指由国内有立法权的主体制定的、其效力范围一般不超出本国主权范围的法律、法规和规章。国际法是由参与国际关系的两个或两个以上国家或国际组织间制定、认可或缔结的确定其相互关系中权利和义务的，并适用于它们之间的法。其主要表现形式是国际条约。

按法所规定的内容不同，分为实体法与程序法。实体法一般是指以规定主体的权利、义务关系或职权、职责关系为主要内容的法，如《民法典》《刑法》等。程序法通常指以保证主体的权利和义务得以实现，或保证主体的职权和职责得以履行所需程序或手续为主要内容的法，如《民事诉讼法》《刑事诉讼法》《行政诉讼法》等。

第二节 民 法

一、民法的概念和基本原则

（一）民法的概念

民法是调整平等主体的自然人、法人和非法人组织之间以及他们相互之间的财产关系和人身关系的法律规范的总称。财产关系是指在生产、分配、交换、消费过程中形成的财产所有权关系和财产流转关系。人身关系是指与人的身份不可分离而无直接财产内容的社会关系，包括人格权关系（如生命权、身体权、健康权、姓名权、名称权、肖像权、名誉权、荣誉权、隐私权等权利等）和身份权关系（如收养、监护等）。

（二）中国民法的基本原则

1. 平等原则

民事主体在民事活动中的法律地位一律平等。平等原则的含义是参与民事活动的当事人，无论是自然人还是法人，无论其经济实力强弱，无论法人的所有制性质，在法律面前一律平等，任何一方不得把自己的意志强加给另一方；不同的民事主体参与民事关系适用同一法律，法律对双方当事人提供平等的法律保护。

2. 自愿原则

民事主体从事民事活动，应当遵循自愿原则，按照自己的意思设立、变更、终止民事法律关系。自愿原则是指民事主体有决定自己行动的自由，有权根据自己的意志取得权利和承担义务。自愿原则在合同法律制度上体现得尤为明显。具体而言，只要不违反法律、行政法规的强制性规定，当事人在明辨利弊的基础上达成一致（合意），即可以使他们之间的合同具有法律效力，受到法律保护。

3. 公平原则

民事主体从事民事活动，应当遵循公平原则，以社会正义、公平的观念指导和规范自己的行为，合理平衡各方的利益，合理确定各方的权利和义务。

4. 诚实信用原则

民事主体从事民事活动，应当遵循诚信原则，秉持诚实，恪守承诺。诚实信用是一切正当社会行为所应遵守的道德准则。根据诚实信用原则，民事法律主体在实施民及法律行为时应讲究信用、恪守诺言、诚实不欺，在不损害他人和社会合法权利的前提下追求自己的利益。

5. 合法与公序良俗原则

民事主体从事民事活动，不得违反法律，不得违背公序良俗。公序良俗是公共秩序和善良风俗的简称。民事行为除了不得违反法律的禁止性规定外，还不得违反一般观念上的公共秩序和社会的善良风俗。民法典规定，处理民事纠纷，应当依照法律；法律没有规定的，可以适用习惯，但是不得违背公序良俗。

6. 绿色原则

民事主体从事民事活动，应当有利于节约资源、保护生态环境。民事主体在行使民事权利时，应当充分发挥自然资源的效用，让有限的自然资源在合理范围内物尽其用，保护生态环境，促进人与自然和谐共处。

二、民事法律关系

（一）民事法律关系的概念

民事法律关系是指由民法调整、确认或保护的社会关系。

（二）民事法律关系的构成

民事法律关系由主体、客体和内容所构成。

1. 民事法律关系的主体

民事法律关系的主体又称民事主体或者民事权利义务主体，是指参加民事法律关系而享有民事权利、承担民事义务的人。这里的"人"包括自然人、法人和非法人组织。在特殊情况下，国家也是民事法律关系的主体。实践中，个体工商户、农村承包经营户、合伙等，也可以作为民事主体参与民事活动。

2. 民事法律关系的客体

民事法律关系的客体是指民事主体间民事权利义务所共同指向的对象，包括物、行为、智力成果等。在民法上，客体也称为"标的"。如果客体为物，习惯上称之为"标的物"。

（1）物。民法上的物是指能够满足人类生活、生产需要，可以为人类所控制，具有一定经济价值的物体。它可以是天然的，也可以是人工创造的。民法上的物应满足以下 3 个条件：一是有体物，即应占有一定的空间而有形存在；二是人力可以支配；三是不包括人体本身，即人不能成为民事法律关系的客体。但人身体的一部分与人体分离后，可能成为物，如用于合法移植的器官。

（2）行为。指为满足他人利益而进行的活动。如提供服务、保管、运输等合同法律关系的客体的行为。

（3）智力成果。指脑力劳动所创造的精神财富，如专利、商标、文学作品等。智力成果是一种无形资产，是知识产权法律关系的客体。

3. 民事法律关系的内容

民事法律关系的内容是指民事主体所享有的权利和应承担的义务。例如，商品房买卖法律关系的基本内容是：买方承担付款的义务，享有取得商品房所有权的权利；卖方承担交付商品房并转移所有权的义务，享有取得商品房价款的权利等。

（三）民事权利

1. 民事权利的概念

民事权利是指民事主体受法律保护的、实现某项利益的权利，包括以下 3 个方面：①权利人可在法定的范围内，根据自己的意志进行民事活动；②权利人可以要求负有义务的人为一定的行为或不为一定的行为的权利；③权利人因他人的行为而使权利不能实现时，有权要求有关机关予以保护。

2. 民事权利的分类

根据权利标的的不同性质，民事权利可分为财产权和人身权。财产权是指与人身相分离的、有财产价值的权利，如物权、债权等。人身权是指以人身利益为标的的权利，如生命健康权、姓名权、肖像权等。区分财产权和人身权的意义在于，财产权受到侵害，一般不发生精神损害赔偿的问题。

根据权利的作用，民事权利可分为支配权、请求权、形成权和抗辩权。支配权是指对权利标的直接进行支配而不受他人非法干涉的权利，如物权、知识产权、人身权等。请求权是指权利主体请求他人为或不为特定行为的权利，包括如基于合同关系产生的债权请求权，基于侵权行为产生的损失赔偿请求权，基于不当得利，无因管理关系产生的债权请求权。形成权是指权利主体依自己单方的行为，使自己与他人之间的法律关系直接发生变动的权利，如撤销权、解除权、追认权、选择权等。抗辩权又称异议权，是指不同意他人的请求，而提出证据加以抗辩的权利。

此外，根据权利效力的不同，民事权利可分为绝对权和相对权。根据相互联系的几个民事权利中各权利所处的地位不同，可分为主权利和从权利。根据权利是否具有转移性，可分为专属权和非专属权。

3. 民事权利的保护

民事权利的保护方法有：①公力救济，即权利人通过民事诉讼程序，请求人民法院依法予以保护；②私力救济，又称为自力救济，是指权利主体在法律允许的范围内，依靠自身的实力，通过实施自卫行为或者自助行为来救济自己被侵害的民事权利。

（四）民事义务

1. 民事义务的概念

民事义务是指由民事法律规定或者当事人自己的选择产生的对民事主体为一定行为或不为一定行为的约束。民事义务是法律规定的行为的必要性，这种必要性是由国家强制力保障实现的。违反民事义务，则要承担民事责任。

2. 民事义务的分类

以义务人行为的方式，民事义务可分为积极义务和消极义务。需要义务人以作为来完成的义务为积极义务，如交货或付款义务；需要义务人以不作为来完成的义务为消极义务，如禁止侵害他人房屋所有权义务。

除了以上分类外，民事义务还可分为主要义务和附随义务，约定义务和法定义务等。

三、自然人、法人和非法人组织

（一）自然人

自然人也称为公民。自然人既包括本国公民，也包括外国人和无国籍人。具有中华人民共和国国籍的自然人都是中国公民。

1. 自然人的民事权利能力

民事权利能力是指法律赋予自然人享有民事权利和承担民事义务的资格。

民事权利能力可分为一般权利能力和特殊权利能力。一般权利能力是指民事主体参加一般民事法律关系的资格。这种权利能力，法律不分年龄、种族、性别、民族、信仰、文化程度、财产状况等，平等地享有。例如，任何人都享有生命健康权、姓名权。特殊权利能力是指民事主体参加特殊民事法律关系的资格。自然人的民事权利能力一律平等。自然人从出生时起到死亡时止，具有民事权利能力，依法享有民事权利，承担民事义务。涉及遗产继承、接受赠与等胎儿利益保护的，胎儿视为具有民事权利能力。但是，胎儿娩出时为死体的，其民事权利能力自始不存在。《民法典》第一千一百五十五条规定："遗产分割时，应当保留胎儿的继承份额。胎儿娩出时是死体的，保留的份额按照法定继承办理。"自然人的民事权利能力因死亡而消灭。但是，对于某些特定权益，自然人死亡后，法律可能仍然会给予保护，如法律在一定期限内保护死者的肖像、名誉、著作权等。

2. 自然人的民事行为能力

民事行为能力是指自然人以自己的行为依法独立取得民事权利、承担民事义务的资格，即民事主体独立实施民事法律行为的资格。法律根据自然人不同的认知能力，将自然人分为 3 种：完全民事行为能力人、限制民事行为能力人和无民事行为能力人。

18 周岁以上的公民是成年人，具有完全民事行为能力，可以独立进行民事活动，是完全民事行为能力人。16 周岁以上不满 18 周岁的公民，以自己的劳动收入为主要生活来源的，视为完全民事行为能力人。

限制民事行为能力人是指具有一定的行为能力，但行为能力受到限制的自然人。8 周岁以上的未成年人和不能完全辨认自己行为的成年精神病人是限制民事行为能力人，可以进行与其年龄、智力或精神健康状况相适应的民事活动；其他民事活动由其法定代理人代理，或者征得其法定代理人的同意。8 周岁以上的未成年人作为为限制民事行为能力人，实施民事法律行为由其法定代理人代理或者经其法定代理人同意、追认；但是，可以独立实施纯获利益的民事法律行为或者与其年龄、智力相适应的民事法律行为。

无民事行为能力人是指不具有独立实施民事法律行为资格的自然人。在中国，不满8周岁的未成年人和不能辨认自己行为的成年精神病人为无民事行为能力人，需要由其法定代理人代理其民事活动。

3. 监护

监护是指依法对无民事行为能力人和限制民事行为能力人的人身、财产和其他合法权益进行保护和监督的制度。依法进行保护和监督的人为监护人，被保护和监督的人为被监护人。监护不仅是一种权利，更是一种职责（既包含权利，又有义务）。无民事行为能力人和限制民事行为能力人的监护人是其法定代理人。

监护主要有：法定监护、指定监护、遗嘱监护和自愿监护。

未成年人的监护人是其父母。父母对子女有亲权，是当然的第一顺位监护人；父母双方均死亡或者没有监护能力的，由下列有监护能力的人按顺序担任监护人：①祖父母、外祖父母；②兄、姐；③其他愿意担任监护人的个人或者组织，但是须经被监护人住所地的居民委员会、村民委员会或者民政部门同意。

无民事行为能力或者限制民事行为能力的成年人的法定监护人的范围和顺序是：配偶；父母、子女；其他近亲属；其他愿意担任监护人的个人或组织，但是须经被监护人住所地的居民委员会、村民委员会或者民政部门同意。

4. 宣告失踪和宣告死亡

（1）宣告失踪

公民下落不明满2年的，利害关系人可以向人民法院申请宣告其为失踪人。宣告失踪的主要意义在于对失踪人的财产进行代管和依法处理。失踪人的财产由其配偶、父母、成年子女或者关系密切的其他亲属、朋友代管。被宣告失踪的人重新出现或者确知其下落，经本人或者利害关系人申请，人民法院应当撤销对其失踪宣告。

（2）宣告死亡

公民有下列情形之一的，利害关系人可以向人民法院申请宣告其死亡：①下落不明满4年的；②因意外事故下落不明，自事故发生之日起满2年的。宣告死亡会引起与生理死亡同样的法律后果。自人民法院宣告死亡判决生效之日，被宣告死亡人即丧失了民事主体资格，其民事权利能力终止；其财产转变为遗产，继承开始；其婚姻关系消灭。被宣告死亡的人重新出现或者他人确知其没有死亡，经本人或者利害关系人申请，人民法院应当撤销对其死亡宣告。自然人被宣告死亡但是并未死亡的，不影响该自然人在被宣告死亡期间实施的民事法律行为的效力。被撤销死亡宣告的人有权请求返还财产。依照继承制度取得其财产的民事主体应当返还财产，无法返还财产的，应当给予适当补偿。

（二）法人

法人是和自然人相对的另一类民事主体。法人是具有民事权利能力和民事行为能力，依法独立享有民事权利并承担民事义务的组织。民法典规定的法人，有营利法人、非营利法人和特别法人。以取得利润并分配给股东等出资人为目的成立的法人，为营利法人。营利法人包括有限责任公司、股份有限公司和其他企业法人等。为公益目的或者其他非营利目的成立，不向出资人、设立人或者会员分配所取得利润的法人，为非营利法人。非营利法人包括事业单位、社会团体、基金会、社会服务机构等。依照《民法典》规定，机关法人、农村集体经济组织法人、城镇农村的合作经济组织法人、基层群众性自治组织法人为特别法人。法人需要具备4个条件：①依法成立；②有必要的财产或经费；③有自己的名称、组织机构和住所；④能独立承担民事责任。

凡具备国家规定设立的条件，经国家主管机关批准，依照国家关于公司登记的相关规定，依法向法人登记机关登记，即能取得法人资格。

（三）非法人组织

非法人组织是不具有法人资格，但是能够依法以自己的名义从事民事活动的组织。非法人组织包括个人独资企业、合伙企业、不具有法人资格的专业服务机构等。

非法人组织应当依照法律的规定登记。非法人组织可以确定一人或者数人代表组织从事民事活动。非法人组织的财产不足以清偿债务的，其出资人或者设立人承担无限责任。法律另有规定的，依照其规定。

四、民事法律行为

民事法律行为是指民事主体设立、变更、终止民事权利和民事义务的合法行为。

民事法律行为的形式主要有口头形式、书面形式、视听资料形式和默示形式等。法律规定采用书面形式的，应当采用书面形式。

民事法律行为成立的条件是：①行为人具有相应的民事行为能力；②意思表示真实；③不违反法律、行政法规的强制性规定，不违背公序良俗。

有一些具体的民事法律行为的成立，除需要具备上述条件外，还必须遵循一些特殊的规定。如房屋抵押，除要具备上述条件外，还必须办理抵押登记。附条件的民事法律行为，条件的成立与否作为民事法律行为成立、变更、消灭的依据。

下列民事行为无效：①无民事行为能力人实施的；②限制民事行为能力人依法不能独立实施的；③虚假的民事法律行为；④恶意串通、损害他人合法权益的民事法律行为；⑤违反法律、行政法规的强制性规定的民事法律行为；⑥违背公序良俗的民事法律行为。

无效的民事行为，从行为开始起就没有法律约束力。

可撤销民事法律行为是指因意思表示有缺陷，当事人可以请求人民法院或者仲裁机构予以撤销的民事法律行为。可撤销民事法律行为有：①重大误解的民事法律行为；②受欺诈的民事法律行为；③受胁迫的民事法律行为；④显失公平的民事法律行为。

可撤销的民事法律行为，一方有权请求人民法院或者仲裁机关予以变更或者撤销。被撤销的民事行为从行为开始起无效。

五、代理

（一）代理的概念

代理是指代理人根据被代理人的授权，以被代理人的名义与第三人为一定法律行为，所产生的法律后果直接归于被代理人。被代理人在理论上又称为"本人"，第三人又称"相对人"。例如，甲委托乙公司代其购买商品房，乙以甲的名义与丙公司订立商品房买卖合同，由此而产生的合同权利义务，直接由甲承受。甲是被代理人，乙公司是代理人，丙公司是第三人。

（二）代理的分类

1. 委托代理和法定代理

根据代理权发生的依据不同，代理包括委托代理和法定代理。

委托代理是指基于被代理人的委托而发生的代理关系。委托代理通常以完成特定事项为代理内容，事项完成后，代理即告终结。

法定代理是指根据法律的直接规定而发生的代理关系。其主要是为无民事行为能力人和限制民事行为能力人行使权利、承担义务而设立的制度。法定代理人的权限来自法律的规定，主要是根据代理人与被代理人之间具有的一定亲属关系而发生，某些特别的情况下也可依据某种行政隶属关系而发生，例如由未成年人父母的所在单位、住所地的居民委员会等作为法定代理人。

2. 本代理和复代理

本代理是指基于被代理人选任代理人而发生的代理关系。复代理是指代理人为行使代理权，通过以自己的名义为本人选任代理人而发生的代理关系。复代理又称转委托代理或者再代理，《民法典》第一百六十九条规定："代理人需要转委托第三人代理的，应当取得被代理人的同意或者追认。转委托代理经被代理人同意或者追认的，被代理人可以就代理事务直接指示转委托的第三人，代理人仅就第三人的选任以及对第三人的指示承担责任。转委托代理未经被代理人同意或者追认的，代理人应当对转委托的第三人的行为承担责任；但是，在紧急情况下代理人为了维护被代理人的利益需要转委托第三人代理的除外。"

3. 单独代理和共同代理

根据代理人为一人或数人的不同，可将代理分为单独代理和共同代理。单独代理是指将代理权授予一人的代理，又称独立代理。共同代理是指将代理权授予二人以上的代理。

区别单独代理和共同代理的意义在于：如果每个代理人的权限在授权中有明确规定，则每个代理人尽力各自完成自己的事务即可，并仅对自己的代理事项承担责任。如果每个代理人的权限在授权中没有明确规定，则应认为数个代理人为共同代理人，对代理事项共同承担代理责任。

（三）代理关系

通过代理人的代理活动而在被代理人、代理人以及第三人之间产生的关系叫做代理关系。代理关系由以下 3 个方面的关系构成：

（1）代理人与被代理人之间的关系。此为代理的内部关系，因基于代理人享有的代理权而产生。

（2）代理人与第三人之间的关系。此为代理的外部关系，因代理人行使代理权即实施代理行为而产生。

（3）第三人与被代理人之间的关系。此也为代理的外部关系，因代理人代理行为效果直接归属于被代理人而产生。

（四）代理权和代理行为

根据有关法律的规定，代理权可通过两种途径产生，一种是基于被代理人的授权而取得代理权，另一种是基于法律的直接规定而取得代理权。民事法律行为的委托代理，可以采取书面形式，也可以采取口头形式。法律规定采取书面形式的，应当采取书面形式。书面委托代理的授权委托书应当载明代理人的姓名或者名称、代理事项、权限和期限，并由委托人签名或者盖章。委托书授权不明的，被代理人应当向第三人承担民事责任，代理人负连带责任。

代理人在行使代理权时应遵循以下两项原则：

（1）代理权应为维护被代理人的最大利益而行使。即代理人应当在代理权限范围内，从被代理人的利益出发，争取在对被代理人最有利的情况下完成代理行为。包括为被代理人的利益计算、尽适当的注意义务、遵从被代理人的指示、及时向被代理人报告代理进展、保守秘密等。代理人不履行或不适当履行职责而给被代理人造成损害的，应当承担民事责任。

（2）代理权不得滥用。根据有关法律的规定，代理人不得有以下滥用代理权的行为。

1）自己代理。它是指代理人以被代理人的名义与自己进行民事法律行为（如代理他人与自己订立合同）。

2）双方代理。它是指代理人以被代理人的名义与自己同时代理的其他人进行民事法律行为。对自己代理和双方代理，理论上认为，如经被代理人同意，或者专为代理一方履行债务而进行的自己代理和双方代理应为有效，后者如房地产商与购房者签订房屋买卖合同后，律师代理双方办理产权转移手续。《民法典》规定，代理人不得以被代理人的名义与自己同时代理的其他人实施民事法律行为，但是被代理的双方同意或者追认的除外。

3）与第三人恶意串通，损害被代理人的利益。《民法典》规定，代理人和相对人恶意串通，损害被代理人合法权益的，代理人和相对人应当承担连带责任。

4）行为人没有代理权、超越代理权或者代理权终止后，仍然实施代理行为，未经被代理人追认的，对被代理人不发生效力。行为人实施的行为未被追认的，善意相对人有权请求行为人履行债务或者就其受到的损害请求行为人赔偿。但是，赔偿的范围不得超过被代理人追认时相对人所能获得的利益。相对人知道或者应当知道行为人无权代理的，相对人和行为人按照各自的过错承担责任。

5）利用代理权从事违法活动。《民法典》规定，代理人知道或者应当知道代理事项违法仍然实施代理行为，或者被代理人知道或者应当知道代理人的代理行为违法未作反对表示的，被代理人和代理人应当承担连带责任。没有代理权、超越代理权或者代理权终止后的行为，只有经过被代理人的追认，被代理人才承担民事责任。未经追认的行为，由行为人承担民事责任。本人知道他人以本人名义实施民事行为而不作否认表示的，视为同意。

行为人没有代理权、超越代理权或者代理权终止后，仍然实施代理行为，相对人有理由相信行为人有代理权的，代理行为有效，这就是民法上的表见代理。表见代理的构成要件有：①代理人事实上没有相应的代理权；②相对人有理由相信代理人具有代理权；③相对人善意；④代理人与相对人之间的民事行为具备民事行为的有效要件。

六、诉讼时效

（一）诉讼时效的概念

诉讼时效是指权利人在法定期限内不行使权利，即丧失请求人民法院或仲裁机构保护其权利的权利。诉讼时效消灭的是一种请求权，而不消灭实体权利。民法典规定，诉讼时效期间届满的，义务人可以提出不履行义务的抗辩。诉讼时效期间届满后，义务人同意履行的，不得以诉讼时效期间届满为由抗辩；义务人已经自愿履行的，不得请求返还。根据《民法典》的规定，人民法院不得主动适用诉讼时效的规定。

（二）诉讼时效期间

诉讼时效期间是指权利人请求人民法院或仲裁机构保护其民事权利的法定期间。根据法律对诉讼时效期间的规定不同，诉讼时效期间可分为普通诉讼时效期间、特别诉讼时效期间和长期诉讼时效期间。

普通诉讼时效期间是指适用于一般请求权的诉讼时效期间。《民法典》规定，向人民法院请求保护民事权利的诉讼时效期间为 3 年，法律另有规定的除外。诉讼时效期间从知道或者应当知道权利被侵害时起计算。如果权利人不知道或不可能知道权利被侵害，诉讼时效期间不开始。但是，从权利被侵害之日起超过 20 年的，人民法院不予保护。有特殊情况的，人民法院可以根据权利人的申请决定延长。这里的 20 年，称为最长诉讼时效期间或者长期诉讼时效期间。

（三）诉讼时效的中止、中断与延长

诉讼时效的中止是指在诉讼时效期间的最后六个月内，因发生一定的法定事由而使权利人不能行使请求权，暂时停止计算诉讼时效期间，以前经过的时效期间仍然有效，待阻碍诉讼时效进行的事由消失后，诉讼时效继续进行。《民法典》规定的阻碍诉讼时效进行的事由为：①不可抗力；②无民事行为能力人或者限制民事行为能力人没有法定代理人，或者法定代理人死亡、丧失民事行为能力、丧失代理权；③继承开始后未确定继承人或者遗产管理人；④权利人被义务人或者其他人控制；⑤其他导致权利人不能行使请求权的障碍。自中止时效的原因消除之日起满六个月，诉讼时效期间届满。

诉讼时效的中断是指在诉讼时效进行中，因发生一定的法定事由，致使已经经过的时效期间统归无效，待诉讼时效中断的法定事由消除后，诉讼时效期间重新计算。引起诉讼时效中断的事由有：①权利人向义务人提出履行请求；②义务人同意履行义务；③权利人提起诉讼或者申请仲裁；④与提起诉讼或者申请仲裁具有同等效力的其他情形。

诉讼时效的延长是指人民法院对已经完成的诉讼时效，据特殊情况而予以延长。这是法律赋予司法机关的一种自由裁量权，至于何为特殊情况，由人民法院判定。

七、民事责任

民事责任是违反民事义务所应承担的对其不利的法律后果。民事义务的发生或基于法律的规定（如法律规定不得侵害他人的人身或财产），或基于当事人的约定（如合同的订立），违反义务，即应负担责任。根据民法典规定，因当事人一方的违法行为，损害对方人身权益、财产权益的，受损害方有权选择请求其承担相应的民事责任。

民事责任与民事制裁紧密相连。当事人违反民事义务应承担法律责任时，通常能主动承担，无需特定国家机关对违反者实行惩罚或强制，但如果当事人拒不承担责任，则权利人可请求人民法院强制其承担，此为民事制裁。

承担民事责任的方式主要有下列 11 种：

（1）停止侵害。这是指行为人停止其正在实施的侵害行为。

（2）排除妨碍。这是指排除对权利人权利行使的不正当妨碍。

（3）消除危险。这是指消除对权利人的人身或财产所造成的危险。

（4）返还财产。这是指不法侵占他人财产的人，应交还原物给原所有人或原合法占有人。

（5）恢复原状。这是指当财产或权利被不法损害而有恢复原状可能时，应予以恢复从而回到被侵害前的原有状态。

（6）修理、重作、更换。这是指交付的标的物质量不符合规定或约定时，予以修理、重作或更换。

（7）继续履行。也叫强制履行，是指合同当事人一方不履行合同义务或者履行合同义务不符合约定时，经另一方当事人的请求，法律强制其按照合同的约定继续履行合同的义务。

（8）赔偿损失。这是指以一定量的金钱对他人所受损害加以赔偿。

（9）支付违约金。这是指以要求违约方支付一定量的金钱的方式对违约进行制裁并对违约造成的后果进行补偿。

（10）消除影响、恢复名誉。这是指在侵犯他人名誉权等人格权时，采取一定措施恢复他人的名誉。

（11）赔礼道歉。这是指加害人向受害人承认错误，表示歉意。

以上承担民事责任的方式，可以单独适用，也可以合并适用。法律规定惩罚性赔偿的，依照其规定。

第三节　合同法律制度

一、合同法律制度概述

（一）合同的概念和特征

合同又称契约，其本质是一种合意或协议，是平等主体的自然人、法人或其他组织之间设立、变更、终止民事权利义务关系的意思表示一致的协议。

合同具有下列几个特征：

(1) 合同是平等主体之间的民事法律关系。合同当事人的法律地位平等，一方不得凭借行政权力、经济实力等将自己的意志强加给另一方。

(2) 合同是两方以上当事人的法律行为。合同的主体必须有两方或两方以上，合同的成立是各方当事人意思表示一致的结果。

(3) 合同是从法律上明确当事人间特定权利与义务关系的文件。合同在当事人之间设立、变更、终止某种特定的民事权利义务关系，以实现当事人的特定目的。

(4) 合同是具有相应法律效力的协议。合同依法成立后，当事人各方都必须全面正确履行合同中规定的义务，不得擅自变更或解除。当事人不履行合同中规定的义务，要依法承担违约责任。对方当事人可通过诉讼、仲裁，请求强制违约方履行义务，追究其法律责任。

(二) 民法典合同编的规定

《民法典》第四百六十四条第一款规定："合同是民事主体之间设立、变更、终止民事法律关系的协议。"民法典合同编的规定是调整平等主体之间的民事法律关系的法律，主要规范合同的订立、效力、履行、变更、转让、终止、违反合同的责任等问题。

有关合同的法律规定具有下列特征：

(1) 以任意性规范为主。市场经济的本质是自由和竞争的经济，社会资源的交换应当在市场主体之间自由地进行，政府对经济活动的干预应在合理的范围内。因此，民法典合同编采取了约定优先的原则，充分尊重当事人的意思自治，即有约定的依约定、无约定的依法定的规则。当事人依法享有自愿订立合同的权利。在合同的效力认定方面，尽量减少了政府不必要的行政干预。民法典合同编并未规定行政机关享有确认合同效力的权力，对行政机关监督检查合同的权力也做出了严格限制，以防止政府机关随意干涉合同当事人的合同自愿。

(2) 以平等协商和等价有偿为原则。民法典合同编规范的对象大部分是交易关系，决定了其较之于民法的其他法律更强调平等协商和等价有偿原则。

(三) 合同的分类

1. 典型合同与非典型合同

根据《民法典》或者特别法中是否被赋予一定的名称，可将合同分为典型合同和非典型合同。典型合同又称有名合同，是指法律设有规范，并赋予一定名称的合同。《民法典》规定，买卖、赠与、借款等合同为典型合同。非典型合同又称无名合同，是指法律尚未特别规定，也未赋予一定名称的合同。

2. 双务合同与单务合同

根据合同当事人是否互相享有权利、承担义务，可将合同分为双务合同与单务合同。双务合同是指双方当事人相互享有权利、承担义务的合同，如买卖、租赁等合同。单务合同是指仅有一方当事人承担义务的合同，如赠与、借用等合同。这种分类的法律意义在于，因两种合同义务承担的不同，从而使它们的法律适用不同，如单务合同履行中不存在同时履行抗辩权等问题。

3. 有偿合同与无偿合同

根据合同当事人是否为从合同中得到的利益支付代价，可将合同分为有偿合同与无偿合同。有偿合同是指当事人为从合同中得到利益要支付相应代价的合同，如买卖合同。无偿合同是指当事人不需为从合同得到的利益支付相应代价的合同，如赠与合同。

4. 诺成合同与实践合同

根据合同的成立是否以交付标的物为要件，可将合同分为诺成合同与实践合同。诺成合同是当事人双方意思表示一致即可成立的合同，即"一诺即成"的合同，也称不要物合同。实践合同是在当事人意思表示一致后，仍须有实际交付标的物的行为才能成立的合同。通常，确认某种合同是否属于实践合同除须根据商务惯例外，还应有法律明确规定。根据《民法典》的规定，自然人之间的借款合同、定金合同是典型的实践合同，自借款或定金交付对方当事人时合同成立；如果双方当事人没有特别约定，保管合同也是实践合同，自保管物交付时合同成立。

5. 要式合同与不要式合同

根据法律是否要求合同必须符合一定的形式才能成立，可将合同分为要式合同与不要式合同。要式合同是指根据法律规定必须采用特定形式的合同。例如，《民法典》第七百零七条规定，租赁期限六个月以上的，应当采用书面形式。不要式合同是指当事人订立的合同依法并不需要采用特定的形式，当事人可以采用口头方式，也可以采用书面形式。除法律有特别规定的以外，合同均为不要式合同。根据合同自由原则，当事人有权选择合同形式，但对于法律有特别的形式要件规定的，当事人必须遵循法律规定。

6. 主合同与从合同

根据合同是否必须以其他合同的存在为前提而存在，可将合同分为主合同与从合同。主合同是指不以其他合同的存在为前提即可独立存在的合同。从合同是指不能独立存在而以其他合同的存在为其存在前提的合同。例如，甲与乙订立借款合同，丙为担保乙偿还借款而与甲签订保证合同，则甲乙之间的借款合同为主合同，甲丙之间的保证合同为从合同。

区分主合同和从合同的主要意义在于：主合同和从合同之间存在着特殊的联系，即从合同具有附属性，它不能独立存在，必须以主合同的存在并生效为前提。主合同不能成立，从合同就不能有效成立；主合同转让，从合同随之转让，从合同不能单独存在；主合同被宣告无效或被撤销，从合同也将失效；主合同终止，从合同也随之终止。

二、合同的订立

（一）合同的内容

合同的内容即合同当事人订立合同的各项具体意思表示，具体体现为合同的各项条款。在不违反法律强制性规定的情况下，合同的内容由当事人约定，一般包括以下条款：①当事人的名称或者姓名和住所；②标的，即合同双方当事人权利义务所共同指向的对象；③数量；④质量；⑤价款或者报酬；⑥履行期限、地点和方式；⑦违约责任；⑧解决争议的方法。在订立合同时，当事人可参照各类合同的示范文本订立合同。

（二）合同的形式

合同的形式有书面形式、口头形式和其他形式。法律、行政法规规定采取书面形式的，应当采取书面形式。如建设用地使用权出让合同、房屋买卖合同、租赁期限六个月以上的房屋租赁合同，应当采取书面形式。当事人约定采取书面形式的，应当采取书面形式。

（三）合同的订立程序

当事人订立合同，应当具有相应的民事权利能力和民事行为能力。当事人依法可以委托代理人订立合同。当事人订立合同，可以采取要约和承诺或者其他方式（如拍卖）进行。当事人意思表示真实一致时，合同即可成立。

1. 要约

要约是指希望与他人订立合同的意思表示。该意思表示应当符合下列规定：①内容具体明确，即表达出订立合同的意思，包括一经承诺合同即可成立的各项基本条款；②表明经受要约人承诺，要约人即受该意思表示约束。要注意要约与要约邀请的区别。要约邀请又称为要约引诱，是指希望他人向自己发出要约的意思表示，是当事人订立合同的预备行为，在发出要约邀请时，当事人仍处于订约的准备阶段，其目的在于引导他人向自己发出要约，其内容往往是不明确、不具体的，其相对人是不特定的，所以，要约邀请不具有要约的约束力，发出要约邀请的一方不受其约束。《民法典》第四百七十三条规定，拍卖公告、招标公告、招股说明书、债券募集办法、基金招募说明书、商业广告和宣传、寄送的价目表等为要约邀请。但商业广告和宣传的内容符合要约条件的，构成要约。

2. 承诺

承诺是指受要约人完全同意接受要约的条件以缔结合同的意思表示。承诺必须由受要约人向要约人做出。由于要约原则上是向特定人发出的，因此，只有接受要约的特定人即受要约人才有权做出承诺，受要约人以外的第三人无资格向要约人做出承诺。同时，承诺必须向要约人做出，如果向要约人以外的其他人做出，则只能视为对他人发出要约，不能产生承诺效力。承诺必须在规定的期限内到达要约人。承诺只有到达要约人时才能生效。

《民法典》第五百零一条规定："当事人在订立合同过程中知悉的商业秘密或者其他应当保密的信息，无论合同是否成立，不得泄露或者不正当地使用；泄露、不正当地使用该商业秘密或者信息，造成对方损失的，应当承担赔偿责任。"

三、合同的效力

合同的生效是指已经成立的合同开始发生以国家强制力保障的法律约束力，即合同发生法律效力。

合同生效应具备下列 3 个条件：

（1）当事人具有相应的民事权利能力和民事行为能力。只有具备相应的民事权利能力和民事行为能力，能够正确理解自己行为的性质和后果、独立表达自己意思的能力，才能成为合同的主体，其合同行为才能发生法律效力。无民事行为能力的自然人一般不能自己订立合同；限制民事行为能力的自然人只能订立纯获利益或者与其年龄、智力、精神健康状况相适应的合同。

（2）意思表示真实。这是指表意人的表示行为应当真实地反映其内心的效果意思。

（3）不违反法律和公序良俗、社会公共利益。

无效合同是相对于有效合同而言的，是指合同虽然已经成立，但因其在内容和形式上违反了法律、行政法规的强制性规定和社会公共利益、公序良俗，因此应确认为无效。有下列情形之一的合同无效：①无行为能力人订立的合同；②以虚假意思表示订立的合同；③违反效力性强制性规定的合同；④违背公序良俗的合同；⑤恶意串通损害他人利益的合同。

由于法律规定的某些因素，合同效力处于不确定状态，其效力有待于第三人或某种客观因素确定。依据《民法典》规定，如无权代理人签订的合同有待于被代理人的追认。此外，限制民事行为人订立的非纯获利益且与其能力不相符的合同，附停止条件的合同等，均存在合同效力瑕疵，可能有效，也可能无效，此为效力待定合同，其决定权在于当事人中受不利影响的一方。

依法成立的合同，自成立时生效。一般说来，自双方当事人在签字之日起生效，但法律另有规定或者当事人另有约定的除外，如依照法律、行政法规应当办理批准手续的，依照规定办理。合同订立后，由于具备下列原因，当事人可以请求法院和仲裁机构撤销：①基于重大误解订立的合同；②因一方或第三人欺诈而订立的合同；③因一方或第三人胁迫而订立的合同；④显失公平的合同。被撤销的合同自始无效。

四、合同的履行

合同的履行是指债务人全面地、适当地完成其合同义务，债权人的合同债权得到完全实现，如交付约定的标的物，完成约定的工作并交付工作成果，提供约定的服务等。《民法典》第五百零九条规定，合同履行应遵循全面履行、诚实信用、绿色原则。

合同生效后，当事人就质量、价款或者报酬、履行地点等内容没有约定或者约定不明确的，可以协议补充；不能达成补充协议的，按照合同相关条款或者交易习惯确定。当事人就有关合同内容约定不明确，按照合同相关条款或者交易习惯仍不能确定的，适用下列规定：

（1）质量要求不明确的，按照强制性国家标准履行；没有强制性国家标准的，按照推荐性国家标准履行；没有推荐性国家标准的，按照行业标准履行；没有国家标准、行业标准的，按照通常标准或者符合合同目的的特定标准履行。

（2）价款或者报酬不明确的，按照订立合同时履行地的市场价格履行；依法应当执行政府定价或者政府指导价的，按照规定履行。

（3）履行地点不明确，给付货币的，在接受货币一方所在地履行；交付不动产的，在不动产所在地履行；其他标的，在履行义务一方所在地履行。

（4）履行期限不明确的，债务人可以随时履行，债权人也可以随时要求履行，但应当给对方必要的准备时间。

（5）履行方式不明确的，按照有利于实现合同目的的方式履行。

（6）履行费用的负担不明确的，由履行义务一方负担；因债权人原因增加的履行费用，由债权人负担。

执行政府定价或者政府指导价的，在合同约定的交付期限内政府价格调整时，按照交付时的价格计价。逾期交付标的物的，遇价格上涨时，按照原价格执行；价格下降时，按照新价格执行。逾期提取标的物或者逾期付款的，遇价格上涨时，按照新价格执行；价格下降时，按照原价格执行。

对格式条款的理解发生争议的，应当按照通常理解予以解释。对格式条款有两种以上解释的，应当做出不利于提供格式条款一方的解释。格式条款和非格式条款不一致的，应当采用非格式条款。

五、合同的变更、转让和终止

当事人协商一致，可以变更合同。法律、行政法规规定变更合同应当办理批准、登记等手续的，依照其规定。

合同的当事人将其权利或义务全部或者部分转让给第三人，并不改变合同原有的权利义务内容，只是合同的主体发生了变化。债权人可以将债权的全部或者部分转让给第三人，但有下列情形之一的除外：①根据债权性质不得转让；②按照当事人约定不得转让；③依照法律规定不得转让。债权人转让权利的，应当通知债务人。未经通知，该转让对债务人不发生效力。债务人将债务的全部或者部分转移给第三人的，应当经债权人同意。

合同的终止又称合同的灭失。合同终止后合同关系在客观上不存在，合同的权利义务消灭。合同终止的原因主要有：债务已经按照约定履行、合同解除、债务相互抵销、债权人免除债务、债务人依法将标的物提存、债权债务同归于一人、法律规定或者当事人约定终止的其他情形等。

六、违约责任

违约责任也称违反合同的民事责任，是指合同当事人因不履行合同义务或者履行合同义务不符合约定，而向对方承担的民事责任。

（一）违约的形式

（1）预期违约。也称先期违约，是指在履行期限到来之前，一方无正当理由而明确表示其在履行期到来后将不履行合同，或者其行为表明其在履行期到来以后将不可能履行合同。《民法典》第五百七十八条规定："当事人一方明确表示或者以自己的行为表明不履行合同义务的，对方可以在履行期限届满之前要求其承担违约责任。"

（2）实际违约。是指履行期限到来之后，当事人不履行或没有按照合同约定履行合同义务，都将构成实际违约。实际违约行为的类型有：完全不履行、迟延履行、不当履行和不完全履行。

（二）违约责任的承担方式

（1）继续履行。继续履行也称强制继续履行、依约履行、实际履行。作为一种违约后的补救方式，继续履行是指在一方违反合同时，另一方有权要求其依据合同的规定继续履行。

（2）赔偿损失。赔偿损失又称违约赔偿损失，是指违约方因不履行或不完全履行合同义务而给对方造成损失，依法和依据合同的规定应承担赔偿损失的责任。

（3）给付违约金。是指由当事人通过协商预先确定的、在违约发生后做出的独立于履行行为以外的给付。违约金是由当事人协商确定的，其数额是预先确定的。违约金作为预先确定的赔偿数额，在违约后对损失予以补偿，非常简便迅速，免除了受害人一方在另一方违约后就实际损失所负的举证责任，同时也省去了法院和仲裁机构在计算实际损失方面的麻烦。由于违约金数额是预先确定的，在事先向债务人指明了违约后所应承担责任的具体范围，从而既能督促债务人履行合同，又有利于当事人在订约时计算风险和成本，从而也有利于促进交易的发展。

违约金的约定虽然属于当事人所享有的合同自由的范围，但这种自由不是绝对的，而是受限制的。《民法典》第五百八十五条第二款规定："约定的违约金低于造成的损失的，人民法院或者仲裁机构可以根据当事人的请求予以增加；约定的违约金过分高于造成的损失的，人民法院或者仲裁机构可以根据当事人的请求予以适当减少。"

（4）定金罚则。《民法典》第五百八十六条规定："当事人可以约定一方向对方给付定金作为债权的担保。定金合同自实际交付定金时成立。定金的数额由当事人约定；但是，不得超过主合同标的额的百分之二十，超过部分不产生定金的效力。实际交付的定金数额多于或者少于约定数额的，视为变更约定的定金数额。"因此，定金具有惩罚性，是对违约行为的惩罚。定金的数额不得超过主合同标的额的百分之二十。这一比例为强制性规定，当事人不得违反。如果当事人约定的定金比例超过了百分之二十，并非整个定金条款无效，而只是超过部分不产生定金的效力。例如，双方约定的定金比例为合同总价款的百分之二十五，则超过部分的百分之五不产生定金的效力。

定金与预付款的区别在于：预付款是由双方当事人商定的在合同履行前所支付的一部分价款。预付款的交付在性质上是一方履行主合同的行为，合同履行时预付款要充抵价款，合同不履行时预付款应当返还。预付款的适用不存在制裁违约行为的问题，无论发生何种违约行为，都不发生预付款的丧失和双倍返还。所以，预付款与定金的性质是完全不同的。

当事人既约定违约金，又约定定金的，一方违约时，守约方可以选择适用违约金或者定金条款。这就是说，定金和违约金不能同时并用，只能择一适用，适用了定金责任就不能再适用违约金责任，适用了违约金责任就不能再适用定金责任，二者只能是单罚而不能是双罚，否则会给违约方施以过重的责任，是不公平的。当然，是选择定金还是选择违约金，这一权利属于守约方。

定金责任与赔偿损失的区别：定金责任不以实际发生的损害为前提，定金责任的承担也不能替代赔偿损失。所以，在既有定金条款又有实际损失时，应分别适用定金责任和赔偿损失的责任，二者同时执行，这与前面所讲的定金与违约金的关系是不同的。当然，如果同时适用定金和赔偿损失，其总值超过标的物价金总和的，法院应酌情减少数额。

（5）其他责任。《民法典》第五百八十二条规定，履行不符合约定的，应当按照当事人的约定承担违约责任。对违约责任没有约定或者约定不明确，依据补充协议、合同相关的条款或交易习惯仍不能确定的，受损害方根据标的的性质以及损失的大小，可以合理选择请求对方承担修理、重作、更换、退货、减少价款或者报酬等违约责任。

第四节　物权法律制度

一、物的种类

按照不同的分类标准，物可以分为不动产和动产、流通物和限制流通物、主物和从物、原物和孳息、特定物和种类物、替代物和不可替代物等。

（一）不动产和动产

不能移动或者移动后会严重减损其经济价值的物为不动产，包括土地及房屋、林木等土地定着物。不动产之外的，可以移动且并不减损其经济价值的物为动产。货币为特别的动产。此项分类的意义在于，不动产和动产权利取得、丧失、变更的要件不同。一般来说，动产以占有为公示方法，不动产以登记为公示方法；动产物权经交付而变动，不动产物权的变动则需要经过登记。

（二）流通物和限制流通物、禁止流通物

法律允许在民事主体之间自由流转的物为流通物。法律限制或者禁止在民事主体之间自由流转的物为限制流通物，如武器、弹药、麻醉品等为限制流通物。此项分类的意义在于，对于限制流通物，其权利的转移要遵循法律规定的程序，有的还要经过管理部门的批准。

（三）主物和从物

两个以上独立的物相互配合，为一定经济目的组合到一起时，起主要作用的为主物，起从属作用的为从物。构成从物的要件有 3 个：

（1）须独立而非主物的成分；

（2）须助主物的效用；

（3）须与主物同属于一人。这种分类的意义在于，除非当事人有特别约定，否则对主物的处分及于从物。例如，销售电视机时，如当事人没有特别约定的，遥控器应一并转让给购买人。

（四）原物和孳息

原物的收益为其孳息。孳息又分为天然孳息和法定孳息。天然孳息是指依物的自然属性而获得的收益，如树木的果实和动物的仔畜。法定孳息是指依法律的规定或者当事人的约定而产生的收益，如存款的利息、房屋因出租而获得的租金等。这种分类的意义在于，如当事人没有特别约定，孳息归原物的所有权人所有。

（五）特定物和不特定物

依当事人的意思具体指定的物为特定物，比如一幅知名作家绘制的水彩画。当事人仅依抽象的种类、品质、数量予以限定的物为不特定物，比如，一吨 $92^{#}$ 汽油。这种分类的意义在于，对特定物所有权转移的时间，当事人可以自由约定。

（六）替代物和不可替代物

可以相同数量相互代替的物为可替代物，如平常的大米、煤炭等。不能以相同数量替代的物为不可替代物，如房屋、土地、艺术品等。这种分类的意义在于，两种物灭失的法律意义不同。例如，双方就一幅名画（不可替代物）达成买卖合同，名画灭失则免除卖方的交付义务，买方只能请求卖方为损害赔偿。而如果就 1 000 千克大米（可替代物）达成买卖合同，该 1 000 千克大米灭失，在条件具备时，买方还可以请求卖方继续履行交货义务。

二、物权概述

（一）物权的概念

物权是指权利人依法对特定的物享有直接支配和排他的权利。

（二）物权的分类

除法律明文规定外，物权不得自由创设。我国《民法典》规定的物权主要有所有权、用益物权、担保物权。

按照一定的标准，可对物权做下列分类：

（1）自物权和他物权。自物权是权利人对自己的物享有的权利，即所有权。他物权是指在他人的物上设立的权利，如抵押权、地役权、土地使用权等。

（2）动产物权和不动产物权。凡以动产为标的的物权为动产物权，如存款单质押质权。凡以不动产为标的物权为不动产物权，如房屋抵押权。

（3）主物权和从物权。主物权是指本身就独立存在，不需要依附于其他权利的物权，如所有权。从物权是指必须依附于其他权利而存在的物权，如抵押权。

（4）完全物权和限制物权。完全物权是指权利人对标的物依法可以全面支配的物权，所有权是典型的完全物权。为充分发挥物的效用，法律规定，权利人可以在其所有物上为他人设立权利，这种权利的直接效力是限制了所有权的效用，称为限制物权。用益物权和担保物权都是限制物权。

（三）物权的效力

物权除因种类不同而有各种不同的效力外，有下列共同效力：

（1）排他效力。它是指同一标的物，已存在的权物，具有排斥互不相容物权再行成立的效力。如甲就某一标的物享有完全的所有权，则乙不能再就该物享有所有权。

（2）优先效力。它又称为物权的优先权，包括：①就同一标的物，物权和债权并存时，物权优先于一般的债权。当然，"物权优先于债权"也有例外，《民法典》第七百二十五条规定，租赁物在承租人按照租赁合同占有期限内发生所有权变动的，不影响租赁合同的效力，即"买卖不破租赁"。②在物权与物权之间，也有效力强弱的问题。一般来说，性质相容的物权并存时，先成立的物权优先于后成立的物权；所有权与他物权并存时，他物权优先于所有权。

（3）追及效力。它是指物权成立后，无论其标的物辗转落入何人之手，权利人均可追及标的物行使其权利。

（四）物权的特征

（1）物权法定原则。指物权的种类和内容只能由法律来确定，而不能由民事权利主体随意创设。因为：第一，物权具有排他性，是民事权利中效力最强的权利，所以物权是法律直接设定的权利而不是当事人私自约定的权利。第二，物权是人们交易、交换的前提和结果，因此各种物权的内容和含义，在一个国家中必须统一。第三，财产权支配关系是一个社会存在和发展的基础，各国社会经济、文化等对物权有重大影响，影响因素的发展程度不同，政治、经济制度不同等的差异，导致各国对物权的类型、内容以及取得方式的规定当然也会不同，采取物权法定原则，是各国立法的必然要求。

（2）物权公示原则。各种物权变动和取得必须以一种可以公开的、能够表现这种物权变动的方式予以展示，而决定物权变动取得的效力。物权的公示方式有几种，大陆法系国家比较一致，不动产采取登记，动产以交付和占有作为公示方法。《民法典》《城市房地产管理法》均体现了不动产依法律行为发生变动时的登记公示原则。

（3）物权优先原则。在物权和债权同时存在的情况下，无论物权成立于债权之前或之后，物权优于一般的债权。最典型的是房地产办理抵押登记后，抵押权人取得担保物权后即可对抗第三人的一般债权。

三、所有权

（一）所有权的一般原理

所有权人拥有特定的动产或者不动产，对其动产或者不动产享有全面支配的权利。完整的所有权包含占有、使用、收益、处分四项权能。占有、使用、收益、处分四项权能可以与所有权发生分离，而所有权人并不因此丧失其所有权，但其所有权因此而受到限制。

（二）共有

共有是两个或两个以上的人（自然人或法人）对同一项财产享有所有权。共有可分为按份共有和共同共有。因共有关系消灭而分割共有财产时，在不损害财产的经济价值的前提下，可以采取以下方法：实物分割；变价（拍卖、变卖）分割；作价补偿。

按份共有是指两个或两个以上的人（自然人或法人）对同一项财产按照份额享有所有权。共同共有是指两个或两个以上的人（自然人或法人）对同一项财产的全部，不分份额地、平等地享有所有权。共同共有与按份共有的最显著的区别在于：共同共有是不确定份额的共有，只要共同共有关系存在，共有人就不能划分自己对财产的份额，只有在共同共有关系消灭，对共有财产进行分割时，才能确定各个共有人应得的份额。

（三）不动产所有权

不动产所有权包括土地所有权和房屋所有权等。我国土地所有权分为国家土地所有权和集体土地所有权。

（四）建筑物区分所有权

业主对建筑物内的住宅、经营性用房等专有部分享有所有权，对专有部分以外的共有部分享有共有和共同管理的权利。

建筑物区分所有权人转让其专有部分所有权的，其共有和共同管理的权利，视为一并转让。

四、用益物权

（一）用益物权概述

用益物权是指权利人对他人所有的不动产或动产依法享有占有、使用和收益的权利。用益物权具有以下特点：①用益物权的标的物是不动产或动产；②用益物权是一种他物权；③用益物权以对物的占有、使用、收益为主要内容，重在取得物的使用价值。

（二）用益物权的分类

《民法典》规定，用益物权包括土地承包经营权、国有建设用地使用权。依据《民法典》规定，集体所有的土地作为建设用地，应依照土地管理的法律规定办理）、宅基地使用权（居住用途的集体土地使用权）、地役权、居住权。

地役权是以他人土地供自己土地便利而使用的权利。地役权具有以下特征：①地役权是使用他人土地的权利；②地役权是使自己的土地便利的权利；③地役权具有从属性和不可分性。

《民法典》规定的居住权，是指居住权人按照合同约定，对他人的住宅所享有的占有和使用，以满足生活居住需要的权利。居住权以书面合同方式设立，且需登记设立。已设立居住权的房屋不可出租。已设立居住权的住房，其价值因此而受重大影响，在房地产估价中应特别注意。从形式上看，居住权与房屋租赁权存在相似之处，但两者法律性质完全不同。首先，居住权是用益物权，租赁权属于债权，居住权具有对世性、绝对性、直接支配等特征，租赁权具有对人性、相对性、请求权等特征；其次，居住权自登记时才设立，未登记的不发生设立居住权的法律效力；租赁权是否登记备案并不影响租赁权的设立；再次，取得租赁权，以支付租金为前提，但居住权原则上无偿设立；最后，居住权设定期限没有限制，但租赁权最长不超过 20 年。

五、担保物权

（一）担保物权概述

担保物权是以确保债务履行为目的，在债务人或第三人的特定财产上设定的一种物权。其特征为：①担保物权以确保债务的履行为目的；②担保物权是在债务人或第三人的财产上设定的权利，是一种他物权；③担保物权是以担保物的交换价值为债务履行提供担保的，是以对所有人的处分权能加以限制而实现这一目的；④债务人不履行到期债务或者发生当事人约定的情形时，担保物权人可以依法就担保财产优先受偿；⑤担保物权具有从属性和不可分性。

（二）担保物权的分类

担保物权包括抵押权、质权、留置权等。

（1）抵押权是指为了担保债务的履行，债务人或者第三人不转移财产的占有，将该财产抵押给债权人的，债务人不履行到期债务或者发生当事人约定的实现抵押权的情形，债权人有权可就该财产优先受偿的权利。其特征为：①抵押权是一种担保物权；②抵押权是债务人或者第三人以其所有的或者有权处分的特定的财产设定的物权；③抵押权是不转移标的物占有的物权；④抵押权人有权就抵押财产优先受偿。

（2）质权是指为了担保债务的履行，债务人或第三人将其动产或权利凭证移交债权人占有，当债务人不履行债务时，债权人有就其占有的动产或权利凭证处分价款优先受偿的权利。其特征为：①质权是一种担保物权；②质权的标的物只能是动产或财产权利；③质权须转移质物的占有；④质权是就质物优先受偿的权利。

（3）留置权是指为了担保债务的履行，债权人按照合同的约定或法律规定合法占有债务人的财产，在债务人逾期不履行债务时，债权人有留置该财产并就该财产优先受偿的权利。其特征为：①以动产为标的物；②债权人已合法占有债务人的财产；③是债权人留置债务人动产的权利；④是一种法定担保物权。

复 习 思 考 题

1. 什么是法？
2. 我国现行法律体系构成包括哪些内容？
3. 法律的适用范围包括哪些内容？
4. 法律适用的基本原则有哪些？
5. 什么是国内法、国际法？什么是程序法、实体法？
6. 什么是民法？民法的基本原则有哪些？
7. 什么是民事权利？什么是民事义务？
8. 民事法律关系构成要素有哪些？
9. 宣告失踪与宣告死亡的法律后果有何不同？
10. 民事法律行为有效的条件是什么？

11. 哪些民事行为无效?

12. 承担民事责任的方式有哪些?

13. 合同生效应具备哪些条件?

14. 违约金有哪些特点? 民法典合同编对违约金有何规定?

15. 什么是物权? 物权包括哪几种?

16. 物权有哪些法律特征?

17. 什么是居住权? 居住权与租赁权有什么区别?

第十三章 拍 卖 知 识

拍卖是一种重要的资产处置方式，集中体现了"价高者得"的市场竞争规则。根据法律规定，拍卖是有偿取得国有建设用地使用权的重要方式之一。司法审判机关对房地产进行强制执行过程中，大都采用拍卖方式进行处置。行政机关在对罚没的违法建设进行处置时，拍卖也是主要的处置方式。在房地产拍卖前，委托估价机构对房地产价值进行评估，有利于保护房地产所有权人和竞买人的合法利益。本章介绍了拍卖的特征与基本原则、拍卖标的与报价方式及类型、拍卖规则、拍卖实务、强制拍卖、房地产拍卖等。

第一节 拍 卖 概 述

一、拍卖的概况与特征

《中华人民共和国拍卖法》（以下简称《拍卖法》）是规范拍卖行为，维护拍卖秩序，保护拍卖活动各方当事人合法权益的基本法律。根据《拍卖法》规定，拍卖是指以公开竞价的方式，将特定的物品或财产权利转让给最高应价者的买卖方式。

拍卖具有以下主要特征：

1. 透明度高

拍卖是以公开竞价的形式买卖物品或者财产权利。所谓公开竞价，指买卖活动公开进行，公民、法人和其他组织自愿参加，参加竞购拍卖标的的人在拍卖现场或拍卖平台根据拍卖师或拍卖规则确定的叫价，决定是否应价，其他竞买人应价时，可以高于其他人的应价再次出价，更高的应价自然取代较低的应价，当再无人竞价时，以价高者得的方式确定拍卖成立。

公开性是拍卖的基本原则之一，要求拍卖自始至终都必须公开进行。公开性，使拍卖成为一种透明度最高的买卖方式。拍卖属于"公卖"，与"私卖"不同。依据西方的概念，狭义的"公卖"专指拍卖。所谓"公"，是指拍卖前发布公告，然后由拍卖机构按照公告中确定的时间、地点、条件，公开组织拍卖活动，对任何人都不保密。

2. 竞争性强

竞争性强是拍卖的显著特点之一。拍卖的竞争性主要表现在价格的竞争上，拍卖活动通常是一个竞价激烈的过程，许多买主相继应价或出价，致使拍卖标的的价格交替变化，始终处于动态之中，常常表现为以买主是否愿意"争"为标志来完成整个买卖过程。

3. 价高者得

拍卖是将特定物品或者财产权利转让给最高应价者的买卖方式。在拍卖这种买卖活动中，委托人和拍卖人都希望以可能达到的最高价格卖出一件物品或者一项财产权利，因此，只要竞买人具备法律规定的条件，哪个竞买人出价最高，拍卖的物品或者财产权利就卖给这个应价者。

4. 有多方当事人

拍卖活动中，主要涉及拍卖人、委托人、竞买人和买受人四方当事人。拍卖人一般是指依法设立的从事拍卖活动的企业法人。委托人是指委托拍卖人拍卖物品或财产权利的自然人、法人或其他组织。竞买人是指参加竞购拍卖标的的自然人、法人或其他组织。买受人是指以最高应价购得拍卖标的的竞买人。

二、拍卖的基本原则

（一）公开原则

其具体内容包括：

1. 拍卖信息公开。根据《拍卖法》规定，拍卖人必须在拍卖前 7 日内，以广告媒体或其他法律允许的形式，公开发布拍卖公告，公开展示拍卖标的，提供有关标的物的品质、材质、数量等文字说明。

2. 竞买公开。凡有两人以上符合资格的竞买人对拍卖标的提出竞买申请的，拍卖人不得无故撤回该标的或终止拍卖，更不得以其他形式转让拍卖标的。拍卖人必须公开举办拍卖会。因法律、法规所规定的原因及其他原因导致拍卖活动终止或终结的，拍卖人应通过公开的方式予以说明。

（二）公平原则

公平原则指拍卖法律关系当事人在拍卖活动中其民事权利义务、法律地位平等，其具体内容包括：

1. 委托人与拍卖人是平等的民事主体。拍卖人不得利用自己熟悉拍卖业务、掌握市场情况等优势或委托人处于某种困境等情况下，采用强迫、欺诈等不公平的方法对待委托人，损害委托人的合法利益。

2. 凡具备相应的民事行为能力并具备竞买资格的民事主体，均可平等地参加竞买活动，拍卖人不得拒绝竞买人的申请，妨碍其参与公平竞争。但法律法规另有规定的除外。

3. 在竞买中，对同一应价或报价，除法律规定允许某竞买人有优先购买权外，其他竞买人均享有以最高报价或应价取得拍卖标的的权利。拍卖交易中任何当事人都不得强行要求成交或妨碍、影响其他竞买人自由竞买。

（三）公正原则

其具体内容包括：

1. 拍卖人及工作人员不得以竞买人身份参加本拍卖机构举办的拍卖活动，也不得委托他人代为竞买。

2. 拍卖活动中，拍卖人不得有歧视竞买人使其无法成交或超高价成交的行为，更不允许对竞买人有欺诈、舞弊、私下交易等侵犯竞买人民事权利的行为。

3. 拍卖人与委托人不得事先串通，在拍卖交易时制造相互竞价的假象，致使报价或应价不断上扬。竞买人之间不得相互合谋串通，达到以低价成交的目的。

4. 委托人应向拍卖人，同时拍卖人也应向竞买人指明或提示其知道或应当知道的拍卖标的的瑕疵，除法律、法规另有规定外，委托人、拍卖人对拍卖标的应当承担瑕疵担保责任。如拍卖人、委托人未按照法律规定说明标的物瑕疵，给买受人造成损害的，买受人有权向拍卖人要求赔偿；属于委托人责任的，拍卖人有权向委托人追偿，但拍卖人、委托人在拍卖前声明不能保证拍卖标的的真伪或者品质的，不承担瑕疵担保责任。

5. 委托人不得竞买本身所委托的拍卖标的，也不能委托他人代为竞买。上述情形一经发现，其竞买行为应被视为无效和违法，造成买受人损失的，行为人应负赔偿责任。

（四）诚实信用原则

其具体内容包括：

1. 拍卖法律关系当事人之间应自觉履行委托拍卖合同、拍卖成交确认书中所约定的各自的义务，以保证拍卖活动的顺利进行。

2. 整个拍卖活动中，拍卖法律关系各当事人的意思表示及行为应真实、善意和诚实。委托人不得有意隐瞒标的瑕疵；拍卖人不得做虚假广告、虚假说明，不得以假充真，以次充好；竞买人不得对自己的应价，报价反悔；买受人成交后不得不付款、少付款或拖延付款时间。

三、拍卖标的、报价方式及类型

（一）拍卖标的

拍卖标的亦称"拍品"或"拍卖物"，泛指可以通过拍卖方式转让的各种财产及财产权利。

依据不同标准，拍卖标的可以进行以下分类：

1. 从物品是否具备物质实体形态的角度，划分为有形财产和无形财产。有形财产一般包括生产资料、初级产品、日用消费品和文物艺术品等。无形资产一般包括专营权、使用权、知识产权，如著作权、科技成果等，统称为财产权利。

2. 从物品可否移动及移动是否影响其价值功用角度，可划分为动产和不动产。土地、房屋、公路、铁路、桥梁等不能移动或移动后会损害其内容、经济价值的为不动产，能够移动及移动后不会损害其内容、经济价值的为动产。

3. 从可否流通及流通范围的广度，可以将物品划分为允许流通物、限制流通物和禁止流通物。禁止流通物指法律明令禁止流通的物品，如毒品、武器、军火、弹药等。禁止流通的物品不能作为拍卖标的。限制流通物指流通范围或程度受一定限制的物品，如文物、化工物品、麻醉药品等。限制流通物可以作为定向拍卖的标的物。除禁止流通物和限制流通物外，大部分物品属于允许流通物，允许流通物是最常见的拍卖标的。

（二）拍卖的报价方式

拍卖报价方式是拍卖活动中拍卖师的具体运作手段。通常包括增价拍卖和减价拍卖两种方式。

1. 增价拍卖

增价拍卖又称"英格兰式拍卖"或"估底价拍卖"。它是一种价格上行的报价方式，即竞价由低至高、依次递增，直到以最高价格成交为止。

2. 减价拍卖

减价拍卖又称"荷兰式拍卖"或"估高价拍卖"。它是一种价格下行的拍卖方式，即拍卖品的报价由高到低，依次递减，直到有人应价，即告成交。

无论是增价拍卖还是减价拍卖，都遵循谁叫价谁要约的原则，另一方表示接受即为承诺，拍卖合同即告成立。但是，在买方报价拍卖中，拍卖人宣布的起拍价不是要约，而是要邀请，只有竞买人报出的价格才是要约。

（三）拍卖活动的类型

依据不同的标准对拍卖活动可作出不同的分类。

1. 强制拍卖和任意拍卖

强制拍卖是指国家有关机关依法将被查封、扣押、冻结的财产强制予以拍卖的行为。

任意拍卖是指民事关系当事人根据本身意愿将其所有的特定标的物拍卖的行为。任意拍卖属民事行为，通常由委托人委托拍卖机构拍卖，拍卖必须以委托人对标的物拥有所有权或处分权为前提，以委托人与拍卖人签订的委托拍卖合同为依据。任意拍卖目的在于将物品换价兑现，与清偿债务不一定有直接关系。

2. 动产拍卖和不动产拍卖

动产拍卖是指以动产为拍卖标的的拍卖行为。动产拍卖的成交一般以拍卖标的物实际占有的转移为标志。

不动产拍卖是指以不动产为拍卖标的的拍卖行为。不动产拍卖成交一般以拍卖标的物财产所有权的转移为标志。如房屋拍卖成交后必须到房地产管理部门办理过户登记手续，买受人才能真正享有财产权利。

3. 有保留价拍卖和无保留价拍卖

有保留价拍卖是指拍卖前设立最低售价的拍卖行为。竞买人的最高竞价必须等于或高于保留价，低于保留价不能成交。有保留价拍卖通常用于价值较高的标的物拍卖，如房屋、土地、文物艺术品等。拍卖法规定，拍卖标的有保留价的，竞买人的最高应价未达到保留价时，该应价不发生效力，拍卖师应当停止拍卖标的拍卖。

无保留价拍卖是指拍卖前不设立最低售价的拍卖行为。竞买人的最高竞价一经产生就可以成交。无保留价拍卖通常用于价值低的标的物拍卖。

4. 一次性拍卖和再拍卖

一次性拍卖是指只经过一次拍卖程序拍定的拍卖行为。再拍卖是指必须经过两次以上拍卖程序才拍定的拍卖。初次拍卖中无人竞买或竞买人开价太低未能成交，或初次拍卖虽成交但买受人未按时支付价款都会导致再次拍卖。在有保留价的拍卖中，再拍卖的保留价略低于一次性拍卖。

第二节　拍　卖　规　则

拍卖规则是法律规定的和拍卖企业制订的约束拍卖活动参与者的合法规则，包括价高者得规则、保留价规则、瑕疵请求权规则、禁止参与竞买规则。

一、价高者得规则

（一）价高者得规则的含义

价高者得规则是指拍卖标的应卖给出价最高的竞买人。《拍卖法》规定，竞买人的最高应价经拍卖师落槌或者以其他公开表示买定的方式确认后，拍卖成交。

价高者得规则是为买方的竞争而设定的，需在拍卖现场通过比较得出，比较的基础是买方的报价。价高者得规则利用了市场上最敏感的竞争要素——价格，通过买方竞价行为，将拍卖本身的竞争性表现得一览无余。

（二）价高者得的效力范围

1. 价高者得规则约束竞买人。不论竞买人身份、地位等因素如何，只有当竞买人的叫价（应价）是最高报价时，才能成为实际买受人。

2. 价高者得规则约束拍卖人。拍卖人不能随心所欲地选择成交者，只能按价高者得规则行事，确认竞买人报价中的最高价作为成交价格。

3. 价高者得规则约束委托人。委托人一旦选择了拍卖方式，就默认了接受"价高者得"规则的法律约束，即拍卖人按规则与最高应价者成交时，委托人无权提出任何异议。

二、保留价规则

（一）保留价规则的含义

保留价指拍卖人据以确认拍卖成交的最低价格。保留价规则是指保留价发挥作用的制度。在有保留价的拍卖中，须事先确定以具体的价格表示的保留价。保留价一经确定，不得随意改变。

保留价并非拍卖的必备条件，无保留价拍卖的情况经常发生。在无保留价拍卖中，拍卖人对某件拍卖标的宣布拍卖时，就不得收回，除非在合理时间内无人出价或应价。

保留价并非表面上所体现的价格，而是一种权利义务的制衡点，用来防止利益的过分倾斜。保留价规则实质上是权利制衡机制。根据《最高人民法院关于人民法院民事执行中拍卖、变卖财产的规定》，人民法院拍卖财产时应该确定保留价，拍卖保留价由人民法院参照评估价确定；未作评估的，参照市场价确定，并征询有关当事人的意见。

（二）保留价的确定、保密、公开与更改

1. 保留价的确定

委托人拥有保留价的确定权。拍卖国有资产，依法需要评估的，应当经依法

设立的评估机构评估，并根据评估结果确定拍卖标的保留价。若拍卖国有资产是房地产的，则应当根据房地产估价机构的估价结果确定保留价。

委托人拥有保留价的确定权并不排斥拍卖人、估价人员等在确定保留价时的参考意见。由于拍卖人、估价人员等拥有专业知识经验，实践中经常发生委托人委托估价人员或拍卖人代为行使权利的情况。但评估价不能自动转化为保留价，评估价转化为保留价需要委托人认可。

2. 保留价的保密与公开

保留价通常仅限委托人和拍卖人等有限人知情，如果拍卖邀请公证人参与证明拍卖活动的合法性，公证人亦有权知晓保密的保留价。此种情况下，竞买人不知道保留价，上述保留价知情人不得以任何方式向竞买人透露或暗示。

保留价也可以公开，在拍卖目录中列示，也可以由拍卖主持人在拍卖现场口头宣布，总之应在竞买人开始报价前完成。

3. 保留价的更改

保留价的修改权从属于保留价的确定权，归委托人享有。保留价的更改涉及相关人的利益，权利人在行使权利时不得损害他人的权益。因此，委托人在主张更改权时应该受到一定的制约。

保密保留价的更改通知一般应在现场拍卖前 1～2 天内送达拍卖人。在此情形下，拍卖人不得拒绝保留价的更改，但可以拒绝接受拍卖委托。

公开保留价的更改应及时通知竞买人，所谓及时是指竞买人参与竞买之前。如不能及时通知竞买人或不能及时通知所有竞买人时，应由拍卖师在现场拍卖前当场宣布。

4. 保留价的效力范围

拍卖标的有保留价的，竞买人的最高应价未达到保留价时，该应价不发生效力，拍卖师应当停止拍卖标的的拍卖。拍卖人在此情况下出售拍卖标的物的行为无效。

三、瑕疵请求权规则

（一）瑕疵请求权规则的含义

瑕疵请求权规则是指竞买人在参与竞买前或参与竞买时，有权知道应该知道的拍品缺陷。如果该缺陷因拍卖人或委托人过错被隐蔽了，买受人可以为所受到的欺骗和损失主张权利。

瑕疵泛指拍卖标的在质量、品质、数量等方面的缺陷。例如，竞买人被告知拍卖标的是天然钻石，买到的却是人造钻石；又如，拍卖时对拍卖质量、数量言之凿凿，但实际上却品质低劣或短斤缺两；在拍卖财产权利的时候，还可能会遇到"权利瑕疵"，即委托人所要拍卖的财产权利出现争议现象，例如共有财产未经共有人同意；所委托的财产已经在银行办理了抵押或者正进行典当；财产权利归属不明及已经被司法、行政部门查封、扣押、冻结等等。

瑕疵请求权是买受人相对于委托人和拍卖人拥有的权利。相对于买受人的瑕疵请求权，委托人和拍卖人负有告知的义务。委托人应在委托拍卖时将自己明知或应知的拍卖标的的一切瑕疵告知拍卖人，而拍卖人应当将自己明知或应知的拍卖标的的一切瑕疵告知竞买人。如果委托人和拍卖人未能履行上述义务，将因此承担告知不当的责任。拍卖人、委托人未说明拍卖标的的瑕疵，给买受人造成损害的，买受人有权向拍卖人要求赔偿；属于委托人责任的，拍卖人有权向委托人追偿。

（二）瑕疵请求权规则的原理

瑕疵请求权是依据下述原理得以操作的。

（1）过错责任理论。过错是行为人主观存在故意或过失。故意是较为明显的主观过错，反映在瑕疵请求规则中，就是委托人、拍卖人明知拍卖标的有瑕疵，却有意向竞买人隐瞒；过失是较为隐晦的主观过错，是在主观上对于行为人的较高要求，反映在瑕疵请求规则中，就是委托人、拍卖人知道或应当知道拍卖标的有瑕疵，却由于疏忽而没有告知竞买人。只要委托人或拍卖人有过错或过失行为，就需要为此承担责任。

（2）担保责任理论。拍卖标的是一种商品，委托人和拍卖人为其出售的拍卖标的承担担保责任，应当担保其出售的拍卖标的不存在应当告知而未告知的瑕疵。

（三）瑕疵请求权规则的障碍

当出现下列情形时，买受人无权主张瑕疵请求权。

（1）委托人、拍卖人无过错。如果委托人、拍卖人能够证明自己没有过错，则可以对抗买受人主张的瑕疵请求权。

（2）买受人有过错。表现为：其一，疏忽。买受人的疏忽可能导致其未能注意到已告知的瑕疵，或者可能导致他未注意显而易见的瑕疵。其二，误解。买受人的误解可能直接导致拍卖标的的瑕疵，此类瑕疵不能作为瑕疵请求权的依据。例如，拍卖人称一幅以向日葵为主题的油画是某名人的收藏品，而买受人却误认为该油画一定出自梵高之手。误解产生的瑕疵是虚拟瑕疵，造成这种原本不存在的瑕疵的原因在于买受人的主观认识与客观实际存在一定的差异。其三，不当行为。买受人的不当行为可能导致瑕疵产生，如毁损、污染拍卖标的等；当拍卖标的的瑕疵是由于买受人自己的不当行为引起的，买受人丧失瑕疵请求权。

（3）委托人作出不保证的声明。声明不保证是指由于委托人、拍卖人难以确知拍卖标的的真伪或品质，因而在拍卖前声明不能保证拍卖标的的真伪或者品质。声明不保证向所有的竞买人传达这样一种意思：相关的拍卖标的可能有真伪或品质问题，竞买人应当谨慎行事。拍卖人、委托人在拍卖前声明不能保证拍卖标的的真伪或者品质的，不承担瑕疵担保责任。

（四）瑕疵请求权规则的效力范围

瑕疵请求权主要是针对拍卖人和委托人的，除他们有正当理由对抗瑕疵请求权外，必须按此规则收回拍品并赔偿损失。

1. 谁知晓，谁负责

（1）委托人的责任

委托人必须受瑕疵请求规则的制约。委托人是拍卖标的的所有权人或处分权人，委托人可能对告知与瑕疵负最终的责任。从告知程序上，委托人是第一位的告知义务。但实践中买受人很少直接向委托人主张权利。这是因为：第一，买受人不知道谁是委托人，委托人在拍卖程序中可以要求拍卖人对其姓名、住所进行保密；第二，由于买受人与委托人之间无直接的法律关系，买受人直接找委托人主张权利很不方便。因此买受人发现瑕疵并提出请求权时，总是找拍卖人，而委托人的责任则变成第二位的了。

（2）拍卖人的责任

拍卖人的责任并不以委托人的告知为前提，即使委托人未向拍卖人告知瑕疵，拍卖人依然在下述两个层次上负责：其一，拍卖人知道或应当知道。委托人不知或不应知不能证明拍卖人不知或不应知，拍卖人作为代理人有独立的行为能力，其是否已知或应知，应视具体情况而定。其二，拍卖人先行负责。

总之，承担瑕疵责任的可能是委托人，也可能是拍卖人。其基本准则是谁知晓谁负责。

2. 拍卖人先行负责

所谓拍卖人先行负责，指只要拍卖标的确实存在应告知未告知的瑕疵，则无论该责任应由谁承担，均由拍卖人先行负责。对于应由委托人承担的责任，在拍卖人承担责任后，拍卖人有权向委托人追偿。

四、禁止参与竞买规则

（一）禁止参与竞买规则的内涵

本规则包含两方面的内容。

1. 禁止拍卖人参与竞买

禁止拍卖人参与竞买即拍卖人不得参与自己主持的拍卖会的竞买。由于拍卖人在拍卖法律关系中的身份是委托人的代理人，代表卖方；而拍卖人参与竞买时其身份是竞买人，代表买方，双方身份之间存在相反的利益诉求，有重大利益冲突。根据代理制度，其一，代理人不能使自己成为代理行为的相对人，即禁止"自己契约"；其二，代理人不能以被代理人的名义与自己同时代理的其他人签订合同，即禁止"双方代理"。如果拍卖人自己作为竞买人买下拍卖标的，属于"自己契约"；如果拍卖人接受他人委托，代为竞买并买下拍卖标的，属于"双方代理"，其行为均有违公平、公正的原则。

2. 禁止委托人参与竞买

禁止委托人参与竞买即禁止委托人参与自己委托拍卖标的的竞买。

（二）禁止参与竞买规则的效力范围

1. 禁止拍卖人参与竞买

拍卖人及其工作人员不得以竞买人的身份参与自己组织的拍卖活动，并不得委托他人代为竞买。

2. 禁止委托人参与竞买

委托人不得参与竞买，也不得委托他人代为竞买。

第三节　拍　卖　实　务

拍卖实务指拍卖操作中的程序、规则、方法及技巧的总称，拍卖实务主要包括：拍卖委托、拍卖公告与展示、拍卖会的策划与组织、拍卖结算与标的交割、拍卖资料的收集与保管五个环节。本节着重介绍拍卖委托，拍卖公告与展示，拍卖的佣金、价款结算与标的交割。

一、拍卖委托

拍卖委托是指出卖人委托拍卖人对其财产或权利进行拍卖。

（一）委托人分类

根据《拍卖法》规定，委托人是指委托拍卖物品或财产权利的公民、法人或其他组织，委托人主要有三种。

（1）公民。一般指具有一国国籍，并依宪法和法律规定享有一定权利，承担一定义务的自然人。在拍卖委托中，只有具备民事行为能力的自然人，才能成为委托人。

（2）法人。指具有民事权利能力和民事行为能力，依法独立享有民事权利和承担民事义务的组织。

（3）其他组织。指不具有法人条件，但又能独立作为民事权利主体进行民事活动的组织。主要包括联营组织、个人合伙组织及破产企业的清算组织等。

（二）拍卖委托方式及程序

根据委托人是否可以根据其主观意志自由决定是否委托拍卖，可以将拍卖分为任意拍卖和法定拍卖。

1. 任意拍卖委托程序

任意拍卖是一种委托人依据自己的意愿提起的拍卖。一般情况下，只要是不属于国家法律和政策法规限制交易的物品或财产权利，都可以由所有权人和有处分权的委托人委托拍卖机构拍卖。任意委托拍卖程序简单，委托人可根据拍卖企业通过与拍卖人签署《委托拍卖合同书》，确立双方在本次拍卖活动中的责任、权利和义务。

任意拍卖委托的程序一般包括四个步骤：

（1）委托人拍卖意向。即委托人对拍卖方式比较感兴趣，有通过拍卖实现交易的意向。

（2）寻找拍卖人。当有了委托拍卖的意向后，委托人要考察拍卖企业成立的背景、运作的规范性、信誉度、公司实力等因素。这是减少委托风险的重要环节。

（3）双方当事人洽谈。即委托人和拍卖人就委托拍卖过程中有关权利、义务、违约责任等事宜进行商谈，达到一致即可签署委托拍卖协议。否则洽谈终止。

（4）确定拍卖人，签订委托拍卖合同。

2. 法定拍卖委托程序

法定拍卖委托是指国家行政机关和执法部门依照法律规定，按照法定行政司法程序提起的拍卖。

法定拍卖委托程序如下：

（1）发出委托拍卖函。指国家行政机关和执法部门向拍卖人发出的委托拍卖要约。执法部门发出的《协助执行通知书》实质上就是一种委托拍卖的要约。在发出委托拍卖时，另附保留价协议书，抵押财产清单、贷款合同、抵押合同及抵押双方同意委托拍卖的证明文件（正本）。

（2）拍卖人接受委托。一般情况下，法定拍卖委托中，拍卖人选择余地较小。但是如果有的委托与拍卖人的目标相差太远，拍卖人也有权拒绝委托。

（3）签订委托拍卖合同。

（三）委托拍卖合同

委托拍卖合同的签订，一方面标志着拍卖委托阶段的结束，另一方面是委托人与拍卖人双方法律关系的确立。

1. 委托拍卖合同的内容

委托拍卖合同的内容是指据以确定委托人、拍卖人权利、义务的合同条款。委托拍卖合同的内容主要条款有：

（1）委托人、拍卖人的姓名或者名称、住所；

（2）拍卖标的的名称、规格、数量、质量；

（3）委托人提出的保留价；

（4）拍卖的时间、地点；

（5）拍卖标的交付或者转移的时间、方式；

（6）佣金及其支付的方式、期限；

（7）价款的支付方式、期限；

（8）违约责任；

（9）双方约定的其他事项。

除上述主要条款外，应根据不同标的的情况，尽量详细地将双方的权利、义务描述清晰。

2. 委托拍卖合同的洽谈

（1）保留价的商谈。根据《拍卖法》，委托人有权确定拍卖标的的保留价并要求有拍卖人保密。确定保留价时，要考虑拍卖标的的市场价格。保留价一般低于目前市场上的交易价。保留价不同于起拍价，起拍价可以低于保留价，可以等于保留价，也可以高出保留价。保留价也不完全等同于目前市场价。在买受价的构成中，除拍卖成交价外，还包括了拍卖佣金、保险费、税收及有关证照、产权变更的相关费用，这样买受价就大大超过了竞买人的预期，而影响到拍卖成交。

（2）佣金比例及支付方式洽谈。

1）收取佣金是一种法定行为。拍卖企业作为中介服务机构，向委托人提供服务，付出了劳动，委托人应当按照法律规定付给拍卖人佣金。

2）佣金比例。根据《拍卖法》规定，对拍卖任意物品和公物收取不同比例的佣金。非公物拍卖，委托人和拍卖人未作约定的而拍卖成交的，拍卖人可以向委托人和买受人各收取不超过拍卖成交价百分之五的佣金，收取佣金比例按照同拍卖成交价成反比的原则确定。公物品拍卖成交的，拍卖人可以向买受人收取不超过拍卖成交价百分之五的佣金，收取佣金的比例按照同拍卖成交价成反比的原则确定。

3）佣金支付方式及期限。委托人佣金支付一般有两种方式：①前期支付法。

指委托拍卖合同签订后就支付全部佣金或部分佣金，如文化艺术品或企业产权拍卖。②扣除法。即拍卖成交买受人支付价款后，按照约定比例在成交价款中将佣金扣除，余款支付给委托人。对于未成交的按照委托人和拍卖人在拍卖合同中的约定，应支付给拍卖人一定的拍卖费用，以维护拍卖人的合法利益。

（3）成交价款支付方式及期限洽谈。拍卖活动是一种特殊的买卖活动，拍卖成交后，委托人有权获得拍卖标的的价款，拍卖人按照委托合同，有义务将成交价款在扣除佣金后全部支付给委托人。委托拍卖合同中，应当载明拍卖标的价款支付方式和期限。

（4）拍卖标的的交付或者转移的时间和方式洽谈。动产拍卖中，委托人可以按照约定，在拍卖之前将拍卖标的交付给拍卖人，拍卖人负责保管。在拍卖成交后，由拍卖人将拍卖标的交付给买受人。如果标的价值大需专业保管或保险的，应明确其费用的承担主体。不动产拍卖，一般约定拍卖成交以后由委托人将拍卖标的交付买受人。对于需要依法办理证照变更、产权过户的，委托人、买受人应当持拍卖人出具的成交证明和有关资料，办理过户、交割手续。

二、拍卖公告与展示

拍卖公告与展示是一种法定行为，是举行拍卖会之前的一个重要环节，也是拍卖企业进行招商、寻找竞买人的重要途径之一。

（一）拍卖公告及发布

拍卖企业在接受拍卖委托正式举行拍卖会之前发布的拍卖公告，是指拍卖企业通过媒介向社会公众通告有关拍卖必要事项的一种文书形式。

1. 拍卖公告发布的时间

拍卖人应当于拍卖日 7 日前发布拍卖公告。而在实践中，标的物价值大的，其公告时间相对要长一些，特殊的拍品如有价证券等，其公告时间与媒体的选择必须符合有关部门的要求。

2. 拍卖公告发布媒介

发布拍卖公告，还须注意发布媒介的选择。拍卖公告应当通过报纸或者其他新闻媒介发布。

（二）拍卖公告的内容

拍卖公告的内容指应该向公众告知的必要事项。拍卖公告应当载明如下事项：①拍卖的时间、地点；②拍卖标的；③拍卖标的的展示时间、地点；④参与竞买应当办理的手续；⑤需要公告的其他事项。

其中参与竞买人应办理的手续包括提供相关身份证明材料，填写登记书，并缴纳规定的保证金等。

　　需要公告的其他事项，通常包括：①竞买人限制条件，如国有企业资产拍卖中的定向拍卖，竞买人只能是企业职工；②商品的限制流通，如有的字画不办理出境手续；③拍卖标的有保留价的可以公告有保留价等。总之，针对具体标的，应该说明的限制条件，在拍卖公告中均应予公告，以体现拍卖的公开性。

　　（三）拍品展示

　　拍卖作为特殊的商品交易行为，与其他商品交易不同的是，它是按实物现状进行拍卖，按照拍卖交易的惯例，拍卖人不承担售后维修等服务，因此拍品在拍卖前的展示显得尤为重要。

　　1. 拍品展示及其展示方式

　　拍卖人应当在拍卖前展示拍卖标的，并提供查看拍卖标的的条件及有关资料。拍卖标的的展示时间不得少于两日。拍品展示的方式主要有：

　　（1）固定展示。这种展示模式主要适合于艺术品和可以移动的小件物品。

　　（2）巡回展示。即为了扩大拍品宣传，在更大范围内寻找竞买人。

　　（3）资料展示。对于无形资产、不动产及其他财产权利，应当编制详细的说明资料，并提供证明产权关系的原始资料，供竞买人查询，对不动产（土地、房产）拍卖人还应当向竞买人提供现场考察的服务。

　　2. 拍卖图录与媒体宣传

　　拍品展示有两大功能：一是让竞买人对标的现场观察，辨别真伪；二是宣传促销招商作用。为达到良好的效果，通常选择的媒体主要有报纸、新闻报道、广播电台发布信息等。但公告和媒体宣传是有区别的，媒体宣传不能代替公告，媒体虽然可以起到扩大招商范围与力度的作用，但公告是不可省略的。

　　3. 拍卖资料及查看条件

　　拍卖人在展示拍卖标的的同时，还应当向竞买人提供查看标的的条件及有关资料。拍卖资料的内容有：

　　（1）标的名称、数量（面积）、规格、质量、存放地点（坐落地点）、折旧程度（使用年限）、用途、占用情况；

　　（2）拍卖标的价款的支付方式及期限；

　　（3）佣金及其他有关拍卖的费用；

　　（4）拍卖方式，即是增价拍卖还是减价拍卖；

　　（5）拍卖标的转让应缴纳的税费；

　　（6）其他应告知的事项。

　　以上内容通常体现在拍卖企业制作的拍卖手册中。

提供查看拍卖标的条件主要指：能够清晰地观看，了解拍卖标的品质、性能、规格、色彩、数量等情况，所必须具备的场所、光线、仪器等。

提供查看标的有关资料主要是指：

（1）能够反映上述资料内容的文字说明和图片资料；

（2）标的经过鉴定的应当提供鉴定结论；

（3）标的是财产权利或无形资产的，应当提供产权证明和国家机关认定或批准文件；

（4）拍卖人应保证拍卖资料的真实性。

三、拍卖的佣金、价款结算与标的交割

佣金结算与标的物的交割是拍卖的后期工作。

（一）佣金与价款的结算

拍卖成交后，买受人除支付成交价款外，还须按照有关约定，向拍卖人支付拍卖佣金，即买受人应付拍卖师落槌价，加约定佣金，再加其他应付的费用。当买受人支付价款后，拍卖人应从价款中直接扣除委托人应付的佣金后，其余款项应在委托拍卖合同约定的期限内支付给委托人。

（二）拍卖标的的交割

（1）一般物品交割。标的由拍卖人保管的，则由拍卖人直接将标的交给买受人，并开具相关票据，以资证明货款两清；如果标的在委托人手中，委托人在收到拍卖人的付货通知单后直接交给买受人。

（2）特殊物品交割。特殊物品交割主要指需要办理证照变更、产权过户的标的，如机动车、房地产、企业资产、专利权等。这些标的只有办理了有关的证照变更、产权过户手续，买受人才能取得拍卖标的的所有权。

第四节　强　制　拍　卖

一、强制拍卖的概念、特点和原则

（一）强制拍卖的概念

强制拍卖是指国家执法机关依法对被查封扣押的财产实行公开竞价，把物品卖给出价最高的竞买人，以清偿债务为目的的一种强制执行行为，是法定委托拍卖方式的一种。在我国，拥有强制拍卖权的国家机关有法院、检察院、公安机关、海关、税务机关等。

　　法院强制拍卖的概念有广义和狭义之分。广义的法院强制拍卖，既包括法院在执行程序中进行的强制拍卖，又包括法院在破产等其他程序中进行的强制拍卖。狭义的法院强制拍卖，仅指法院在执行程序中的强制拍卖。本节只介绍狭义的法院强制拍卖。狭义的法院强制拍卖，是指在执行程序中，法院为了实现申请执行人的债权，根据法律规定强制拍卖被查封、扣押、冻结的被执行财产以获得拍卖价款的行为。

　　法院强制拍卖有两种基本方式：一是法院自行拍卖，这种方式在日本、美国等国非常普遍，且已形成了比较成熟的制度，我国也已经形成了较成熟的网络司法拍卖制度，如 2016 年 8 月 2 日最高人民法院发布了《关于人民法院网络司法拍卖若干问题的规定》，就保障网络司法拍卖公开、公平、公正、安全、高效，维护当事人的合法权益，规范网络司法拍卖行为做了具体的规定；二是法院委托商业拍卖机构拍卖。本节重点介绍的强制拍卖中的网络司法拍卖，即指人民法院依法通过互联网拍卖平台，以网络电子竞价方式公开处置财产的行为。

　　（二）强制拍卖的特点

　　与任意拍卖相比，强制拍卖有如下特点：

　　（1）国家强制性。这是指对被执行财产的拍卖是由法院根据国家赋予的执行权而强制进行的，被执行人是否同意不影响拍卖的进行。这种强制性是仅就拍卖的委托环节而言的，即是否暂缓或中止拍卖由法院依法决定，但拍卖机构接受法院委托后所依法展开的拍卖程序，在一般情况下与普通拍卖程序无异。

　　（2）标的的非自有性。在执行程序中，法院强制拍卖的不是法院自有财产，而是被执行人的财产，这是强制拍卖区别于任意拍卖的一个基本特点，它决定了强制拍卖要遵守一系列不同于任意拍卖的特殊原则和规则，如法院处置权限定原则，法院主导拍卖原则等。

　　（3）主体的特定性。这是指在法院强制拍卖的主体是执行法院，人民法院可以将网络服务和拍卖的辅助工作委托给网络服务提供者、社会机构或组织承担。

　　（4）目的的利他性。这是指法院强制拍卖被执行财产，其目的不在于通过拍卖为自己营利或实现其自身的其他经济目的，而是在于一方面实现申请执行人的债权，另一方面充分保障被执行人的合法权益。目的利他性特点决定了法院强制拍卖需要遵循一些有别于任意拍卖的特殊规则。网络司法拍卖应当确定保留价，拍卖保留价即为起拍价。起拍价由人民法院参照评估价确定；未做评估的参照市价确定，并征询当事人意见。起拍价不得低于评估价或市价的百分之七十。

（5）竞买人数量不受限制。网络司法拍卖不限制竞买人数量。一人参与竞拍，出价不低于起拍价的，拍卖成交。

（三）强制拍卖的基本原则

1. 法院处置权限定原则

法院处置权限定原则，是指在强制拍卖中，法院虽然对拍卖标的依法享有一定的处置权，但为了充分保障被执行当事人的合法权益，对法院的处置权应当予以严格限定。该原则本质上是由强制拍卖标的的非自有性决定的。

对法院处置权的限定主要表现在：一是在被执行人自动履行义务后，强制执行程序应予终结，法院必须及时主动地终止拍卖程序。二是法院原则上应当对拍卖标的确定保留价，防止以任意保留价拍卖被执行财产，损害被执行人和申请执行人的财产权利。确定的保留价不得过低，即保留价应当有一个底线。这也称为禁止无保留价原则，属于法院处置权限定原则的派生原则。三是当事人、利害关系人提出异议请求中止或撤销网络司法拍卖，法院应组成合议庭审议提出的异议是否符合中止或撤销网络司法拍卖的条件，法院需中止拍卖，根据审议结论决定中止或撤销网络司法拍卖。

2. 法院主导拍卖原则

法院主导拍卖原则，是指整个强制拍卖过程，包括拍卖公告等所有程序的启动、进行、中止、终结均由法院决定并实施。网络服务提供者、承担网络司法拍卖辅助工作的社会机构或组织，应当接受人民法院的管理、监督和指导。该原则是由法院强制拍卖的国家强制性和目的的利他性决定的。

实施网络司法拍卖的，人民法院应当履行下列职责：①制作、发布拍卖公告；②查明拍卖财产现状、权利负担等内容，并予以说明；③确定拍卖保留价、保证金的数额、税费负担等；④确定保证金、拍卖款项等支付方式；⑤通知当事人和优先购买权人；⑥制作拍卖成交裁定；⑦办理财产交付和出具财产权证照转移协助执行通知书；⑧开设网络司法拍卖专用账户；⑨其他依法由人民法院履行的职责。

二、强制拍卖的标的和依据

（一）强制拍卖的标的

强制拍卖的标的，是指被人民法院在执行中查封、扣押、冻结并进行拍卖的被执行人的财产。

1. 强制拍卖标的的构成要件

具体来说，强制拍卖标的须符合以下二个要件：

（1）强制拍卖标的须为被执行人所有或依法享有处分权的财产。

强制标的不得为案外人的财产，但有两种法定情形除外。

1）被执行人不能清偿债务，但对本案以外的第三人享有到期债权的，人民法院可以依法向第三人发出履行到期债务的通知，第三人在指定期限内没有提出异议而又不履行的，人民法院有权裁定对其强制执行，对其财产进行拍卖。

2）保证人以其财产为被执行人提供担保的，如果被执行人无财产可供执行或其财产不足以清偿债务时，人民法院就有权裁定执行其在保证责任范围内的财产，对这部分财产进行拍卖。

（2）强制拍卖标的须为人民法院采取了控制性措施（查封、扣押、冻结）的财产。

2. 强制拍卖标的的限制

（1）法律规定应当进行执行豁免的被执行人的财产，不能成为强制拍卖标的。查封、扣押、冻结、拍卖、变卖被执行人的财产时，应当保留被执行人及其所扶养家属的生活必需品，对这部分生活必需品不能强制拍卖。

（2）法律法规规定的禁止流通物，不能成为强制拍卖标的。对被执行人所有的禁止流通物，人民法院可以查封、扣押或冻结，但不得进行公开拍卖，而应交由法律规定的有关单位按照国家规定的价格收购。

（二）强制拍卖的法律依据

财产被查封、扣押后，执行人应当责令被执行人在指定期间履行法律文书确定的义务。被执行人逾期不履行的，人民法院可以按照规定拍卖或者变卖被查封、扣押的财产。

人民法院在执行下列生效法律文书的过程中可以采用强制拍卖这一执行措施。

（1）人民法院民事、行政判决、裁定、调解书、民事制裁决定、支付令，以及刑事附带民事裁决、裁定、调解书；

（2）依法应由人民法院执行的行政处罚决定、行政处理决定；

（3）我国仲裁机构作出的仲裁裁决和调解书；

（4）公证机关依法赋予强制执行效力的关于追偿债款、物品的债权文书；

（5）经人民法院裁定承认其效力的外国法院作出的判决、裁定，以及国外仲裁机构作出的仲裁裁决；

（6）法律规定由人民法院执行的其他法律文书。

三、强制拍卖的注意事项

（一）关于强制拍卖标的物上设有担保物权

对被执行人所有的财产上设有抵押权等担保物权的，人民法院可以进行查封并予以拍卖，抵押权人不得以其抵押权抗拒法院的执行行为，但拍卖所得价款必须优先清偿抵押权人，剩余部分才能用于实现申请执行人的其他债权。对那些价值明显等于甚至小于所担保债权的被执行人的财产，人民法院一般不予拍卖。

（二）关于中止拍卖、撤销拍卖

当事人、利害关系人提出异议请求撤销网络司法拍卖，符合下列情形之一的，人民法院应当支持：①由于拍卖财产的文字说明、视频或者照片展示以及瑕疵说明严重失实，致使买受人产生重大误解，购买目的无法实现的，但拍卖时的技术水平不能发现或者已经就相关瑕疵以及责任承担予以公示说明的除外；②由于系统故障、病毒入侵、黑客攻击、数据错误等原因致使拍卖结果错误，严重损害当事人或者其他竞买人利益的；③竞买人之间，竞买人与网络司法拍卖服务提供者之间恶意串通，损害当事人或者其他竞买人利益的；④买受人不具备法律、行政法规和司法解释规定的竞买资格的；⑤违法限制竞买人参加竞买或者对享有同等权利的竞买人规定不同竞买条件的；⑥其他严重违反网络司法拍卖程序且损害当事人或者竞买人利益的情形。当事人、利害关系人认为网络司法拍卖行为违法侵害其合法权益的，可以提出执行异议。异议、复议期间，人民法院可以决定暂缓或者裁定中止拍卖。案外人对网络司法拍卖的标的提出异议的，人民法院应当依据《民事诉讼法》第二百二十七条及相关司法解释的规定处理，并决定暂缓或者裁定中止拍卖。

（三）关于公告前需履行事项及公告时间、公告内容等要求

网络司法拍卖的事项应当在拍卖公告发布三日前以书面或者其他能够确认收悉的合理方式，通知当事人、已知优先购买权人。权利人书面明确放弃权利的，可以不通知。无法通知的，应当在网络司法拍卖平台公示并说明无法通知的理由，公示满五日视为已经通知。

网络司法拍卖应当先期公告，拍卖公告除通过法定途径发布外，还应同时在网络司法拍卖平台发布。拍卖动产的，应当在拍卖十五日前公告；拍卖不动产或者其他财产权的，应当在拍卖三十日前公告。流拍后应当在三十日内在同一网络司法拍卖平台再次拍卖，拍卖动产的应当在拍卖七日前公告；拍卖不动产或者其他财产权的应当在拍卖十五日前公告。再次拍卖的起拍价降价幅度不得超过前次起拍价的百分之二十。再次拍卖流拍的，可以依法在同一网络司法拍卖平台

变卖。

拍卖公告应当包括拍卖财产、价格、保证金、竞买人条件、拍卖财产已知瑕疵、相关权利义务、法律责任、拍卖时间、网络平台和拍卖法院等信息。人民法院应当在拍卖公告发布当日通过网络司法拍卖平台公示下列信息：①拍卖公告；②执行所依据的法律文书，但法律规定不得公开的除外；③评估报告副本，或者未经评估的定价依据；④拍卖时间、起拍价以及竞价规则；⑤拍卖财产权属、占有使用、附随义务等现状的文字说明、视频或者照片等；⑥优先购买权主体以及权利性质；⑦通知或者无法通知当事人、已知优先购买权人的情况；⑧拍卖保证金、拍卖款项支付方式和账户；⑨拍卖财产产权转移可能产生的税费及承担方式；⑩执行法院名称，联系、监督方式等；⑪其他应当公示的信息。

（四）关于起拍价、竞价幅度、竞买保证金、优先购买权及其顺序

起拍价及其降价幅度、竞价增价幅度、保证金数额和优先购买权人竞买资格及其顺序等事项，应当由人民法院依法组成合议庭评议确定。

竞买保证金数额由人民法院在起拍价的百分之五至百分之二十范围内确定。竞买人应当在参加拍卖前以实名交纳保证金，未交纳的，不得参加竞买。申请执行人参加竞买的，可以不交保证金；但债权数额小于保证金数额的按差额部分交纳。交纳保证金，竞买人可以向人民法院指定的账户交纳，也可以由网络服务提供者在其提供的支付系统中对竞买人的相应款项予以冻结。拍卖成交后，买受人交纳的保证金可以充抵价款；其他竞买人交纳的保证金应当在竞价程序结束后二十四小时内退还或者解冻。拍卖未成交的，竞买人交纳的保证金应当在竞价程序结束后二十四小时内退还或者解冻。拍卖成交后买受人悔拍的，交纳的保证金不予退还，依次用于支付拍卖产生的费用损失、弥补重新拍卖价款低于原拍卖价款的差价、冲抵本案被执行人的债务以及与拍卖财产相关的被执行人的债务。

优先购买权人经通知未参与竞买的，视为放弃优先购买权。优先购买权人参与竞买的，可以与其他竞买人以相同的价格出价，没有更高出价的，拍卖财产由优先购买权人竞得。顺序不同的优先购买权人以相同价格出价的，拍卖财产由顺序在先的优先购买权人竞得。顺序相同的优先购买权人以相同价格出价的，拍卖财产由出价在先的优先购买权人竞得。

（五）人民法院应当通过拍卖公告就有关重要事项予以特别提示

实施网络司法拍卖的，人民法院应当在拍卖公告发布当日通过网络司法拍卖平台对下列事项予以特别提示：①竞买人应当具备完全民事行为能力，法律、行

政法规和司法解释对买受人资格或者条件有特殊规定的，竞买人应当具备规定的资格或者条件；②委托他人代为竞买的，应当在竞价程序开始前经人民法院确认，并通知网络服务提供者；③拍卖财产已知瑕疵和权利负担；④拍卖财产以实物现状为准，竞买人可以申请实地看样；⑤竞买人决定参与竞买的，视为对拍卖财产完全了解，并接受拍卖财产一切已知和未知瑕疵；⑥载明买受人真实身份的拍卖成交确认书在网络司法拍卖平台上公示；⑦买受人悔拍后保证金不予退还。

（六）严格实行利益回避

实施网络司法拍卖的，下列机构和人员不得竞买并不得委托他人代为竞买与其行为相关的拍卖财产：①负责执行的人民法院；②网络服务提供者；③承担拍卖辅助工作的社会机构或者组织；④第①～③项规定主体的工作人员及其近亲属。

（七）关于拍卖成交与流拍

网络司法拍卖从起拍价开始以递增出价方式竞价，增价幅度由人民法院确定。竞买人以低于起拍价出价的无效。网络司法拍卖的竞价时间应当不少于二十四小时。竞价程序结束前五分钟内无人出价的，最后出价即为成交价；有出价的，竞价时间自该出价时点顺延五分钟。竞买人的出价时间以进入网络司法拍卖平台服务系统的时间为准。

网络司法拍卖成交的，由网络司法拍卖平台以买受人的真实身份自动生成确认书并公示。拍卖财产所有权自拍卖成交裁定送达买受人时转移。

竞买代码及其出价信息应当在网络竞买页面实时显示，并储存、显示竞价全程。网络服务提供者对拍卖形成的电子数据，应当完整保存不少于十年，但法律、行政法规另有规定的除外。

第五节　房地产拍卖

随着我国房地产市场的迅猛发展，以拍卖方式成交的房地产数量越来越大。由于房地产的位置固定性、价值高昂性、涉及产权关系复杂等特性，使得房地产拍卖具有其自身的特殊性。

房地产拍卖的标的有两种：一种是土地使用权，另一种是房屋所有权。

一、房地产拍卖及特征

（一）房地产拍卖含义

房地产拍卖即通过公开竞价的方式将房地产标的卖给最高出价者的一种交易

行为。房地产拍卖委托人可以分为三类：

（1）房地产的权利人，包括房屋所有权人、通过出让方式取得的国有建设用地使用权人。

（2）司法机关，即指司法机关根据生效法律文书依法处置被执行人的房地产。

（3）行政机关，指行政机关对依法没收的物品，充抵税款、罚款的物品和其他物品，比如国有资产的处置，通过拍卖方式处置，以保障国家、集体和个人的合法权益。

（二）房地产拍卖特征

1. 房地产拍卖数量多，价值高

由于房地产的位置固定、价值高昂，在经济活动中经常被用作抵押或债务偿还物品。因此，在各种拍卖活动中，房地产拍卖在金额和数量上都占较大的份额。

2. 房地产拍卖法律性强

房地产拍卖涉及的法律法规很多，其中与房地产相关的主要法律有《城市房地产管理法》《土地管理法》和《城乡规划法》，还有其他相关法律法规，如《拍卖法》《民法典》《土地管理法实施条例》《城镇国有土地使用权出让和转让暂行条例》《确定土地所有权和使用权的若干规定》等，以及各地结合当地的房地产市场实际情况制定的相关政策法规等。

3. 拍卖结束后续工作多

房地产拍卖成交，收齐相关款项后，买受人需在拍卖人的协助下办理房地产权属变更过户手续，取得拍卖房地产的不动产权证，该项标的拍卖才告结束。

二、房地产拍卖的条件

（一）房地产拍卖标的应具备的条件

1. 法律、法规禁止买卖、转让的房地产通常情况下不得拍卖：

（1）未依法取得房地产不动产产权证书的；

（2）共有房地产，未经其他共有人书面同意的；

（3）权属有争议，尚在诉讼、仲裁或者行政处理中的；

（4）权利人对房地产的处分权受到限制的；

（5）以出让方式取得土地使用权，但不符合政府相关转让条件的；

（6）司法和行政机关依法裁定，决定查封或者以其他形式限制房地产权利转移的；

（7）国家依法收回土地使用权的；

（8）法律、法规、规章规定禁止买卖、转让的其他情形。

2. 以出让或划拨方式取得国有土地使用权进行开发建设，其土地使用权需要拍卖的，应当符合国家法律、法规规定的可转让条件：

（1）以出让合同取得的土地应按照出让合同的约定支付全部使用权出让金；

（2）土地使用权已经依法登记并取得土地使用权证；

（3）对于成片开发地块，需转让地块应已形成工业用地或者其他建设用地条件；

（4）规划管理部门已经确定需转让地块的规划使用性质和规划技术参数；

（5）出让合同约定的其他条件；

（6）划拨方式取得的除符合（2）、（3）、（4）条外，还需报人民政府主管部门批准，补办出让手续。

3. 以划拨方式取得国有土地使用权的房地产拍卖应当报请有关部门批准，办理土地使用权出让手续，并缴纳土地使用权出让金；可以不办理出让手续的，应当由拍卖行将拍卖标的所得收益中的土地收益上缴国家。

4. 下列划拨用地不可以拍卖：

（1）国家机关用地和军事用地；

（2）城市基础设施用地和公益事业用地；

（3）国家重点扶持的能源、交通、水利等项目用地；

（4）法律、行政法规规定的其他用地。

5. 抵押房地产拍卖前应先获得抵押权人同意。如果未经抵押权人同意而因拍卖造成抵押权人经济损失的，需承担相应的民事责任。

（二）房地产拍卖竞买人条件

（1）中华人民共和国境内的自然人、法人和其他组织都可以作为房地产拍卖标的的竞买人，但法律、法规、规章另有规定或者土地使用权出让合同另有规定的除外。

（2）在国家允许的范围内，房地产竞买人也可以是境外的自然人或法人，但需遵循有关规定办理。

三、房地产拍卖的一般流程

（一）房地产估价

对拍卖房地产确定合理的拍卖保留价和起拍价，是决定拍卖行为成功与否的关键，为此，拍卖房地产的委托人应该在签订拍卖委托合同前（针对拍卖委托的具体情况，有时也在委托合同签署后），委托有估价资质的房地产价格评估机构对拍卖标的进行估价，作为委托方和拍卖行确定评估拍卖保留价、起拍价和期望价的参考。基于以下原因，拍卖房地产的评估价格一般应比正常市场成交价格偏低。

（1）房地产拍卖委托一般都是因债务人无法履行到期债务的清偿，或出于其他较急切的融资需求而被迫拍卖其依法拥有的房地产。如果是法院委托的抵债标的，拍卖完成将直接影响到执法程序的完结，如拍卖不成，通常会由法院将拍卖标的物折价抵偿债务。

（2）一般委托拍卖的房地产，尤其是直接查封开发商拥有的房地产都存在着这样那样的缺陷，且拍卖房地产多为单宗、部分、小规模物业，评估价格偏高势必会影响拍卖成交。

（3）买家也是在不充分了解该房地产的情况下进行竞拍，拍卖实际上就是在短时间促成交易，买方需要在较短的时间内交付款项，承担的风险较大。为了促使拍卖成功，就必须具备价格优势，才能吸引买家竞拍。

（二）拍卖保留价和起拍价确定

评估结果只是确定保留价、起拍价的参考依据。拍卖行需要在房地产拍卖前对房地产市场进行调查和分析，掌握其供需状况和价格水平，分析可能参加竞买的买家数量及可能应叫的价位，然后由拍卖行和委托方参考评估价格确定拍卖房地产的合理保留价、起拍价和期望价。

（三）发布拍卖公告，组织接待竞买人

由于房地产拍卖标的涉及金额巨大，竞买人须做资金筹措等准备工作，因此，拍卖行应在拍卖日的半个月至一个月前以登报或通过电视、网络等媒体发布公告，发布关于该房地产拍卖的公告信息披露该房地产的区位、实物、权利状况，以及是否存在租赁关系，是否能够腾退、税费负担、水电燃气物业费等的承担方式等可能影响房地产成交价格的信息。

（四）现场拍卖阶段

拍卖行、竞买人按公告的时间、地点以正常的拍卖程序、规则对拍卖房地产进行公开竞价。

（五）产权过户

现场竞买成功后，一般情况下，买受人可在拍卖行的协助下与委托人签订拍卖房地产的转让合同书。买卖双方完成房地产权属转移和登记各项工作，买受人取得房地产产权证书，拍卖过程才告最终结束。

复 习 思 考 题

1. 怎样理解拍卖的概念?
2. 简述拍卖与普通商品交易的区别。
3. 拍卖应遵循哪些原则,其含义如何?
4. 什么是增价拍卖? 什么是减价拍卖?
5. 强制拍卖与任意拍卖的区别是什么?
6. 什么是价高者得规则?
7. 什么是保留价规则?
8. 什么是瑕疵请求权规则?
9. 什么是禁止参与规则?
10. 什么是拍卖委托人?
11. 任意拍卖委托的程序如何?
12. 委托拍卖合同包括哪些内容?
13. 拍卖公告包括哪些内容?
14. 拍卖资料的内容有哪些?
15. 拍卖佣金和价款如何结算?
16. 如何实现拍卖成交标的的交割?
17. 什么是强制拍卖? 狭义的强制拍卖与广义的强制拍卖有什么区别?
18. 强制拍卖有哪些特点?
19. 强制拍卖需遵循哪些基本原则?
20. 强制拍卖的主体有哪些?
21. 强制拍卖的构成要件是什么?
22. 在执行哪些生效法律文书时可以采用强制拍卖措施?
23. 强制拍卖过程分为哪几个阶段?
24. 标的物上设有担保物权的可否进行强制拍卖? 如果可以,价款如何处理?
25. 强制拍卖中,何种情况下人民法院有权单方通知拍卖机构中止拍卖?
26. 什么情况下人民法院可以撤销网络司法拍卖?
27. 哪些房地产不可以拍卖?